DEUTSCHE DEMOKRATISCHE REPUBLIK
DEUTSCHE AKADEMIE DER LANDWIRTSCHAFTSWISSENSCHAFTEN ZU BERLIN
INSTITUT FÜR LANDWIRTSCHAFTLICHE INFORMATION UND DOKUMENTATION

Landwirtschaftliches Zentralblatt

ABTEILUNG III

TIERZUCHT · TIERERNÄHRUNG FISCHEREI

8. JAHRGANG

1963

AKADEMIE-VERLAG · BERLIN

LZ. III TIERZUCHT · TIERERNÄHRUNG · FISCHEREI · JG. 1963 · NR. 5 · SEITE 889—1112 · BERLIN · MAI 1963

LANDWIRTSCHAFTLICHES ZENTRALBLATT

ABTEILUNG TIERZUCHT · TIERERNÄHRUNG · FISCHEREI

INHALTSVERZEICHNIS

NAMENVERZEICHNIS

Seitenzahl in [Klammern] bedeutet Bibliographie, mit Stern * bedeutet Buchbesprechung

LANDWIRTSCHAFTLICHES ZENTRALBLATT
ABT. TIERZUCHT · TIERERNÄHRUNG · FISCHEREI

1963 NR. 5 MAI

ALLGEMEINES

A. GESCHICHTE, FORSCHUNG, UNTERRICHT

Herre, Wolf. **Das Institut für Haustierkunde der Christian-Albrechts-Universität zu Kiel; sein Werden und seine Ziele.** Z. Tierzücht. Züchtungsbiol. **76** (1961) Nr. 1. S. 1–6. — 4 Abb.

Die Anstalt wurde am 24. März 1947 gegründet. Hauptarbeitsgebiete sind die Erforschung der Probleme, die sich aus der Überführung unserer Haustiere vom Wildstand in den Hausstand ergeben, bes. die biol. und morphol. Folgeerscheinungen der Domestikation, weiterhin die Klärung der Systematik der Haustiere und Fragen der Populationsgenetik u. a. Im Inst. wird experimentelle Haustierkunde im Hinblick auf zool. Fragestellung betrieben. Vf. bezeichnet die Anstalt als „zoologisches Institut", da die Haustierforschung als zool. Domestikationsforschung grundsätzlich ein Teilgebiet der Zoologie darstellt. J. E. Flade. 40.

C. JAHRESBERICHTE UND TAGUNGEN

Anonym. **5. Festsitzung und wissenschaftliche Tagung 10.–12. Oktober 1961 in Berlin.** Ber. Vortr. dtsch. Akad. Landwirtsch.-Wiss. Berlin **5** (1961) S. 1–284.

Die Tagung war der Thematik: Tierhaltung und Futterwirtschaft in sozialistischen landwirtschaftlichen Großbetrieben gewidmet; Vorträge hielten Stahl, Liebenberg, Goerttler, Nehring, Könnecke, Schick, Petersen, Dahse, Rosenkranz. 200.

Anonym. **9. Tätigkeitsbericht der Eidgenössischen Milchwirtschaftlichen Versuchsanstalt Liebefeld-Bern umfassend die Zeit vom 1. Januar 1959 bis 31. Dezember 1961.** Landwirtsch. Jb. Schweiz **76** (1962) Nr. 3. S. 279–347.

Dem Tätigkeitsbericht vorangestellt ist eine Aufstellung über alle Personen, die während des Berichtszeitraumes in den verschiedenen Abt. beschäftigt waren. Der Bericht selbst ist untergliedert in die Tätigkeit der milchwirtschaftlichen Abt. und die Tätigkeit der Bienenabteilung. Der Bericht der milchwirtschaftlichen Abt. umfaßt die Organisation der Arbeit, die wiss. Tätigkeit, bakteriologische Arbeiten, chem. Arbeiten, milchtechnische Aufgaben und Versuche, Publikationen, Vorträge, Zeitschriften, Kontrolltätigkeit und Versand von Bakterienkulturen und Hilfsstoffen. Die Tätigkeit der Bienenabteilung ist aufgegliedert in Bienenkrankheiten (Faulbrut, Sauerbrut, Milbenkrankheit, Nosema, Septikämien, Anomalien und Krankheiten der Königin), Entwicklungsphysiologische und histochemische Untersuchungen, Bienenvergiftungen, Bienenfuttermittel, Untersuchungen über die Lebensdauer der Honigbiene, Bienenbotanik, Fermentphysiologische Untersuchungen an Bienen und abschließend ein Literaturverzeichnis. F. Schenk. 200.

ALLGEMEINE TIERZUCHT

A. ENTWICKLUNGSLEHRE

Skorkowski, Edward. **Unterarten in den Pferdepopulationen und deren Frühgeschichte.** Z. Tierzücht. Züchtungsbiol. **76** (1962) Nr. 2/3. S. 209–224. — 5 Abb., 9 Tab., 18 Lit.

Die durch Vf. erfolgte kraniometrische Analyse von 405 Pferdeschädeln sowie die differentialdiagnostische Auswertung der Meßergebnisse führten zur Feststellung von 6 Subspecies der Art *Equus caballus* L.: 1. *E. c. mosbachensis* Reichenau; 2. *E. c. abeli* Antonius; 3. *E. c. muninensis* Skorkowski; 4. *E. c. ewarti* Skorkowski; 5. *E. c. cracoviensis* Skorkowski; 6. *E. c. nordicus* Skorkowski. Diese Unterarten sind hinsichtlich ihrer wichtigsten Merkmale beschrieben und in ihrer Entstehung begründet. Vf. kommt zu der Auffassung, daß die „Umweltverhältnisse das ausgesprochene Hervortreten jener Unterart in der gegebenen Population, deren biol. Eigenschaften am besten diesen Verhältnissen entsprechen", bewirken. Als Beispiel wird die laufende Erhöhung des Anteils der „Kuhailan-Rasse" bei den in Polen gezüchteten Arabern angeführt. Vf. ist der Ansicht, daß sich die Araberpopulation vorwiegend aus 3 Unterarten zusammensetzt: *E. c. ewarti* S., *E. c. muninensis* S. und *E. c. nordicus* S. Mit der „Kuhailan-Rasse" hat sich die Unterart *E. c. ewarti* S. ohne spez. Selektion deshalb in Polen stark vermehrt, weil die Umweltverhältnisse dort den Bedürfnissen von *E. c. ewarti* S. bes. entsprechen. Abschließend wird vom Vf. festgestellt, daß „die Aussonderung der adäquaten Unterarten, d. h. die Übertragung der charakteristischen Merkmalsätze derselben von einer Generation zur anderen, die Benutzung des Terminus Unterart (Subspecies) für die Formen, die sich durch diese Merkmalsätze charakterisieren, letzten Endes grundsätzlich rechtfertigt".

J. E. Flade. 1015.

Meunier, K. **Zur Diskussion über die Typologie des Hauspferdes und deren zoologisch-systematische Bedeutung.** Z. Tierzücht. Züchtungsbiol. **76** (1962) Nr. 2/3. S. 225–237. — 3 Abb., 43 Lit. Vgl. vorst. Ref.

Vf. setzt sich eingehend mit der bes. von Skorkowski vertretenen Auslegung des Begriffs „Unterart" (Subspecies) bei der Klärung der Typologie des Hauspferdes auseinander. An Hand einer Reihe von Veröffentlichungen und eigenen Untersuchungen wird u. a. eine klare Definition der Unterarten als geographisch und zeitlich (erdgeschichtlich) oder auch ökologisch gegeneinander abgegrenzte Populationen mitgeteilt, die untereinander gestaltlich verschieden sind und an ihrem Ort die Art repräsentieren. — Innerhalb der Unterart besteht meist eine so große Variationsbreite, daß sich die einzelnen Unterarten hinsichtlich der Morphologie ihrer Individuen gegenseitig überschneiden. Schon aus diesem Grunde ist die Zuordnung der von Skorkowski auf Grund von Skelettmessungen identifizierten Individuen zu bestimmten Unterarten unzulässig. Die Tatsache, daß bei den verschiedenen Subspecies Parallelvariationen in den Wuchsformen erfolgen — vom Vf. nachgewiesen bei *capreolus capreolus* L. — berechtigt ebenfalls nicht zu der von Skorkowski vorgenommenen Rangierung. Die von dem genannten Autor festgelegten Typen sind nicht Unterarten im Sinne der zool. Systematik, sondern individuelle Varianten. Skorkowski hat dagegen eine Typologie des Hauspferdes geschaffen, die bes. hinsichtlich der Erforschung von Merkmalskorrelationen von wiss. Wert ist. Der Klärung der Abstammung des Hauspferdes und der Systematik seiner Ausgangsform dient sie nicht.

J. E. Flade. 1015.

Röhrs, Manfred. **Biologische Anschauungen über Begriff und Wesen der Domestikation.** Z. Tierzücht. Züchtungsbiol. **76** (1961) Nr. 1. S. 7–23. — 62 Lit.

Vf. weist nach, daß der Begriff der Domestikation nur auf den Menschen und seine Haustiere zu beziehen ist und nicht schlechthin Synthese bedeutet, da der eine Partner — der Mensch — aktiv gestaltend wirkt und dadurch mehr Nutzen aus dem anderen Partner — dem Haustier — zieht, so aber auch in größere Abhängigkeit von diesem gerät. An Hand der Literatur beschäftigt sich Vf. vom Standpunkt des Zoologen ausführlich mit den Problemen, deren Klärung die Möglichkeit der Rekonstruktion des Domestikationsvorganges zuläßt: 1.1. Welche Wildtiere sind wo und wann in den Hausstand übernommen worden; 1.2. wer hat warum und wie Wildtiere in den Hausstand überführt; 2. welches sind die wilden Stammarten der einzelnen Haustiere; 3. welche Veränderungen sind bei den Haustieren gegenüber ihren Stammformen eingetreten und wie sind diese Änderungen zu bewerten; 4.1. welche Bedingungen sind im Hausstand gegenüber dem Wildzustand verändert; 4.2. welche der aufgeführten Bedingungen sind Ursache für die Domestikationserscheinungen bei den Haustieren? — Im Rahmen der Beantwortung und Diskussion dieser Fragen wird u. a. festgestellt: Die einzelnen Haustierarten stammen jeweils von einer Wildart ab. Trotz der erheblichen Wandlung der Haustiere in der Domestikation bleiben Veränderungen gegenüber der Wildart im intraspezifischen Rahmen. Die Domestikationsveränderungen treten bei allen Haustierarten parallel auf. Ursachen der Veränderungen während der Haustierwerdung sind Störungen der natürlichen Panmixie und die vollständige Umstellung der Selektionsrichtung bzw. des Selektionsverfahrens im Hausstand, so daß das Wesen der Domestikation hauptächlich in dem mit ihr verbundenen Auslesewandel zu sehen ist. J. E. Flade. 1030.

Müller, Arno Hermann. **Großabläufe der Stammesgeschichte.** Jena: VEB Gustav Gischer Verlag. 1961. (116 S. m. 71 Abb. u. 4 Taf.) 16.7 × 24 cm. DM 18,20. Verschiedene Tiergruppen (Trilobiten bis Säugetiere) werden unter 2 Fragestellungen betrachtet: Wie vollzieht sich — unter Berücksichtigung quantitativer Gesichtspunkte — der Großablauf der stammesgeschichtlichen Entwicklung und welche Veränderungen sind bei systematischen Kategorien im Verlaufe der Stammesgeschichte festzustellen? Es wird dargelegt, daß bei der stammesgeschichtlichen Entwicklung 3 verschiedene Ablaufformen vorliegen: ein regressiver Typ mit mehreren Virenzphasen, die abnehmende Intensität und Dauer zeigen, ihre Maxima liegen im Anfang; ein progressiver Typ, bei dem die Phasen zunehmende Intensität und Dauer mit den Maxima am Ende zeigen, ein intermediärer mit Phasen interner Periodik, dessen Maxima sich verschiedenartig den beiden ersten Typen nähern. — Die Darstellung versucht, die Gesetzmäßigkeiten der Evolution zu belegen und benutzt als Einheit der statistischen Erhebung die Gattung. Die instruktiven Diagramme zeigen als halbschematische Schaubilder die ungefähre zahlenmäßige und zeitliche Verteilung der Formen unter Berücksichtigung ihrer vermutlichen Lebensdauer. — Vf. ist sich des hypothetischen Grundcharakters und der Mehrdeutigkeit einiger seiner Resultate bewußt. F. Lüpnitz.

B. ORGANE DES TIERKÖRPERS

Anonym. **Beschluß der Deutschen Gesellschaft für Innere Medizin betreffend Standardisierung der Hämoglobinbestimmung.** Arch. Hyg. Bakteriol. **146** (1962) Nr. 3. S. 238–240.

Der Industrie wird empfohlen, die Hämometer grundsätzlich in g% zu eichen und als zweites mMol/l Blut anzugeben (Umrechnungsfaktor 1,652). Für den klinischen Gebrauch wird die Hb-Bestimmung als Hämoglobincyanid empfohlen. Die Eichung der Hb-Bestimmung als Oxy- oder reduziertes Hb soll nach der Hämiglobincyanidbestimmung erfolgen. Die Hb-Bestimmung als Salzsäurehämatin sollte nicht mehr angewendet werden! Es sollten nur noch Geräte zur Hb-Bestimmung verwendet werden, die die Aufschrift tragen: „Nach den Vorschriften der Deutschen Gesellschaft für Innere Medizin 1962 geeicht“ oder „Geeicht nach GIM 1962“. B. Busch. 1120.

Busch, B. **Morphologische Blutuntersuchung eines Rinderbestandes unter besonderer Berücksichtigung der Leukose.** Mh. Veterinärmed. **17** (1962) Nr. 11. S. 463–469. — 2 Abb., 5 Tab., 49 Lit.

Nach Eingehen auf einige der bekanntesten Angaben des Schrifttums über die Leukose des Rindes beschreibt Vf. das Ergebnis von Blutuntersuchungen, die unter Anwendung des Götzeschen Leukoseschlüssels in einem Versuchsbestand von 155 weibl. Rindern durchgeführt wurden. Es zeigte sich, daß die Leukoseverseuchung des Bestandes innerhalb von ca. 5 Jahren von 16% (Wiesner) auf 44% gestiegen war (positive und verdächtige Tiere). Aus diesem Grunde werden die Vorschläge zur Bekämpfung der Rinderleukose wiederholt. E. Wiesner. 1120.

Markušin, A. P. (Markuschin, A. P.); Saratow, Zootechn. und Veterinärmed. Inst. Vozrastnye izmenenija morfologičeskogo sostava krovi u krupnogo rogatogo skota. **(Altersmäßige Veränderungen der morphologischen Blutzusammensetzung bei Rindern.)** Trudy Instituta morfologii životnych im. A. N. Severcova. Akademija nauk SSSR, Moskva **31** (1960) S. 85–87. — 3 Tab., 5 Lit.

Die Mittelwerte von 28 Tieren der Tambowsker Rasse waren in der Zeit vom 39.–180. Lebenstag: Hb nach Sahli (I) 76, Erythrocyten (II) 7,740 Mill., Leukocyten (III) 7620; die von 10 Tieren vom 196.–312. Lebenstag: I 75, II 7,617, III 7250; die von 13 Tieren im Alter von 4–8 Jahren: I 72, II 6,126, III 6200; von 18 Tieren im Alter von 8–12 Jahren: I 71, II 5,806, III 5980; von 18 Tieren im Alter von 12–15 Jahren: I 69, II 5,372, III 5880 und von 7 Tieren im Alter von 15–19 Jahren: I 61, II 4,743, III 5590. Der prozentuale Anteil der Basophilen und Eosinophilen nahm bis zum 15. Jahr zu, um dann wieder abzunehmen; die Neutrophilen nahmen bis zum 19. Jahr zu, die Lymphocyten ab. Die Monocyten zeigten einen Anstieg nach dem 312. Lebenstag. B. Busch. 1120.

Grigoŕev, I. G. (Grigorjew, I. G.); Moskau, Unions-Forsch.-Inst. für Pferdezucht, Lab. für Biochem. Vozrastnye izmenenija belkov syvorotki krovi žerebjat raznych porod. **(Altersbedingte Veränderungen der Blutserumeiweiße von Fohlen verschiedener Rassen.)** Trudy. Vsesojuznyj naučno-issledovatel'skij institut konevodstva, Moskva **23** (1960) S. 275–282. — 1 Abb., 3 Tab., 10 Lit. Zus. in Engl.

Es wurden Untersuchungen an Fohlen der Rassen Orlow (I), Budjonny (II) und Russisches Kaltblut (III) über den Zeitraum des 1. Lebensjahres angestellt. Bei I wurde der höchste Gehalt an Gesamteiweiß zwischen dem 3. und 6. Mon. erreicht, dann folgte ein Abfall und wiederum ein allmählicher Anstieg. Bei II wurde der Höchstwert etwa im 10. und bei III im 11. Mon. erreicht. Die abs. höchsten Werte hatte III. Das Albumin: Globulin-Verhältnis stieg etwa bis zum 3. Mon. zum Maximum an, fiel dann allmählich ab, um zum Untersuchungsende wieder anzusteigen. Die abs. höchsten Werte hatte II. Der Stickstoffgehalt der freien Aminogruppe der Albumine verhielt sich ähnlich, das Maximum lag im 4. Mon. B. Busch. 1120.

Kaneko, J. J. und Cornelius, C. E.; Davis, Univ. of California, Dep. of Clin. Pathol. Erythrocyte survival studies in the Himalayan Tahr and domestic goats. **(Untersuchungen der Überlebenszeit von Erythrocyten des Himalaya-Tahrs und der Hausziege.)** Amer. J. veterin. Res. **23** (1962) Nr. 95. S. 913–915. — 3 Abb., 7 Lit.

Der Himalaya-Tahr (*Hemitragus jemlaicus*) (I) und die Hausziege (*Capra hircus*) (II) erhielten $^{14}C_{(2)}$-Glycin i. v. injiziert. Danach wurden beide Tierarten vergleichend auf die Überlebenszeit ihrer Erythrocyten untersucht. Bei I zeigte sich eine mittlere Überlebenszeit von 165 bzw. 160 Tagen (2 Tiere), bei II von nur 125 Tagen. Die Kurven (aus Hämin-spez. Aktivität und entspr. Überlebenswahrscheinlichkeit) zeigten den für die Familie Bovidae typischen Verlauf. M. Metze. 1120.

Gilbert, A. B.; Edinburgh, Scotland, Agric. Res. Council, Poultry Res. Centre. Sedimentation rate of erythrocytes in the domesticated cock. **(Die Sedimentationsrate der Erythrocyten beim Haushahn.)** Poultry Sci. **41** (1962) Nr. 3. S. 784–788. – 2Abb., 2 Tab., 10 Lit.
Um eine Hyperlipämie des Plasmas und einen Abfall des Hämatokritwertes zu erreichen, wurde über 7 Tage erwachsenen Hähnen 1 mg Oestradiol-Benzoat injiziert. Dadurch wurde die Blutsenkungsrate beschleunigt. Als Ursache können eine Reduzierung der kreisenden Erythrocyten und das hyperlipämische Plasma angesehen werden. Die Sedimentationsrate entsprach dem Grad der Lipämie. B. Busch. 1120.

Leveille, Gilbert A., Shockley, James W. und Sauberlich, Howerde E.; Denver, Colo., Fitzsimons Gen. Hospital, U.S. Army Med. Res. and Nutrit. Lab. Lipid content of chick erythrocytes and plasma. **(Lipidgehalt von Hühnchenerythrocyten und -plasma.)** Proc. Soc. exp. Biol. Med. **109** (1962) Nr. 2. S. 345–347. – 1 Abb., 12 Lit.
Bei New-Hampshire-Hähnchen ist der Gesamtlipidgehalt der Erythrocyten größer als der des Plasmas (725 mg gegenüber 539 mg/100 ml). Der Gesamtcholesteringehalt beträgt 147 und 165 mg/100 ml. Davon liegen in den Erythrocyten 96% und im Plasma 39% in freier Form vor. Der Lipid-P-Anteil ist in den Erythrocyten mehr als 2mal so hoch wie im Plasma (21,77 und 8,92 mg/100 ml). Der Glyceridspiegel beträgt hingegen nur $^1/_3$ (0,33 und 0,91 mg/mMol/l). Es besteht keine Beziehung zwischen Erythrocyten- und Plasmagehalt an Cholesterin und Glyceriden. Die Ergebnisse zeigen, daß der Lipidstoffwechsel bei Vogel- und Säugetiererythrocyten ähnlich verläuft. B. Gaßmann. 1120.

Zingg, W., Angel, A. und Steinberg, M. D.; Winnipeg, Manitoba, Dep. of Surgery and Physiol. Studies on the number and volume of fat cells in adipose tissue. **(Untersuchungen über Zahl und Volumen der Fettzellen im Fettgewebe.)** Canad. J. Biochem. Physiol. **40** (1962) Nr. 4. S. 437–442.
Vff. untersuchen die Veränderungen in Zahl und Gesamtvol. der Fettzellen des perirenalen Depots von adulten Wistar-Ratten nach operativen Eingriffen wie Adrenalektomie, Milzexstirpation u. a. m. oder Änderungen der Fütterung. Die Fettzellen wurden entweder im histol. Präparat beurteilt und ausgezählt oder die Relation von extrahierter DNS und Fett bewertet. Dabei galt die Voraussetzung, daß die Gesamt-DNS eines Gewebes ein Maßstab für die im Gewebe enthaltenen Zellen ist. Es wurde festgestellt, daß die Zahl der Zellen in einem Fettdepot nicht festgelegt ist, wie z. B. von Tanner (1955) angenommen wurde. Es ändern sich sowohl die Zahl der Zellen als auch das Zellvol. bei jeder Änderung des Fettvol. H. Fischer. 1125.

Panfilova, E. P. (Panfilowa, Je. P.) Razvitie i rost koži u nekotorych tonkorunnych i polutonkorunnych ovec v posleutrobnoe vremja. **(Entwicklung und Wachstum bei einigen Feinwoll- und Halbfeinwollschafen nach ihrer Geburt.)** Trudy Instituta morfologii životnych im. A. N. Severcova. Akademija nauk SSSR, Moskva **35** (1961) S. 58–94. – 17 Abb., 24 Tab., 66 Lit.
Die Abhängigkeit zwischen dem Wachstum der Haut und dem Wachstum sowie der Entwicklung des gesamten Tieres ist bei den einzelnen Schafrassen unterschiedlich. Der Korrelationskoeff. zwischen dem Lgw. und der Gesamthautdicke beträgt bei neugeborenen Sowjetischen Merinos (**I**) 0,45 und bei den Dagestaner Bergschafen (**II**) 0,64. Mit größerem Alter verringern sich diese Verhältnisse. Die Haut und ihre einzelnen Bestandteile wachsen bei den untersuchten Rassen nicht mit gleicher Geschwindigkeit in den einzelnen Wachstumsperioden. Nach der Geburt war die Wachstumsintensität der Haut bei **I** höher als bei **II**, wo sie vor der Geburt größer war. Die Hautbildung und Entwicklung einschließlich des Haarwuches verlief im 1. Jahr auf Grund

veränderter Umweltbedingungen (u. a. Fütterung) unausgeglichen. Auf Ernährungsverschlechterung reagierten die Bindegewebe bei **II** in ihrer Entwicklung intensiver als bei **I**, während bei den Epithelgeweben der **I** ein größerer Einfluß festgestellt wurde. In den ersten Mon. nach der Geburt ist eine intensive Gesamtentwicklung der Haut festzustellen. Die Reaktion des Haarwachstumes drückt sich in der Dickenverringerung und im geringen Zuwachs der Haarlängen aus. Bei **I** zeigt sich vom 5. bis zum 12. Lebensmon. und bei **II** vom 3.–6. Mon. eine Wollverdünnung um 20%, die jedoch zu einer späteren Zeit wieder ausgeglichen wird. Nach den ersten 3 Mon. verringert sich bei **I** die Wachstumsintensität um 1,6 und bei **II** um 1,3, bezogen auf die Länge. M. Achmedowa. 1135.

Panfilova, E. P. (Panfilowa, Je. P.) Razvitie i rost koži u gissarskich ovec v tečenie pervogo goda žizni. **(Entwicklung und Wachstum der Haut bei den Gissar-Schafen im ersten Lebensjahre.)** Trudy Instituta morfologii životnych im A. N. Severcova. Akademija nauk SSSR, Moskva **35** (1961) S. 94–109. – 9 Abb., 6 Tab., 29 Lit.

Bei den rauhen und schwierigen Lebensbedingungen der Gissar-Schafe bildeten sich eine Reihe von Anpassungseigenschaften heraus; u. a. sticht die beschleunigte Entwicklung einiger Hautstrukturbestandteile hervor. Insgesamt verfügt die Haut über eine hohe Wachstumsgeschwindigkeit vor der Geburt und in den ersten 14 Tagen danach. In dieser Zeit erreicht die Haut 92% der Dicke, die sie im Alter von 1 Jahr haben wird. Die Entwicklung der Sekundärfollikel schließt schnell ab. Im Alter von 1 Mon. sind es bereits 95,6%. 3,7 Sekundärfollikel entfallen auf einen primären. Wegen der intensiven Entwicklung der Primärfollikel bleibt die Entwicklung der sekundären zurück, da für ihre Entwicklung eine intensive Fütterung Voraussetzung wäre. Die Gissar-Schafe mit spärlichem Haarkleid haben eine verhältnismäßig dicke Epidermis, die gewisse Schutzfunktionen besitzt. Die Primärfollikel haben große Wurzelzwiebeln. Im Alter von 12 Mon. beträgt die Zwiebelstärke durchschnittlich 215 μ. Eine derartige Entwicklung der Follikelzwiebeln ist als eine Rekapitulation der Grobhaarbildung zu betrachten, die den wilden Tieren eigen ist. Demzufolge könnte man bei Beseitigung der Rekapitulation auch die grobe Wollqualität der Gissar-Schafe verändern.
M. Achmedowa. 1135.

Panfilova, E. P. (Panfilowa, Je. P.) Vlijanie urovnja moločnogo pitanija na razvitie vtoričnych volosjanych follikulov u ovec vjatskoj porody. **(Einfluß des Grades der Milchernährung auf die Entwicklung der zweiten Haarfollikel bei Schafen der Wjatka-Rasse.)** Trudy Instituta morfologii životnych im. A. N. Severcova. Akadamija nauk SSSR, Moskva **35** (1961) S. 270–274. – 1 Abb., 4 Tab., 11 Lit.

Die Ergebnisse der vom Vf. durchgeführten Arbeiten beweisen einen Zusammenhang zwischen der Muttermilchernährung junger Lämmer und ihren tägl. Gewichtszunahmen sowie der Entwicklung der sekundären Haarfollikel. Eine Versuchsgruppe junger Lämmer der Wjatka-Rasse hatte bei geringer Muttermilchernährung eine Gewichtszunahme, die nur das 0,74fache einer ausreichend gesäugten Gruppe betrug. Auch in der nachfolgenden Wachstumsperiode konnte durch die unzureichend gesäugte Gruppe der erlittene Rückstand nicht wieder aufgeholt werden. Die Entwicklung der sekundären Haarfollikel betrug nach 3 Mon. bei der unzureichend gesäugten Gruppe 82% gegenüber der normal ernährten Lämmergruppe. Hierdurch ist der Einfluß auf die Wollqualität begründet. M. Achmedowa. 1140.

Fuerst jun., William F. und Kare, Morley R.; Ithaca, N. Y., Cornell Univ., New York State Veterin. Coll., Dep. of Physiol. The influence of pH on fluid tolerance and preferences. **(Der Einfluß des pH-Wertes auf die Erträglichkeit**

und die Vorliebe für Schmecklösungen.) Poultry Sci. **41** (1962) Nr. 1. S. 71–77. – 5 Abb., 2 Tab., 11 Lit.
119 Eintagsküken, in Zehnergruppen auf Batteriefächer aufgeteilt, hatten 18 Tage lang die Möglichkeit, aus 2 Gefäßen Verschiedenes zu trinken. Zur Wahl standen 11 anorg. und org. Säuren sowie Basen im pH-Bereich zwischen 1,1 und 13,0 neben Wasser oder Glykokoll-Stammlösungen oder anderen Puffern. Die Küken vertrugen weite Ausschläge der H-Ionenkonzentration; Flüssigkeiten mit einem pH-Wert von 2–10 waren für sie weitgehend ähnlich. Im sauren Bereich waren sie empfindlicher. Ihr Verhalten schlug beim Übergang von pH = 2 zu pH = 1 von „Annahme" in „Ablehnung" um, im basischen Bereich zwischen pH 10 und 13. Das Verhalten ändert sich mit dem Alter; Eintagsküken neigen zu einer Bevorzugung der alkalischen Flüssigkeit, 12–18 Tage alte Küken schätzen saure Lösungen mehr.
C. Engelmann. 1175.

Currey, J. D.; Oxford, Dep. of Zool. Strength of bone. **(Die Festigkeit des Knochens.)** Nature [London] **195** (1962) Nr. 4840. S. 513–514.
Die anorg. Bestandteile des Knochens sind sehr widerstandsfähig gegen Druck, kaum aber gegen Biegungsänderungen. Die Stabilität gegenüber Torsionsbelastungen des Gesamtknochens ist aber 10mal größer, als die des Kollagens allein. Der Knochen besitzt also die günstigen Eigenschaften eines Kombinationsmaterials. Spaltungen der Apatitkristalle werden durch deren Kleinheit vermieden. Aus einer Torsionsbelastung resultiert allenfalls eine Verlagerung im org. Material. Wenn bei Organismen lange Kalziumkarbonatkristalle ausgebildet werden – wie es bei *Echinodermen* der Fall ist – dann sind diese porös und Längsspalten werden unterbrochen. H. Fischer. 1310.

Boda, J. M., Riley, P. und Wegner, T.; Davis, Univ. of California. Tissue glycogen levels in relation to age and some parameters of rumen development in lambs. **(Gewebeglycogenspiegel in Beziehung zum Alter und einigen Parametern der Pansenentwicklung bei Lämmern.)** J. Animal Sci. **21** (1962) Nr. 2. S. 252–257. – 3 Tab., 16 Lit.
Im Verlauf der ersten 114 Lebenstage verfolgen Vff. an 81 Lämmern das Lgw., das Frischmagengewicht, das Verhältnis von Pansen + Netzmagen (1) zu Blättermagen + Labmagen (2) und die gesamten flüchtigen Fettsäuren des Panseninhalts (3). (1) und (2) sowie (3) erreichen nach 8–9 Wochen max. Werte. Der anfänglich sehr hohe Glucosespiegel des Gesamtblutes (81–112 mg/100 ml) erreicht nach 6–7 Wochen die Werte erwachsener Tiere (40–50 mg/100 ml). Der Leber- und Skelettmuskelglykogen-Gehalt, der im Fetus sehr hoch ist, ist nach der Geburt innerhalb weniger Std. nahezu aufgebraucht, um bei Einsetzen adäquater Nahrungsversorgung auf normale Erwachsenenwerte anzusteigen. 15 Std. Hungern hat ein nahezu völliges Erschöpfen der Glycogenreserven von Leber und Muskel zur Folge, während es sich beim ausgewachsenen Tier kaum auswirkt. Der Glycogenspiegel des Herzens stellt sich schon sehr zeitig auf Erwachsenen-Werte ein und bleibt auch in Hungerperioden wenig beeinflußt. Eindeutige Beziehungen zwischen Gewebeglycogenspiegel und den genannten Parametern der Pansenentwicklung lassen sich nicht feststellen. B. Gaßmann. 1350.

Tulloh, N. M. A study of the incisor teeth of beef cattle. **(Studien über die Schneidezähne des Rindes.)** Austral. J. agric. Res. **13** (1962) Nr. 2. S. 350–361. – 5 Abb., 5 Tab., 16 Lit.
Die Weite der Zahnbrücke der Schneidezähne in Beziehung zum Wachstumsstand, das Alter der Tiere beim Wechsel des 1. Schneidezahnpaares sowie der Wachstumsverlauf während des Zahnwechsels wurden an 175 Weidetieren der Rassen Hereford, Angus und Shorthorn untersucht. Bis zum Alter von 7 Mon. nimmt die Weite der Zahnbrücke zu, bleibt dann bis zu ca. 20 Mon. gleich, um mit beginnendem Zahnwechsel rapide zuzunehmen. Dieses Maß

ist stark erblich, aber von keinem wirtschaftlichen Einfluß bei den Weidetieren, die untersucht wurden. Das Durchschnittsalter der Tiere der 3 Rassen bei Beginn des Zahnwechsels der Stiere war folgendes: Shorthorn 681,2 ± 11,5 Tage, Angus 708,3 ± 10,7 Tage und Herefords 724,9 ± 14,9 Tage. Weiter wurde geprüft, wieviel Schneidezähne die Tiere im Alter von 32 und 39 Mon. aufwiesen. Der Vorgang des Zahnwechsels wird in 6 Stadien dargestellt.
K. Damm. 1385.

Lee, James B., Vance, Vernon K. und Cahill jun., George F.; Boston, Mass., Harvard Med. School, Peter Bent Brigham Hospital, Dep. of Med. Metabolism of C^{14}-labeled substrates by rabbit kidney cortex and medulla. **(Der Stoffwechsel von mit ^{14}C markierten Substraten in der Rinden- und Marksubstanz der Kaninchenniere.)** Amer. J. Physiol. **203** (1962) Nr. 1. S. 27–36. — 7 Abb., 8 Tab., 56 Lit.
Die an Schnitten der Kaninchenniere nach einer bes., eingehend beschriebenen Methodik in vitro mit verschiedenen mit ^{14}C markierten Verbindungen (Glucose, Fructose, Mannose, Glycerin, Pyruvat, Palmitat) durchgeführten Untersuchungen zeigen, daß die Rindensubstanz der Niere fähig ist, verschiedene Substrate unter aeroben Bedingungen für die Oxydation und Synthese auszunutzen. In der Marksubstanz ist die Konzentration des Glykogen doppelt so hoch wie in der Rindensubstanz. Die initiale Konzentration bleibt jedoch nur bei Anwesenheit von Glucose, nicht von anderen Substanzen, erhalten. Auf Grund der vorliegenden eingehend diskutierten Ergebnisse scheint bei dem in hohem Grade aeroben Stoffwechsel der Rindensubstanz der Niere vor allem die Oxydation von Fettsäuren der hauptsächlichste Energiebildungsprozeß zu sein, während in der Marksubstanz eine vor allem von Glucose abhängige vorwiegend anaerobe Glykolyse erfolgt. G. Michel. 1390.

Danov, D. (Danow, D.); Sofia, Höheres Landwirtsch. Inst. „Georgi Dimitrov“, Zootechn. Fak., Lehrstuhl für Geburtshilfe und Künstl. Besamung Landwirtsch. Nutztiere. Mikromorfologični izsledvanija na semennicite i nadsemennicite pri bici v mlada vŭzrast. **(Mikromorphologische Untersuchungen der Hoden und Nebenhoden bei Jungbullen.)** Naučni trudove. Visš selskostopanski institut „Georgi Dimitrov“. Zootechničeski fakultet, Sofija **11** (1962) S. 391–400. — 23 Abb., 5 Lit. Zus. in Russ., Dtsch.
Vf. hat die morphol. Veränderungen der Hoden und Nebenhoden bei 37 Jungbullen vom Sofioter Braunschlag bei normaler Ernährung und Haltung beobachtet. Von allen Versuchstieren wurden 24 im Alter bis zu 10 Mon., 9 bis zu 18 und 4 bis zu 25,5 Mon. geschlachtet. Es zeigte sich, daß die Spermiogenese bereits im Alter von 7 Mon. eintritt. Spermatogonien und einzelne Spermatocyten wurden bereits 5 Tage nach der Geburt, Präspermiden nach 3 Mon. und Spermatiden und Spermatozoen erst im 7. Mon. beobachtet. Der morphol. Aufbau des Nebenhodenepithels, der der Spermienbildung in den Hodenkanälchen voranging, wurde mit 5,5 Mon. beendet. Die frühesten morphol. Veränderungen im Nebenhodenepithel, die sich in mehrschichtiger, prismatischer Epithelbildung äußern, erfolgten im Nebenhodenschwanz. Gleichzeitig mit der Spermatozoenbildung in den Hodenkanälchen wurden solche in unterschiedlicher Menge im Kopf, Körper und Schwanz des Nebenhodens beobachtet. G. Radew. 1410.

Winget, C. M. und Griffin, E. L. Effect of 17-alpha-ethyl-17-hydroxynorandrostenone on the reproductive system of the domestic fowl. **(Wirkung von 17-α-Äthyl-17-Hydroxy-Norandrostenon auf die Fortpflanzungsorgane des Haushuhns.)** Poultry Sci. **41** (1962) Nr. 2. S. 564–569. — 3 Abb., 1 Tab., 16 Lit.
Vff. untersuchten die Wirkung von 17-α-Äthyl-17-Hydroxy-Norandrostenon („Nilevar“) (I) auf Lgw., Legefreudigkeit und Gewicht einzelner Abschnitte des inneren Genitale beim Haushuhn. 1jährige Weiße Leghorn-Hennen er-

hielten I an 5 aufeinanderfolgenden Tagen i. m. in der Dosierung von 1 mg/kg Lgw. und Tag. Einzelne Tiergruppen wurden nach Beginn der Behandlung in verschiedenen Zeitabständen bis zum 24. Tag getötet. Das Lgw. zeigte keine charakteristischen Veränderungen. Dagegen wurde ein ziemlich rasch einsetzender Rückgang der Legefreudigkeit beobachtet. Vom 6.–9. Tag nach Behandlungsbeginn ruhte das Eierlegen völlig. Dann kam es allmählich wieder in Gang und war am 22. Tag fast normal. Das Ovargewicht nahm vom 3.–6. Tag zunächst zu, dann vom 6.–14. Tag deutlich ab, um sich vom 14.–22. Tag wieder Normalwerten zu nähern. Als Ursache für die Gewichtszunahme des Ovars wurde Retention großer Eier, für die -abnahme Dotterverlust beobachtet. Der Genitaltrakt ließ mit Ausnahme der initialen Gewichtszunahme ein ähnliches Verhalten wie die Ovarien erkennen. Von den einzelnen Abschnitten zeigte das Magnum stärkeren Gewichtsverlust als die Schalendrüse. Die Autoren nehmen an, daß I durch Hemmung von LH Ovulationen verhindert. Die beobachteten Gewichtsänderungen an den übrigen Abschnitten des Genitaltrakts sollen durch FSH- bzw. Oestrogenwirkung bedingt sein.

H. Grychtolik. 1415.

Brande, P. F. und Knobil, E.; Boston, Mass., Harvard Med. School, Dep. of Physiol. Further evidence for amino acid transport as a site of action of growth hormone. **(Weitere Beweise für die Wirkung des Wachstumshormons auf den Aminosäuretransport.)** Proc. Soc. exp. Biol. Med. **110** (1962) Nr. 1. S. 5–6. — 2 Abb., 6 Lit.

Vff. untersuchten an isolierten „intakten" Zwerchfellen hypophysektomierter Ratten die Verteilung von Aminosäuren zwischen Intracellulärraum und Inkubationsmedium unter der Einwirkung von Wachstumshormon (GH) vom Rind. Die Verteilung von 4 natürlichen Aminosäuren wurde indirekt vermittels kompetitiver Hemmung des Zelleintritts von radioaktiv markierter α-Aminoisobuttersäure (AIB), die im Organismus nicht abgebaut wird, bestimmt. Es fand sich, daß durch GH die Ansammlung von AIB in den Zellen annähernd verdoppelt wird. Wird nun l-Leucin oder Glykokoll hinzugefügt, so zeigt sich, daß diese Aminosäuren die AIB verdrängen und sich hauptsächlich selbst in den Muskelzellen anreichern. Im Gegensatz dazu führte Zugabe von l-Phenylalanin oder l-Glutaminsäure zum Inkubationsmedium bei Einwirkung von GH nicht zu einer Hemmung der intracellulären Ansammlung von AIB. Vff. schließen aus ihren Untersuchungen, daß GH den Transport einiger (aber nicht aller) natürlicher Aminosäuren fördert.

H. Grychtolik. 1512.

Davidson, Julian M. und Feldman, Shaul; Jerusalem, Israel, Hadassah Univ. Hospital; Hebrew Univ., Hadassah Med. School. Adrenocorticotropin secretion inhibited by implantation of hydrocortisone in the hypothalamus. **(Hemmung der Adrenocorticotropin-Sekretion durch Hydrocortison-Implantation in den Hypothalamus.)** Science [Washington] **137** (1962) Nr. 3524. S. 125–126.

Erwachsene ♂ Albinoratten erhielten nach unilateraler Adrenalektomie kristallines Hydrocortisonacetat (I; ungefähr 0,2 mg) in den Hypothalamus (*a*) bzw. in die Hypophyse (*b*) implantiert. Die bei Kontrolltieren (ohne I) auftretende kompensatorische Hypertrophie der verbliebenen Nebenniere wird im Fall *a* unterdrückt bzw. in eine Atrophie umgewandelt; im Fall *b* tritt wie bei den Kontrollen Nebennierenhypertrophie auf. Cholesterin-Implantate in den Hypothalamus blieben ebenfalls ohne Wirkung. Die Ergebnisse lassen auf eine spez. Hemmwirkung von I auf das Adrenocorticotropin-regulierende „Zentrum" des Hypothalamus schließen. M. Metze. 1512.

Csaba, G., Törö, I., Horváth, Cecilia, Th. Ács. und Mold, Katalin. Thymus and stress. **(Thymusdrüse und Stress.)** J. Endocrinology **23** (1962) Nr. 4. S. 423–431. — 15 Abb., 1 Tab., 16 Lit. Zus. in Engl.

Es wurden folgende Fragen untersucht: 1. Hat die Thymektomie auf die Entwicklung und Folgen der Arthritis eine Wirkung? 2. Wenn dem so ist, wie wirkt Cortison bei normalen und thymektomierten Tieren? 3. Wenn die Cortisonwirkung durch den Thymus beeinflußt wird, hängt dieser Einfluß von einem Thymushormon ab, oder ist die Anwesenheit des ganzen Organs notwendig? 4. Haben andere lymphoide Strukturen eine ähnliche Wirkung wie der Thymus? 5. Ist diese Wirkung in irgendeiner Weise mit der Rolle des Thymus beim Kohlehydratstoffwechsel verbunden? — Für die Versuche standen 252 männl., 200 g schwere Ratten zur Verfügung. Arthritiden wurden durch 2 s. c. Injektionen von neutralem Formalin (1–4%ig) in die linke Hinterpfote erzeugt. Adreson und Hydrocortison wurden über 10 Tage in einer Dosis von 5 mg/Tag gegeben. Beschrieben werden die Thymektomie, die Splenektomie, Färbeverfahren und die Präparation des Thymus-Homogenats. Die Thymektomie führte bei Ratten, die nach Formalininjektion eine Arthritis hatten, zu geringgradiger Verschlechterung des Krankheitsbildes. Cortison, das bei gesunden Ratten eine Arthritis zu verhindern oder aufzuhalten vermochte, erzeugte bei thymektomierten Tieren eine deutliche Verschlechterung des Gesamtzustandes. Die Wirkung der Thymusdrüse ist offensichtlich nicht hormonal bedingt, sondern abhängig von der Anwesenheit von Thymusgewebe. Es scheint, daß dieses Phänomen mit der Teilnahme des Thymus am Kohlehydratstoffwechsel verbunden ist. Die wechselseitigen Äußerungen und der Mechanismus der Tätigkeit des Thymus werden diskutiert. Der Wirkungsmechanismus des Cortisons wird theoretisch erörtert.
Ch. Garlt. 1520.

Howes, J. R., Feaster, J. P. und Hentges jun., J. F.; Gainesville, Florida Agric. Exp. Stat., Dep. of Animal Sci. Comparison of the thyroid release of J-131 by Hereford and Brahman cattle maintained under identical environmental conditions. **(Vergleich der Freisetzung von ^{131}J aus der Schilddrüse bei Hereford- und Brahman-Rindern, die unter gleichen Umweltsbedingungen gehalten wurden.)** J. Animal Sci. **21** (1962) Nr. 2. S. 210–213. — 1 Abb., 2 Tab., 15 Lit.

24 Hereford- und Brahman-Färsen erhalten i.v. 5 μc ^{131}J injiziert. Die Aufnahme und Abgabe des Jods durch die Schilddrüse wird in vivo mit Hilfe zweier Szintillationsmeßköpfe verfolgt. Hereford-Tiere nehmen mehr und schneller ^{131}J in die Schilddrüsen auf als die Brahman-Tiere. Die durch eine Herabsetzung des Eiweißverzehrs um 50% bewirkte Freisetzung von ^{131}J aus der Schilddrüse verläuft bei beiden Species gleich. Die geringere Schilddrüsenaktivität der Brahman-Rinder wird zu ihrer größeren Wämetoleranz in Beziehung gebracht. B. Gaßmann. 1525.

Mellen, W. J. und Wentworth, B. C. Observations on radiothyroidectomized chickens. **(Beobachtungen an durch Röntgenstrahlen thyreoidektomierten Küken.)** Poultry Sci. **41** (1962) Nr. 1. S. 134–141. — 3 Tab., 26 Lit.

Durch i.p. Injektion von ^{131}J, ca. 1,5 mc/100 g Lgw., wurden Küken thyreoidektomiert. Vorbehandelt wurden sie mit jodarmer Diät und Thiourazil. Folgende Symptome einer extremen Schilddrüsenunterfunktion wurden beobachtet: schwere Wachstumsstörungen, zerzaustes Federkleid, Fettsucht, Schüttelfrost und aufgerichtete Federn, Geschlechtsdrüsenunterentwicklung und -funktion, niedriger Ruhe-O_2-Verbrauch, abnehmendes Gewicht der Bursa Fabricii und fehlendes Serumcholesterin. Ch. Garlt. 1525.

Wallgren, Arne und Hellman, Bo. Influence of the islet a and b cells on the exocrine pancreatic tissue in the duck. **(Der Einfluß der a- und b-Inselzellen auf das exokrine Pankreasgewebe bei Enten.)** Acta anatom. [Basel] **48** (1692) Nr. 1/2. S. 137–141. — 1 Abb., 1 Tab., 9 Lit. Zus. in Franz., Dtsch.

Neun über 1 Mon. alte Enten, die jederzeit Futter aufnehmen konnten, wurden mittels Dekapitation getötet. Pankreasteile wurden unmittelbar entnommen und in Bouin's Lösung fixiert. 7 μ dicke Schnitte wurden mit Gomoris Chrom-Haematoxylin-Phloxin gefärbt. Mit einem Okularmikrometer wurden die Zellkerne gemessen (Vergrößerung 1850 x). Bei jedem Tier wurden 24 wahllos ausgesuchte Kerne analysiert. Die Kerne stammten von exokrinen Zellen, die unmittelbar an typischen a-Inselzellen lagen. Eine entspr. Zahl von exokrinen Kernen wurde in Zellen gemessen, die bei b-Inselzellen lagen. Es wurden Doppelbestimmungen durchgeführt und der Fehler für jede Einzelbestimmung der Zellgröße belief sich auf $\pm 2,5\%$. Die größten Zellkerne wurden in exokrinen Zellen gefunden, die mit b-Inselzellen in Kontakt standen. Die zusätzliche Beobachtung, daß größere Zellkernvol. in Zellen auftraten, die näher bei a-Zellen lagen, deutete darauf hin, daß eine Sekretion einer oder beider a-Zellfraktionen zur regionalen Differenzierung beiträgt, wie sie früher schon im exokrinen Pankreas von Säugetieren beobachtet werden konnte.
Ch. Garlt. 1540.

Rommel, P. und Rommel, W. (unter techn. Mitarb. von Zschintzsch, A.); Leipzig, Univ., Ambulator. und Geburtshilfl. Tierklin. **Die quantitativ-chemische Bestimmung oestrogener Steroide im Urin der Stute während Brunstzyklus, Trächtigkeit und Puerperium.** Zuchthyg., Fortpflanzungsstör. Besam. Haustiere **6** (1962) Nr. 3. S. 162–173. – 1 Abb., 3 Tab., 19 Lit.
Nach der Methode von Ittrich (Z. physiol. Chem. **312** [1958] S. 1.) wurde der Harn von 75 Stuten in Mengen von 1,0 ml (Puerperium), 0,1–0,01 ml (Trächtigkeit) quantitativ-chemisch auf den Gehalt an Oestron (**I**), Oestradiol (**II**) und Oestriol (**III**) untersucht. Nach eingehender Darstellung des Analysenganges werden die während des Brunstzyklus, der Trächtigkeit, der Geburt und des Puerperiums ermittelten Werte graphisch und tabellarisch dargestellt. – Nach einem Anstieg des **I**- (1,25 μg/ml) und **II**-Gehaltes (0,35 μg) während der Brunst (0,075 μg **III**) fielen die Werte während der ersten 3 Wochen für **I** auf 0,1 μg und **II** auf 0,06 μg (0,02 μg **III**). Nach diesem Abfall konnte eine kontinuierliche Zunahme sämtlicher Werte bis zu einem Höhepunkt im 8. Trächtigkeitsmon. gemessen werden (90 μg **I**; 16,85 μg **II**; 3,82 μg **III**), gefolgt von einem gleichermaßen kontinuierlichen Absinken bis etwa auf die Ausgangswerte z. Z. des Partus. – Vff. betrachten das Verfahren für die indirekte Diagnostik bei ovariell bedingten Fortpflanzungsstörungen und für die Trächtigkeitsdiagnose als geeignet. J. Bergfeld. 1580.

Hopwood, M. L. und Gassner, F. X.; Fort Collins, Collorado-State Univ., Endocrinol. Sect. Metabolism of C^{14}-diethylstilbestrol in the chicken: retention and exretion. **(Der Stoffwechsel von ^{14}C-Diäthylstilböstrol beim Küken: Retention und Exkretion.)** Endocrinology **70** (1962) Nr. 6. S. 880–885. – 5 Abb., 1 Tab., 12 Lit.
Bei Hähnchen werden 15 mg mit ^{14}C-markiertes Diäthylstilböstrol (DÄS) implantiert. Über Perioden von 6 Std. bis zu 30 Tagen wird die Ausscheidung und Retention der Radioaktivität in verschiedenen Geweben bestimmt. 30% der Gesamtmenge werden an der Implantationsstelle (Kopf und Nacken) in 4 Std. absorbiert. Die Halbzeit des Hormons betrug 2–3 Tage. Am Ende des Versuches fanden sich an der Injektionsstelle, in Leber, Galle, Blut, Ingesta und Flügeln insgesamt 0,7% der verabreichten Menge. Die tägl. gesammelten Fäces und der Harn wurden biol. und auf Radioaktivität untersucht. Von der gesamten Radioaktivität wurden 29% in 24 Std., 70% in 11 Tagen und 74% nach 30 Tagen ausgeschieden. Die Oestrogenaktivität des verabreichten Hormons, die in Fäces und Harn wiedergefunden wurde, betrug 48% dieser Radioaktivität. R. Neseni. 1580.

Hopwood, M. L. und Gassner, F. X.; Fort Collins, Collorado State Univ., Endocrinol. Sect. Metabolism of C^{14}-diethylstilbestrol in the chicken: con-

version in vivo. **(Der Stoffwechsel von ^{14}C-Diäthylstilböstrol bei Küken: Umbildungen in vivo.)** Endocrinology **70** (1962) Nr. 6. S. 886–889. — 5 Abb., 1 Tab., 12 Lit.
Von den wie im vorigen Versuch implantierten Hähnen wurden Blut, Leber, Ingesta, Harn und Fäces gesammelt, extrahiert und fraktioniert zwecks Aufteilung der Metaboliten in Konjugate, Säuren, Phenole und Neutrale. Der ^{14}C-Gehalt jeder dieser Fraktionen wurde bestimmt, wobei die Radioaktivität der Fraktionen gesondert nach Säurehydrolyse der Gewebsextrakte untersucht wurde. Der Hauptteil des Diäthylstilböstrols lag in Form von Konjugaten, vermutlich als Glucuronide, vor. Der höchste Anteil der Umwandlung wurde in der Galle und dem Blut gefunden. Die Konjugation kommt in geringer Ausdehnung in der Leber und den Ingesta und am geringsten in den Sekreten vor. Die Exkrete enthalten bezüglich Verteilung und ihrer chem. Natur nach verschiedenste Metaboliten. R. Neseni. 1580.

C. GENETIK

Kihlmann, B. A.; Uppsala, Schweden, Univ. of Uppsala, Inst. of Physiol. Bot. Biochemical aspects of chromosome breakage. **(Biochemische Aspekte des Chromosomenbruchs.)** Advances Genetics **10** (1961) S. 1–59. — 7 Abb., 3 Tab., 160 Lit.
In der Vergangenheit war es üblich, Chromosomenbrüche, wenn sie nicht von der deskriptiven Cytologie gedeutet wurden, biophysikalisch zu interpretieren. In den letzten Jahren wurde das Interesse in zunehmendem Maße auf die biochemische Betrachtung der Chromosomenbrüche gelenkt. Es wurde erkannt, daß die Chromosomen mehr als ein dynamisches System, nicht dagegen als statisches System anzusehen sind und biochemische Prozesse bei Strukturveränderungen der Chromosomen eine entscheidene Rolle spielen. Einer der bedeutsamsten Prozesse scheint dabei die oxydative Phosphorylation zu sein. Aus diesem Grunde betrachtet Vf. die Wirkungen von Sauerstoff, Atmung und oxydativer Phosphorylierung bei der Erzeugung von Chromosomenaberrationen durch Strahlen und chem. Agentien. K. Schulz. 1615.

Bell, L. G.E.; London, King's Coll., Dep. of Zool. Some mechanisms involved in cell division. **(Einige Mechanismen, die mit der Zellteilung im Zusammenhang stehen.)** Nature [London] **193** (1962) S. 190–191. — 3 Abb., 4 Lit.
Furchungsteilungen bei Eizellen von *Ciona intestinalis* (Tunicata) wurden beobachtet und gefilmt. — Während der Furchung ließen die Eizellen Kontraktionen und Ausdehnungen des Cytoplasmas erkennen, die deutlich im Zusammenhang mit den Zellteilungen stehen sollen. Aus den Eizellen, die unter den gegebenen Versuchsbedingungen stark zusammengepreßt waren, wurden während der Kontraktionsphase häufig Cytoplasmapartikel ausgepreßt. Diese Fragmente zeigten nun die gleichen rhythmischen Kontraktionen wie die restliche sich furchende Eizelle, obwohl in ihnen weder Teilungsspindel noch Zellkern vorhanden waren. — Die Ursache für dieses Verhalten könnte nun in periodischen Stoffwechselveränderungen „sehr kleiner organisierter Partikel" zu suchen sein oder wahrscheinlicher als eine Oberflächenerscheinung gedeutet werden, wenn das Eifragment einen Teil der Oberflächenmembran des „Elterneies" mitbekommen hätte. Die Erscheinungen zeigen, daß die bisher angenommenen Spindelmechanismen bei der Erklärung der Zellteilung nicht ganz zufriedenstellen können. P. Kauffold. 1625.

Källén, Bengt. Mitotic patterning in the central nervous system of chick embryos; studied by a colchicine method. **(Mitoseschema im Zentralnervensystem von Hühnerembryonen; untersucht nach Colchicin-Behandlung.)** Z. Anatom. Entwicklungsgeschichte **123** (1962) Nr. 3. S. 309–319. — 10 Abb., 25 Lit.
Es wird über die Mitoseverhältnisse im Zentralnervensystem von Hühnerembryonen nach Colchicin-Behandlung berichtet. Untersucht wurden ver-

schiedene Entwicklungsstadien (Bebrütungsdauer 52–114 Std.). 4–4,5 Std. nach der Applikation von 1 ml Colchicinlösung (in Tyrode) in einer Konzentration von 10^{-5}g/ml wurden die Embryonen in Bouinschem Gemisch fixiert und eingebettet. Die Färbung der Schnitte erfolgte mit Hämatoxylin-Eosin. Die meisten Mitosen konnten in den Neuromerenanschwellungen nachgewiesen werden. Im Bereich der definitiven Gehirnanlage fanden sich die Mitosen in der Peripherie des Hirnbläschens angehäuft, was auf ein intensives Wachstum dieses Abschnittes hinweist. Die Tatsache, daß die Colchicin-Behandlung, bes. bei jungen Stadien, eine Vergrößerung und nicht eine Vermehrung der Neuromerenanschwellungen bewirkt, wird auf eine Verschiebung der Zellteilungsprozesse zurückgeführt (Erhöhung der Mitoserate in der Peripherie der Neuromeren, Verzögerung der Mitosevorgänge in den ventrikelnahen Abschnitten). A. Smollich. 1625.

Williams, Roger J., Pelton, Richard B. und Siegel, Frank L.; Austin, Univ. of Texas, Dep. of Chem.; Clayton Foundation, Biochem. Inst. Individuality as exhibited by inbred animals; its implications for human behavior. **(Von Inzuchttieren gezeigte Individualität und ihre Folgerungen für menschliches Verhalten.)** Proc. nat. Acad. Sci. USA 48 (1962) Nr. 8. S. 1461–1466. — 1 Tab., 19 Lit.

Tiere können einen hohen Grad von Individualität besitzen. Von insgesamt 645 adulten ♂ Kaninchen wurde das Maximum und Minimum von 17 Organen bestimmt, bezogen auf das Netto-Körpergewicht. Die geringste Variation zeigte das Herz (2,3), die größte dabei die Milz (80,0); die durchschnittl. Variation betrug 14. Bei den engen Beziehungen von anatomischer Größe und physiol. Funktion ist ein hoher Grad von Individualität in anatomischer, physiol. und biochemischer Hinsicht zu erwarten. Statistisch gesicherte Unterschiede in der Blutreihe, die freiwillige Alkoholaufnahme von Ratten und Küken und die unterschiedliche Auswahl aus verschiedenen Nahrungsangeboten bei Ratten wurden untersucht. Bei 10 ingezüchteten Ratten marschierte eine Ratte 158 ft., die andere dagegen 9500 ft. tägl. Diese angeborenen Tendenzen für Essen, Trinken und Übungsverhalten sowie die Tatsache, daß innerhalb eines Stammes so hohe Variabilitäten vorliegen, zwingt die Vff. zu der Annahme, daß die determinierenden Faktoren der Differenzierung extrachromosomale Agentien seien. Hochdifferenzierte, die Variabilität letzten Endes bedingende Zellen tragen vermutlich die gleichen Chromosomen und Gene wie undifferenzierte Zellen. Als extrachromosomale, genetisch bedeutungsvolle Elemente werden Nucleoli, Mitochondrien, Ribosomen, endoplastisches Retikulum, Protamine, Histone und noch unbekannte Hormone genannt. — Bei Annahme dieser zusätzlichen Erbfaktoren kann auch bei Ausschluß von Mutationen keine Uniformität in der Nachkommenschaft von Bruder-Schwester-Paarungen gefordert werden. Diese Folgerungen seien von teilweiser Bedeutung für den Menschen. In diesem Zusammenhang werden unterschiedliches menschliches Verhalten, Nahrungswahl, Vergehen und Verbrechen sowie das Problem eineiiger Zwillinge diskutiert. H. Freye. 1655.

Binet, F. E. und Morris, J. A. On total hereditary variance, in the case of certain mating systems. **(Über die gesamte erbliche Varianz bei bestimmten Paarungssystemen.)** J. Genetics 58 (1962) Nr. 1. S. 108–121.

Ausgehend von einem statistischen Modell, das trotz seiner Einfachheit von allg. Bedeutung ist, wird eine Formel abgeleitet, die die genetische Varianz V in Abhängigkeit vom Inzuchtkoeffizienten F darstellt (F sehr allg. definiert). Eine weitere Formel gibt den Wert von F an, für den V ein Maximum annimmt. Inwieweit V dem größten Wert nahekommt, hängt von den Beziehungen zwischen dem Grad der Dominanz und der Allelhäufigkeit ab. Die Ergebnisse werden biol. gedeutet. D. Rasch. 1667.

Kimura, Motoo; Madison, Univ. of Wisconsin. On the probability of fixation of mutant genes in a population. **(Über die Fixierungswahrscheinlichkeit von mutanten Genen in einer Population.)** Genetics **47** (1962) Nr. 6.S. 713–719. – 10 Lit.

Vf. gibt einleitend einen Bericht über die zum Thema gehörige Lit. aus den Jahren 1922–60. – Für den Erfolg oder Mißerfolg eines Gens sind nicht nur Selektionsvorgänge, sondern auch der Zufall verantwortlich. Die endgültige Fixierung eines Gens wird vom Vf. als stetiger stochastischer Prozeß behandelt. Die Lösung ist eine Funktion der Anfangshäufigkeit. Mittelwert und Streuung der Genhäufigkeit ändern sich von Generation zu Generation. Vf. zeigt, daß seine Formel allgemeiner ist als die früher gefundenen. Er behandelt einige Anwendungsmöglichkeiten. G. Reißig. 1667.

Heidhues, T. und Henderson, C. R.; Ithaca, N. Y., Cornell Univ., Dep. of Animal Husbandry. **Beitrag zum Problem des Basisindex.** Z. Tierzücht. Züchtungsbiol. **77** (1962) Nr. 3. S. 297–311. – 4 Tab., 14 Lit.

Dem Selektionsindexverfahren liegt u. a. die Annahme zugrunde, daß die im Index benutzten Populationsparameter, insbesondere die genotypischen und phänotypischen Varianzen und Covarianzen, bekannt sind. Vorliegende Arbeit befaßt sich mit der Untersuchung der Folgen bez. der Genauigkeit dieser Methode, wenn diese Annahme nicht zutrifft und die Parameter von einer Stichprobe gegebener Größen geschätzt werden müssen, sowie mit Alternativmethoden unter diesen Voraussetzungen. Keines der untersuchten Indexverfahren (Basisindex, Heritabilitätsindex, geschätzter Index) erwies sich unter den gegebenen Bedingungen als durchweg über- oder unterlegen. Die jeweiligen rel. Werte schwanken zwischen 0,70 und 0,90. Bei Selektion in kleinen Populationen, deren Parameter nicht bekannt sind, kann man bei Anwendung einer der diskutierten Verfahren nicht den unter optimalen Bedingungen zu erwartenden genetischen Erfolg erreichen. A. Schaaf. 1675.

Ivanov, V. K. (Iwanow, W. K.); Askanija-Nowa, Unions-Forsch.-Inst. für Kreuzungszücht. und Akklimatisat. der Tiere. Vozrastnye i sezonnye izmenenija obščego urovnja belka i sootnošenie osnovych belkovych frakcij v syvorotke krovi teljat krasnogo stepnogo skota i ego pomesej s moločnymi šortgornami. **(Altersmäßige und jahreszeitliche Veränderungen des Gesamteiweißspiegels und die Verhältnisse der Eiweißfraktionen im Blutserum von Kälbern der Roten Steppenrasse und ihrer Kreuzungsprodukte mit Milch-Shorthorn.)** Trudy Instituta morfologii Životnych im. A. N. Severcova. Akademija nauk SSSR, Moskva **31** (1960) S. 88–92. – 5 Tab., 2 Lit.

Der Gesamteiweißgehalt der Kälber zeigte in den ersten Lebensmonaten geringere Schwankungen und nahm nach dem 6. Mon. zu. Die Albumine zeigten nach der Geburt eine Zunahme, vom 4. Mon. an jedoch eine Abnahme, vom 7. Mon. wiederum eine Zunahme, die Globuline verhielten sich umgekehrt. Der Gesamteiweißgehalt war in allen Jahreszeiten etwa gleich, doch das Albumin: Globulin-Verhältnis im Frühjahr bes. niedrig, und das sowohl im Alter bis zu 6 als auch bis zu 12 Mon. Die Kreuzungstiere waren Hybriden (Rotes Steppenvieh × Zebu) im Gesamteiweißgehalt während der ganzen Versuchsperiode überlegen, letztere jedoch nach dem 3. Mon. im Albumingehalt, was sich auch in deren niedrigerem Albumin: Globulin-Verhältnis ausdrückte. Die Kreuzungstiere hatten gegenüber den Hybriden einen höheren Energiestoffwechsel und nach 12 Mon. ein um 8,5% höheres Lgw. B. Busch. 1690.

Steck, Franz Thomas. **Die Übertragung von Gammaglobulinen auf das neugeborene Kalb mit dem Colostrum.** Schweiz. Arch. Tierheilkunde **104** (1962) Nr. 9. S. 525–536.

Die placentaren Verhältnisse beim Rind verhindern den Übergang von Gammaglobulinen auf das Kalb durch den diaplacentaren Weg. Es sind auch keine spez. Antikörper nachweisbar. Das Colostrum des Rindes besitzt aber einen hohen Immunglobulingehalt. Das Kalb ist demnach in der Lage, sich gleich nach Geburt mit immunologisch hochwirksamen Gammaglobulinen in großer Menge zu versorgen, die auch voll resorbiert werden. Diese Tatsache ermöglicht es, durch Immunisierung von Kühen den Kälbern über das Colostrum einen hochwirksamen Schutz gegen verschiedene Aufzuchtseuchen zu verleihen. In Frage kommen dabei Immunisierungen gegen Coli, Pneumokokken, Salmonellen usw. — Im Versuch colostrumfrei aufgezogene Kälber zeigen eine erhöhte Anfälligkeit für derartige Krankheitserreger. F. Schaetz. 1690.

Buschmann, H. **Blutgruppenforschung beim Schwein. Über die Technik der Blutentnahme und Blutkonservierung.** Zbl. Veterinärmed. **9** (1962) Nr. 3. S. 251–256. — 1 Abb., 8 Lit. Zus. in Engl., Franz., Span.

Um die für die Blutgruppenforschung notwendige Menge Blut vom Schwein zu erhalten, wird das Tier fest fixiert, der Kopf hochgebunden und darauf geachtet, daß es alle 4 Beine belastet. Mit Hilfe einer evakuierten Glasflasche kann aus der vorderen Hohlvene bis zu 1 l Blut entnommen werden. Um die Gerinnung zu verhindern, erweist sich folgende Lösung als geeignet: 216 g Natriumcitrat, 234 g Dextrose, 50 g Acidum citricum, 40 cm³ Formalin 40%ig auf 10 l aqua dest. (Lösung: Blut = 1:3). Wird das Blut zur Immunisierung verwendet, wird das Formalin weggelassen. Soll das Blut länger aufbewahrt werden, erweist sich ein Tiefkühlen unter Zusatz von 2 Vol.-% Äthylenglykol (40 Vol.-% Äthylenglykol., 3 Gew.-% tertiäres Natriumcitrat) auf ein Vol.-% gewaschene Schweineerythrocyten als bes. vorteilhaft. Allerdings ist das Einfrieren mit großem Materialverlust verbunden. Andererseits war es möglich, mit diesem Blut Schweine zu immunisieren. G. Becker. 1690.

Bratanov, K., Radev, G. und Dikov, V. (Bratanow, K., Radew, G. und Dikow, W.); Sofia, Höheres Landwirtsch.Inst. „Georgi Dimitrow", Zootechn. Fak., Lehrstuhl für Geburtshilfe und Künstl. Besam. Izsledvanija vŭrchu seruminite beltŭčin na njakoi vidove ptici vŭv vrŭzka s oploždaneto i onasledjavaneto. **(Untersuchungen über die Serum-Eiweiße einiger Geflügelarten im Zusammenhang mit Befruchtung und Vererbung.)** Naučni trudove. Visš selskostopanski institut „Georgi Dimitrov". Zootechničeski fakultet, Sofija **11** (1962) S. 51–68. — 5 Abb., 7 Tab., 19 Lit. Zus. in Russ., Dtsch.

Vff. untersuchten die Eiweißfraktionen im Serum von 3 Geflügelarten (Hühner, Enten und Gänse), um festzustellen, inwieweit sie sich systematisch-biol. nahestehen. Ferner suchten sie bei Behandlung der o.a. Geflügelarten mit artfremdem Blut, Veränderungen in den Eiweißfraktionen nachzuweisen und erforschten schließlich die Nachkommen der so behandelten Arten auf morphol. Veränderungen. Bei nichtbehandeltem Geflügel stellten Vff. in den Gammaglobulinen nur bei Hühnern und Wassergeflügel einen Unterschied fest. Bei dem einer vegetativen Einwirkung unterzogenen Geflügel stellten Vff. eine Annäherung des Rezipienten an die Mittelwerte der Eiweißfraktionen im Donator fest. Nach Injektion artfremden Blutes wurde eine Steigerung der Legeleistung bei Hennen unterschiedlicher Gruppen festgestellt. Eine Befruchtung zwischen Henne und Gänserich, Henne und Enterich, Ente mit Gänserich und Gans durch Enterich wurde, trotz ihrer Behandlung zur vegetativen Annäherung, nicht erreicht. Neugeschlüpfte Küken aus mit artfremdem Blut behandelten Hennen wiesen ein höheres Schlupfgewicht auf. Bei F_1- und F_2-Tieren aus mit heterogenem Blut behandelten Hühnern traten neue morphol. Merkmale auf. Vff. schließen, daß das Auftreten der für den Donator kennzeichnenden morphol. Merkmale in den Nachkommengenerationen mit artfremdem Blut behandelten Geflügels eine Bestätigung dafür ist, daß durch Bluttransfusion einige Erbeigenschaften übertragen werden können.

N. Iwanow. 1690.

Sadler, Clarence R. und Glick, Bruce.; Mississippi State Univ., Agric. Exp. Stat. The relationship of the size of the bursa of Fabricius to antibody production. **(Die Beziehung der Größe der Bursa Fabricii zur Antikörperbildung.)** Poultry Sci. **41** (1962) Nr. 2. S. 508–510. — 2 Tab., 6 Lit.
Es ist anzunehmen, daß mit zunehmender Größe der Bursa Fabricii die Antikörperbildung besser wird. So wurden in Versuchen Küken aus Familien mit großer und aus solchen mit kleiner Bursa Vibrionen injiziert, wobei erstere zu 82% und letztere nur zu 50% einen Antikörpertiter von 1:64 oder höher ausbildeten. B. Busch. 1690.

Parish, N. R., Murphree, R. L. und Hupp, E. W.; Oak Ridge, Univ. of Tennessee, Agric. Res. Lab. Growth and sexual development of prenatally irradiated cattle. **(Wachstum und sexuelle Entwicklung von pränatal bestrahlten Kühen.)** J. Animal Sci. **21** (1962) Nr. 3. S. 473–478.
80 trächtige Hereford- und Hereford-Angus-Kühe wurden auf der Basis früherer Leistungen paarweise zusammengestellt und jeweils ein Tier mit 400 r ^{60}Co-Gammastrahlen (frei Luft gemessen) bestrahlt. Die Dosisrate betrug 24,9 r pro Std. Die Bestrahlung erfolgte zwischen dem 122. und 235. Tag nach der Befruchtung. In einer 2. Serie wurden 46 trächtige Kühe mit 400 r und einer Dosisverteilung von 19,2 r/Std. bestrahlt. Die Geburtsgewichte bestrahlter Kälber waren signifikant geringer als die der Kontrollen. Die Ovarien der Färsen entwickelten sich normal. Nach Befruchtung durch unbestrahlte Bullen erwiesen sich 90% der pränatal bestrahlten Kühe als fertil. Die Hoden der bestrahlten Bullen waren bei der Kastration am 187. Tag um ca. 50% kleiner als die der Kontrollen. Die Feststellung der durchschnittl. Spermienzahl pro 10 ml Ejakulat betrug bei bestrahlten Bullen im 5. Mon. 42%, im 8. Mon. 52% der Normaltiere. Die Samenqualität — gemessen an der Beweglichkeit der Prozentzahl normaler und lebender Spermien — war bis zum 19. Mon. beeinträchtigt, blieb aber dann später nur wenig unter der Norm. Im ersten Experiment gingen weder Kühe noch Kälber durch die Bestrahlung verloren. Von den 46 Kühen der 2. Serie starben 2 am 23. Tag nach der Applikation am akuten Strahlensyndrom. 3 Kühe hatten einen Abort, und 2 Kälber starben vor der Entwöhnung. H. Fischer. 1695.

Pace, H. B., Hupp, E. W. und Murphree, R. L.; Oak Ridge, Univ. of Tennesse, Agric. Res. Lab. Changes in semen and blood of boars following total body gamma irradiation. **(Änderungen im Samen und im Blutbild von Ebern nach einer Ganzkörper-Gamma-Bestrahlung.)** J. Animal Sci. **21** (1962) Nr. 3. S. 615–620.
Von 15 gleichwertigen Hampshire-Yorkshire-Duroc-Ebern wurden 5 mit 200r und 5 mit 400r ^{60}Co-Gammastrahlen behandelt, während 5 Tiere als Kontrolle dienten. Die Applikation erfolgte als einzeitige Ganzkörperbestrahlung mit einer Dosisleistung von 21 r/Std. frei Luft gemessen. Die Gesamtmenge der Spermien im wöchentl. Ejakulat nahm von der 7. Woche an stark ab, erreichte das Minimum in der 9. Woche und erst in der 14. Woche wieder normale Werte. Bei einem Tier der 400-r-Serie blieb die Spermienproduktion ständig weit unter der Norm. Die Beweglichkeit der Spermien und ihr Sauerstoffverbrauch war von der 5.–11. Woche nach der Bestrahlung wesentlich herabgesetzt. — Die Leukocytenzahlen fielen sofort nach der Bestrahlung ab, erreichten am 4. Tag nach der Bestrahlung (p.irr.) ihren niedrigsten Wert und wurden erst um den 200. Tag p.irr. wieder normal. — Die Thrombocyten zeigten am 14. Tag p.irr. Minimalwerte und steigen bis zum 42. Tag zur Norm an. H. Fischer. 1695.

D. FORTPFLANZUNG

Betteridge, K. J. und Raeside, J.I.; Guelph, Canada, Ontario Veterin. Coll., Dep. of Physiol. Sci. Investigation of cervical mucus as an indicator of ovarian activity in pigs. **(Untersuchung von Cervixschleim als einem Indikator**

für die Ovaraktivität bei Schweinen.) J. Reproduct. Fertility **3** (1962) Nr. 3. S. 410–421. – 7 Abb., 2 Tab., 23 Lit.

Untersucht wurde Cervixschleim von Sauen im Zyklus und während der Trächtigkeit auf Menge, Konsistenz, Arborisation, reduzierende Substanzen und Zellvorkommen. – 3–5 Tage vor Einsatz der Brunst begannen der Anstieg in der Menge und die Abnahme der Viskosität des Cervixschleimes, die bis zum 1. oder 2. Tag der Brunst anhielten. – Der Gipfel der Arborisation lag beim 2. Tag vor der Brunst. Bei der 1. Brunst von Jungsauen kann die Kristallisation ausbleiben. Bei tragenden Sauen kam Arborisation nur bei 2 von 429 Ausstrichen vor. – Aufzeichnungen über das Vorkommen von reduzierenden Substanzen zeigten wechselnde Werte mit Tendenz zur Erhöhung in Brunstnähe. – In Zellausstrichen wurden Neutrophile, Granulocyten und Epithelzellen beobachtet. Letztere traten während des Zyklus in unterschiedlichen Formen auf. J. Bergfeld. 1765.

Lake, P. E.; Edinburgh, A. R. C., Poultry Res. Centre. Histochemical demonstration of phosphomonoesterase secretion in the genital tract of the domestic cock. **(Histochemischer Nachweis einer Phosphomonoesterase-Sekretion im Genitaltrakt des männlichen Haushuhnes.)** J. Reproduct. Fertility **3** (1962) Nr. 3. S. 356–362. – 10 Abb., 1 Tab., 17 Lit.

Es wurde eine starke Säure-Phosphatase-Aktivität über die ganze Länge des Ductus deferens festgestellt. Das Enzym wird offenbar in großen Mengen in das Samenplasma ausgeschieden. Eine geringe Menge saure Phosphatase wird außerdem in den Vasa efferentia und den Samenkanälchen gebildet. Starke alkalische Phosphatase-Aktivität findet sich nur in Ausscheidungen gewisser Teile der Vasa efferentia, in der Tunica intima aller kleinen Blutgefäße und im intertubulären Gewebe. Sehr kleine Mengen werden von allen Teilen des Genitaltraktes ausgeschieden. H. Cziharz. 1771.

Cross, B. A. und Silver, I. A.; Cambridge, Univ., Sub.-Dep. of Veterin. Anatomy. Neurovascular control of oxygen tension in the testis and epididymis. **(Neurovaskuläre Kontrolle der Sauerstoffspannung im Hoden und Nebenhoden.)** J. Reproduct. Fertility **3** (1962) Nr. 3. S. 377–395. – 13 Abb., 29 Lit.

Die O_2-Spannung in Hoden (H) und Nebenhodenschwanz (NH) bei Kaninchen, Schaf und Hund wurde polarographisch mit Hilfe von Nadelelektroden gemessen. In NH von Kaninchen und Schaf war die O_2-Spannung 2mal, beim Hund 3mal so groß wie im H. Dieses Verhältnis wurde durch Sauerstoffbeatmung der Versuchstiere zugunsten und bei Stickoxydbeatmung (N_2O) zuungunsten des O_2 verschoben. Verlegung der A. spermatica int. reduzierte die O_2-Spannung im Hoden, bes. drastisch bei Unterbindung der Kollateralen. Amylnitritinhalation, lokale Abkühlung des Skrotum sowie elektrische Reizung der sympathischen Hypothalamuszentren reduzierten die O_2-Spannung im H. Der Effekt thermischer Reize wurde durch Thorakolumbalanaesthesie nicht aufgehoben. Eine Aufhebung der Reaktion auf elektrische Reizung gelang in 2 Phasen durch Gangliektomie und Adrenalektomie. Eine Reizung dieser Organe und i.v. Injektion von Adrenalin erzeugten das typische Bild der O_2-Depression, wie es sich vor der Entfernung der Organe gezeigt hatte. J. Bergfeld. 1773.

Kramer, M. F.; Utrecht, Rijksuniv., Fac. der Diergeneeskunde, Lab. voor Histol. De vorming van zaadcellen bij de stier. **(Die Bildung der Samenzellen beim Bullen.)** Tijdschr. Diergeneeskunde **87** (1962) Nr. 10. S. 672–686. – 12 Abb., 3 Tab., 25 Lit. Zus. in Engl., Franz., Dtsch.

Eingehende Schilderung der Spermiogenese mit Wort und Bild. Vf. streift ferner das Gebiet der gestörten Spermiogenese. W. Kuhlmann. 1775.

Hupp, E. W., Austin, J. W., Parish, N. R. und Murphree, R. L. Sperm production of Hereford bulls at different intensities of collection. **(Spermaproduktion von Hereford-Bullen bei unterschiedlicher Intensität der Entnahme.)** J. Animal Sci. **21** (1962) Nr. 2. S. 272–276.
Der Samen wurde von 16 Hereford-Bullen mittels Elektroejakulation gewonnen. Das Alter der Bullen schwankte zwischen 2,5 und 6,5 Jahren. Die Intensitäten der Samenentnahmen waren: 7, 3 oder 2 Tage Intervall, 3 Ejakulate hintereinander 3mal in der Woche, 4 Ejakulate 2mal in der Woche, 2 Ejakulate 2mal in der Woche und 2 Ejakulate nur einmal in der Woche. Die wöchentl. Entnahme erbrachte bei 20 Ejakulaten 20×10^9 Spermien in 260 ml. Ejakulat. Die ersten 2, die ersten 4 und die ersten 10 Ejakulate enthielten jeweils 55, 70 und 90% der totalen Spermienausschüttung. Entnahmen mit 2- oder 3tägigen Intervallen und Spermagewinnungen von 3 Ejakulaten 3mal in der Woche oder 4 Ejakulate 2mal wöchentl. produzierten 15% mehr Spermien als bei wöchentl. Entnahme; Ejakulate 2mal 1 Ejakulat/Woche und 2 Ejakulate einmal wöchentl. produzierten nur 39 und 30% von der sonstigen wöchentl. Menge. Die individuelle Bullenvariabilität in der Spermaausschüttung war viel niedriger bei wöchentl. Entnahme oder bei der Gewinnung von 8–9 Ejakulaten/Woche als bei häufigerer Frequenz oder bei Gewinnung von nur 4 oder 2 Ejakulaten/Woche. Die mittlere Spermienproduktion pro g Hoden betrug 37×10^6 Spermien/Woche und variierte zwischen 27×10^6 und 47×10^6. Die Spermienausschüttung zeigte eine hohe Korrelation zum Hodengewicht. W. Jenichen. 1775.

Inger, E. und Müller, W.-D. **Erfahrungsbericht über das Deckverhalten von Bullen mit übersteigerter Libido.** Tierärztl. Umschau **17** (1962) Nr. 6. S. 183–186. — 1 Tab., 7 Lit.
Auf Grund von Beobachtungen bei Bullenuntersuchungen im Rahmen des Bayrischen Rindergesundheitsdienstes wird über eine verbreitete falsche Einschätzung des Deckverhaltens, über fehlerhafte Deckanweisungen und über die Ergebnisse spermatologischer Untersuchungen bei Bullen mit überhastetem Deckakt berichtet. Im allg. wird bemängelt, daß in den meisten Bullenhaltungen das Bewegen der Vatertiere sehr vernachlässigt wird, daß der Deckbetrieb sich auf festgesetzte Zeiten (morgens und abends) beschränkt, daß keine Vorbereitung der Bullen zum Deckakt erfolgt usw. Langsam deckende (hyposexuelle) Bullen sind dem Bullenhalter unbequem und werden gern gegen schnell deckende (hypersexuelle) Bullen ausgewechselt. Diese letzteren Bullen sind aber weniger fruchtbar, da die Samenqualität bei überhastetem Deckakt meistens schlecht ist. Diese Tatsache wird erneut belegt, indem 21 Bullen mit schlechten Deckergebnissen spermatologisch untersucht wurden. Das nach den ortsüblichen Deckgepflogenheiten gewonnene Sperma war bei den meisten dieser Bullen quantitativ und qualitativ schlecht. Das nach entspr. Anreizung gewonnene Sperma war wesentlich besser und nach den Trächtigkeitsergebnissen aus Erstbedeckungen, die diesen Untersuchungen folgten, auch wesentlich fruchtbarer. Auf Grund dieser Erfahrungen halten es Vff. für angebracht, eine stärkere Beachtung des Sexualverhaltens hypersexueller Bullen zu propagieren und bei Zuchttauglichkeitsuntersuchungen immer spermatologische Untersuchungen durchzuführen. W. Rommel. 1778.

Payne, Loyal F. und Kahrs, Amos J.; Manhattan, Kansas State Univ. Competitive efficiency of turkey sperm. **(Vergleich der Wirksamkeit von Putensperma.)** Poultry Sci. **40** (1961) Nr. 6. S. 1598–1604. — 1 Abb., 3 Tab., 23 Lit.
Im 1. Jahr der 2jährigen Versuche prüften Vff. die Befruchtungsverhältnisse nach KB von 19 Bronzeputen mit 0,25 ml Sperma a) von Bronzeputen (B), b) von Schiefergrauen Puten (S). Die Besamung wurde alle 14 Tage wiederholt bei ständigem Wechsel der Rassen. Die Daunenfarbe der Küken galt als

Bestimmungsmerkmal (Schiefer > Bronze). Die jeweils frischen Spermien (Besamung 15–55 Min. nach der Entnahme) hatten die größeren Befruchtungserfolge, doch spielte auch die „Lebenskraft" (vigor) der betr. Rasse eine Rolle. Hierin waren die Bronzeputen überlegen:

Besamung mit	1.	2.	3.	4.
	S	B	S	B
Kükenfarbe S	100	23	54	18
(%) B	–	77	46	82

Im 2. Jahr dienten Breitbrüstige Weiße Puten als Partner für die 15 Bronzeputer. Die Ergebnisse bestätigten die vom Vorjahr. Es dauerte 2 Tage, bis die Hennen die ersten befruchteten Eier nach der Besamung legten. Insgesamt waren in den Fällen, in denen beide Spermaarten im Wettbewerb standen, 71,5% der Eier von frischem und 28,5% von altem Sperma befruchtet. Ungeklärt bleibt, wodurch die frischen Spermien bevorzugt zur Befruchtung kamen; der Verlust des Flagellums reicht zur Erklärung nicht aus, da die Befruchtungsfähigkeit noch erhalten blieb, nachdem die Geißeln bei beiden Spermatypen degeneriert waren. C. Engelmann. 1785.

Olsen, M. W.; Beltsville, Md., A. R. C. The occurrence and possible significance of parthenogenesis in eggs of mated turkeys. **(Das Vorkommen und die mögliche Bedeutung der Parthenogenese bei Eiern von angepaarten Truthühnern.)** J. Genetics 58 (1962) Nr. 1. S. 1–6.
Da in der Truthühnerzucht beträchtliche finanzielle Verluste durch schlechte Schlupffähigkeit der Eier auftreten, wird die Frage geprüft, ob häufige Parthenogenese das ungünstige Schlupfresultat bedingt und ob eine früh beginnende Parthenogenese die normale Verschmelzung des weibl. und männl. Vorkerns verhindert. – Letztere Frage wird bejaht. – Zum besseren Erkennen der älteren parthenogenetischen Embryonen und Küken wurde ein weißer, auf häufige Parthenogenese gezüchteter Stamm mit farbigen Truthähnen gekreuzt. Die parthenogenetisch entstandenen Küken waren erwartungsgemäß farbige Hähne. Die benutzten Hähne waren Jungtiere oder erwachsene Hähne, deren Sperma künstlich partiell inaktiviert war. So war die Zahl der unbefruchteten und damit auch die Zahl der parthenogenetisch sich entwickelnden Eier in den Versuchen hoch. Eine Tab. gibt Auskunft über den Entwicklungserfolg. In einem der umfangreichen Versuche wurden 997 Eier gelegt, 51,6% zeigten beginnende Entwicklung. 116 Embryonen wurden festgestellt. Von 51 älteren Embryonen waren 15 weiß, also parthenogenetisch. Ohne die Farbmarkierung würde der parthenogenetische Ursprung nicht erkannt worden sein. – Die hohe Zahl der früh absterbenden Keime wird ebenfalls z. T. auf fehlgehende Parthenogenese zurückgeführt. – Für die Praxis ist aber zu beachten, daß die Versuche mit einem Selektionsstamm durchgeführt wurden. In den üblichen Zuchtherden dürfte die Parthenogenese als Ursache der schlechten Schlupfresultate keine Rolle spielen. P. Hertwig. 1785.

Günzler, Otto; München, Rindergesundheitsdienst in Bayern, Abt. Unfruchtbarkeitsbekämpf. **Zur Pathogenese und Therapie der Ovarialcyste des Rindes.** 12. int. Fachtag. künstl. Besam. Wels, Vortr. **1962** 7 S. [Maschinenschr. vervielfältigt].
Durch intrazystöse Injektion von Choriongonadotropin konnten bei wenigstens 93% von 500 zystenkranken Tieren die Ovarialzysten zum Verschwinden gebracht werden. Mit PMS wurden keine Erfolge erzielt. Vf. sieht als Ursache der Ovarialzysten des Rindes eine Störung des HVL an, wobei der Quotient LH: FSH erniedrigt wird und als Folge der Sexualzyklus zwischen Follikel und Corpus luteum unter Bildung einer für den Sistierungspunkt

jeweils typischen Zystenform stehen bleibt. Eigene Befunde zur Unterstützung dieser Theorie werden dargestellt sowie die Technik der intrazystösen Applikation von Choriongonadotropin beschrieben. F. Döcke. 1797.

Marion, G. B.; Manhattan, Kansas State Univ., Dep. of Dairy Sci. Effects of wheat germ oil on reproductive efficiency in repeat-breeder cows. **(Einfluß von Weizenkeimöl auf die Fruchtbarkeit bei „repeat-breeder"-Kühen.)** J. Dairy Sci. **45** (1962) Nr. 7. S. 904–906. — 1 Tab., 10 Lit.
Klinisch gesunde Kühe, die nach 3 oder mehr Belegungen nicht trächtig geworden waren, wurden entweder der Versuchs- oder der Kontrollgruppe zugeteilt. Die Kühe der Versuchsgruppe erhielten 6 Wochen lang wöchentl. 1mal 2 Unzen (56,7 g) Weizenkeimöl mit dem Futter verabreicht. Ein signifikant höherer Prozentsatz aller 79 zur Versuchsgruppe gehörenden Kühe wurde nach 1maliger Behandlung imVergleich zu den 88 unbehandelten Kühen trächtig. H.-D. Bock. 1797.

Jones, W. Alun. Abnormal morphology of the spermatozoa in Guernsey bulls. **(Spermienanomalien bei Guernseybullen.)** Brit. veterin. J. **118** (1962) Nr. 6. S. 257–261. — 2 Abb., Lit.
Auf der Insel Guernsey wurde in den letzten Jahren in der Zentrale für KB die Beobachtung gemacht, daß die Sterilität einzelner Guernseybullen auf einen hohen Anteil an Samenfäden mit abgelösten Schwänzen zurückzuführen war. An 7 Bullen wurden Untersuchungen über ihre Abstammung eingeleitet, um eventuelle erbliche Faktoren zu finden. Die mikroskopische Samenuntersuchung mit Hilfe von Färbungen erbrachte bei 95% aller Spermien die typische Ablösung der Köpfe von den Schwänzen. Histol. Untersuchungen an geschlachteten Tieren deuteten auf Zerfallserscheinungen der Samenzellen im Nebenhoden. Eine Analyse der Vorfahren deutete an, daß der Fruchtbarkeitsdefekt erblich zu sein scheint und sowohl über die weibl. wie auch die männl. Tiere weitergegeben werden kann. Da er bei den männl. Tieren in Erscheinung tritt, vermutet man als Ursache ein geschlechtsgebundenes rezessives Gen. Um der Weiterverbreitung dieses vermutlichen Erbfaktors Einhalt zu gebieten, müssen alle Bullen im Alter von 12 Mon. und darüber vor ihrem Verkauf von einem Tierarzt auf ihre Fruchtbarkeit überprüft werden.
R. Menzel. 1798.

Avery, T. L., Cole, C. L. und Graham, E. F.; St. Paul, Univ. of Minnesota, Dep. of Dairy Husbandry. Investigations associated with the transplantation of bovine ova. I. Synchronization of oestrus. **(Untersuchungen über die Transplantation von Rindereizellen. 1. Mitt. Synchronisation des Oestrus.)** J. Reproduct. Fertility **3** (1962) Nr. 2. S. 206–211. — 1 Abb., 4 Tab., 3 Lit.
328 Rinder erhielten entweder 50 mg kristallines Progesteron tägl. über 10 Tage vom 14. Zyklustag an injiziert, oder 150 mg jeden 3. Tag, oder es wurde das Corpus luteum am 12., 13. oder 14. Zyklustag enukleiert. 262 Tiere zeigten einen vollständigen Oestrus (mit „Stehen"), der 4,97 ± 1,82; 6,25 ± 1,25 bzw. 2,84 ± 0,68 Tage nach Absetzen der Behandlungen eintrat. Der Tag des Behandlungsbeginns, die Behandlungsdauer und eine teilweise vorgenommene Superovulationsbehandlung übten keinen Einfluß auf das Zeitintervall zwischen Injektionen und Oestrus aus. Die Konzeptionsrate unterschied sich bei 59 behandelten Kühen nicht signifikant von der der Kontrollen.
F. Döcke. 1814.

Avery, T. L., Fahning, M. L. und Graham, E. F.; St. Paul, Univ. of Minnesota, Dep. of Dairy Husbandry. Investigations associated with the transplantation of bovine ova. II. Superovulation. **(Untersuchungen über die Transplantation von Rindereizellen. 2. Mitt. Superovulation.)** J. Reproduct. Fertility **3** (1962) Nr. 2. S. 212–217. — 2 Abb., 4 Tab., 11 Lit. 1. Mitt. vgl. vorst. Ref.

32 Kühe, bei denen z.T. die Brunst durch Progesteron unterdrückt worden war, wurden über 4 Tage mit hochgereinigtem FSH und ICSH aus Schweinehypophysen im Verhältnis 2:1 behandelt. Die Behandlung setzte entweder am Tag nach der letzten Progesteroninjektion oder am 16. Zyklustag ein. Am Tag des Oestrus erhielten die Tiere dann 100 mg ICSH i.v. appliziert. 43 ♀ Kälber unterschiedlichen Alters wurden über 5 Tage mit FSH behandelt und erhielten anschließend ein- oder zweimalig 100 mg ICSH oder 100 mg ICSH + 650 IE Prolaktin. Insgesamt wurden bei 61 der 75 behandelten Tiere 1716 Ovulationspunkte nach der Schlachtung gezählt. Pro Tier waren es durchschn. 28,13 (1 bis 88) Ovulationen, wobei die Kälber im Durchschnitt 12,46 Ovulationen mehr aufwiesen als die Kühe. Die einmalige Verabreichung von ICSH hatte den gleichen Effekt wie die zweimalige oder die Kombination mit Prolaktin. Durch die Vorbehandlung mit Progesteron wurde die Ovulationsrate um 7,89 Ovulationen verbessert. 60,21% aller superovulierten Kühe zeigten einen Oestrus, wobei sich wiederum die Vorbehandlung mit Progesteron bzw. die Enukleation des Corpus luteum als günstig erwies. Die oestrischen Tiere hatten durchschn. 3,82 Ovulationen mehr als die nicht oestrischen. F. Döcke. 1814.

Avery, T. L. und Graham, E. F.; St. Paul, Univ. of Minnesota, Dep. of Dairy Husbandry. Investigations associated with the transplantation of bovine ova. III. Recovery and fertilization. **(Untersuchungen über die Transplantation von Rindereizellen. 3. Mitt. Gewinnung und Befruchtung.)** J. Reproduct. Fertility **3** (1962) Nr. 2. S. 218–228. — 2 Abb., 7 Tab., 27 Lit. 2. Mitt. vgl. vorst. Ref.

Durch Schlachtung des Spenders und Durchspülung des Genitaltrakts mit homologem, inaktiviertem Blutserum unter Zusatz von Penicillin und Streptomycin wurden von 89,29% der belegten oder besamten superovulierten Spenderkühe 290 (⌀ 11,60) Eizellen gewonnen. Dies waren 52,92% der festgestellten Ovulationspunkte. 61,49% der Eizellen waren befruchtet. Für die Kälber unterschiedlichen Alters, die intraperitoneal, mittels Speculum- oder mittels Rektalmethode besamt worden waren, betrugen die entspr. Werte 90,91%, 340 Eizellen (⌀ 11,34) = 33,07% der Ovulationspunkte und 23,6% Befruchtung. Durch das Vorhandensein eines voll entwickelten Corpus luteum wurde bei den Kühen die Zahl der befruchteten Eizellen signifikant verringert. Wurden diesen Tieren zum Zeitpunkt der Belegung 10–15 mg Stilboestrol verabreicht, stieg der Anteil der befruchteten Eizellen von 14,29 auf 66,6%. Bei den Kälbern hatte diese Behandlung ebenfalls eine günstige Wirkung, und sie gestattete es außerdem, von einer tragenden Kuh eine befruchtete Eizelle zu gewinnen. F. Döcke. 1814.

Avery, T. L., Fahning, M. L., Pursel, V. G. und Graham, E. F.; St. Paul, Univ. of Minnesota, Dep. of Dairy Husbandry. Investigations associated with the transplantation of bovine ova. IV. Transplantation of ova. **(Untersuchungen über die Transplantation von Rindereizellen. 4. Mitt. Transplantation der Eizellen.)** J. Reproduct. Fertility **3** (1962) Nr. 2. S. 229–238. — 1 Abb., 4 Tab., 68 Lit. 3. Mitt. vgl. vorst. Ref.

Es werden 2 nicht operative und 2 operative Methoden der Eitransplantation beim Rind beschrieben. Auf synchronisierte und nicht synchronisierte Empfänger wurden dabei sowohl superovulierte als auch Einzeleier sowie einige Follikeleizellen übertragen. Keine der 14 nicht operativen Übertragungen via Cervix oder Rectum führte zu einer definitiven Trächtigkeit. Ebenso erfolglos verliefen 12 Transplantationen in die Bauchhöhle. Dagegen resultierte eine von 4 Übertragungen, die mittels Laparatomie intrauterin vorgenommen wurden, in der normalen Geburt eines 95 lb. schweren Kalbes.

F. Döcke. 1814.

Magakjan, Ju. A. und Makarjan, S. R.; Zool. Inst. der Akad. der Wiss. der Armen.SSR. Nekotorye osobennosti ėmbriogeneza mežrodovych gibridov pekinskoj i muskusnoj utok. **(Einige Besonderheiten der Embryogenese der Hybriden von Peking- und Moschusenten.)** Izvestija Akademii nauk Armjanskoj SSR. Biologičeskie nauki, Erevan **14** (1961) Nr. 12. S. 69–83. — 2 Abb., 4 Tab., 21 Lit. Orig.: russ., Ausz.: armen.
Der Beginn der Pigmentierung des embryonalen Daunenkleides beginnt bei den Hybriden aus reciproker und direkter Kreuzung am 14. Tag der Bebrütung, genau wie bei den Moschusenten, gegenüber den Pekingenten aber 2 Tage später, denn bei diesen laufen die morphogenetischen Prozesse schneller ab. Die Hybriden aus direkter Kreuzung holen ihren Entwicklungsrückstand in der 2. Bruthälfte auf, die aus reciproker Kreuzung nähern sich der langsameren Entwicklung der Moschusenten. Die Untersuchung innerer Organe ergab, daß die biol. Reife von den Pekingembryonen zuerst, dann von den direkten, später von den reciproken Hybriden und zuletzt von den Moschusenten erreicht wurde. Die Mutterform hatte einen starken Einfluß auf die Embryogenese, dies war in direkten und reciproken Kreuzungen der Fall.
B. Busch. 1820.

Eguchi, Yasunobu; Sakai City, Osaka, Japan, Univ. of Osaka Prefecture, Coll. of Agric., Dep. of Veterin. Anatomy. Interrelationships between fetal adrenals and maternal ovaries: Atrophy of the fetal rat adrenal following ovariectomy of the mother rat. **(Wechselbeziehungen zwischen fetalen Nebennieren und mütterlichen Ovarien: Atrophie der fetalen Nebenniere nach Kastration des Muttertieres.)** Endocrinology **71** (1962) Nr. 1. S. 31 — 35. — 1 Tab., 13 Lit.
Vf. untersuchte an trächtigen Ratten den Einfluß von Kastration, Kastration + Adrenalektomie, Progesterongaben sowie mit der Kastration kombinierter Oestrogen-, Androgen- und Progesteronbehandlung auf Gewicht und Histologie der fetalen Nebennieren (fNN) und gelangte zu folgenden Ergebnissen: Progesteron allein hatte keinen Einfluß auf die fNN, seine Verabreichung erwies sich jedoch bei den kastrierten Tieren zur Verhütung von Aborten als notwendig. Kastration des Muttertieres führte zu einem signifikanten Gewichtsabfall der fNN und zu regressiven histol. Veränderungen. Diese Erscheinungen konnten durch Behandlung mit Testosteronpropionat nicht, wohl aber durch Verabfolgung von tägl. 0,02 mg Oestradiolbenzoat über 3 Tage verhütet werden. Höhere Oestrogendosen (0,1 mg) beeinflußten die fNN nicht, bewirkten aber eine Hypertrophie der mütterlichen Nebennieren. Interessanterweise führten Kastration + Adrenalektomie des Muttertieres zu einer Hypertrophie der fNN. — Vf. nimmt an, daß die fNN vom mütterlichen Ovar vermittels oestrogener Substanzen stimuliert werden. Die Vorgänge, die bei Kastration des Muttertieres zur Atrophie der fNN führten, würden durch diejenigen verdrängt werden, die sich bei zusätzlicher Adrenalektomie des Muttertieres einstellten. H. Grychtolik. 1830.

Sokolovskaja, I. I., Drozdova, L. P., Gorochov, L. N. und Kurganov, V. A. (Sokolowskaja, I. I., Drosdowa, L. P., Gorochow, L. N. und Kurganow, W. A.); Dubrowizy, Gebiet Moskau, Unions-Inst. für Tierzuchtforsch. Soderžanie obščego azota i reducirujuščich veščestv v cervikal'nom sekrete korov. **(Gehalt an Totalstickstoff und reduzierenden Stoffen im Cervikalschleim der Kühe.)** Vestnik sel'skochozjajstvennoj nauki, Moskva **7** (1962) Nr. 5. S. 64 bis 72. — 7 Abb., 8 Tab., 16 Lit. Zus. in Engl., Franz., Dtsch.
Der Gehalt des Cervikalsekrets an Stickstoff und Zucker erhöhte sich bei trächtigen Kühen am 5.–7. Tag nach der Besamung und blieb dann bis zum 234. Tag hoch. Bei nichtträchtigen Kühen kam es nach der Besamung zunächst zu einer Erhöhung, am 21.–28. Tag jedoch zu einem Abfall auf die Ausgangswerte, der mit dem erneuten Auftreten der Brunst zusammenfiel. Trat bei Kühen 2 Mon. oder später nach der Besamung eine Brunst auf, so war der

Gehalt an Stickstoff und Zucker bis zu diesem Zeitpunkt hoch. Diese Fälle werden als embryonale Mortalität gewertet. Durch die Bestimmung des spez. Gew. des Cervikalsekrets konnte in der Zeit vom 15. bis 20. Tag der Trächtigkeit eine Frühdiagnose mit einer Sicherheit von 87% gestellt werden.

B. Busch. 1830.

Schinckel, P. G.; Prospect, New South Wales, Ian Clunies Ross Animal Res. Lab., Div. of Animal Physiol. Competence of the amniotic ectoderm to differentiate in sheep. **(Die Differenzierungsfähigkeit des amniotischen Ektoderms beim Schaf.)** Nature [London] **194** (1962) Nr. 4835. S. 1261–1262. — 2 Abb., 6 Lit.

Nachdem 1 Fall von Wollfasern in den Eihäuten bei Schafen bekannt geworden war, wurden weitere 90 Placenten untersucht, wobei in 3 Fällen Fasern im Amnion nachgewiesen werden konnten. (In einer zusätzlichen Gruppe von 49 Placenten konnte nichts gefunden werden). Das faserntragende Gewebe (max. Dmr. 1–2 cm) lag in seiner Ausbreitung in der Nähe der Nabelschnur und zeigte im histol. Schnitt den Bau normaler Haut, doch waren Schweißdrüsen selten und Haaraufrichtemuskeln sowie Melaninpigment fehlten völlig. — Das Vorkommen der untersuchten Amnionplatten läßt die Annahme zu, daß die ektodermale Komponente des Amnion bei einer adäquaten Induktion in der Lage ist, sich ähnlich der normalen Epidermis des Fetus zu differenzieren.

H. Freye. 1840.

Boucek, Robert J. und Bocklage Bourne, Bernadette; Miami, Fla., Howard Hughes Med. Inst.; Univ. of Med. Catecholamines of the allantoic fluid in the developing chick embryo. **(Catecholamine in der Allantoisflüssigkeit während der Embryonalentwicklung des Huhnes.)** Nature [London] **193** (1962) Nr. 4821. S. 1181–1182.

Untersucht wird die Zunahme des Catecholamins in der Allantois als Indikator für die adrenergische Aktivität des Embryos. Catecholamin wird schon beim 5 Tage alten Hühnerembryo gefunden. Die hauptsächliche Produktion findet zwischen dem 11. und 12. Embryonaltag statt. Es wird von den chromaffinen Zellen der Ganglien oder des ZNS ausgeschieden. Vff. bringen das zeitige Vorhandensein von Catecholamin in Zusammenhang mit der Ausbildung des Gefäßsystems. Die Mengen zwischen 11. und 12. Bebrütungstag sollen in Beziehung zur Ausbildung der sezernierenden Gewebe stehen.

H. Fischer. 1840.

Nicol, T., Cox, F. E. G., Bilbey, D. L. J. und Strachan, J. E.; London, King's Coll., Dep. of Anatomy. Development of reticulo-endothelial system in avian embryos. **(Die Entwicklung des Reticulo-endothelialen Systems bei Vogelembryonen.)** Nature [London] **194** (1962) Nr. 4823. S. 105–106.

An Hühnerembryonen wurde die Phagocytoseaktivität des RES während der Frühentwicklung untersucht. Es wurden gleich große (250 Å) Kohlepartikel in die Allantoisgefäße injiziert. Danach Inkubation des Eies für 1 Std. Untersuchung von Gefrierschnitten. Die Phagocytose beginnt in der frühen Embryonalentwicklung entlang der Gefäßbahnen, die auf diese Weise markiert werden können. Dann entwickelt sich die Leber und übernimmt die Phagocytose. Mit zunehmendem Alter sind die Tuschepartikel in den Leber-Makrophagen konzentriert. Erst in den späteren Phasen der Embryonalentwicklung nehmen die phagocytären Zellen der Milzpulpa Kohlepartikel auf. Die Phagocytoseaktivität der Lunge, des Knochenmarks und der Nieren ist während der Embryonalentwicklung des Huhnes gering.

H. Fischer. 1840.

Šachnazarov, G. M. (Schachnasarow, G. M.); Moskau, Sewerzow-Inst. für Tiermorphol der Akad. der Wiss. der UdSSR. Izmenenie rost i differencirovki v rannem ėmbriogeneze krolika pod vlijaniem biopreparatov. **(Veränderung von Wachstum und Differenzierung in der frühen Embryogenese des Kanin-**

chens unter dem Einfluß von Biopräparaten.) Žurnal obščej biologii, Moskva **22** (1961) Nr. 3. S. 210–319. – 3 Abb., 3 Tab., 11 Lit. Zus. in Engl.
Aus Muskeln und Embryonen von Rindern wurden Biopräparate hergestellt. 1 Mon. vor der Paarung wurden wöchentl. 1mal s.c. Injektionen bei Chinchilla-Häsinnen vorgenommen. Eine Gruppe erhielt das Muskelpräparat, die andere das Embryonenpräparat. 10 Tage nach dem Belegen wurden die 9 Tage alten Embryonen entnommen und an ihnen Messungen durchgeführt. Der Entwicklungsgrad, zahlenmäßig ausgedrückt, war bei der Muskelpräparat-Gruppe 110,4% (Kontrolle = 100), bei der Embryonenpräparat-Gruppe 118,6%. Ebenso wie Muskel- und Embryonenpräparat erhöhte ein Leukocyten-Serum die Entwicklungsaktivität der Kaninchenembryonen. In hoher Dosis wirken diese Präparate hemmend auf die Embryonalentwicklung.
W. Sommerfeld. 1840.

Becze, Joseph; Budapest, Forschungsinst. für Tierzucht, Abt. für Fortpflanzungsbiol. **Neuere Kenntnisse über den Pathomechanismus und über die Ursachen des frühembryonalen Fruchttodes beim Schwein.** 12. int. Fachtag. künstl. Besam. Wels, Vortr. **1962** 8 S. [Maschinenschr. vervielfältigt].
Nach einer kurzen Literaturübersicht berichtet Vf. über seine Untersuchungen zum Problem der embryonalen Mortalität beim Schwein. U. a. zeigte sich, daß sowohl eine sub- als auch eine superoptimale Eiweißfütterung während der Trächtigkeit die embryonale Mortalität wesentlich steigern kann. Weder durch zusätzliche Verabreichung von Vit. A noch durch Injektion von Progesteron konnten Zahl und Wüchsigkeit der Ferkel erhöht werden. Histochem. Untersuchungen an Placenten ergaben, daß das Absterben eines Embryos oft erfaßbaren Veränderungen der Placenta vorangeht. Als derartige Veränderungen wurden Zellinfiltrationen im Bindegewebe, disseminierte Nekrosen, Abnahme der neutralen und Verschwinden der sauren Mucopolysaccharide beobachtet. Die Ergebnisse werden eingehend diskutiert. F. Döcke. 1844.

Hámori, D.; Budapest. **Atresia ani et recti bei Schweinen.** Zuchthyg., Fortpflanzungsstör. Besam. Haustiere **6** (1962) Nr. 2. S. 85–90.
In den Würfen von 56 Sauen (138 lebend geborene Ferkel) des weißen ungarischen Fleischschweines wurden bei 14 Sauen 20 afterlose (14,4%) und 19 tote Ferkel beobachtet. Von den 15 Eberferkeln gingen 11 innerhalb von 3 Tagen nach der Geburt ein. 3 konnten nach der chirurgischen Eröffnung des Afters das Absatzalter erreichen, befriedigten jedoch nicht in der Entwicklung. Bei den weibl. Ferkeln gingen 2 ein, 3 erreichten das Absatzalter mit normalem Lgw. Bei diesen wurde der Darmkot durch die Scham abgesetzt (Atresia ani vestibularis). Die afterlosen Ferkel stammten z.T. aus experimentellen Paarungen, sie waren aber in allen Fällen Folgen von Inzucht. Die erblich belasteten Vorfahren (♂ und ♀) waren in der 3. bis 5. Vorfahrenreihe vorhanden. Da die Anomalie bes. bei den Eberferkeln zum Verlust führt, sollen aus erbgesundheitlichen Erwägungen alle Sauen und Eber, deren Ferkel eine Atresia ani haben, aus der Zucht ausgeschieden und auch gesunde Geschwister der fehlerbehaftetenFerkel nicht in das Herdbuch aufgenommen werden. Sowohl auf Grund der Literaturangaben als auch der eigenen Untersuchungen kann gefolgert werden, daß Atresia ani bei Schweinen einem difaktoriellen, recessiven Erbgang folgt. G. Koriath. 1846.

Luick, J. R. und Lucas, J. M.; Davis, Univ. of California, Dep. of Animal Husbandry. Further studies on milk fat synthesis. **(Weitere Untersuchungen über die Milchfettsynthese.)** Proc. Soc. exp. Biol. Med. **110** (1962) Nr. 2. S. 275–277. — 1 Abb., 7 Lit.
Die Versuche, bei welchen mit ^{14}C markiertes Acetat, Propionat, Butyrat und Stearat in die Euterviertel infundiert wurden, unterstützen die Hypothese, daß Milchfett im Mammagewebe aus freien Fettsäuren und Glycerin synthetisiert wird. R. Neseni. 1864.

Taranenko, A. G.; Leningrad, Pawlow-Inst. für Physiol. der Akad. der Wiss. der UdSSR, Wiss. Versuchsstat.; Lab. für Physiol. Landwirtsch. Nutztiere. Vlijanie ščitovidnoj železy na sederažanie kazeina v moloke i ego aminokislotnyj sostav. **(Einfluß der Schilddrüse auf Kaseingehalt und Aminosäurenzusammensetzung der Milch.)** Fiziologičeskij zurnal SSR imeni I. M. Sečenova, Moskva-Leningrad 48 (1962) Nr. 6. S. 742–747. — 4 Abb., 14 Lit.

Eine erhöhte Funktion der Schilddrüse beeinflußt nicht nur die Intensität der Oxydationsprozesse, sondern auch einige andere Seiten des Stoffwechsels, z. B. den Laktationsprozeß. Vf. untersuchte an Ziegen den Einfluß von mit Jod angereichertem Kasein auf den Kaseingehalt der Milch. Die Fütterung der Tiere mit jodhaltigem Kasein führte zur Erhöhung des Fett- und Verminderung des Kaseingehalts der Milch ($P < 0{,}05$). Eine Denervierung der Milchdrüse, die auf chirurgischem Wege vorgenommen wurde, veränderte nicht den beschriebenen Effekt, was Vf. zur Vermutung veranlaßt, daß in der Milchdrüse eine gut entwickelte kompensierende Funktion vorhanden sein müsse. Die Aminosäurenzusammensetzung der Milch wurde durch die Verabreichung des jodhaltigen Kaseins, sowohl bei intakten Ziegen als auch bei solchen mit denervierter Milchdrüse, nicht verändert. Es wird daraus geschlossen, daß die Veränderung der wichtigsten Bestandteile ohne direkten nervösen Einfluß vor sich geht. Der Mechanismus der Einwirkung von jodhaltigem Kasein auf den Eiweißgehalt der Milch ist nach Meinung des Vf. auf dem Wege seines direkten Einflusses auf den Stoffwechsel oder über eine Veränderung der funktionellen Beziehungen zwischen einzelnen innersekretorischen Organen denkbar. Vielleicht besteht auch eine Hormonwirkung der Schilddrüse auf die strukturellen Elemente der Milchdrüsenzellen und auf den Verlauf der Stoffwechselprozesse in diesen Zellen. G. Nitzsche. 1864.

Tverskoj, G. B. (Twerskoi, G. B.) Rol' éfferentnoj innervacii moločnoj železy v reguljacii sekrecii moločnogo žira u koz. **(Die Rolle der efferenten Innervation der Milchdrüse in der Regulierung der Milchfettsekretion bei Ziegen.)** Doklady Akademii nauk SSSR, Moskva **142(30)** (1962) Nr. 3. S. 728–731.

In Versuchen mit 13 Ziegen konnte Vf. feststellen, daß die Denervation der einen Euterhälfte keine Änderung im Milchfettgehalt und der Milchfettmenge in beiden Euterhälften ergab. Ebenso wurde die Erhöhung des Fettgehaltes der Milch und der Milchfettmenge, die bei Einführung von Insulin auftritt, nicht behindert. Die Reaktion der Versuchstiere auf die Denervation war verschieden. Die Untersuchungen bes. des Fettgehaltes der Restmilchmenge im Euter lassen es als möglich erscheinen, daß die efferenten Nerven des Ziegeneuters einen bestimmten Einfluß auf den Prozeß der Formierung und Verlagerung des Milchfettes im Zytoplasma der sekretorischen Zellen ausüben. Es erscheint nicht ausgeschlossen, daß die efferenten Nerven weniger auf die quantitative Sekretion des Milchfettgehaltes als vielmehr auf seine chem. Zusammensetzung von Einfluß sind. W. Strack. 1864.

Anderson, R. R. und Turner, C. W.; Columbia, Univ. of Missouri, Coll. of Agric. Effect of adrenalectomy and corticoid replacement on lactational performance in rats. **(Die Wirkung von Adrenalektomie und Corticoid-Ersatz auf die Laktation bei Ratten.)** Proc. Soc. exp. Biol. Med. **110** (1962) Nr. 2. S. 349–352. — 1 Tab., 4 Lit.

Die Ratten wurden am 4. Laktationstage adrenalektomiert und die Laktation durch die tägl. s.c. Injektion von Corticoiden vom 4. bis 19. Tag unterhalten. Die Ergebnisse zeigen, daß für die Erhaltung einer normalen Laktation 250 bis 500 μg Hydrocortisonacetat oder ein Äquivalent von glucocorticoider Aktivität und 250 μg Desoxycorticosteron-Acetat oder die äquivalente Menge von mineralocorticoider Aktivität notwendig sind. Jedes Steroid allein war außerstande, die Laktation zu unterstützen. R. Neseni. 1864.

Musijenko, I. D. und Kajdaš, M. A. (Mussijenko, I. D. und Kajdasch, M. A.) Važlivyj zasib u vidtvorenni pogolivja svynej. **(Künstliche Besamung der Schweine, ein wichtiges Mittel zur Reproduktion der Herde.)** Socialistyčne tvarynnyctvo, Kyïv 34 (1962) Nr. 1. S. 33–34. — Orig.: ukrain.

Aus einer Versuchs-Musterkolchose wird berichtet, wie sich die KB der Sauen auf Planerfüllung in Schweinefleisch und beschleunigte Reproduktion der Herde auswirkte. Unter Mithilfe des Forschungsinstitutes für Schweinezucht Poltawa wurde die KB nach der Methode Kwasnizki angewandt. Die Gebrauchssauen wurden 24 Std. nach Rauschebeginn besamt. Für die KB von 196 Sauen genügten 3 beste Eber. Von der Erstbesamung wurden 86% der Sauen trächtig. Im Jan.–Febr. wurden von 168 KB-Sauen 1572 Ferkel (9,3 pro Sau) im ⌀ mit 1,1–1,3 kg geboren, von 82 gedeckten Sauen wurden 58 (70,7%) trächtig, sie warfen 503 Ferkel (8,5 pro Sau). In Versuchen mit geringen Spermadosen von 0,5–2 Md. Spermien (⌀ 5–15 ml Sperma) wurden bei 1maliger Besamung 83–87% der Sauen trächtig. Pro Sau wurden 9–10 Ferkel geboren, deren Geburtsgewicht 1000–1300 g betrug. Die Resultate ergaben den ökonomischen Nutzen der Maßnahme. Das Abferkeln innerhalb kurzer Fristen ermöglicht es, Futtergruppen gleichaltriger Jungtiere zusammenzustellen, was sich auf hohe Gewichtszunahme auswirkt und die Pflege erleichtert. In 11 Mon. 1961 wurden in der Wirtschaft 28,6 dt Schweinefleisch auf 100 ha Ackerland erzeugt. Der Jahresverkaufsplan für Schweinefleisch wurde zu 122% erfüllt. Das Fleisch ist billig und bringt der Wirtschaft hohes Einkommen. K. Neumann. 1881.

Bachmet, K. A., Smirnov, I. V. und Šomanskij, T. S. (Bachmet, K. A., Smirnow, I. W. und Schomanski, T. S.); Kiew, Versuchsstat. für Tierzucht. K voprosu o stroitel'stve zdanij dlja stancij iskusstvennogo osemenenija. **(Bau von Gebäuden für Besamungsstationen.)** Naučnye trudy. Kievskaja opytnaja stancija životnovodstva 7 (1961) S. 105–111. — 4 Abb., 1 Tab.

Von der o.g. Versuchsstation wurde im Jahre 1957 ein Gebäude für die Staatliche Besamungsstation errichtet, das als Grundlage für die Ausarbeitung eines bisher nicht vorhandenen Typenprojektes dienen sollte. Das Gebäude besteht aus Räumen für Kartothek und Laboratorium, Aufenthaltsräumen für das Personal, Waschraum, einem Absamraum und einem daneben liegenden, durch ein breites Fenster verbundenen Auditorium mit 30 Plätzen; im Keller befinden sich Kühlmaschinen, Vorratsräume und Kesselraum für die Zentralheizung. Anschließend an den Absamungsraum liegt senkrecht zur Längsachse des Laboratoriumsgebäudes der Stall für 43 Zuchttiere. Nach Inbetriebnahme des Gebäudes durchgeführte Messungen ergaben eine zu hohe rel. Luftfeuchtigkeit und einen zu großen Gehalt an Ammoniak und Kohlensäure, was auf die mangelhafte Entlüftung, bes. infolge der zu geringen Höhe der Abzugsrohre (120 cm), zurückzuführen ist. Auch die Dachdecke ohne Bodenraum hat sich nicht bewährt, da sie infolge zu geringer Wärmedämmung Kondenswasserbildung verursachte. — Vf. gibt Hinweise für Verbesserungen und beschreibt den im Jahre 1959/60 erbauten 2. Stall für 38 Zuchttiere, bei dem die Mängel des ersten möglichst vermieden wurden. Die Wände des 40 × 11,7 m großen Gebäudes bestehen aus verputztem Muschelkalkstein, die Höhe vom Fußboden bis zur hölzernen Decke beträgt 3 m; der Dachboden dient zur Lagerung von Rauhfutter, was viel zur Warmhaltung des Stalles beiträgt. Der 240 cm breite Entmistungsgang in der Längsachse und 2 115 cm breite Futtergänge an den Seiten sind asphaltiert, der übrige Fußboden besteht aus Bohlen. Zur Entlüftung dienen 5 Abzugsrohre von 75 × 75 cm Querschnitt und zum Eintritt frischer Luft 54 Öffnungen von 8 × 8 cm in den Längswänden nahe dem Fußboden; diese Anlage funktioniert zufriedenstellend. A. Grönholm. 1881.

Bolz, W. **Über ein Gerät zur Elektroejakulation beim Bullen.** Tierärztl. Umschau 17 (1962) Nr. 6. S. 191–194. – 4 Abb., 1 Lit.
Die Elektroejakulation ist beim Bullen dann angezeigt, wenn die Absamung mit der künstlichen Vagina nicht oder nur unter Umständen herbeigeführt werden kann (Impotentia coeundi, Libidomangel). Die Elektroejakulation wird mit den herkömmlichen Apparaturen durch sog. Schwellströme ausgelöst. Dabei kann es zur Tonuserhöhung an der Skelettmuskulatur und zur Unruhe kommen. Zur Vermeidung dieser Störungen wurde ein neuer Apparat konstruiert, mit Hilfe dessen ein langsam ansteigender kontinuierlicher Stromzufluß mit stufenloser Regelung erzeugt werden kann. Gleichzeitig wurde eine Rektalelektrode in zwei Ausführungen entwickelt (eine kleinere für Bullen unter 800 kg und eine größere für schwerere Bullen), die, mit 2 Elektrodenanteilen ausgerüstet, außer für die Elektroejakulation auch für die Herbeiführung eines Penisprolaps verwendet werden kann. Das Gerät ist unter den Bedingungen der Praxis einsetzbar, da es von einer Batterie gespeist wird und mit Anschlüssen für Beleuchtung des Arbeitsplatzes und Heizung des Spermaauffangbehälters ausgerüstet ist. Die Technik der elektrischen Absamung und die Herbeiführung eines Penisprolaps werden ausführlich beschrieben.

W. Rommel. 1885.

Hafs, H. D., Knisely, R. C. und Desjardins, C. Sperm output of dairy bulls with varying degrees of sexual preparation. **(Der Spermienausstoß von Milchvieh-Bullen bei verschiedengradiger geschlechtlicher Vorbereitung.)** J. Dairy Sci. 45 (1962) Nr. 6. S. 788–793.
Mit Hilfe einer wöchentl. einmaligen Spermagewinnung von 151 Altbullen in 10 aufeinanderfolgenden Wochen, nach Gewährung von 0, 1, 2 oder 3 Blindsprüngen innerhalb eines vorher festgelegten Zeitraumes aktiver geschlechtlicher Vorbereitung von 0, 5 oder 10 Min. wurde die Bedeutung der Blindsprünge hinsichtlich der Spermaausschüttung in Beziehung zu anderen sexuellen Vorbereitungsfaktoren eingeschätzt. Die ermittelten Gruppendurchschnittswerte von 8,32; 11,0 und 12,30 Md. bewegungsfähiger Spermien im Ejakulat nach 0, 5 bzw. 10 Min. währender Vorbereitung zeigten eine signifikante Abweichung voneinander. Ebenso waren die nach Gewährung von 0, 1, 2 und 3 Blindsprüngen errechneten Mittelwerte von 8,93; 10,28; 10,68 bzw. 12,27 Md. Spermien/Ejakulat in ihren Abweichungen signifikant. Dieses Ergebnis ist in erster Linie auf das Ejakulatsvol. zurückzuführen, das durch die jeweilige Anzahl an Blindsprüngen bedeutend beeinflußt wurde, während dies bei der Spermienkonzentration nicht der Fall war. Auf Grund des Versuchsmaterials erscheint die Behauptung gerechtfertigt, daß sich die verschiedenen Erregungsfaktoren einer sexuellen Vorbereitung addieren.

W. Schäfer. 1885.

Bartlett, D. J.; Cambridge, Univ., Unit of Reproductive Physiol. and Biochem., Dep. of Veterin. Clin. Studies. Studies on dog semen. I. Morphological characteristics. **(Untersuchungen über Hundesperma. 1. Mitt. Morphologische Eigenschaften.)** J. Reproduct. Fertility 3 (1962) Nr. 2. S. 173–189.
Von 3 geschlechtsreifen Rüden (Kreuzungstiere) wird über mehrere Jahre hinweg Samen mit Hilfe der künstlichen Vagina gewonnen. Während des 1. Jahres 2mal, im 2. Jahr 1mal wöchentl. und im 3. Jahr 2mal monatlich. Die Samenergüsse werden fraktioniert aufgefangen. Die durchschnittl. Ejakulationsdauer liegt bei 11 Min., wobei die 1. Phase etwa in 8 Min. abgesondert wird. Das durchschnittl. Ejakulatvol. umfaßt 12,0 ml. Die Werte für die 1., 2. und 3. Fraktion liegen bei 0,9 ml, 2,6 ml und 9,2 ml. Die Dichte der Ejakulate liegt ⌀ bei 53×10^6 Spermien/ml Samenflüssigkeit. Bei der 2. Fraktion wird eine Dichte von 247×10^6/ml festgestellt. Der mit Hilfe von Nigrosin-Eosin-Färbungen ermittelte Prozentsatz an toten Spermien

variiert von 15% in Samenproben der 2. Fraktion bis zu 20% im Gesamtejakulat. Die Abmessungen der ungefärbten Samenfäden sind folgende: Gesamtlänge 68 μ, Kopflänge 7 μ, Kopfbreite 5 μ, Länge des Mittelstückes 11 μ und Schwanzlänge 50 μ. Die meisten pathologischen Veränderungen kommen am Kopf und am Schwanzstück vor. Phosphatpuffer und Eidotter-Citrat-Lösungen eignen sich für die Aufbewahrung des Hundespermas.
K. Rothe. 1886.

Bartlett, D. J.; Cambridge, Univ., Unit of Reproductive Physiol. and Biochem., Dep. of Veterin. Clin. Studies. Studies on dog semen. II. Biochemical characteristics. **(Untersuchungen über Hundesperma. 2. Mitt. Biochemische Eigenschaften.)** J. Reproduct. Fertility **3** (1962) Nr. 2. S. 190–205. — 1. Mitt. vgl. vorst. Ref.
Die Untersuchungen umfassen sowohl Gesamtejakulate als auch fraktioniert gewonnene von 3 geschlechtsreifen Rüden. Die durchschnittl. pH-Werte liegen bei 6,4. Für die einzelnen Fraktionen werden Werte von 6,2, 6,3 und 6,5 gefunden. Die höchsten Werte an Ca und Mg werden in der 2. Fraktion festgestellt. Das Gesamtejakulat wird durch einen höheren Gehalt an K und das Samenplasma durch höhere Werte an Na charakterisiert. Fruktose ist im Hundesperma nur in kleinen Mengen vorhanden. Untersuchungen des Spermienstoffwechsels zeigen, daß unter anaeroben Bedingungen zugegebene Fruktose besser umgesetzt wird als das vom Sperma anderer Arten bekannt ist. Die Konzentration an Proteinen liegt im Gesamtejakulat höher als im Samenplasma. Die höchste Konzentration findet sich aber in der spermienreichen Ejakulatfraktion.
K. Rothe. 1887.

Lodge, J. R. und Salisbury, G. W.; Urbana, Univ. of Illinois, Dep. of Dairy Sci. Initiation of anaerobic metabolism of mammalian spermatozoa by carbon dioxide. **(Einleitung des anaeroben Stoffwechsels von Säugetier-Spermien durch Kohlendioxyd.)** Nature [London] **195** (1962) Nr. 4838. S. 293–294. — 1 Tab., 11 Lit.
Die Glykolyse von künstlich in einen Ruhezustand versetzten Bullenspermien wurde mittels einer Warburg-Apparatur unter einer Gasatmosphäre von reinem N, reinem CO_2 und einem Gemisch von 5% CO_2 und 95% N bestimmt. Die CO_2-Produktion betrug nach 4 Std. Inkubation bei 37 °C 8,6; 8,6 und 139,6 μl je 10^8 Spermien (Spermienkonzentration $2{,}162 \times 10^8$/ml). Nach anschließender Belüftung zeigte sich eine Beweglichkeit von 0,8% (nach Inkubation in reinem N), 38,0% (in CO_2) und 30,0% (in 5% CO_2 + 95% N). Bei einer Spermienkonzentration von $3{,}543 \times 10^8$/ml sahen die entspr. Werte wie folgt aus: CO_2-Produktion 110,4; 16,7 und 132,9 μl; Beweglichkeit 17,0; 42,0 und 37,0%. Die Ergebnisse weisen darauf hin, daß CO_2 ein notwendiger Faktor für die Einleitung der Glykolyse und die Verlängerung der Lebensdauer (in vitro) von Bullenspermien zu sein scheint. H. Cziharz. 1887.

Bell, D. J. und Lake, P. E.; Edinburgh, A.R.C., Poultry Res. Centre. A comparison of phosphomonoesterase activities in the seminal plasmas of the domestic cock, turkey tom, boar, bull, buck rabbit and of man. **(Ein Vergleich der Phosphomonoesterase-Aktivitäten im Samenplasma von Hahn, Puter, Eber, Bulle, Rammler und Mensch.)** J. Reproduct. Fertility **3** (1962) Nr. 3. S. 363–368. — 1 Tab., 21 Lit.
Die Säure-Phosphatase-Aktivität bei pH 4,9 war am stärksten bei Mensch, Hahn und Puter, am schwächsten bei Ebern und Kaninchenböcken, während sie beim Bullen dazwischen liegt. Die Aktivitäten der alkalischen Phosphatase waren umgekehrt am stärksten beim Eber und Rammler, am schwächsten beim Hahn, Puter und Menschen; die Werte beim Bullen lagen wiederum in der Mitte. Es ist möglich, daß ein großer Teil der alkalischen Phosphatase im Samenplasma des Ebers aus den Nebenhoden oder den Hoden oder aus beiden stammt. Im Gegensatz zur sauren Phosphatase im Samenplasma

der Säugetiere konnte die des Hahnes Cholin-O-phosphat nicht hydrolysieren und war durch r-Weinsäure, wenn überhaupt, nur leicht hemmbar.
H. Cziharz. 1887.

Živkov, V. I. (Shiwkow, W. I.); Sofia, Inst. für Vergleichende Pathol. der Haustiere der Bulg. Akad. der Wiss. Adeninnukleotidy v spermatozoidach barana, chrjaka žerebca. **(Adeninnukleotide in den Spermatozoen von Widder, Eber und Hengst.)** Ukrainskij biochimičeskij žurnal, Kiev **34** (1962) Nr. 1. S. 86–94. — 5 Abb., 3 Tab., 11 Lit. Orig.: russ., Ausz.: engl.
Mit Hilfe der Papierchromatographie wurden die Adenonucleotide in frischem und inkubiertem Sperma von Widder, Eber und Hengst untersucht. Es zeigten sich Unterschiede im Gesamtphosphorgehalt der ATP und ADP (Widder 10,4 μg, Eber 4,9 μg, Hengst 3,3 μg in 10^9 Spermatozoen). ATP und ADP hatten im Widdersperma das molekulare Verhältnis 1,15. Bei Inkubation von Widder- und Ebersperma blieb die Motilität hoch, sank aber im Hengstsperma ab. ATP und ADP verschwanden fast völlig gegen Ende der Inkubation. In einigen Ejakulaten von Widder und Eber wurde aber beobachtet, daß die Motilität absank, obwohl ein hoher Gehalt an ATP vorhanden war.
B. Busch. 1887.

Sullivan, J. J. und Mixner, J. P.; Sussex, New Jersey Agric. Exp. Stat., Dep. of Dairy Sci. Triiodothyronine-I^{131} uptake by bull spermatozoa. **(Trijodthyronin-^{131}J-aufnahme durch Bullenspermien.)** Proc. Soc. exp. Biol. Med. **109** (1962) Nr. 4. S. 974–976. — 3 Tab., 12 Lit.
Vff. untersuchten die Aufnahme von Trijodthyronin-^{131}J (T_3-^{131}J) durch Spermien von Bullen, die unterschiedlichen Behandlungen ausgesetzt waren. Aus Tiefgefrierungsversuchen (—79 °C) bzw. Lagerungsversuchen bei 5 °C ergab sich, daß die T_3-^{131}J-aufnahme mit der Beweglichkeit der Spermatozoen korreliert. Die Höhe der T_3-Gabe hatte innerhalb des untersuchten Bereiches keinen Einfluß auf die Höhe der Aufnahme. Jedoch bestand ein starker Einfluß des Verdünnungsmediums auf die T_3-^{131}J-aufnahme. So war die Aufnahme bei Natriumcitratverdünner 3 fach so hoch wie bei Eigelb-Citratverdünner. Waschen der Spermien zur Entfernung des Plasmas erhöhte die T_3-^{131}J-aufnahme nach Resuspension der Spermatozoen in beiden Verdünnern um ein mehrfaches.
R. Schiemann. 1887.

Duijn jun., C. van; Utrecht, Netherlands, „Schoonoord“ Res. Inst. for Animal Husbandry. Toxic and photodynamic effects of toluidine blue on living bull spermatozoa. **(Toxische und photodynamische Wirkungen von Toluidinblau auf lebende Bullenspermien.)** Exp. Cell Res. **26** (1962) Nr. 2. S. 373–381. — 7 Abb., 18 Lit.
Vitalfärbung mit Toluidinblau verminderte in steigenden Konzentrationen im Dunkeln (0 °C) die Lebensdauer normal beweglicher Spermien. Dies weist auf seine Giftwirkung (intrinsic toxicity) hin. Bei Beleuchtung wirkt Toluidinblau selbst noch in Konzentrationen von nur 1 bis 4 p.p.m. als starker Photosensibilisator. Der Einfluß auf die Verminderung der Geschwindigkeit normal beweglicher Spermien ist dabei wesentlich stärker als auf die Verminderung der Anzahl normal beweglicher Spermien überhaupt. Dies läßt auf verschiedene Wirkungsmechanismen schließen.
H. Cziharz. 1887.

Lunca, N., Slăvescu, E., Mărăndici, A., Dima, G., Constantinescu, D., Murafa, E., Tîmpău, C. und Dinu, Fl. Cercetări comparative asupra unor diluanţi pe bază de gălbenuş de ou şi lapte pentru sperma de taur şi eficacitatea acestor diluanţi în însămînţarea artificială a vacilor. **(Vergleichende Untersuchungen über einige Verdünner für Bullensperma auf der Grundlage von Eidotter und Milch und ihre Wirksamkeit in der künstlichen Besamung der Rinder.)** Lucrările ştiinţ. Inst. Cercetări zootehn. **19** (1961) S. 169–190. — 4 Abb., 4 Tab., 15 Lit. Zus. in Russ., Engl., Franz., Dtsch.

Die Verdünner Eidotter mit Traubenzucker- und Natriumcitrat-Zusatz, Eidotter-Phosphat, Eidotter mit kohlensaurem Natriumkarbonat- und Milch-Zusatz, mit und ohne Antibiotica, wurden an 99 Ejakulaten von 10 Bullen des scheckigen Siebenbürger- und Braunviehs verschiedener Besamungsstationen vergleichsweise untersucht. Die Verdünner, die die Lebensfähigkeit der Spermien am besten erhielten, wurden dann bei der KB von 180 Kühen benützt. Die durchschnittl. Lebensdauer der Spermien schwankte zwischen 117,2 Std. (Eidotter mit Traubenzucker und Natriumbikarbonat) und 237,8 Std. (Eidotter mit Traubenzucker-Citrat). 500 IE Pennicillin und 500 mg Streptomycin-Zusatz je ml Verdünner verlängerte die abs. Lebensfähigkeit der Spermien um 65 Std. und übte somit eine günstige Wirkung auf die Spermakonservierung aus. R. Petrovszky. 1891.

Smirnov, I. V. und Postavnaja, V. I. (Smirnow, I. W. und Postawnaja, W. I.) Sochranenie semeni bykov v razbaviteljach, nasyščennych dvuokisju ugleroda. **(Bullenspermaaufbewahrung in mit Kohlensäure gesättigten Verdünnern.)** Naučnye trudy. Kievskaja opytnaja stancija životnovodstva 7 (1961) S. 71–81. — 3 Abb., 8 Tab., 11 Lit.

Die Bullenspermaaufbewahrung in mit Kohlensäure gesättigten Verdünnern ist bei Zusatz von Antibiotica empfehlenswert für die Praxis. Die Verdünner nach Van Demark-Sharma und Milowanow-Sytina sichern beide ein gutes Überleben der Spermatozoen, wobei die von Milowanow angewandte Erzeugung von CO_2 im Verdünner für die Praxis einfacher anwendbar ist. Die Spermatozoen halten sich im CO_2-Verdünner bei 5–15 °C besser als bei 20–25°, bei 0 °C halten sie sich schlecht. Bei einer Temperatur von 5–15 °C kann Sperma bis 5 Tage, ohne Verringerung der Befruchtungsfähigkeit, aufbewahrt werden, bei höherer Temperatur nicht länger als 3 Tage.
K. Neumann. 1891.

Pantjuchova, O. I. (Pantjuchowa, O. I.) Mikroflora semeni plemennych proizvoditelej. **(Die Mikroflora des Zuchttiersamens.)** Naučnye trudy. Kievskaja opytnaja stancija životnovodstva 7 (1961) S. 95–97. — 1 Tab., 4 Lit.

Bereits im frischgewonnenen Sperma befindet sich eine zahlreiche und vielfältige Mikroflora, die ihren Ursprung in den vorderen Teilen der Geschlechtsorgane selbst völlig gesunder Tiere hat und auch unter befriedigenden sanitär-hygienischen Bedingungen anzutreffen ist. Die Erforschung der Mikroflora des Spermas besitzt wiss. und praktische Bedeutung, da außer der vulgären Mikroflora auch Krankheitserreger vorkommen. 1959–1960 wurden 78 Ejakulate von 36 Bullen, 27 von 14 Schafböcken und 28 Ejakulate von 5 Ebern untersucht. Für die Bestimmung der physiol. Besonderheiten der Mikroorganismen wurden Standardmethoden angewandt. Entspr. des unterschiedlichen anatomischen Baues, der unterschiedlichen Samenabgabe und der unterschiedlichen Technik der Samenabnahme wurden in 1 ml Bullensperma 285000, in 1 ml Schafbocksperma 56000 und in 1 ml Ebersperma 10–12000 Keime gefunden. Der Art nach waren es eiterbildende Kokken, Bodenbazillen, anaerobe Erreger (tetani im Ebersperma, botulinus im Bullen- und Bocksperma) u. a. Sogar auf einem großen Musterbetrieb mit guten hygienischen Bedingungen erwies sich die bakterielle Verschmutzung des Samens als sehr hoch. Vf. macht Vorschläge für die Praxis.
K. Neumann. 1891.

Radev, G. und Rizvanov, K. (Radew, G. und Riswanow, K.); Sofia, Höheres Landwirtsch. Inst. „Georgi Dimitrow“, Zootechn. Fak., Lehrstuhl für Geburtshilfe und Künstl. Besam. Landwirtsch. Nutztiere. Izsledvanija vărchu antibakterialnite svojstva na spermata ot bik i koč. **(Untersuchungen über die antibakteriellen Spermaeigenschaften bei Bullen und Böcken.)** Naučni trudove. Visš selskostopanski institut „Georgi Dimitrov“. Zootechničeski fakultet, Sofija **11** (1962) S. 123–128. — 2 Abb., 1 Tab., 7 Lit. Zus. in Russ., Engl.

Vff. haben die bakteriostatische und bakterizide Wirkung des Bullen- und Bockspermas gegenüber *Escherichia coli*, *Bac. mesentericus* und *Staph. aureus 209* untersucht. Bakteriostatische und bakterizide Wirkung hat das Sperma von Bullen und Böcken nur gegenüber den grampositiven *Bac. mesentericus* und *Staph. aureus*, aber nicht gegen *Escherichia coli*. N. Iwanow. 1891.

Wales, R. G. und White, I. G.; Sydney, Australia, Univ. Effects of some antibacterials on dog spermatozoa. **(Der Einfluß keimhemmender Zusätze auf Hundesperma.)** J. Reproduct. Fertility **3** (1962) Nr. 2. S. 294–302.

Hundesperma wird mittels Massage gewonnen und die spermienreiche Fraktion für die Untersuchungen verwendet. Die Verträglichkeit der keimhemmenden Zusätze wird mit verdünntem Sperma an Hand der Beweglichkeit und der Stoffwechseltätigkeit desselben geprüft. Im allg. ist die Wirkung der Zusätze ähnlich wie beim Sperma anderer Säugetiere. Penicillin, Streptomycin und Sulfonamide verhalten sich indifferent, während Chloromycetin und die Tetracyclinabkömmlinge Aureomycin, Terramycin und Tetracin toxisch wirken. Penicillin kann aber auf der anderen Seite das Bakterienwachstum während der Lebensdauer des Hundespermas nicht ausreichend unterdrücken. Außerdem ist ein negativer Einfluß zu beobachten, wenn das Sperma bei 37 °C in neutralen oder alkalischen Lösungen aufbewahrt wird. Chloromycetin hat den größten Einfluß auf die Stoffwechseltätigkeit der Spermien. Die Sauerstoffaufnahme und der Fruktoseabbau werden fast völlig unterdrückt. Die verträgliche Dosis von Penicillin, Streptomycin und Sulfanilamid liegt bei 5000 μg/ml. Kombinationen der 3 zuletzt genannten Substanzen bis zu insgesamt 5000 μg/ml schädigen das Sperma nicht. K. Rothe. 1891.

Smirnov, I. V. (Smirnow, I. W.) K voprosu o cholodovom udare spermiev. **(Zur Frage des Kälteschocks der Spermatozoen.)** Naučnye trudy. Kievskaja opytnaja stancija životnovodstva **7** (1961) S. 61–70. — 7 Tab., 2 Lit.

Vf. veröffentlicht die Resultate von 400 Versuchen aus der Zeit von 1949–1960, in denen die Wirkung des Kälteschocks bei Spermien von Bullen, Schafböcken, Hengsten, Ebern und Kaninchen erforscht wurde. Forschungsmethoden und Resultate werden beschrieben. Die Ergebnisse bezeugen vor allem die Abhängigkeit der Widerstandsfähigkeit der Spermien gegen Kälteschock von individuellen Besonderheiten des Tieres und des Ejakulats. Der Kälteschock tritt in bes. Stärke bei Abkühlung unter 10–12 °C, bes. aber unter 5 °C ein. Erwärmung der Spermien für 1–5 Sek. im Wasser von 37–38 °C verstärkt die Kälteempfindlichkeit bedeutend. In einem Ejakulat existieren Spermatozoen verschiedener Kältebeständigkeit. Vf. untersuchte Spermatozoen, die auf unterschiedlichste Weise verdünnt wurden, bei verschiedenem osmotischen Druck. Eigelbverdünner schwächen den Kälteschock ab.
K. Neumann. 1892.

Kliewer, R. H. und Wolberg, F. B.; Corvallis, Oregon Agric. Exp. Stat., Dep. of Animal Sci. Gas-pressure technique for preservation of bovine spermatozoa. **(Gasdruck-Technik für die Konservierung von Bullenspermien.)** J. Dairy Sci. **45** (1962) Nr. 4. S. 533–537. — 4 Abb., 2 Tab., 12 Lit.

Die Spermien wurden in einem Eigelb-Citrat-Verdünner aufgenommen und 60 Min. lang bei 20–22 °C einem Druck von 20 „lb per square inch" CO_2, N_2 oder Ar ausgesetzt. Danach wurden die Proben bei atmosphärischem Druck hermetisch verschlossen und bei +4 °C gelagert. Die Anzahl beweglicher Spermien nach 0; 3,7; 10 und 14 Tagen wurde durch die Behandlung mit Ar, N_2 und CO_2 im Verhältnis zu den Kontrollen signifikant erhöht ($P < 0{,}01$). Die Befruchtungsergebnisse von 417 Besamungen zeigten keine signifikanten Differenzen ($P > 0{,}01$) zwischen behandelten Spermien und Kontrollen.

Diese Technik verlängert die Lebensdauer der Spermien in flüssigen Medien unabhängig von der Verlängerung durch niedrige Temperaturen.

H. Cziharz. 1892.

Roussel, J. D., Patrick, T. E. und Kellgren, H. C.; Baton Rouge, Louisiana State Univ., Dep. of Dairy Sci. Effects of nitrogen and carbon dioxide on livability and fertility of frozen bovine spermatozoa. **(Einfluß von Stickstoff und Kohlendioxyd auf die Lebensfähigkeit und Fruchtbarkeit gefrorenen Bullenspermas.)** J. Dairy Sci. **45** (1962) Nr. 4. S. 527–532. – 4 Tab., 23 Lit.

Die Beweglichkeit und Lebensfähigkeit der Bullenspermien nach Lagerung und Einfrieren in Stickstoffatmosphäre war besser als in CO_2 oder normaler Luft. Die Differenzen waren jedoch nicht signifikant ($P > 0,05$). Bei einer Behandlung mit N_2 in verschiedenen Zeitabständen nach dem Auftauen (bei 5° oder 38 °C) traten rel. zu den Kontrollen stets signifikante Verbesserungen auf ($P < 0,01$). Die Fruchtbarkeit N_2-behandelten Spermas betrug 79,0% im Verhältnis zu unbehandeltem Sperma mit einer Fruchtbarkeit von nur 71,5%. Die Differenz war nicht signifikant ($P > 0,05$).

H. Cziharz. 1893.

Perret, Georges. La mise en ampoules. Technique moderne et economique de conditionnement du sperme. **(Der Versand in Ampullen. Moderne Technik und wirtschaftliche Behandlung des Spermas.)** Élevage et Inséminat. **1962** Nr. 69. S. 3–7.

Nach Vorverdünnung bei 37 °C wird der Samen bei Umgebungstemperatur verdünnt und sofort in vorher bedruckte und sterilisierte Glasampullen verbracht. Die signierten Ampullen kommen dann unter Plastikalveolen, in denen sich ein je nach der Rasse der Bullen verschiedenfarbiger Plastikstreifen befindet, der mit dem Datum der Samenentnahme versehen ist. Die Alveolen werden anschließend in einen Kühlschrank verbracht, wo sie durch ständige Luftumwälzung innerhalb von etwa $1^1/_4$ Std. von +20 auf +4 °C herabgekühlt werden. Das die Ampulle in der Alveole umgebende Luftpolster bietet gegen Temperaturschwankungen einen ausgezeichneten Schutz. Der Versand an die Besamungsaußenstellen erfolgt unmittelbar vom Kühlschrank aus, in Polysterenkassetten, in denen die bei – 12 °C eingefrorenen Plastikfläschchen, ein Wattebausch und die Isolierung in den Plastikalveolen eine konstante Temperatur von +4 °C für die Dauer von 24 Std. gewährleisten. Der Besamer benutzt für die Aufbewahrung der Alveolen die üblichen Thermosbehälter. Die Insemination erfolgt mittels Plastikkatheter, der nach der Samenübertragung weggeworfen wird. Weiterhin werden Plastikhandschuhe verwendet. Die Vorbereitung, das Abfüllen, Signieren und Verbringen der Ampullen in die Alveolen geschieht vollautomatisch. Die Stundenleistung beim Bedrucken beträgt 1800–2000 Ampullen und 1200 beim Abfüllen und Verschließen. 10 m Papierstreifen werden in 1–2 Min. bedruckt. Ohne Unterbrechung der Kühlkette ist der Samen 35–40 Min. nach der Entnahme in den Alveolen eingefroren. Die Vorteile des Verfahrens liegen in dem geringeren Ampullendurchmesser und der Sicherung der Identität des Spermas unter einwandfreien sanitären Bedingungen. Das gesamte Verfahren belastet die Erstbesamungen nur mit einem Kostenanteil von 0,203 NF. H. Busse. 1892.

Ostaško, F. I. (Ostaschko, F. I.) Doslidy po zamoroživannju sim-ja bugaïv. **(Untersuchungen über Bullensamenkühlung.)** Naučnye trudy. Naučno-issledovatel'skij institut životnovodstva Lesostepi i Polesja USSR, Kiev **31** (1961) Nr. 1. S. 64–72. – 4 Abb., 4 Tab., 6 Lit. Orig.: ukrain.

Das richtige Gefriersystem ist sehr wichtig, da das Sperma vor dem Temperatur- und osmotischen Schock zu bewahren ist. Die vom Vf. vorgeschlagene Methode der Spermatiefgefrierung bis –183 oder –79 °C ermöglicht Aufbewahrung von Bullensperma mit hoher Aktivität der Spermatozoen (0,4–0,7) für 1 Jahr. Nach dem Auftauen des Spermas bei +40 °C erhält sich seine

Aktivität 4–5 Tage, wenn es bei 0 °C aufbewahrt wird. Der Zeitraum zwischen Spermaabnahme und Tiefgefrieren darf 18–20 Std. betragen. Das 1 Jahr lang aufbewahrte Sperma verlor nicht seine Befruchtungsfähigkeit, und Wiederholungsbesamungen mit diesem Sperma überstiegen nicht 25%. Die Methode gibt die Möglichkeit, Sperma wertvoller Tiere entfernter Standorte zu konzentrieren und Saisoneinflüsse zu überbrücken. Apparatur und Methode werden eingehend beschrieben. K. Neumann. 1893.

Goffaux, M. Étude de la technique de congélation du sperme de taureau par l'azote liquide. **(Untersuchung über die Technik des Einfrierens von Bullensperma mit flüssigem Stickstoff.)** Élevage et Inséminat. **1962** Nr. 68. S. 9–19. — 2 Tab.

Zunächst ergeben sich organisatorische Schwierigkeiten, im gleichen Gebiet in einer bestimmten Zeitspanne frisches Sperma und Tiefkühlsperma nach verschiedener Lagerungsdauer entspr. den vorliegenden Anforderungen, den Verwandtschaftsverhältnissen und Prüfungsvereinbarungen einzusetzen. Weitere Schwierigkeiten liegen in der Verteilung des flüssigen Stickstoffs auf die Inseminatoren. Das methodische Problem beruht in der Tatsache, daß etwa 1000 Inseminationen notwendig sind, um mit 95% Sicherheit den Erfolg des Verfahrens beurteilen zu können. Nach den bisherigen Erfahrungen ist beim Gefriersperma die Befruchtungsfähigkeit größeren Schwankungen unterworfen als beim frischen Samen. Daher ist das zum Einfrieren vorgesehene Sperma auf seine Tauglichkeit bes. zu überprüfen. Bei Anwendung des Methylenblaureduktionstestes mußte aus zeittechn. Gründen eine techn. Veränderung durch Zentrifugieren des verdünnten, mit Glycerol versetzten Spermas vorgenommen werden. Hierbei ist es schwierig, nach 2maligem Zentrifugieren in jedem Röhrchen in genau 1,5 ml Vol. die gleiche Spermienkonzentration zu erhalten. Die Resuspension der Spermien aus dem Bodensatz des Zentrifugates stellt ein weiteres Problem dar. Zur objektiven Messung der beweglichen Spermien wird eine Fotografiermethode erprobt. Bis zum Okt. 1961 wurde in 3 Besamungsstationen unter Verwendung frischen Spermas bei 510 Inseminationen ein Non Return-Ergebnis von 60,8%, bei 726 Inseminationen mit Gefriersperma eine Non Return-Rate von 58,0% erzielt.
H. Busse. 1893.

F. WACHSTUM UND ENTWICKLUNG

Krasota, V. F. (Krassota, W. F.); Uljanowsk, Landwirtsch. Inst. Charakteristika tipologičeskich osobennostej rastuščich životnych na osnove izučenija povedenčeskich reakcij teljat. **(Charakteristik der typologischen Besonderheiten wachsender Tiere auf der Grundlage des Studiums der Reaktion des Verhaltens bei Kälbern.)** Trudy Instituta morfologii životnych im. A. N. Severcova. Akademija nauk SSSR, Moskva **31** (1960) S. 93–99. — 1 Abb., 5 Tab.

Auf Grund des Studiums des Verhaltens wachsender Tiere können die verschiedenen Typen nach ihrer Nerventätigkeit festgestellt werden. Der größte Teil wachsender Tiere (65–70%) kann zu dem stark ausgeglichenen Bewegungstyp mit lebhaftem Temperament gerechnet werden; zu dem phlegmatischen Typ rechnen 20% und zu dem unausgeglichenen haltlosen Typ 15%. Bei dem Bewegungstyp ist der Stoffaustausch (Verdauung, Atmung usw.) besser. Auch das Wachstum und die Entwicklung sowie die Futterverwertung sind besser. Die Typbesonderheiten der wachsenden Tiere sind von den Faktoren der Vererbung und Erziehungsbedingungen abhängig. Eine Methode der gelenkten Erziehung ist die Gruppenhaltung ab 2.–3. Mon. Dabei müssen in der Gruppe wenigstens 60–70% des beweglichen Typs sein, 20% des phlegmatischen und 10–15% des unausgeglichenen Typs. Die Kälber des beweglichen Typs fügen sich am schnellsten. Schwerer und länger vollzieht sich dieser Prozeß bei den

Kälbern des unausgeglichenen Typs. Vff. fanden die Typbestimmung auf Grund des Verhaltens der Kälber nach der Methode der bedingten Reflexe bestätigt. W. Strack. 2110.

Ernst, L. K. (Ernst, L. K.); Dubrowizy, Gebiet Moskau, Unions-Inst. für Tierzuchtforsch. Sravnitel'naja charakteristika rosta, razvitija i nekotorych morfo-fiziologičeskich pokazatelej ostfrizskogo i gerefordo-ostfrizskogo molodnjaka. **(Vergleichende Untersuchungen des Wachstums, der Entwicklung und einiger morphologischer und physiologischer Merkmale an ostfriesischen Jungtieren und an Kreuzungstieren aus Ostfriesen × Hereford.)** Trudy Instituta morfologii životnych im. A. N. Severcova. Akademija nauk SSSR, Moskva **31** (1960) S. 110–116. — 9 Tab., 7 Lit.

Vf. untersuchte die Fleischqualität ostfriesischer Tiere sowie die der Kreuzungstiere mit Hereford, wobei verschiedene morphol. und physiol. Merkmale einbezogen wurden. Auf Grund dieser Merkmale konnte die größere Frühreife der Kreuzungstiere gegenüber den Ostfriesen festgestellt werden. Der Effekt kam nicht durch das höhere Gewicht — die Ostfriesen waren in beiden Geschlechtern schwerer —, sondern durch das Entwicklungstempo in der früheren Reife zum Ausdruck. Man kann annehmen, daß in vielen anderen Fällen der Rassenkreuzung ohne Gewichtsunterschiede der Kreuzungseffekt in der größeren Frühreife und dem erhöhten Entwicklungstempo zum Ausdruck kommt. W. Strack. 2110.

Vsjakich, A. S. und Borozdina, A. P. (Wsjakich, A. S. und Borosdina, A. P.); Moskau, Veterinärmed. Akad. Rost i razvitie molodnjaka krupnogo rogatogo skota v uslovijach vysokogoŕja. **(Wachstum und Entwicklung der Jungrinder im Hochgebirge.)** Trudy Instituta morfologii životnych im. A. N. Severcova. Akademija nauk SSSR, Moskva **31** (1960) S. 100–109. — 11 Tab., 6 Lit.

Die im Hochgebirge aufgezogenen Jungtiere der Alatau-Rasse zeichnen sich durch große Wachstumsenergie und Frühreife aus bei vollwertiger Ernährung und langem Weidegang in den Bergen. Sie besitzen eine kräftige Konstitution, ein gut entwickeltes Skelett, einen kompakten Körperbau und hohe Produktivität. Die wertvollen Eigenschaften der Rasse können durch Zuchtselektion und weitere Verbesserung der Aufzuchtbedingungen gefestigt werden. Eine große Rolle spielt hierbei das Paarungssystem. Die Inzucht darf nur unter züchterisch begründeten Bedingungen erfolgen, da sonst nahe Verwandtschaftspaarung von ungünstigem Einfluß auf das Wachstum und die Entwicklung der Nachzucht sowie die spätere Leistung ist. Vff. empfehlen im größeren Umfang den Austausch von Vatertieren dieser Rasse in den führenden Zuchtbetrieben, wobei enge Inzucht von Tieren, die unter gleichen Bedingungen aufgezogen sind, zu vermeiden ist. W. Strack. 2120.

Hovorka, František. Výzkum zákonnitostí růstu hospodářských zvířat. III. Vliv chlortetracyklinu na kvantitativní růst tělesného proteinu, kalcia a fosforu u bílých ušlechtilých prasat. **(Forschung über die Gesetzmäßigkeiten des Wachstums landwirtschaftlicher Nutztiere. 3. Mitt. Einfluß des Chlortetracyclins auf das quantitative Wachstum des Körperproteins, -calciums und -phosphors bei Weißen Edelschweinen.)** Vědecké Práce ústředního výzkumného Ústavu Živočišné Výroby v Uhříněvsi **5** (1962) S. 131–148. — 8 Abb., 5 Tab., 27 Lit. Zus. in Russ., Dtsch. 2. Mitt. vgl. LZ. Abt. III **6** (1961) Nr. 9. S. 1526.

In langfristigen Bilanzversuchen mit insgesamt 8 weißen Absatzferkeln bewirkte die tägl. Zugabe von je 15 mg Tetracyclin zum Futter eine intensive Bildung von Körpereiweiß bis zum Alter von 166 Tagen mit max. Wirkung bei Schweinen im Alter von 154 Tagen. Bes. empfindlich reagierten auf die Zugaben von Chlortetracyclin die weibl. Tiere. Ferner beeinflußte dieser

Stoff günstig den Ansatz von Ca und P. Die Ergebnisse der beschriebenen Untersuchungen bekräftigen die Ansicht, daß der CTC-Wirkungsmechanismus mit dem N-Stoffwechsel und dem Mechanismus der Hormonwirkung zusammenhängt. F. Svoboda. 2120.

Martin, T. G., Jacobson, N. L., McGilliard, L. D. und Homeyer, P. G. Ames, Iowa State Univ., Dep. of Animal Sci.; Dep. of Statistics. Factors related to weight gain of dairy calves. **(Faktoren, die die Körpergewichtszunahmen von Kälbern der Milchrassen beeinflussen.)** J. Dairy Sci. **45** (1962) Nr. 7. S. 886–892. — 1 Abb., 6 Tab., 27 Lit.

Es wurden Daten verwendet, die aus Kälberfütterungsversuchen der Iowa State University der Jahre 1945–54 stammen. Die Ernährung der 659 Kälber der Milchrassen Ayrshire, Schweizer Braunvieh, Guernsey, Holsteiner und Jersey variierte, 5 Grundrationen kamen zur Anwendung. Der Einfluß von Rasse, Geschlecht, Abkalbezeit, Inzuchtgrad, Fütterung und Geburtsgewicht auf die Zunahmen bei 8 Wochen, 6 Mon. und 1 Jahr wurde untersucht. Die Faktoren Rasse, Geschlecht, Inzuchtgrad und Fütterung waren von signifikantem Einfluß auf die Variation der Zunahmen, die Abkalbezeit war von Einfluß auf das Körpergewicht der 1jährigen Tiere. Fütterungsversuche müssen so angelegt und ausgewertet werden, daß vermieden wird, den Einfluß der Faktoren Rasse, Geschlecht und Inzuchtgrad mit den Auswirkungen der Fütterung zu vermischen. Das Geburtsgewicht kann als die unabhängige Variable benutzt werden. K. Damm. 2120.

G. ÖKOLOGIE EINSCHLIESSLICH HALTUNG UND PFLEGE

Faber, H. v.; Stuttgart-Hohenheim, Landwirtsch. Hochschule, Zool. Inst. **Stress und Allgemeines Anpassungssyndrom bei Haustieren.** Züchtungskunde **34** (1962) Nr. 7. S. 289–295.

Nach Klärung der Begriffe werden die Symptome und der Auslösemechanismus des Allgemeinen Adaptionssyndroms beschrieben. Dabei wird bes. auf die physiol. Vorgänge eingegangen und Schlußfolgerungen aus der Kenntnis des Stress-Phänomens für die praktische Tierhaltung gezogen, wie Verabreichung von „Stressfutter“ bei bes. Belastungen, die Verabreichung von Tranquilizern bei psychischem Stress und die Vermeidung von Stress. Bekannte Tatsachen über Stress bei Haustieren, bei Rindern, Schweinen und Geflügel werden zusammengefaßt und eine Übersicht über den Stand der Stressforschung bei Haustieren gegeben. E. Semisch. 2155.

Kamal, Taymour H., Johnson, H. D. und Ragsdale, A. C. Environmental physiology and shelter engineering. LIV. The effect of long exposure of environmental temperatures of 50° and 80 °F on glutathione, BEI^{131}, and growth rate of dairy calves. **(Umweltphysiologie und Stallbau. 54. Mitt. Der Einfluß einer langen Behandlung von Umgebungstemperaturen von 50 und 80 °F auf Glutathion, $BE^{131}J$ und Wachstumsgeschwindigkeit von Färsen.)** Univ. Missouri, Coll. Agric., agric. Exp. Stat., Res. Bull. **1959** Nr. 710. S. 1–18. — 2 Abb., 6 Tab., 63 Lit. 52. Mitt. vgl. LZ. Abt. III **6** (1961) Nr. 6. S. 983.

2 Gruppen weibl. Kälber, bestehend aus je 3 Schweizer Braunvieh, Holstein und Jerseys, wurden im Klimastall bei 50 °F und 62% rel. Luftfeuchte bzw. 80 °F und 54% rel. Luftfeuchte 1 Jahr lang gehalten. Aus dem breit angelegten Versuch werden die Ergebnisse über den Glutathiongehalt im Blut (GSH) und die thyreoidale Aktivität in Abhängigkeit von Wachstum, Alter, Rasse und Umgebungstemperatur während des Alters der Tiere von 6–12 Mon. behandelt. Als Maß der thyreoidalen Aktivität wird die Radioaktivität des „n-Butanol-^{131}J-Extraktes“ ($BE^{131}J$) aus dem Plasma von Blut, das jeweils 1 Woche nach einer Injektion von 200 μC $Na^{131}J$ aus der Jugularvene ent-

nommen wurde, verwendet. Die wichtigsten Ergebnisse: Bei allen Rassen liegt der GSH-Gehalt signifikant niedriger und der $BE^{131}J$-Gehalt höher bei der 50 °F-Gruppe. Ebenfalls ist in dieser Gruppe der Gewichtszuwachs beim Schweizer Braunvieh und bei den Holsteinfärsen signifikant höher. Zwischen den Rassen ergeben sich in allen Messungen mit Ausnahme des Gewichtszuwachses zwischen Schweizer Braunvieh und Holsteinern signifikante Differenzen. Der Einfluß der höheren Umgebungstemperatur auf GSH-, $BE^{131}J$-Gehalt sowie Körpergewichtszunahme nimmt mit zunehmendem Alter ab. R. Schiemann. 2165.

Greenwood, Alan W.; Edinburgh, Poultry Res. Center. An experiment with a constant environment for the domestic fowl. **(Untersuchungen über den Einfluß konstanter Umweltverhältnisse auf das Hausgeflügel.)** Animal Product. 4 (1962) Nr. 1. S. 80–90. — 1 Abb., 5 Tab., 2 Lit.

Zur Ermittlung der Leistungseigenschaften von Geflügel unter konstanten Umweltbedingungen wurden Hühner, beginnend mit der 6. Lebenswoche bis zum Ende des 3.Legejahres, in einer Klimakammer bei 65 °F, 60% rel. Feuchte, tägl. 12 Std. künstlicher Beleuchtung und gleicher Ernährung gehalten. Die Ausschaltung der jahreszeitlich bedingten Mauser zu Beginn und am Ende des 1. Legejahres ergab gegenüber den unter intensiven Bedingungen gehaltenen Kontrollhühnern einen Eiermehrertrag von 57 Stck./Tier. Jedoch sank in den folgenden Legejahren die Eierleistung der Versuchstiere zunehmend unter diejenige der Kontrolltiere ab, so daß der Vorteil des einen Legejahres aufgehoben wurde. Alle gelegten Eier wurden in wöchentl. Abständen erbrütet. Während die Eier der Versuchstiere im 1. Legejahr gegenüber den Kontrolltieren keine Unterschiede in den Schlupfergebnissen aufwiesen, stieg in den folgenden Jahren die Zahl der während der Brut abgestorbenen Keime an, und das Schlupfergebnis sank beträchtlich ab. Die konstante Umwelt übte mit zunehmender Zeit einen ungünstigen Einfluß auf die Leistungseigenschaften des Geflügels aus und schien eine vorzeitige Alterung der Tiere hervorzurufen. J. Strecke. 2165.

Hayes, R. S.; Christchurch, Dep. of Agric. Laying cage production under controlled environment. **(Kükenaufzucht für die Legehennen-Käfighaltung unter beeinflußbaren Umweltbedingungen.)** New Zealand J. Agric. **104** (1962) Nr. 6. S. 517. 519. 521. 523. — 5 Abb.

Die Aufzucht- und Haltungsmethoden von gleichzeitig 9000 Küken in einem Legebetrieb mit 14000 Hennen in Käfighaltung werden beschrieben. Der Betrieb, der ursprünglich 3600 Küken aufziehen und 7000 Hennen in Käfigen halten konnte, erreichte die Kapazitätserhöhung durch zweckentsprechende Umgestaltung der alten Ställe. Eingegangen wird auf den Umbau des 220 ft. langen und 36 ft. breiten Aufzuchtstalles, der in 6 je 37,6 ft. 6 in. mal 36 ft. = 1300 sq. ft. große Abteile für je 1500 Küken unterteilt und in 7 ft. Höhe vom Erdboden mit Aluminiumfolie isoliert wurde. Des weiteren erfolgte ein Verschließen der Fenster. Als Stallbeleuchtung dienten je Abteilung 6 weiße 15 Watt und vier rote 25 Watt Glühlampen. Die Ventilation des Stalles erfolgt über ein Lüftungssystem mit thermostatisch regulierbaren Ventilatoren von 4000 cu. ft./min Leistung, die in jedem Abteil eingebaut sind. Durch Silikonröhren-Infrarotelemente wird die gewünschte Aufzuchttemperatur erzeugt, die entspr. den Bedürfnissen regulierbar ist. Die Infrarotelemente sind in 5–6 ft. Höhe über den Tieren angebracht und werden thermostatisch kontrolliert. Das Futter wird den Küken in zylinderförmigen Vorratshängegefäßen verabreicht. Die Wasserversorgung erfolgt bis zum Alter von 5–6 Wochen aus einem an einer Stallängsseite verlaufenden Trog und später aus Trinknippeln. Abschließend wird auf die Besonderheiten der Betreuung dieses Aufzuchtstalles eingegangen. J. Strecke. 2165.

Stratum, A. v. **Zur Diskussion über die Ventilation von Geflügelställen.** Geflügelhof [Zollikofen-Bern] 25 (1962) Nr. 47. S. 849–850.

Die Überdruck-Belüftung ist dem Unterdrucksystem überlegen, weil sie eine bessere Regulierung der dem Stall zuzuführenden Luft erlaubt und außerdem ermöglicht, die Luft jeweils dorthin zu führen, wo sie am notwendigsten ist. Vf. bevorzugt jedoch die Zuführung der Luft vom Boden her. Beim angeführten „Electron-Horst"-System strömt die Luft mit großer Geschwindigkeit aus den Rohren, streicht über die Einstreu und steigt erst an den Wänden hoch. Zugerscheinungen konnten dabei nicht festgestellt werden. Um die beschriebene Funktion aufrechtzuerhalten, muß mindestens eine 2malige Luftumwälzung pro Stunde gewährleistet sein. Damit der Luftstrom möglichst breit über den Boden fließt, wird er neuerdings so reguliert, daß eine 6- bis 8malige Umwälzung pro Stunde erreicht wird. F. Schenk. 2175.

Prince, R. P., Potter, L. M., Luginbuhl, R. E. und Chomiak, T.; Storrs, Conn., Agric. Exp. Stat. Effect of ventilation rate on the performance of chicks inoculated with infectious bronchitis virus. **(Der Einfluß der Ventilationsrate auf die Entwicklung von Küken, die mit dem Virus der Infektiösen Bronchitis geimpft waren.)** Poultry Sci. 41 (1962) Nr. 1. S. 268–272. — 1 Abb., 5 Tab., 4 Lit.

Die Versuche wurden in 4 Gruppen mit je 20 Hahnenküken der Rasse Weiße Plymouth Rock bei konstanter Temperatur von 75 °F durchgeführt. 2 Gruppen wurden mit 4 Wochen geimpft, 2 Gruppen dienten als Kontrolle. Die Untersuchungen erstreckten sich bis zur 8. Woche. Die Ventilation betrug in allen Gruppen $^3/_4$ und 2 cfm./Tier. Der Futterverbrauch der infizierten Küken war um 0,58 lb./Tier signifikant geringer (11,4%). Obgleich die Ergebnisse nicht gesichert sind, tendierte der Futterverbrauch in der Gruppe mit höherer Ventilationsrate etwas nach oben. Die Gewichtszunahme der geimpften Tiere lag mit 0,24 lb. signifikant unter den Kontrolltieren. Die Differenz in der Gewichtszunahme im Verhältnis zur Ventilationsrate war statistisch nicht gesichert. Die Futterverwertung blieb in jedem Fall unbeeinflußt. Auch die Differenz in der Mortalität zu den infizierten Tieren bzw. zu den Gruppen mit gesteigerter Ventilation war nicht gesichert. E. Urban. 2175.

Markovič, Petar. Růst a vývin mladého skotu červenostrakatého plemene odchovaného při přiměřené výživě a při extrémně nízkých teplotách. **(Wachstum des bei angemessener Ernährung und unter extrem niedrigen Temperaturen aufgezogenen Jungviehs des Rotfleckviehs.)** Vědecké Práce ústředního výzkumného Ústavu Živočišné Výroby v Uhříněvsi 5 (1962) S. 223–251. — 16 Abb., 13 Tab., 85 Lit. Zus. in Russ., Dtsch.

In Vergleichsversuchen mit der Freiluft- und Stallaufzucht von Färsen wurde nachgewiesen, daß extrem niedrige Außentemperaturen (bis −21,5 °C) als Stimulator der physiol. und biol. Prozesse im Organismus des jungen Rindes wirken. Die Versuchsfärsen wiesen bis zum Alter von 6 Mon., d.h. in der Zeit der Wirkung niedriger Temperaturen, tägl. Durchschnittszunahmen von 756 g gegenüber 733 g bei der Kontrollgruppe auf. Im Abschnitt von 12–18 Mon. waren die Zunahmen der Versuchsfärsen um 16,1% höher als die der Kontrollfärsen (Stallgruppe). Mit 5 Jahren hatten die Tiere der Versuchsgruppe um 2,7 cm längere Schädelknochen, um 6,7 cm längere Rumpfknochen, um 0,8 cm längere Beckenknochen und eine um 0,8 cm größere Brustkorbtiefe. Demgegenüber wiesen die Kontrolltiere etwas größere Breitenmaße auf, was von einem Einfluß der Stallaufzucht auf die Entwicklung des Masttyps zeugt. Die Versuchsgruppe hatte in der 1. Laktation eine um 569 kg (26%), in der 2. Laktation eine um 396 kg (15,2%) höhere Milchleistung gegenüber der Kontrollgruppe. Auch die Milchfettmenge war bei der Versuchsgruppe in der 1. Laktation um 28,3%, in der 2. Laktation um 22,2% höher. F. Svoboda. 2180.

Heitman jun., Hubert, Hahn, LeRoy, Bond, T. E. und Kelly, C. F.; Univ. of California, U. S. Dep. of Agric. The effects of modified summer environment on swine behaviour. **(Das Verhalten von Schweinen im Sommer gegenüber veränderten Umweltbedingungen.)** Animal Behaviour **10** (1962) Nr. 1/2. S. 15–19. — 3 Tab., 7 Lit.

5 Gruppen wachsender Schweine zu je 9 Tieren wurden während des kalifornischen Sommers mit tägl. Temperaturen zwischen 58,5 °F und 94,4 °F 50 Tage lang bez. des Verhaltens gegenüber wärmelindernden Umweltveränderungen beobachtet. Die Tiere waren in betonierten 24 × 48 ft. großen Ausläufen untergebracht, denen eine 3seitig geschlossene Unterkunft von 8 × 12 ft. angegliedert war. Jeder Auslauf, mit Ausnahme der 5. Gruppe, erhielt einen 8 × 12 × 6 ft. großen, schattenspendenden Schirm. Die Ausläufe der einzelnen Gruppen waren wie folgt eingerichtet: 1. Schattenschirm im Auslauf, 2. Aufstellung einer 5 × 10 ft. großen, transportablen Suhle in den sonnigen Auslaufteil, 3. Aufstellung einer Suhle im Schatten, 4. Aufstellung einer durch einen 36 in. Ventilator ventilierten Suhle und 5. Aufstellung eines 6 × 10 × 4 ft. isolierten und klimatisierten Stalles. Folgende Ergebnisse werden mitgeteilt: Bei Gewährung nur von Schatten werden zwischen 7 und 15 Uhr 80% der Zeit im Schatten verbracht. Bei zusätzlicher Gewährung einer Suhle verringert sich die im Schatten verbrachte Zeit. Die 3seitig geschlossenen, transportablen Unterkünfte wurden rel. wenig benutzt und demgegenüber schattige Flächen des Auslaufes bevorzugt. Bei Temperaturen über 70 °F wurden eindeutig die kühleren Auslaufstellen bevorzugt. Der klimatisierte Stall wurde während der Beobachtungszeit zu 60% benutzt. Wechselwirkungen zwischen dem Verhalten der Tiere und deren Gewichtszunahme konnten nicht ermittelt werden. Es wird auf die Bedeutung von schattigen, kühlen Stellen an heißen Sommertagen hingewiesen. J. Strecke. 2180.

Brooks, J. R., Pipes, G. W. und Ross, C. V.; Columbia, Univ. of Missouri. Effect of temperature on the thyroxine secretion rate of rams. **(Die Wirkung der Temperatur auf die Thyroxinsekretionsrate von Schafböcken.)** J. Animal Sci. **21** (1962) Nr. 3. S. 414–417. — 1 Abb., 1 Tab., 18 Lit.

Die Thyroxinsekretionsrate von Hampshire-Schafböcken sank mit steigender Temperatur, sie betrug zwischen 46 und 87 °F 0,20–0,70 mg L-Thyroxin pro Tag und 100 lb. Lgw. B. Busch. 2180.

Hutchinson, J. C. D. und Taylor, W. W.; Edinbourg, Poultry Res. Center. Effect of exposure to heat on the motor co-ordination of pecking fowls. **(Die Beeinflussung der motorischen Koordinationen pickender Hühner durch Hitze.)** Animal Behaviour **10** (1962) Nr. 1/2. S. 62–66. — 3 Tab., 8 Lit.

Hühner, die von einer Drehscheibe Körner aufnehmen sollten, wurden bei einer Raumtemperatur von 65 °F (Kontrolle), sowie bei 90, 95, 98, 101 und 103 °F 1–2 Std. lang geprüft. Die Luftfeuchtigkeit betrug 11 mm Hg Dampfdruck, die Luftbewegung 20 ft./min. Die Rektaltemperaturen wurden vor und nach den Versuchen gemessen. Bei 90 und 95 °F benahmen sich die Hühner normal, bei höheren Temperaturen pickten sie — sobald die Rektaltemperatur auf 110–112 °F anstieg — weniger oder wurden unruhig bis aufgeregt. Das traf vor allem auf legende Hennen zu, die hitzeempfindlicher waren. Die Genauigkeit der Pickschläge (Treffsicherheit) nahm in der Hitze nicht ab, sondern z.T. sogar zu. Darin unterschieden sich die Hühner grundsätzlich von vorher geprüften menschlichen Versuchspersonen.
C. Engelmann. 2180.

Hale, R. W. und Coey, W. E.; Belfast, Queen's Univ., Min. of Agric. Two levels of humidity compared in an experimental pig fattening house. **(Zwei Feuchtigkeitsgehalte, verglichen in einem Versuchsmaststall.)** VIII. int. Tierzuchtkongr. Hamburg **1961** Schlußber. S. 142–144. — 1 Tab., 9 Lit.

In einem durch eine Mauer in 2 Hälften geteilten Versuchsstall wurden die Temperaturen gleichmäßig bei 70 °F gehalten. In der einen Hälfte (I) betrug die rel. Luftfeuchtigkeit 85%, in der anderen (II) 50–60%. Die Verteilung der Schweine erfolgte nach Geschlecht und Abstammung gleichmäßig auf beide Seiten. Die Tiere wurden in der Getreideschnellmast (ad libitum) von 50–200 lb. gemästet. Die durchschnittl. tägl. Zunahme betrug bei I — 1,57 lb., bei II — 1,64 lb., die Futterverwertung bei I — 3,37, bei II — 3,29. Hinsichtlich der Mastleistung zeigte sich also kein signifikanter Einfluß der unterschiedlichen Feuchtigkeitsgehalte. H. Jung. 2185.

Lampkin, G. H., Quarterman, J. und Kidner, M. Observations on the grazing habits of grade and Zebu steers in a high altitude temperate climate. **(Untersuchungen über die Weidegewohnheiten von Kreuzungs- und reinen Zebu-Ochsen im gemäßigten Höhenklima.)** J. agric Sci. **50** (1958) Nr. 2. S. 211 bis 218. — 1 Abb., 7 Tab., 13 Lit. 2187.

Debruyckere. **Die Lage des landwirtschaftlichen Bauwesens in Belgien.** Dtsch. Akad. Landwirtsch.-Wiss. Berlin, Tagungsber. **1960** (hrsg. 1961) Nr. 38. S. 78–79.

Belgien ist ein dichtbevölkertes Land mit ausgeprägtem Industriecharakter. Demzufolge erhält die Landwirtschaft erst in 2. Linie Subventionen. Für den Stallbau werden nur geringe Zuschüsse bewilligt. 81,5% aller landwirtsch. Betriebe sind kleiner als 10 ha (46% der LN Belgiens). Die veränderte Lage auf dem europäischen Markt zwingt zur Modernisierung vieler Wirtschaftsgebäude. Dabei lassen sich viele unzweckmäßige Altbauten in Offenställe für Kälber, Jung- und Milchvieh verwandeln. Für mehr als 10–12 Tiere werden Neubauten fast immer als Offenställe errichtet. Hier dominieren: Mehrzweckräume, leichte und billige Bauweise, gut befahrbare Transportwege und erdlastige Bergeräume. Freßplätze und Ausläufe sind befestigt, Liegeplätze nicht. In stroharmen Gegenden versucht man den Einstreumangel durch Lattenroste, z. B. am Freßplatz, zu beheben. Man versucht oft, durch Einleiten von Regenwasser oder von Abwässern des Melkstandes in die Grube unter dem Lattenrost ein gut pumpfähiges Produkt zu erhalten. Die Liegefläche pro Kuh wird mit 4–5 m^2 angegeben. An sehr kalten Wintertagen erhöht sich der Futterverbrauch geringfügig. Die Lieferung von Vorzugsmilch wird durch elektronisch kontrollierte Reinigungsanlagen vereinfacht. Parallel- und Tandemmelkständen gilt das größte Interesse. Infolge von Rationierungsschwierigkeiten und Verlusten bei der Selbstfütterung wird die Fütterung aus Krippen empfohlen, die mechanisch beschickt werden können. Durch serienmäßig vorgefertigte Bauteile aus Beton, Holz und Stahl in Binderkonstruktion hofft man, die Baukosten zu senken. E. Kieslinger. 2260.

Städtler, Manfred; Meißen, Hochschule für LPG. **Einige Gedanken zur Mastenbauweise.** Wiss. Z. Hochschule LPG Meissen **5** (1962) Nr. 3. S. 311 bis 315. — 3 Abb., 3 Lit. Zus. in Russ., Engl.

Vf. regt die gleiche Gestaltung der Stützprofilmasten für Warm- und Kaltbauten an, begründet seinen Vorschlag und unterbreitet Änderungsvorschläge. Gegenüber der Verwendung der Typenreihe Warmbauten in Mastenbauweise für gesellschaftliche Bauten werden in architektonischer Hinsicht und bez. der Anpassung an das Dorfbild Bedenken geäußert. Die z.Z. statt Holzbinder wahlweise benutzten Stahlleichtbinder weisen mehrere Nachteile auf, die weder volkswirtschaftlichen, gestalterischen noch technol. Anforderungen gerecht werden. Abschließend wird bei der Typenreihe Warmbauten in Mastenbauweise zur Vereinigung von Sockelelement und Grundschwelle geraten, die neben der Verringerung von Bauelementen bauliche Vorteile mit sich bringt. J. Strecke. 2260.

Čermák, Jan; Řepy, VÚZT. Stáje pro skot s úsporným stlaním a bezestelivovým ustájením. **(Rinderställe mit sparsamer Einstreu und Aufstallung ohne Einstreu.)** Náš Chov **1962** Nr. 12. S. 372–374. — 5 Abb., 1 Tab.
Es werden Anbinde- und Offenställe mit Roststånden, Rostkotrinnen bzw. auch Rostfutterplätzen mit und ohne Einstreu beschrieben. Bei Anbindeställen handelt es sich um Rostkotrinnen über einer Wasserabschwemmrinne oder um Rost-Kurzstände mit mechanischer Entmistung oder um Kurzstände mit Rostkotrinnen. Zur Herabsetzung des Verbrauches von Streustroh in Offenställen wurden in der ČSSR Stallungen mit Rostfutterplätzen und mit Rostböden auf der ganzen Fläche des Offenstalles mit Erfolg geprüft. Der Verbrauch von Streustroh wird durch die beschriebenen Einrichtungen wesentlich herabgesetzt, und bei Rosten mit Abspülung der Exkremente fällt die Einstreu vollständig aus. Bei Rinder-Offenställen alten Typs mit voller Einstreu beträgt der tägl. Bedarf an Stroh je GV 7–12 kg, bei Anwendung von Rosten fällt er auf 2–5 kg herab. Auch bei Anbindeställen ermöglicht die Anwendung von Roststånden und Mist-Abschwemmanlagen eine wesentliche Einsparung von Stroh bzw. eine streulose Aufstallung des Jungviehs und der Kühe.
F. Svoboda. 2275.

Dannemann, H. und Fischer, H.; Halberstadt, Inst. für Landwirtsch. Bauwes. **Typenvorschläge für Abkalbeställe.** Tierzucht **16** (1962) Nr. 10. S. 435–439. — 5 Abb., 3 Lit.
Da bisher rel. wenig Abkalbeställe gebaut wurden, wird sich der Bedarf künftig erhöhen, bes. im Hinblick auf die Brucellosefreimachung. Abkalbeställe sollten 10,5% des Kuhbestandes aufnehmen (2,5% Kreißstall, 8% Wochenstall), ferner müssen 3% (Gesamtkuhbestand = 100%) Kälberwiegen vorhanden sein. Günstige Klimaverhältnisse sind für Abkalbeställe bes. wichtig, da in vielen Fällen Tiere aus Offenställen dort untergebracht werden müssen, und zwar gerade zu einer Zeit, wenn sie bes. empfindlich sind. Schwitzwasserbildung ist unbedingt zu vermeiden. Die ständige Kommission für ländliches Bauwesen der DAL bestätigte Anfang 1962 2 Typen von Abkalbeställen mit gleicher Raumanordnung, aber unterschiedlicher Größe für 30 und 37 Tiere, letzterer mit Teilvorratslager. Die Kommission empfahl der Praxis als Anregung für Umbauten weiterhin einen einreihigen Abkalbestall für 26 Tiere mit einem Vorratslager an der Längsseite. Vff. beschreiben im einzelnen den Abkalbestall für 30 Tiere. E. Kieslinger. 2275.

Schaak, E. A. **Erfahrungen mit dem Folienstall.** Mitt. dtsch. Landwirtsch.-Ges. **77** (1962) Nr. 42. Reich der Landfrau S. 336–337. — 7 Abb. 2275.

Ivoš. **Einige Bemerkungen zur Offenstallhaltung der Milchkühe.** Dtsch. Akad. Landwirtsch.-Wiss. Berlin, Tagungsber. **1960** (hrsg. 1961) Nr. 38. S. 96–98.
In Jugoslawien wurde erst nach dem Kriege mit der Offenstallhaltung begonnen. Dabei stellte man fest, daß bei der Selbstfütterung von Hochleistungskühen der Futterverbrauch bis zu 25% erhöht sein kann, sich der Arbeitsaufwand bei guter Mechanisierung um 30% vermindert, desgleichen die Baukosten bei zweckmäßig projektierten Objekten. Die Haltung der Rinder in Offenställen hat in Jugoslawien gute Perspektiven, da sie bei hoher Mechanisierung eine rentable Erzeugung ermöglichen, sofern der Milchertrag 4000 bis 5000 kg nicht übersteigt. Es ist falsch, die Höhe der Baukosten nach der Anzahl der einzustallenden Rinder zu bemessen, sondern es ist vielmehr die Produktionshöhe eines Betriebes als Maßstab zu wählen. Wichtig ist ein klimatisch und pedologisch geeigneter Bauplatz. Die Liegefläche pro Rind wird mit 5–6 m^2, der Winterauslauf mit 8–10 m^2 angegeben. Liege- und Futterplatz sollen getrennt und Windschutz vorhanden sein. Primitive Abkalbe- und Kälberställe sind abzulehnen. Der Melkstand muß geräumig, rel. warm und ruhig sein, um physiol. Schocks zu vermeiden. Auf 600 Kühe sollen mindestens 28 Melkstände entfallen. In der Großproduktion kann nicht mehr das

einzelne Tier, sondern muß die Herde als Ganzes im Vordergrund stehen. Das hat dazu geführt, den Aufbau von Objekten für den Gesundheitsschutz zu vernachlässigen. 4–5% des vorhandenen Raumes sind daher für prophylaktische und therapeutische Untersuchungen aller Art bereitzustellen.
E. Kieslinger. 2320.

Reissmann, H.; Weimar, Hochschule für Architektur und Bauwes. **Die Gestaltung der Offenstallanlagen für Rinder.** Dtsch. Akad. Landwirtsch.-Wiss. Berlin, Tagungsber. **1960** (hrsg. 1961) Nr. 38. S. 55–64.
Der Bau von großräumigen Offenställen wird durch moderne Konstruktionen und Baustoffe ermöglicht, doch sollten nur noch wenige Typen nach einem einheitlichen System entwickelt werden, die eine einfache Bewirtschaftung (nach vorhergegangener Erprobung unter wiss. Kontrolle) ermöglichen. Für genügend leichtes und großflächiges Dachdeckungsmaterial ist Sorge zu tragen. Wichtig sind vor allem alle mit der Selbstfütterung, frostsicheren Tränkanlagen, der Miststapelung, der Jauchelagerung und dem AK-Bedarf zusammenhängenden Fragen. Die Melkhäuser sind gegenwärtig bez. ihrer Kapazität zuwenig den verschiedenen Größen der Offenstallanlagen angepaßt. Um ihre Technik zu nutzen, ist vor allem umfassend ausgebildetes Melkpersonal wichtig. Bes. notwendig sind ausreichend soziale Räumlichkeiten für das Stallpersonal. Offenstallanlagen sind stets unter Berücksichtigung allen Zubehörs (z. B. Abkalbe- und Kälberställe, Bergeräume, Be- und Entwässerung) zu projektieren. Vf. strebt den Bau von Großversuchsobjekten und die praktisch-wiss. Auswertung der dort gemachten Erfahrungen an, da gut bewirtschaftete Offenstallanlagen die beste Werbung für den Offenstallgedanken sind.
E. Kieslinger. 2320.

Krause, O. und Böttcher, H. **Zum Problem der zweckmäßigen Größe von Offenstallanlagen.** Dtsch. Akad. Landwirtsch.-Wiss. Berlin, Tagungsber. **1960** (hrsg. 1961) Nr. 38. S. 101–107. — 4 Abb.
Hunderte Mill. DM müssen innerhalb der nächsten Jahre in Stallbauten so investiert werden, daß der höchstmögliche Nutzeffekt gewährleistet ist. Entscheidenden Einfluß auf den zweckmäßigen Umfang der Produktionsanlage für die Milchviehhaltung hat die Technologie, die beim Anbindestall bei über 60–90 Tiere hinausgehenden Anlagen keine wesentliche Senkung der Investitionskosten und des Arbeitsaufwandes pro Kuh ermöglicht. Bei Berücksichtigung des modernen Offenstalles verschieben sich diese Grenzen weitgehend. Durch Auswertung von Erfahrungen aus bereits bewirtschafteten Offenstallanlagen wurde mit dem Inst. für Typung der Deutschen Bauakademie eine bauliche und techn. Konzeption erarbeitet und in der Offenstallanlage zur Landwirtschaftsausstellung 1960 in Markkleeberg der Praxis vorgelegt. Varianten dieses Typs wurden auf der genannten Grundlage für 60, 120, 240, 480 und 600 Kühe entwickelt. Die Kalkulationen basieren zum großen Teil auf direkt bei Arbeitsprozessen ermittelten Werten. Die Arbeitsorganisation und die Investitionskosten in Anlagen unterschiedlicher Größe werden eingehend beschrieben. Zwischen Betriebs- bzw. Abteilungsgröße und Viehbesatz bestehen engste Wechselbeziehungen. Deshalb kann nicht jeder Betrieb Offenstallgroßanlagen errichten. Kleinere Anlagen mit 240–360 Kühen (bes. im Süden der DDR) müssen höhere Kosten und ungünstigere Arbeitsorganisation in Kauf nehmen. Die großen Möglichkeiten der rationellen Organisation und zweckmäßigen Konzentration der Produktion müssen genutzt werden, damit die Investitionskosten je Kuhplatz erheblich gesenkt werden. Im Ergebnis zeigen sich dann geringere Selbstkosten je Produktionseinheit und hohe Arbeitsproduktivität, günstigere Arbeitsbedingungen für die Viehpfleger (Einführung des Schichtbetriebes) und die Möglichkeit der Einteilung der Kühe in 8 große Gruppen mit den sich dabei ergebenden Vorteilen bez. Leistungsfütterung und Betreuung.
E. Kieslinger. 2320.

Martinot. **Die Steigerung der Leistungsfähigkeit durch die Offenstallhaltung der Milchkühe.** Dtsch. Akad. Landwirtsch.-Wiss. Berlin, Tagungsber. **1960** (hrsg. 1961) Nr. 38. S. 86–91.
Ausgehend von der gegenwärtigen Lage in der Landwirtschaft Frankreichs und dem Arbeitskräfteproblem beschreibt Vf. die wirtschaftliche Organisation eines großen Offenlaufstalles für 300 Tiere im Pariser Becken auf der Basis eines genossenschaftlichen Zusammenschlusses mehrerer fortschrittlicher Bauern. Die einzelnen Betriebe liefern jährl. eine festgesetzte Futtermenge zu Festpreisen. Das Budget des Stalles muß durch den Milchverkauf ausgeglichen werden. Die AK werden entlohnt. 3 parallele Kuhställe (mittlerer Stall doppelt) werden durch 2 betonierte Ausläufe getrennt, dazwischen befindet sich ein 2seitig zugänglicher automatischer Futterplatz sowie 2 unabhängig voneinander arbeitende Melkstände. Die Baukosten belaufen sich auf 2140 NFr./Kuh (ohne Wasser, Strom, Kanalisation und Wege), sie erscheinen unter Berücksichtigung der mechanischen Ausrüstung nicht als zu hoch. Die Reinigung der betonierten Ausläufe erfolgt durch einen Traktor mit hydraulischer Schaufel und rotierender Bürste an der Frontseite. Wichtig ist die Trennung der trockenstehenden und frischgekalbten Kühe von der übrigen Herde. An AK sind vorgesehen: 1 Leiter, 5 Melker und 1 Viehpfleger für Reinigungs- und Transportarbeiten. In dem beschriebenen Rinderstall soll eine Durchschnittsleistung von 3700 kg erreicht werden, die Jahresleistung je AK (einschließlich Leiter) beträgt somit 1600 hl. Vf. betont, daß neben noch zu lösenden techn. Problemen (mechanische Futterverteilung u.ä.) bei diesem Projekt vor allem finanzielle Schwierigkeiten auftauchen, da unter Berücksichtigung der Produktionskosten der Milchpreis über dem Normalen liegt. Eine der Möglichkeiten zur Senkung des Milchpreises liegt in der Verlängerung der Nutzungsdauer der Kühe. E. Kieslinger. 2320.

Iwanoff, P. und Kostoff, S. **Die Offenstallhaltung der Rinder in der Volksrepublik Bulgarien.** Dtsch. Akad. Landwirtsch.-Wiss. Berlin, Tagungsber. **1960** (hrsg. 1961) Nr. 38. S. 91–95. — 2 Tab.
Den Verhältnissen kleinbäuerlicher Betriebe entspr. wurden früher in Bulgarien einheimische, primitive Rinderrassen gehalten, und zwar hauptsächlich ihres Fleisches, ihrer Haut und ihres Dunges wegen. Dank natürlicher Haltungsweise waren die Tiere stets gesund. Durch den Aufbau landwirtsch. Großbetriebe wurden große Herden geschaffen und die vorhandenen Rassen verbessert. Da diese Tiere leistungsfähiger und anspruchsvoller sind, baute man für sie massive, große Ställe, die aber wegen erheblicher baulicher Mängel, bes. bei Kälbern während der Milchperiode zu erheblichen Verlusten führten (1955–58 insgesamt 20753 Kälber = 6,08%, davon 46,9 infolge mangelhafter Hygiene). Um diese Mängel zu beheben, lief von 1950–58 eine Versuchsserie in offenen Gebäuden mit 800 Milchkälbern, 100 tragenden und anderen Färsen, 456 Lämmern und 248 Ferkeln. Bes. berücksichtigt wurden: dickes und trockenes Lager, regelmäßige, ausreichende Bewegung und normale Fütterung. Die offenen Kälberställe wurden dem Klima Bulgariens mit 10–12 °C Jahrestemperatur (in der Ebene) angepaßt. Durchschnittl. 87 Tage (53–150) im Jahr liegen die Temperaturen unter 0 °C. Die Versuchsergebnisse brachten höhere tägl. Zunahmen zugunsten der Offenstallkälber. Bei dem dem heimischen Klima am besten angepaßten Isker Rind betrugen sie 14,17%, beim Sofioter Braunvieh 8,57% und beim Roten Sadower und Roten Steppenrind 3,04%. Die Offenstallkälber hatten unabhängig von Alter und Jahreszeit besseren Appetit, weniger Verdauungsstörungen sowie bessere Vitalität. Die positiven Untersuchungsergebnisse des In- und Auslandes führten zu einem Erlaß des Landwirtschaftsministeriums, nach welchem für Jungrinder nur noch Offenställe errichtet werden dürfen. Die Haltung von Milchkühen in Offenställen wird noch geprüft, da die Ergebnisse aus dem Ausland z.T. sehr widersprechend sind. E. Kieslinger. 2320.

Lilliehöök. **Schwedische Erfahrungen mit Offenställen.** Dtsch. Akad. Landwirtsch.-Wiss. Berlin, Tagungsber. **1960** (hrsg. 1961) Nr. 38. S. 40–48. — 10 Abb.

Mangel an Arbeitskräften und hohe Arbeitslöhne verbunden mit hohem Kapitalzinsfuß orientieren auf das Offenstallsystem. Für den offenen Laufstall sprechen weiter: vom Stallgeruch befreite leichtere und angenehmere Arbeit, die beim Wettbewerb um qualifizierte Arbeitskräfte entscheidend ist. Ergebnisse aus der Praxis beweisen, daß wirtschaftliche Baukosten für neue funktionstüchtige Stallanlagen kaum bei Anbindeställen erzielbar sind, falls das investierte Kapital einen annehmbaren Ertrag bringen soll. Der größte Teil schwedischer Offenställe besteht aus Umbauten alter Gebäude, allerdings zeigen Erfahrungen, daß sehr viele Altbauten für den Umbau ungeeignet sind. Hier erweisen sich Neubauten als zweckmäßiger. Nachkalkulationen an 10 Offenställen ergaben gegenüber herkömmlichen Stallbauten um ca. 40% niedrigere Baukosten. Der Arbeitsaufwand ist im Offenstall gleichfalls um 40% geringer. Schwedische Untersuchungen bestätigen amer. Erfahrungen, wonach 1 AK 50 Kühe und Jungvieh betreuen kann. Bis 60 Milchkühe und dazugehörige Kälber können von 1 AK betreut werden, wenn das Jungvieh woanders untergebracht wird. Größere Anlagen ermöglichen zusätzliche Arbeitseinsparungen. Vf. geht im einzelnen auf Größenordnung, Klima, Leistungen, Futter- und Einstreuverbrauch sowie Mistlagerung und arbeitswirtschaftliche Verhältnisse ein. E. Kieslinger. 2320.

Rosenkranz, O.; Gundorf, Inst. für Landwirtsch. Betriebs- und Arbeitsökonomik der Dtsch. Akad. der Landwirtsch.-Wiss. zu Berlin. **Die Bewirtschaftung von Rinderoffenställen.** Dtsch. Akad. Landwirtsch.-Wiss. Berlin, Tagungsber. **1960** (hrsg. 1961) Nr. 38. S. 65–73.

Der Bau von Offenställen ermöglicht niedrigere Aufwendungen an Arbeit und Material. Allerdings sind die Baukosten für die Kosten je kg Milch von untergeordneter Bedeutung. Der Offenstall ermöglicht eine gesündere Haltung von Kühen und Jungrindern und kann daher zur Senkung der Aufzuchtkosten führen. Diese können pro Kuh und Jahr DM 100 und mehr und auch bei mehr als 4000 kg Jahresleistung noch 3 Dpf/kg Milch betragen. Der Bau von Offenstallanlagen und die dadurch bedingte Konzentration größerer Tierbestände verlangt die Einführung geeigneter Verfahren zur maschinellen Milchgewinnung. Wenn die gegenwärtig verfügbaren Melkstandanlagen rationell genutzt werden, kann die Arbeitsproduktivität um 50% und mehr erhöht werden. Die Möglichkeiten der Mechanisierung und auch die pro Tier benötigte Fläche bestimmen Aufwand an AK und Baukosten; niedriger Arbeitszeitaufwand und verlustlose Fütterung sind entscheidend für die Fütterungsmethode in Offenstallanlagen. Evtl. unvermeidliche Verluste und die mögliche Arbeitszeiteinsparung sind bei der Einführung der Selbstfütterung gegeneinander abzuwägen. E. Kieslinger. 2320.

Böttcher, H. **Die funktionelle Lösung unterschiedlicher Laufhofanlagen für die Milchviehhaltung.** Dtsch. Akad. Landwirtsch.-Wiss. Berlin, Tagungsber. **1960** (hrsg. 1961) Nr. 38. S. 108–119. — 8 Abb., 1 Tab.

Wirtschaftsanlagen für die Rinderhaltung gliedern sich in Produktionseinheiten für die Milchviehhaltung, in Abkalbe- und Kälberaufzuchtställe sowie in Jungvieh- und Mastställe. Bez. der Technologie ergeben sich für jede dieser Produktionseinheiten Unterschiede, die beim Bau Berücksichtigung finden müssen. Im vorliegenden Beitrag wird nur die Produktionseinheit Milchviehhaltung berücksichtigt. Je nach der Zuordnung von Freß- und Liegeplätzen unterscheidet man das Ein- und Mehrraumstallprinzip. Hierbei sind beim etappenmäßigen Aufbau großer Laufstallanlagen beim Einraumstallprinzip je Stalleinheit ein Stallgebäude, dagegen beim Mehrraumstallprinzip mindestens 2 erforderlich. Weitere Unterschiede ergeben sich bei der Zuordnung der Bergeräume. Die Zweckmäßigkeit dieser Zuordnung ist von den unterschiedlichen Produktionsverhältnissen abhängig, daneben sind auch Rations- und Selbstfütterung maßgebend. E. Kieslinger. 2320.

Nowikow. **Über Erfahrungen beim Bau und der Mechanisierung von Farmen zum Zwecke der Laufstallhaltung von Milchvieh in der Sowjetunion.** Dtsch. Akad. Landwirtsch.-Wiss. Berlin, Tagungsber. **1960** (hrsg. 1961) Nr. 38. S. 126–133. — 3 Tab.
Die Arbeitsproduktivität der Viehzucht in den Sowchosen ist in den Jahren von 1934–56 gegenüber der Getreidewirtschaft nur unwesentlich gestiegen: Getreidewirtschaft 236%, Milchviehwirtschaft 65%, Fleischviehwirtschaft 45% und Schweinezucht 100%. Möglichkeiten zur Erhöhung der Arbeitsproduktivität in der Viehzucht ergeben sich durch die Verbesserung technol. Prozesse in Verbindung mit gut durchdachter Arbeitsorganisation und der Mechanisierung kraft- und zeitraubender Arbeiten. Eine dazu geeignete Methode ist der Übergang zur Laufstallhaltung des Milchviehs. Im Süden des Landes wurden halboffene Ställe (Scheunen) errichtet, in klimatisch weniger begünstigten Gegenden einfache Ställe, bzw. vorhandene durch Entfernung der Inneneinrichtung modernisiert. Die Kühe stehen auf Tiefstreu, das Entmisten erfolgt jährlich 2mal. Silage und Rauhfutter werden in Selbstfütterung verabreicht. Für das Melken wurden Spezialbauten errichtet. Die Baukosten der Milchviehfarmen verringern sich um das 1,5- bis 2fache, da Boxen, Anbindevorrichtungen u. a. wegfallen. Die Nutzfläche der Kuhställe erhöht sich dadurch um 30–40%. 5–6 m^2 in den mittleren Zonen und 3,5–4 m^2 Stallgrundfläche haben sich als zweckmäßig erwiesen. Pro Kuh werden 10–10,5 m^2 Auslauf veranschlagt. Untersuchungen ergaben, daß sich Kopfsteinpflaster am besten für die Auslaufbefestigung eignet, da andere Materialien durch die Säuren der Silage zerstört werden. Versuche in Sowchos „Pjatigorsk“ ergaben eine 30–40%ige Kosteneinsparung, wenn die Ausläufe auf 20 m^2/Kuh erweitert und nur die Stellen intensiver Benutzung gepflastert werden. Zur Verbesserung der Selbstfütterung wurden Versuche mit oberirdischer Silierung in Mieten durchgeführt. Bewährt hat sich hierbei schwarze Polyäthylenfolie; sie ist 2mal benutzbar und die Silage gefriert selbst bei −40 °C nicht. Für das Melken im Laufstall wurden Tandem- und Fischgrätenmelkstände entwickelt. Letztere bestehen aus Holz und sind weit verbreitet. Der Milchtransport wird zunehmend von Kannen auf Tanks umgestellt. Bes. in den zentralen und nördlichen Gebieten ergeben sich bei der Silagefütterung im Winter Probleme, die man u. a. durch auf Schlitten bewegte Futterraufen lösen will.
E. Kieslinger. 2320.

Nordbö, H. **Neue Typen von Wirtschaftsgebäuden in Norwegen.** Dtsch. Akad. Landwirtsch.-Wiss. Berlin, Tagungsber. **1960** (hrsg. 1961) Nr. 38. S. 80–86. — 8 Abb., 3 Tab.
Die LN Norwegens beträgt 3% der Gesamtfläche des Landes, 90% der Betriebe haben weniger als 10 ha LN und sind oft Nebenerwerbsbetriebe. Viele Wirtschaftsgebäude stehen am Hang, dabei sind die wärmegedämmten Anbindeställe im Erdgeschoß, das Mistlager im Keller und die Bergeräume im Obergeschoß untergebracht (je nach Hanglage auch erdlastig), Hocheinfahrt ist üblich. Silos und Rübenlagerräume befinden sich neben dem Stall. Eine Anzahl von Anbindeställen hat am hinteren Teil der Stände Spaltenfußboden. Durch die Spalten fallen Mist und Jauche in den Dungkeller. Außerdem gibt es wärmegedämmte Laufställe, wo alle Tiere auf Spaltenfußboden stehen. Umfassen die Herden mehr als 8–10 Tiere, empfiehlt sich die Einrichtung gesonderter Melkstände. Auch offene Laufställe amer. Typs mit Tiefstreu, ungedämmten, bzw. teilweise gedämmten Liegeplätzen und einer wärmegedämmten Milchkammer gibt es. Gefüttert wird bei diesem Typ außerhalb der Liegeplätze. Untersuchungen über Spaltenfußböden für Rindvieh ergaben bei

zweckmäßiger Ausformung erhebliche arbeitswirtschaftliche Vorteile, außerdem ist der Einstreubedarf gering. Stalltypen mit Spaltenfußböden eignen sich bes. für Mastvieh, aber auch für Jungvieh. Für den Transport des Mistes aus dem Mistkeller ist die Anwendung einer Rohrschraube am zweckmäßigsten. Dabei wird der Mist durch ein schräges Rohr emporgedrückt. Wärmegedämmte Tiefstreuställe haben einen zu hohen Einstreubedarf. — Zur automatischen Verfütterung von Heu und Häckselheu sind rationelle Verfahren erarbeitet worden, dsgl. erprobt man Vorrichtungen zur Selbstfütterung aus Fahrsilos. Im Hinblick auf die Baukosten ist der Anbindestall der teuerste und der offene Laufstall am billigsten. Die Differenzen erhöhen sich mit zunehmender Herdengröße. Allerdings schränkt der Mangel an Einstreu die Verwendung offener Laufställe in Norwegen ein. E. Kieslinger. 2320.

Kosař, Jiři und Šiler, Rudolf. Vliv pastvy na výkrmnost a na jatečnou hodnotu prasat. **(Einfluß der Weide auf die Mastfähigkeit und den Schlachtwert von Schweinen.)** Vědecké Práce ústředního výzkumného Ústavu Živočišné Výroby v Uhříněvsi **5** (1962) S. 209–219. — 5 Tab., 47 Lit. Zus. in Russ., Dtsch.
In Vergleichsversuchen mit der Weide- und Stallmast erreichten die Schweine der Weidegruppe in der 1. Versuchsetappe (Beweiden von Weißkleebeständen) Durchschnittszunahmen von 0,616 kg, die Schweine der Stallgruppe 0,585 kg/Tier/Tag. In der 2. Etappe (Abweiden von abgeernteten Kartoffelschlägen) betrugen die Zunahmen bei der Weidegruppe 0,480 kg, bei der Stallgruppe 0,491 kg. Im Durchschnitt des gesamten Versuches nahm die Versuchsgruppe 0,535 kg, die Kontrollgruppe 0,528 kg/Tier/Tag zu. Je 1 kg Zunahme verbrauchten die Versuchsschweine 0,361 kg verd. E. und 2,89 kg StW, die Kontrollschweine 0,407 kg verd. E. und 3,80 StW. Die Versuchsschweine hatten eine um 1,5% geringere Schlachtausbeute, dabei aber einen um 2,55% höheren Fleisch- und um 2,71% niedrigeren Fettanteil. Das Fett-Fleischverhältnis war bei den ersteren 1:2,09, bei den letzteren 1:1,83.
F. Svoboda. 2360.

Beer, J. **Die Bedeutung bakterieller Krankheiten bei der Haltung landwirtschaftlicher Nutztiere in Großbeständen.** Mh. Veterinärmed. 17 (1962) Nr. 18. S. 737–741. — 3 Tab., 13 Lit.
Von der großen Zahl an bakteriellen Krankheiten der Nutztiere werden diejenigen herausgegriffen, die z.Z. bes. Beachtung verdienen. Als solche werden Tbc, Brucellose, Leptospirose, Listeriose, Salmonellose, die chronischen Mastitiden des Rindes und Trichophytie besprochen. Bei Listeriose, Salmonellose und Mastitiden wird an Hand der Untersuchungsergebnisse der letzten Jahre aus dem VUTGA Dresden die steigende Tendenz dieser Infektionskrankheiten dargestellt. Dabei wurde festgestellt, daß fast alle Wassergeflügelzuchtbetriebe mit Salmonellen verseucht sind. Steigende Aufmerksamkeit erwecken auch alle an bestimmte Tierarten angepaßten und bei diesen sich enzootisch ausbreitenden Salmonellentypen. Also neben *S. typhimurium*, *S. choleraesuis*, *S. dublin*, *S. enteritidis*, *S. abortusovis* und *S. pullorum*. Die Ausführungen zeigen, welch unvergleichlich größerer Schaden im Großbetrieb als in der Einzelhaltung von einer Infektionsquelle ausgehen kann. Jederzeit müssen sich alle Personen, die durch die tägl. Pflege und Versorgung der Tiere direkt oder bei der Leitung, Planung und Organisation im Betrieb oder in den Staatlichen Institutionen indirekt mit den Großbeständen in Beziehung stehen, dieser Tatsache bewußt sein. W. Lehmann. 2410.

Kulpe, E.; Ludwigshof-Wernburg, Fachschule für Tierzucht. **Die Mechanisierung der Arbeiten in Offenstallanlagen.** Dtsch. Akad. Landwirtsch.-Wiss. Berlin, Tagungsber. **1960** (hrsg. 1961) Nr. 38. S. 119–126. — 10 Abb.
Der Bau von Offenstallanlagen, stationären Fischgrätenmelkständen und der Einsatz der Stallarbeitsmaschine (RS 09) mit Zusatzgeräten ermöglichen bei

den Arbeiten in der Rinderhaltung weitgehende Erleichterungen und Verbesserungen. Dabei ist die bauliche Gestaltung der Ställe maßgebend für alle späteren Mechanisierungsmöglichkeiten. Voraussetzung für die rationelle Nutzung vorhandener Melkstandanlagen sind zweckmäßig angeordnete Triebwege, sowie Vor- und Nachwartehöfe genügender Größe. Je nach dem Bautyp der Offenställe ergeben sich unterschiedliche Möglichkeiten zur Mechanisierung der Fütterung. Auch die Bergeräume sind verschieden groß, z.T. fehlen sie völlig. Als befriedigend gelöst kann die Entmistung der Offenställe gelten. Infolge mangelhafter baulicher Gestaltung mit geringer Mechanisierungsmöglichkeit (z. B. Offenlaufställe mit schmalem Futtergang) ist der Arbeitsbedarf u.U. höher als in geschlossenen Anbindeställen. Eine zweckdienliche Projektierung von Offenstallanlagen unter Berücksichtigung vielseitiger Mechanisierungsmöglichkeiten bringt die Vorteile dieser Bauweise voll zur Geltung. Nicht zu vergessen sind in diesem Zusammenhang Beziehungen zwischen Arbeitsbedingungen, Arbeitsfreude- und -erfolg sowie Bauausführung und Mechanisierungsmöglichkeiten. E. Kieslinger. 2425.

Dahse, F. **Die Mechanisierung der Fütterung und Entmistung in Altställen für Rinder mit Anbindehaltung.** Dtsch. Landwirtsch. **13** (1962) Nr. 12. S. 605 bis 608. — 5 Abb., 2 Lit.
Vf. vergleicht die verschiedenen Arbeitsverfahren zur Mechanisierung der Fütterungs- und Entmistungsarbeiten in Altställen für Rinder mit Anbindehaltung hinsichtlich der baulichen Voraussetzungen, des Arbeitszeitaufwandes und der Kosten und stellt abschließend für einige Stallformen die Mechanisierungsmöglichkeiten dar. W. Fleischmann. 2425.

Schecker, H. **Ein handlicher Deckstand für Rinder zum Mitführen an Kraftwagen.** Dtsch. tierärztl. Wschr. **69** (1962) Nr. 11. S. 312–313.
Vf. beschreibt einen Deckstand, der im Gegensatz zu dem von Dittmar beschriebenen Modell nicht auf den Transportwagen verladen werden muß, sondern in ihm aufgehängt ist. Diese Tatsache ist deshalb von Bedeutung, da der Deckstand nicht unter 200 kg wiegen darf und dadurch beim Aufladen mehrere Arbeitskräfte nötig werden. Das vom Vf. beschriebene Modell kann von 1 AK bedient werden. Vor Benutzung ist die Deichsel des Wagens soweit anzuheben, daß der hintere Teil des Standes den Boden berührt und die hintere Aufhängung sich lösen läßt. Danach wird durch Senken der Deichsel der vordere Teil des Standes auf den Boden gestellt, wodurch sich die vordere Aufhängung ausklinken läßt. Die Deichsel dieses Wagens ist zum Zwecke des Anhängens an einen PKW mit einer entspr. Kupplung versehen. Die übrige Ausrüstung des Wagens entspricht den an Anhänger im Straßenverkehr zu stellenden Forderungen. — Dieses Modell wird vom Vf. schon seit mehreren Jahren mit bestem Erfolg in der Praxis angewendet. W. Busch. 2425.

H. NUTZUNG UND QUALITÄT TIERISCHER ERZEUGNISSE

Whittlestone, W. G. Machine milking and mastitis. I. A new approach to the measurement of milking machine performance. **(Maschinelles Melken und Mastitis. 1. Mitt. Ein neues Verfahren zur Bestimmung der Güte einer Melkmaschine.)** Austral. J. Dairy Technol. **17** (1962) Nr. 2. S. 103–105.
Da sich plötzliche Schwankungen in der Vakuumhöhe auf das Euter der Kuh schädlich auswirken wurde ein Vakuumschreiber konstruiert, ähnlich schreibenden Voltmetern, um den Einfluß von Vakuumschwankungen bei der Durchführung längerer Versuche besser auswerten zu können. Statt der elektrischen Erregung wurde ein Metallhohlkörper verwendet und eine Sicherung getroffen, daß keine Milch eindringen kann. Durch ein min. Luftloch

in der Zuleitung werden die Vakuumschwankungen etwas gedämpft. Der Papierlauf wird durch ein Standard Elliot Uhrwerk angetrieben, dessen Ein- und Ausschaltung bei bestimmten Vakuumwerten mit Hilfe von Hilfshohlkörpern, die mit der Vakuumleitung verbunden sind, geschieht. Die Apparatur dient auch dazu, etwaige mechanische Fehler der Melkanlage beim Melken aufzufinden. H. Senger. 2511.

Černev, Panajot. (Tschernew, Panajot.) Sŭstav na ovčeto mljako i zakonomernosti v promenite mu v zavisimost ot vremeto na doeneto i laktacionnija period. **(Zusammensetzung der Schafmilch und ihre gesetzmäßigen Veränderungen in Abhängigkeit von der Melkzeit und Laktationsperiode.)** Životnovŭdstvo, Sofija **16** (1962) Nr. 6. S. 41–44. – 1 Tab.

Vf. untersuchte über 150 Milchproben (individuelle von 2 Schafgruppen und Gesamtproben der ganzen Herde) des im Hügelland einheimischen Pirdoper Schafs. Die Probenahmen erfolgten anfangs alle 15 Tage und nach dem 2. Laktationsmonat alle 30 Tage. Die Schafe wurden 3mal und 2mal tägl. gemolken (5–5,30, 12–12,30 [nur bei 3maligem Melken] und 6–6,30 Uhr). Ergebnisse (in Klammern bei 2maligem Melken): mittlere Zusammensetzung der Milch – Fettgehalt der Morgenmilch 5,86 (7,54)%, der Mittagsmilch 7,28 (–)%, der Abendmilch 7,65 (8,27)%; Tr.-Subst. der Milch 16,39 (18,47), 17,83 (–) bzw. 18,10 (19,29)%; Caseingehalt 3,29 (3,46), 3,43 (–) bzw. 3,35 (3,86)%; fettfreie Tr.-Subst. 10,53 (10,93), 10,55 (–) bzw. 10,45 (11,02)%. Während der Laktation erhöhten sich: Fettgehalt von 5,9 auf 10,8%, Tr.-Subst. von 16,4 auf 23,12%. Casein von 3,55 auf 6,22%, fettfreie Tr.-Subst. von 10,5 auf 12,3%. N. Platikanow. 2512.

Whittlestone, W. G. The size distribution of fat globules in cows milk throughout milking. **(Die Größenverteilung der Fettkügelchen in der Kuhmilch während des Melkablaufs.)** Austral. J. Dairy Technol. **17** (1962) Nr. 2. S. 108–111. – 2 Abb., 1 Tab., 7 Lit.

In Fortsetzung der Versuche, die Ursache des Steigens des Fettgehalts in der Kuhmilch beim Melken zu ergründen, wurde eine neuartige Zählvorrichtung der Zahl der Fettkügelchen in bestimmten Milchprobemengen verwendet. Es ist ein „Coulter counter", eine Zählvorrichtung mit Hilfe des elektrischen Stromes, wobei die Fettkügelchen durch ein Loch von 10–1000 μ, je nachdem, welche Größe man zählen will, durchtreten müssen. Die dadurch eintretenden Stromschwankungen werden mit Hilfe eines elektronischen Zählsystems ermittelt. Die Versuche ergaben, daß i. allg. kein Größerwerden der Fettkügelchen während des Melkens und bes. im letzten Drittel des Gemelks, wenn der Fettgehalt am meisten ansteigt, zu verzeichnen ist.
H. Senger. 2512.

Thompson, M. P., Kiddy, C. A., Pepper, L. und Zittle, C. A.; Philadelphia, U.S. Dep. of Agric., Eastern Regional Res. Lab. Variations in the α_s-casein fraction of individual cow's milk. **(Schwankungen der α_s-Caseinfraktion der Milch einzelner Kühe.)** Nature [London] **195** (1962) Nr. 4845. S. 1001–1002.

Vff. untersuchten die Schwankungsbreite der α_s-Caseinfraktion, die Ca-empfindliche Komponente des α-Caseins und die Hauptproteinfraktion des Caseins, die alle möglicherweise die Stabilität des Caseinkomplexes der Milch aufrechterhalten. Der α-Caseinkomplex ließ sich durch modifizierte Elektrophoresemethode von den übrigen Caseinbestandteilen außerordentlich gut abtrennen. Von den 93 nach der Methode von Wake und Baldwin untersuchten Milchproben wiesen 6 Proben ein zusätzliches Spektrum auf, das dem Ca-empfindlichen α-Casein zuzuschreiben war. Diese Milchproben stammten von Geschwistertieren, die einen gemeinsamen Bullen zum Vater hatten, wonach zu vermuten ist, daß die Heterogenität der Caseinfraktion auf genetischer Basis beruht. Diese heterogenen Merkmale der Milch einzelner Kühe wurden im Verlauf der ganzen Laktationsperiode beobachtet und waren auch in der folgenden Laktation vorhanden. Von den 14 geprüften Töchtern dieses Bullen ließen 6 Tiere die o. g. heterogenen Caseinmerkmale (α_s-A/B) erkennen. Nähere Untersuchungen über die Vererbung dieser Caseinkomponenten über die Muttertiere sollen weitere Aufschlüsse erbringen. W. Gimmler. 2512.

Hawkins, George E., Paar, Gary E. und Cannon, R. Y.; Auburn, Ala., Univ. of Auburn, Dep. of Dairy Sci. Concentrations and percentage recovery of furacin in milk following intramammary infusions. **(Prozentsatz und Konzentration von Furacin in der Milch nach Euterinfusionen.)** J. Dairy Sci. 44 (1961) Nr. 12. S. 2212–2217. — 2 Tab., 6 Lit.

Furacin gehört in die Gruppe der antibakteriellen Drogen und wurde zur Mastitisbehandlung bei 106 Eutervierteln verwendet. Wurde erst 14 bzw. 24 Std. nach durchgeführter Euterbehandlung das erste Mal gemolken, dann konnten in der Milch nur Spuren von Furacin (unter 0,5 ppm) wiedergefunden werden. Je kürzer aber die Wirkungszeit des Furacin im Euter war, um so höher war seine Konzentration in der Milch und um so höher war auch der Prozentsatz des Furacin, das in der Milch wiedererschien. Individuelle Unterschiede bei den einzelnen Kühen wurden beobachtet. Vff. nehmen an, daß das Furacin vom Blutstrom aufgenommen wird oder daß es mit dem Milcheiweiß eine chem. Verbindung eingeht. G. Blau. 2512.

Prodanski, P. und Petrow, P.; Plowdiw, VR Bulgarien, Hochschule für Nahrungs- und Lebensmittelind. **Vergleichende elektrophoretische und chromatographische Untersuchungen über die Eiweißzusammensetzung verschiedener Milcharten.** Dtsch. Milchwirtsch. **9** (1962) Nr. 10. S. 290–291. — 3 Tab., 8 Lit.

Mit Hilfe elektrophoretischer und chromatographischer Untersuchungen wurden Schaf-, Büffel- und Ziegenmilch geprüft und ihre Eiweißzusammensetzung der der Kuhmilch gegenübergestellt. 4 Fraktionen wurden in den Molken von Kuh-, Schaf- und Ziegenmilch ermittelt, wobei es sich um Blutserumalbumin, β-Lactoglobulin, α-Lactoglobulin und Immunglobulin handelt. In der Zahl der Fraktionen gab es bei den 4 Milcharten keine Unterschiede, jedoch wiesen die ersten 3 Milcharten β-Lactoglobulin in höchster Konzentration auf, während in Ziegenmilchmolke das α-Lactoglobulin die stärkste Fraktion darstellt. In der Caseinfraktion sind in der prozentualen Zusammensetzung Unterschiede bei den 4 Milcharten festzustellen. Bei Bestimmung der qualitativen Aminosäurenzusammensetzung ergaben sich keinerlei Unterschiede. Insgesamt konnten durchschnittl. 17 Aminosäuren nachgewiesen werden. Bei der Untersuchung der Aminosäurenzusammensetzung des Molkeneiweißes der 4 Milcharten, konnte beobachtet werden, daß die Zahl der Aminosäuren bei den einzelnen Tierarten beträchtlichen Schwankungen unterworfen war.
W. Richter/Kleinmachnow. 2512.

Alais, C., Dumas, B. Ribadeau und Saint-Lebe, L. Étude de la réaction des protéines du lait avec le „noir amido“. Application au dosage rapide des matières azotées du lait. **(Untersuchung der Reaktion der Milchproteine mit Amidoschwarz. Die Anwendung zur Schnellbestimmung der Stickstoffbestandteile in der Milch.)** Lait **41** (1961) Nr. 405/406. S. 241–272. — 4 Abb., 16 Tab., 18 Lit. Zus. in Engl.

Die Reaktion von Amidoschwarz (AS) mit verschiedenen Milchproteinfraktionen wurde untersucht, um festzustellen, ob die Schwankungen in der N-Verteilung der Milch Einfluß auf den Test haben können. Daneben wurde die Reinheit der verwendeten Farbstoffe verschiedener Hersteller geprüft und festgestellt, daß Unterschiede in der Zusammensetzung bestehen. Die Farbstoffmengen, die von Milchproteinen adsorbiert werden können, wurden durch verschiedene analytische Methoden bestimmt. Casein adsorbiert weniger AS als lösliche Proteine (⌀ 360 bzw. 480 mg/g Protein). Casein fällt vollständig mit AS aus und durchschnittl. 96–100% der löslichen Proteine. Der Verlauf dieser Reaktion wurde durch die „Äquivalentmethode" ermittelt. Die Fähigkeit der AS-Adsorption durch Protein ist in erhitzter Milch vermindert. Eine ähnliche Verringerung wurde bei Mastitismilch beobachtet. Der Proteingehalt solcher Milch ist bei Anwendung der AS-Methode gegenüber der Kjeldahlmethode leicht erhöht. Schaf- und Ziegenmilch zeigen geringere Adsorptionsfähigkeit als Kuhmilch. F. Rochel. 2512.

Wallace, G. M.; Palmerston North, Univ. of New Zealand, Massey Agric. Coll. Application of the hydrometric method of analysis to the estimation of solids-not-fat production. **(Die Anwendung einer hydrometrischen Analysenmethode zur Schätzung der Produktion der fettfreien Trockenmasse.)** J. Dairy Res. **29** (1962) Nr. 1. S. 11–19.
Untersucht wird der Einfluß von der Milch zugesetzten Konservierungstabletten auf die Milchzusammensetzung und deren Dichte. Ein Vergleich zwischen dem SNF-Gehalt von Milchproben nach Konservierung einer 10tägigen Sammelperiode verschiedener Rinderherden und dem tägl. gravimetrisch ermittelten SNF-Gehalt zeigte, daß die Periodensammelmilch erfolgreich zur hydrometrischen Bestimmung der SNF eingesetzt werden kann. Durch einen weiteren Vergleich zwischen dem nach der gravimetrischen und hydrometrischen Methode ermittelten SNF-Gehalt an 10 Rinderherden über einen Zeitraum von 260 Tagen wurden o. g. Ergebnisse bestätigt und gesichert. Die Abweichungen von der gravimetrischen Methode betrugen im Durchschnitt −0,14% mit max. Schwankungsbreite von ±0,6%. Als Ergebnis vorliegender Arbeit folgert Vf., daß die hydrometrische Methode zur Bestimmung des SNF-Gehaltes der Milch verläßliche Werte liefert und daß die Genauigkeit der zu ermittelnden SNF-Produktion von der Zahl der Sammelperioden abhängt. Es besteht daher kein Grund, die Bezahlung der Milch nach dem SNF-Gehalt in Verbindung mit der Bezahlung nach dem Fettgehalt abzulehnen. W. Gimmler. 2512.

Tapernoux, A. und Magat, A. Dosage de l'acide citrique dans les laits desséchés ou concentrés. **(Citronensäurebestimmung in Milchpulver und Kondensmilch.)** Lait **41** (1961) Nr. 409/410. S. 600–606. — 5 Tab., 7 Lit. Zus. in Engl.
Rohmilch, pasteurisierte Milch, Milchpulver und Milchpulver mit Zusätzen, ungezuckerte und gezuckerte Kondensmilch wurden auf ihren Citronensäuregehalt untersucht. Die Bestimmung in den Milchproben erfolgte nach der Methode von Well-Malherbe und Bone, die in Milchpulver und Kondensmilch nach Marier und Boulet. Letztere Methode wird genau beschrieben, da sie etwas abgewandelt wurde. Der durchschnittl. Citronensäuregehalt beträgt nach den Untersuchungen in: Rohmilch 1,169 g/l, pasteurisierter Milch 1,040 g/l, Milchpulver 1,78%, Milchpulver mit Zusätzen 0,31–1,57%, ungezuckerter und gezuckerter Kondensmilch 0,21–0,31%. F. Rochel. 2512.

Stolc, V. und Németh, S.; Bratislava, Czechoslov. Acad. of Sci., Inst. of Endocrinol. Microestimation of iodine in milk. **(Feinbestimmung von Jod in der Milch.)** J. Dairy Sci. **44** (1961) Nr. 12. S. 2187–2193. — 2 Abb., 4 Tab., 12 Lit.
Mit Hilfe einer alkalischen Veraschungsmethode, die genau beschrieben ist, kann der Jodgehalt aus 0,2–3,0 ml Milch zuverlässig bestimmt werden. Die Standardabweichung dieser Methode gegenüber der üblichen Jodbestimmung aus 1000 ml Milch beträgt ±1,5 μg, d. s. ±3,81%. G. Blau. 2512.

Glew, G.; Wantage, Berks., Wantage Res. Lab. Some effects of ionizing radiations on the alkaline phosphatase in cow's milk. **(Einige Einflüsse ionisierender Strahlen auf die alkalische Phosphatase in Kuhmilch.)** J. Dairy Res. **29** (1962) Nr. 1. S. 1–10.

Der Einfluß ionisierender Strahlen auf die Aktivität der alkalischen Milchphosphatase wurde unter verschiedenen Umweltbedingungen untersucht. So waren 25 Einheiten pro 100 ml Milch erforderlich, das Enzym vollständig zu inaktivieren. Eine entweder vor oder nach der Erhitzung angewandte kombinierte Hitzebehandlung und Bestrahlung ließ die Inaktivierung des Enzyms ansteigen, wenn die Erhitzung nach der Bestrahlung vorgenomme n wurde. Dieser Einfluß unterschiedlicher Energieformen hat möglicherweise einen verschieden starken Inaktivierungsmechanismus zur Folge. Bei Variation der Bestrahlungsintensität von 12–250 Einheiten pro Min. wurde die Menge des inaktivierten Enzyms nicht beeinflußt. Nach der Bestrahlung und anschließender Lagerung der Milch bei 30 °C nahm die Aktivität ab. Tiefkühlung bei 5 °C hatte keinen mindernden Einfluß zur Folge.

W. Gimmler. 2512.

Marthy, G. K., Masurovsky, E. B., Campbell, J. E. und Edmondson, L. K.; Cincinnati, O., Engng. Center, Milk and Food Res.; Beltsville, Md., Dairy Product. Div. Method for removing cationic radionuclides from milk. **(Eine Methode zur Beseitigung von radioaktiven Spaltprodukten in der Milch.)** J. Dairy Sci. **44** (1961) Nr. 12. S. 2158–2170. — 5 Abb., 5 Tab., 14 Lit.

Eine neue Methode zur Beseitigung radioaktiver Spaltprodukte des Sr, Ba und Cs aus der Milch wird beschrieben. Frische Rohmilch, der ^{85}Sr, ^{140}Ba oder ^{134}Cs zugesetzt worden war, wurde 72 Std. lang bei 4 °C aufbewahrt. Die Proben wurden dann auf einen pH-Wert von 5,4–5,3 eingestellt und dann in verschiedener Weise (genau beschrieben) filtriert. Durch diese Behandlung wurden 90–95% des Sr, 85–95% des Ba und 75% des Cs beseitigt. Die Zusammensetzung der Milch wurde nicht verändert. G. Blau. 2512.

Hähnel, B. **Die Gewinnung hygienisch einwandfreier Milch in Fischgrätenmelkstandanlagen.** Tierzucht **15** (1961) Nr. 6. S. 261–265. — 8 Tab., 8 Lit.

Die Untersuchungen beweisen, daß in Fischgrätenmelkstandanlagen Milch mit einwandfreier Qualität ermolken werden kann. Als Grundvoraussetzung wird angegeben, daß eine gründliche Qualifizierung mehrerer Mitglieder der Melkerbrigade und ständige Unterweisungen hinsichtlich hygienischer Milchgewinnung und -behandlung notwendig sind. Der gründlichen Reinigung und Desinfektion der gesamten Melkanlage ist größte Beachtung zu schenken. Der derzeitige Stand der Milchkühleinrichtungen wird als unzureichend angesehen. Vf. stellt heraus, daß trotz aller techn. Fortschritte die Qualität der Milch hauptsächlich durch qualifizierte und verantwortungsbewußte Menschen beeinflußt wird. Eine Qualitätsbezahlung nach bakteriologisch-hygienischer Beschaffenheit wird gefordert. J. Bossmann. 2516.

Storgårds, Torsten und Lindqvist, Börje; Stockholm, Sweden, Milk Center, Centr. Lab. Some observations on the formation of lightinduced oxidized flavour. II. **(Einige Beobachtungen über die Bildung des durch Licht verursachten Oxydationsgeschmackes. 2. Mitt.)** Milchwissenschaft **17** (1962) Nr. 9. S. 483–484. — 1. Mitt. vgl. LZ. Abt. III 8 (1963) Nr. 3. S. 489.

Vff. untersuchten Einzelheiten des im Zusammenhang mit dem Oxdationsprozeß hervorgerufenen Lichtgeschmackes an Milch und Rahm, deren Versuchsproben nach Ultrazentrifugieren verschieden lange dem Sonnenlicht ausgesetzt wurden. Z. T. wurde das so gewonnene Casein und Serum bestrahlt und mit dem unbestrahlten rekombiniert. Serumeiweiß ist dabei in jedem Fall bei weitem mehr als das Casein der Milch das Ausgangsmaterial für die Entstehung des durch Licht verursachten Oxydationsgeschmackes. Die in

Frage stehenden Geschmacksstoffe wurden durch Cellophan dialysiert und waren rel. hochmolekular, weil die Dialyse sehr langsam vor sich ging. Der Geschmacksstoff wird von Kohle adsorbiert und ist so stark fettlöslich, daß er unter bestimmten Bedingungen fast vollständig mit Milchfett extrahiert werden kann. Die gleichen Eigenschaften zeigt auch freies Methional. Die Oxydation des Methionins erfolgt wahrscheinlich ohne vorhergehende Spaltung vom Serumproteinmolekül. Riboflavin scheint z. T. an das Serumeiweiß gebunden zu sein, wie man nach Zugabe von 2 mg Riboflavin pro Liter Milch feststellen konnte. W. Gimmler. 2516.

Moreau, Raphael. Nouvelle méthode pour le paiement du lait d'après sa teneur en matière grasse. **(Neue Methode zur Bezahlung der Milch nach ihrem Fettgehalt.)** Lait **41** (1961) Nr. 408. S. 505–517. — 2 Abb., 2 Tab., 3 Lit. Zus. in Engl.

Nach Verordnung vom 4. Sept. 1956 erfolgt auch in Frankreich die Bezahlung der Milch an den Produzenten nach dem Fettgehalt. Vf. stellt eine für Frankreich neue Methode der Probenahme zur Diskussion. Von jedem Milchposten wird eine anteilmäßige Probe gezogen (1 ml/1 l Milch). Die Proben von 1 Mon. werden in Probeflaschen zu 250, 500 bzw. 1000 ml Inhalt gesammelt. Als Konservierungsmittel werden Formalin oder Trioxymethylen verwendet. Probenahmegefäß, Probeflaschen nebst Behälter und die recht komplizierte Pipette zur Probenahme werden genau beschrieben. Weiter wird die Art der Registrierung, der Milchuntersuchung, der Auswertung der Ergebnisse und die Vorteile dieser Art der Milchkontrolle erörtert. F. Rochel. 2518.

Halden, Wilhelm. **Milch hat Vorrang.** Österr. Milchwirtsch. **17** (1962) Nr. 10. S. 161–162.

Daß Milch im Kindesalter unentbehrlich ist, ergaben Untersuchungen über aufgetretene Ernährungsschäden bei Kleinkindern in Südamerika und Afrika, die dann auftraten, wenn nach dem Abstillen auf landesübliche Kost umgestellt wurde. Der festgestellte Mangel an hochwertigem Eiweiß war Ursache schwerer Ernährungsstörungen und konnte durch rechtzeitige Gaben von Trockenmagermilch behoben bzw. verhütet werden. Die UNICEF hat Milch als wichtigste Zusatznahrung für Schulkinder herausgestellt, da Milch und Butter gegenüber Nahrungsmitteln gleichen Kaloriengehaltes höhere Gewichtszunahmen und besseres Längenwachstum zeigten. Verbesserungen der Schulleistungen wurden am ehesten und sichersten durch tägl. Gaben pasteurisierter Vollmilch erreicht. Für Sporttreibende, bes. Spitzensportler, wird Milch als günstigstes Nahrungsmittel zur Steigerung der Leistung und Kondition angesehen. Durch das hochwertige Eiweiß u. a. lebenswichtige Bestandteile bekommt die Milch überragende Bedeutung bei der Verhütung von Krankheiten auch in höheren Lebensjahren. Nach McCay ist Milch wegen der „einmaligen Ernährungsökonomie beste Nahrungsgrundlage für den Menschen im 2. Lebensabschnitt“. Als hochwertige Milchkombinationen werden empfohlen: Sauermilch und Schwarzer Johannisbeersaft, Milch und Vit. -C-haltige Fruchtsäfte, Milch mit Citronensaft. Im Atomzeitalter ist Milch als Schutznahrungsmittel anzusehen, da sie neben anderen guten Eigenschaften esne Aufwertung der Gesamtkost erzielt und dadurch die menschliche Wideritandskraft stärkt. J. Bossmann. 2518.

Zeiß, Fritz. **Vorbildliche Milchwirtschaft in Kalifornien.** Molkerei-Ztg., Welt d. Milch **16** (1962) Nr. 13. S. 377–378. — 3 Abb.

Die hochgestellten hygienischen Forderungen verlangen höchstmögliche Stall- und Melkhygiene. Zur Fliegenbekämpfung werden elektrisch geladene Geräte und große Ventilatoren eingesetzt. Die Kühe werden vor jedem Melken abgespritzt. Sauberkeit des Melkpersonals und bes. Hygiene der Sozialräume sind zu finden. Die Kühe werden allg. auf Kurzständen gehalten. Der Kot fällt in Gossen und wird mittels Wasserdruck aus dem Stall entfernt. Die Milch muß tiefgekühlt werden. Die Tankwagen sind so isoliert, daß selbst bei Temperaturen von 35–45 °C die Milch sich nur um 0,5 °C erwärmt. Ein bes. System der Kannenreinigung und Desinfektion ist vorgeschrieben. Die Molkereien können einen „Service“ mit diesen Arbeiten betrauen. Das Milchsortiment ist vielseitig und gelangt innerhalb einer geschlossenen Kühlkette zum Verbraucher. Die sehr verbreiteten Frei-Haus-Lieferungen haben ihr eigenes System. J. Bossmann. 2518.

Genin, G. Le lait dans le monde. **(Die Milch in der Welt.)** Lait **42** (1962) Nr. 413/414. S. 160–175.

Vf. vermittelt eine statistische Studie zur Entwicklung der Milchindustrie der Welt bis 1959, teilweise bis 1960, die vom Wirtschaftskomitee des Commonwealth im Zusammenhang mit den Verhandlungen über die Beteiligung Großbritanniens am gemeinsamen Markt publiziert wurde. Im 1. Teil wird eine Übersicht über die Entwicklung des Rinderbestandes, der Produktion und Verwendung der Milch, der Butter- und Käseproduktion und ihres Verbrauches, der Produktion von Kondens- und Trockenmilch auf der Welt gegeben. Im 2. Teil werden die interessantesten und bedeutendsten Neuentwicklungen der Milchindustrie Europas und Nord- und Südamerikas zusammengestellt. — Aus der DDR wird bes. die Gründung des Inst. für Milchforschung Oranienburg und seine Aufgaben angeführt. F. Rochel. 2518.

Juri, R. **Milchstatistik der Schweiz 1960.** Landwirtsch. Jb. Schweiz [N. F.] **76** (1962) Nr. 1. S. 1–73.

Auf 71 S. und in 96 Tab. wird in der 39. Ausgabe der Milchstatistik ein Überblick über die schweizerische Milchwirtschaft gegeben, wobei teilweise Angaben vorhergehender Jahre zum Vergleich herangezogen werden. Es handelt sich um Erhebungen von Amtsstellen, milchwirtschaftlichen Organisationen und Untersuchungen des Bauernsekretariats. Es werden spez. Angaben gemacht über 1. Futterverhältnisse, 2. Milchproduktion (u. a. Altersaufbau des Kuhbestandes, Verkehrsmilchproduktion, Fettgehalt, Milchleistungsprüfungen, Melkmaschineneinsatz), 3. Milchverwertung (u. a. Gesamtübersicht, Konsummilch, Käseproduktion, Butter- und Konsumrahmproduktion), 4. Außenhandel, 5. Verbrauch, 6. Preisbewegung (u. a. Grundpreise und tatsächliche Milchpreise, Garantiepreise, Groß- und Kleinhandelspreise), 7. Verbilligung von Milch und Milchprodukten, Milchpreisstützung, 8. internationale Übersicht. J. Bossmann. 2518.

Matharu, Balwant Singh. Transportation of animals. **(Viehtransporte.)** Indian veterin. J. **39** (1962) Nr. 6. S. 344–349. — 6 Abb.

Vf. vermittelt seine Erfahrungen über den Viehversand. Er betont die notwendige Kondition der Tiere und die Maßnahmen, die das jeweilige Klima und die Tierart erfordern. Um Verletzungen der Tiere zu vermeiden, bedürfen die Waggons einer bes. Inspektion. Vorsichtsmaßnahmen beim Ver- und Entladen werden behandelt sowie das notwendige Tränken und Füttern unterwegs je nach Länge des Transports. H. Senger. 2521.

Bartels, H. und Klemm, G. **Die hygienische Bedeutung des Schlachtens von Rindern im Hängen.** Fleischwirtschaft **14** (1962) Nr. 7. S. 645–648. — 2 Tab., 50 Lit.

Vff. untersuchten vergleichend in 2 Schlachthöfen den Oberflächenkeimgehalt von Rindern, die im Liegen und Hängen geschlachtet wurden. Untersucht wurden eine homogenisierte Gewebeschicht von 2 mm Stärke am Halsstumpf, der Schulter, vom Bauch, vom Rücken und von der Außenfläche der Hinterschenkel. Die Unterschiede waren insgesamt signifikant: 37 600 im Hängen gegenüber 79 000 im Liegen pro cm^2. Die größten Unterschiede waren im Rükken und an den Hinterschenkeln. Gleichzeitig durchgeführte Keimzahluntersuchungen der Umgebung der Schlachtung brachten keine nennenswerten Unterschiede. G. Theloe. 2522.

Wheat, J. D. und Holland, L. A. Relationship between slaughter and carcass grades in beef cattle. **(Beziehung zwischen der Schlachtbewertung und Schlachtkörpereinschätzung beim Fleischrind.)** J. Animal Sci. **19** (1960) Nr. 3. S. 622–625. 2522.

Froyd, G. **Das Auffinden von Cysticercus bovis bei der Fleischuntersuchung.** Arch. Lebensmittelhyg. **12** (1961) Nr. 11. S. 241–244. – 4 Tab.

Vf. versucht, die Literatur über Funde und Technik bei der Untersuchung auf *Cyst. bovis* zu ordnen und an Hand dessen die Prädilektionsstellen zusammenzustellen. Über die intensive, aber nach Meinung des Vf. auch noch unzureichende Untersuchungsmethodik in Kenya wird berichtet, und die dabei herausgefundenen Hauptlieblingssitze der Finnen (Herz, Kaumuskulatur, Schulter, Zunge usw.) werden herausgestellt. Grundsatz bei der Untersuchung muß der Schutz des Konsumenten sein, dabei dürfen jedoch die Interessen des Fleischers, einen möglichst unverstümmelten Tierkörper zu erhalten, nicht unberücksichtigt bleiben. Der gründlichen Untersuchung von Herz, Schulter und Zunge wird bes. Bedeutung beigemessen. Um den Verbraucherschutz zu gewährleisten und erhöhte wirtschaftliche Schäden zu verhindern, macht sich eine Intensivierung der amtlich durchzuführenden Untersuchung in Ländern mit einem Ansteigen der Cysticercus-bovis-Infektion erforderlich. R. Tönnies. 2524.

Lewis jun., P. K., Brown, C. J. und Heck, M. C. Effect of pre-slaughter treatments on certain chemical and physical characteristics of certain beef muscles. **(Wirkung der Behandlung vor dem Schlachten auf bestimmte chemische und physikalische Daten von einigen Rinder-Muskeln.)** J. Animal Sci. **21** (1962) Nr. 3. S. 433–438. – 3 Tab., 18 Lit.

24 Hereford-Ochsen wurden in 4 Gruppen aufgeteilt. 2 Gruppen erhielten normales Futter, 2 nur 2 lb. Heu während der letzten Woche vor dem Schlachten. Je eine Gruppe wurde 24 Std. vor dem Schlachten 3mal 20 Min. unter Stress gesetzt. Proben wurden aus dem M. long. dorsi, M. psoas major, M. quadriceps femoris entnommen und pH-Wert, Bratverlust, lockeres Wasser und Farbe bestimmt. Organoleptisch wurden Aroma, Geruch, Struktur, Zartheit, Saftigkeit ermittelt. Die begrenzte Fütterung erniedrigt zwar einige Werte, aber der Einfluß der Belastung auf pH-Wert, Bratverlust und Farbe ist weit größer. E. Otto. 2524.

Raun, Ned S., Burroughs, Wise, Balloun, Stanley und Homeyer, Paul; Ames, Iowa State Univ. Residue studies in beef tissues following oral administration of methimazole. **(Untersuchung über Rückstände in den Geweben nach der oralen Anwendung von Methimazole bei Rindern.)** J. Animal Sci. **21** (1962) Nr. 1. S. 98–100. – 8 Lit.

Bullen erhielten 79 Tage lang mit dem Futter 400–800 mg/Tag Methimazole sowie 10 mg Diaethylstilboestrol. Von diesen Tieren wurden Magerfleisch, Fettgewebe, Leber, Nieren und Därme im getrockneten und vermahlenen Zustand an 1tägige Leghorn-Hähnchen bzw. Labormäuse verfüttert. – Zur Durchführung des Goitrogen-Testes wurde den Hähnchen $Na^{131}J$ injiziert. Mit Hilfe eines Szintillations-Zählers wurde die ^{131}J-Aufnahme der Schilddrüse bestimmt. Es wurde nachgewiesen, daß die untersuchten Organgewebe keine Rückstände von Methimazole enthielten. – Im Oestrogentest wurde bei den Mäusen nachgewiesen, daß Magerfleisch und Fettgewebe nach gleichzeitiger Verfütterung von Methimazole und Stilboestrol keine Oestrogen-Aktivität zeigen. F. Lüpnitz. 2524.

Günther, Herbert. **Papierchromatographische Bestimmung von natürlich im Fleisch vorkommenden Zuckern.** Fleischwirtschaft **14** (1962) Nr. 6. S. 520–522. — 6 Abb., 6 Lit.
Vf. beschreibt eine Methode zur quantitativen Bestimmung von Zuckern aus Fleisch. Nach Fällen des Proteins werden die Zucker papierchromatographisch als Bande gemessen. Man färbt die Chromatogramme mit p-Anisidin an, schneidet Streifen und tränkt mit Paraffin. Die Streifen werden dann im Chromatogrammsatz CA 2 zum Spektralphotometer PMQ II der Fa. Zeiss (Oberkochen) quantitativ ausgewertet. Bei sorgfältigem Arbeiten liegt die statistisch errechnete Fehlergrenze nicht über $\pm 5\%$. Die Methode wird in allen Einzelheiten beschrieben. M. Stöker. 2524.

Froyd, G. **Das gleichzeitige Vorkommen von lebenden und abgestorbenen Finnen (Cysticercus bovis) beim Rind.** Arch. Lebensmittelhyg. **12** (1961) Nr. 11. S. 245. — 1 Tab.
Vf. belegt die Erfahrungen des gleichzeitigen Vorkommens lebender und abgestorbener Finnen in einem Tierkörper durch Untersuchungen an verschiedenen Versuchsgruppen und veröffentlicht das dabei erarbeitete Zahlenmaterial. Die Erfahrung, daß Finnen im Herzmuskel für gewöhnlich als erste, solche in der Kaumuskulatur als letzte absterben, konnte durch die Untersuchungen bestätigt werden. Lebende Parasiten können jedoch in halbverkalkten und in verkästen Cysten noch enthalten sein. Die Annahme, daß alle Finnen in einem Tierkörper abgestorben wären, wenn nur degenerierte Parasiten gefunden wurden, wird als ungerechtfertigt angesehen.
R. Tönnies. 2524.

Hamm, Reiner. **Über das Wasserbindungsvermögen des Säugetiermuskels. 12. Mitt. Über das unterschiedliche, nicht auf pH-Differenzen beruhende Wasserbindungsvermögen des Rindermuskels.** Z. Lebensmittel-Unters. u. -Forsch. **117** (1962) Nr. 5. S. 415–419. — 4 Abb., 17 Lit. 11. Mitt. vgl. LZ. Abt. III **8** (1963) Nr. 4. S. 712.
Von 30 Kühen wurde der Einfluß des pH-Wertes auf das Wasserbindungsvermögen des M. long. dorsi untersucht. Es wurde festgestellt, daß zwischen dem natürlichen pH-Wert des Fleisches (pH 5,4–5,7) und seinem Wasserbindungsvermögen keine Korrelation besteht. Das Muskelgewebe der verschiedenen Tiere kann bei gleichem pH-Wert ein sehr unterschiedliches Wasserbindungsvermögen zeigen. Dies ist jedoch nur im basischen Bereich des isoelektrischen Punktes zu beobachten. Im sauren Bereich verlaufen die pH-Hydrationskurven eng gebündelt. Die Möglichkeit einer unterschiedlichen Bindung mehrwelliger Kationen an das strukturelle Muskeleiweiß als Ursache für die unterschiedliche Wasserbindung wird besprochen. F. Rathmann. 2524.

Grau, R. und Frieß, A. **Einfluß der Trocknung von Fleisch und der Lagerung von Trockenfleisch auf Leitfähigkeit, Extraktivstoffe, Asche, Phosphor, Stickstoff, Farbe und Muskelproteine in wässerigen Extrakten.** Fleischwirtschaft **14** (1962) Nr. 7. S. 675–678. — 2 Abb., 3 Tab., 39 Lit.
Die Eigenschaften von Frischfleisch wurden beim Trocknen nach dem modifizierten Vakuumverfahren bez. Leitfähigkeit, Extraktivstoffe, Asche, P, Gesamt-N, Rest-N, Farbe und Muskelproteine der wäßrigen Extrakte nur unwesentlich beeinflußt. Wie die Veränderungen der Anteile der wäßrigen Extrakte deutlich erkennen ließen, erfolgte während der Lagerung durch Proteindenaturierung und Carbonyl-Amin-Bräunung eine langsame Qualitätsminderung des Trockenfleisches, deren Grad weitgehend durch die angewandte Lagerungstemperatur bestimmt wurde. Verpackung des Trockenfleisches unter Vakuum kann wohl die oxydative Ranzigkeit verhindern, nicht aber zur Vermeidung der Carbonyl-Amin-Bräunung und der Proteindenaturierung führen. Chem. Hilfsmaßnahmen verbieten sich bei Fleisch in seiner Eigenschaft als Lebensmittel. F. Rathmann. 2524.

Goodwin, T. L., Mickelberry, W. C. und Stadelman, W. J.; Lafayette, Ind., Purdue Univ. The effect of freezing, method of cooking, and storage time on the tenderness of pre-cooked and raw turkey meat. **(Der Einfluß von Kühlung, Kochmethode und Lagerungszeit auf die Zartheit von bereits gekochtem und frischem Putenfleisch.)** Poultry Sci. **41** (1962) Nr. 4. S. 1268–1271. — 2 Tab., 8 Lit.

Kochmethode (6 Verfahren) und Lagerungszeit (1, 2 oder 4 Wochen) waren ohne Einfluß auf die durch die Kramer-Scher-Presse an M. pectoralis major und M. biceps femoris gewonnenen Werte. Wurden die Proben (Hälfte einer Pute) vor dem Einfrieren bereits gekocht (bis Innentemperatur 185 °F), so ergaben sich bes. bei Schenkelfleisch höhere Scher-Werte, was auf eine Erhöhung der Zähigkeit hindeutet. Die mutmaßlichen Gründe für diese Erscheinung werden diskutiert. W. Rudolph. 2524.

Landmann, Wendell A.; Chicago, Ill., Univ., Amer. Meat Inst. Foundation. The determination of nitrate and nitrite in meat and meat products. **(Die Bestimmung von Nitrat und Nitrit in Fleisch und Fleischprodukten.)** J. Assoc. off. agric. Chemists **45** (1962) Nr. 1. S. 11–13. — 11 Lit.

Vf. gibt einen kritischen Überblick über die verschiedensten Nitrat- und Nitritbestimmungsmethoden in Fleisch und Fleischprodukten. Es werden 11 Methoden kurz beschrieben, ihre Anwendbarkeit und Fehler werden diskutiert. M. Anke. 2524.

Doornenbal, H., Asdell, S. A. und Wellington, G. H.; Ithaca, Cornell Univ. Chromium-51 determined red cell volume as an index of „lean body mass" in pigs. **(Die Chrom^{51}-Bestimmung des roten Blutkörperchen-Volumens als ein Index für den „Fleischanteil" bei Schweinen.)** J. Animal Sci. **21** (1962) Nr. 3. S. 461–463. — 1 Tab., 7 Lit.

Die Schlachtkörperzusammensetzung bes. in Hinsicht auf das Fleisch-Fett-Verhältnis ist von größter Bedeutung für die Fleischerzeugung. Große Fortschritte wurden erreicht, aber die Unmöglichkeit der Bestimmung am lebenden Tier hemmt die züchterische Entwicklung. Eine der erfolgversprechendsten Methoden ist die Feststellung des Volumens der roten Blutkörperchen. Dieses Volumen wird in vorliegender Arbeit mit ^{51}Cr bei 10 Schweinen im Gewicht von 190–246 lb. bestimmt. Die Methode der Injektion und Blutentnahme wird beschrieben. Der Korrelationskoeffizient zwischen der mit Hilfe von ^{51}Cr bestimmten roten Blutkörpermenge und der Eiweißmenge der rechten Schlachthälfte beträgt $r = +0{,}82$. E. Otto. 2526,

Brunthaver, Caroll G. Consumer response to frozen meat. **(Die Meinung der Verbraucher über Gefrierfleisch.)** Michigan State Univ., agric. Exp. Stat., quart. Bull. **44** (1961) Nr. 2. S. 301–315. — 4 Abb., 11 Tab.

Der Umsatz an Gefrierfleisch war in den letzten Jahren rückläufig. Durch eine Umfrage in 4000 Haushalten wurde festgestellt, daß Frisch- dem Gefrierfleisch vorgezogen wird. In einer anderen Untersuchung bevorzugten nur 8% der Befragten das Gefrierfleisch. Qualität und Verpackung sind für die Erhaltung der Farbe als markanter Verbraucherwunsch mit ausschlaggebend. Am Großhandel von Toledo und Ohio wurden Einzelheiten eines erfolgreichen Gefrierfleischabsatzes geprüft. 640 Personen, die ihr Fleisch in großen Magazinen oder kleinen Geschäften kaufen, wurden vom 1. 11.–16.12. befragt. Das Magazin lag am Rande eines hohen Einkommenbereiches von Toledo, während sich das kleinere Geschäft in einem mittleren Einkommenbereich der Stadt befand. Einwohner mit höherem Einkommen kauften im Magazin, die mit mittlerem Einkommen im kleineren Geschäft. Das Fleisch wird in 4 Qualitätsklassen angeboten und so zubereitet, daß der Käufer durch die Verpackung den Anteil an Fleisch, Fett und Knochen sehen kann. Das Angebot ist nach Qualität sortiert und beschildert. Auf dem Großmarkt (Magazin) wurde gegenüber den kleineren Geschäften das meiste Fleisch gekauft, wo doch nur Gefrierfleisch angeboten wurde. Die in dem kleineren Geschäft einkaufenden Kunden bezogen nur zu einem geringen Teil Gefrierfleisch. Die Tendenz wurde durch den Standort dieser beiden Geschäfte sehr beeinflußt. 5% der Käufer im Magazin verlangten Gefrierfleisch, während 32% der Befragten den Gefrierprozeß als einen wichtigen Faktor ansahen. Die Entfernung des Großmarktes spielte für den Kunden keine Rolle. 60% des zum kleinen Geschäft zählenden Kundenkreises hatten 30 Tage vor der Befragung kein Gefrierfleisch gekauft; 78% bemerkten jedoch, daß sie auch auf dem Großmarkt Fleisch kaufen würden, wenn Gefrier- und Frischfleisch angeboten würde. Einheitlich wird ein Anteil Frischfleisch bevorzugt. 60–70% waren der Auffassung, daß das Gefrieren die Qualität nicht beeinflußt. Eine Veränderung der Qualität des Frischfleisches durch Kühlung im Kühlschrank der Wohnungen wurde von 75% der Befragten verneint. Es bestand die Vermutung, daß durch Kühlung in den Kleinkühlschränken die Qualität eher erhalten bleibt als in Kühleinrichtungen des Handels. $^1/_3$ der Befragten waren der Auffassung, daß Gefrierfleisch teurer ist. Ein ernster Einwand gegen den Kauf von Gefrierfleisch war die frühere Nichtinaugenscheinnahme der Qualität und z. T. konnte auch die Menge nicht eingeschätzt werden. Berufstätige Frauen fanden die Entfrostung auch zu aufwendig, wobei sie jedoch die Information zum Herrichten von Gefrierfleisch nicht beachteten. Eine Reihe von Kunden äusserte, daß Frost den Geschmack gewisser Fleischteile mindert. Die Frage, ob Fleisch verpackt und etikettiert sein muß, bejahten im Magazin 39%, im kleinen Geschäft 17% der Käufer. O. Siegl. 2528.

Norris, K. H. und Rowan, J. D. Automatic detection of blood in eggs. **(Automatische Bestimmung von Blut in Eiern.)** Agric. Engng. **43** (1962) Nr. 3. S. 154–159. — 4 Abb., 1 Tab., 12 Lit.

Das Durchleuchten der Eier wird vor allem zum Nachweis von Eiern mit Blutflecken durchgeführt. Blut kommt in Eiern als Flecken im Dotter und Eiklar oder fein zerteilt im Eiklar vor. Es werden die theoretischen Grundlagen für die photometrische Bestimmung von Blut in Eiern dargestellt. Dabei muß die Eliminierung der Schalenpigmentierung berücksichtigt werden. Die Überprüfung eines Standardgerätes für den Nachweis von Blut in Eiern ergab bei Blutflecken mit einem Dmr. über $^1/_8$ Zoll eine Genauigkeit von über 70% und bei Blutflecken von über $^1/_4$ Zoll eine Genauigkeit von 100%.
H. Pingel. 2535.

K. TIERPSYCHOLOGIE

Büchlmann, Eduard. **Das artspezifische Verhalten des Pferdes als Grundlage seiner Erziehung.** Wiener tierärztl. Mschr. **49** (1962) Nr. 3. S. 276–293.

In Anpassung an die stammesgeschichtliche Entwicklung und an die Umweltbedingungen läßt sich beim Hauspferd aus dem Flucht- bzw. Hemmungsverhalten eine Stimulations- bzw. Hemmungsapparatur ableiten, die zu erkennen für den Tierarzt und Pferdehalter wichtig sind. *Stimulation*: Der Lauftrieb wird ausgelöst und beschleunigt durch Schreckbilder und Schreck schatten sowie Geräusche, die von hinten her Augen und Ohren erreichen, außerdem durch taktile Reize, die die Nachhand, den rückwärtigen Teil der Mittelhand, das Mittelfleisch, die Bauchdecke oder die Kniefalte treffen. *Hemmung*: Laufhemmung tritt ein durch Schreckbilder und Schrecklaute, die von vorn auf Ohren und Augen einwirken sowie durch taktile Reizung des Gesichts. Die wenig behaarten Teile um Augen, Nüstern, Ober- und Unterlippe sind bes. reizempfindlich. Laufhemmung ist ferner zu beobachten bei taktilen Einwirkungen auf die Mundhöhlenorgane (= faziale Hemmung). Hieraus erklären sich die Wirkungen der Knebelbremse und der Zügel. —

Als *Folgeverhalten* bezeichnet Vf. die Kettenreaktion, die in Form einer Massenpsychose alle Mitglieder einer Herde erfaßt, wenn ein Tier durch ein oft nur schwaches optisches oder akustisches Signal veranlaßt wird, plötzlich in wilder Panik davonzustürmen, während die ganze Herde sich anschließt, obwohl die meisten Tiere die auslösende Ursache nicht kennen. Da dieser Masseneffekt oft von jüngeren Tieren ausgeht, ist er nicht von der Rangordnung abhängig; er beruht vielmehr auf einem angeerbten Schema, dessen arterhaltender Wert darin liegt, die aus zahlreichen Einzelindividuen bestehende Herde zu einem vieläugigen und vielohrigen Organismus zu formen. — Die *soziale Rangordnung* ist bei Pferden ausgesprochen labil. Die höhere Kopfhaltung deutet höhere Rangordnung an und besitzt außerdem Droh- und Schutzfunktion. Im Kampf mit Artgenossen kommt Beißen und Schlagen zur Anwendung. Allgemein ist der Beißer dem Schläger überlegen, da der Nackenbiß das Aufbäumen des Gegners und damit das Schlagen mit den Vorder- und Hinterbeinen verhindert. Stuten neigen eher dazu, durch Schläge den leicht verletzlichen Bauch zu verteidigen, Hengste dagegen tendieren zum Aufbäumen, zum Schlagen mit den Vorderextremitäten von oben nach unten und zum Nackenbiß. Beim Kampf der Hengste siegt derjenige, der den Kopf höher bringt als der Gegner. Flach am Boden liegende Pferde werden nicht als Artgenossen angesehen. Vf. vertritt die Ansicht, daß die freie Kopfhaltung des Menschen vom Pferd als Droh- und Imponierhaltung aufgefaßt wird, woraus sich sein „Superrang" ergibt. Außer der Kopfhaltung fungieren beim Pferd noch aggressives Vorpreschen, Zurücklegen der Ohren und angedeutete Beißbewegungen als Drohgebärden: Will ein Pferd nicht von seinem Weideplatz, so reagiert es mit Fressen im Übersprung; Gräser, Erde usw. werden hastig aufgenommen, jedoch nicht abgeschluckt, sondern ausgespieen. — Vf. geht näher auf die Ausbildung des Pferdes ein. H. Knappe. 2610.

L. MASSNAHMEN ZUR FÖRDERUNG DER TIERZUCHT

Schmidt, T.; Berlin. **Die Bedeutung der Standardisierung für die Viehwirtschaft.** Tierzucht **16** (1962) Nr. 7. S. 291–293. — Lit.

Auf Grund der „Verordnung über die Einführung staatlicher Standards und Durchführung der Standardisierungsarbeiten in der DDR" vom 30. Sept. 1954 (vgl. GBL **1954** S. 821.) gibt es seit 1954 in der DDR eine planmäßige Standardisierungstätigkeit. Im Fachbereich Landwirtschaft, Erfassung und Forstwirtschaft konnte bes. im Jahre 1961 ein erheblicher Fortschritt in der Ausarbeitung von Standards erzielt werden. Standards sind verbindliche gesetzliche Vorschriften. Auf Grund ihres hohen wiss. und techn. Inhalts sind sie die konsequenteste Methode zur Einführung wiss. und techn. Erkenntnisse und fortschrittlicher Produktionsmethoden in die breite Praxis. Sie erhalten immer mehr den Charakter von Durchführungsbestimmungen zu Gesetzen und Verordnungen und tragen zur Steigerung der Produktion, zur Erhöhung der Qualität der Erzeugnisse, zur Hebung des Produktionsniveaus, zur Steigerung der Arbeitsproduktivität und zur Senkung der Selbstkosten bei. Wissenschaft und Praxis sollten sich in Zukunft noch intensiver der Standardisierung zuwenden, da das Niveau der Standards bestimmt wird durch den Grad der sozialistischen Gemeinschaftsarbeit zwischen Wissenschaft und Praxis. Es wird eine Übersicht über den bisherigen Stand der Standardisierung auf dem Gebiet der Viehwirtschaft gegeben unter Anführung der abgeschlossenen Standards, der laut Plan 1962 vorgesehenen Ausarbeitung von Beschaffenheits-, Verfahrens- und Verständigungsstandards sowie der laut Perspektivplan vorgesehenen Ausarbeitung von Verfahrens- und Verständigungstandards.

E. Semisch. 2690.

SPEZIELLE GROSSTIERZUCHT

B. PFERDE

Behrens, Hermann. **Quellenkritische Bemerkungen zu einigen neolithisch-frühmetallzeitlichen Pferdeskelettfunden in Europa.** Z. Tierzücht. Züchtungsbiol. **76** (1962) Nr. 2/3. S. 186–189. – 1 Abb.

Vf. setzt sich u. a. mit der in der Literatur üblichen archäologischen Datierung einer Reihe von Pferdeskelettfunden in Europa kritisch auseinander und stellt fest, daß alle diese Funde (vollständige Skelette) aus der Periode nach der Spätsteinzeit bzw. der Frühbronzezeit stammen. Da die Pferdeskelette nur ca. 10% der insgesamt gemachten Haustierskelettfunde betragen, schließt er auf eine rel. geringe Bedeutung des Pferdes im Wirtschaftsleben und im Kult dieses vorgeschichtlichen Abschnitts. J. E. Flade. 3010.

Nobis, Günter. **Zur Frühgeschichte der Pferdezucht.** Z. Tierzücht. Züchtungsbiol. **76** (1962) Nr. 2/3. S. 125–185. – 22 Abb., 28 Tab., 68 Lit.

Vf. untersuchte Schädel u. a. Skelettreste prähistorischer Pferde aus Island, Norwegen und Nordwestdeutschland (Beckum, Bez. Münster/Westf.). Die Messungsergebnisse werden mit Material aus den Forschungsarbeiten von Lundholm, Müller, Bökönyi, Degerbøl, Nobis, Vitt, Zalkin und Liepe verglichen. Die untersuchten Tiere stammen alle etwa aus der Zeit des 9. Jh. u. Z. (Wikingerzeit). Eingehende Verrechnungen der craniometrischen Daten ergaben kaum einen Unterschied hinsichtlich Größe und Wuchs. Bei allen Populationen konnte eine hohe innerartlicheVariation vieler Merkmale nachgewiesen werden. Verschiedene Selektionen im Sinne einer Zuchtwahl waren damals möglich und sind wahrscheinlich bei der Entstehung des rezenten Fjordpferdes beteiligt. Die Verzwergung der Islandponys deutet Vf. als Reaktion des Selektionsprozesses auf eine veränderte (verschlechterte) Umwelt. Die schweren Ritterpferde sind aus den beschriebenen „Wikingerpferden" hervorgegangen; die Größenzunahme ist jedoch noch nicht sicher erklärbar. Vf. stellt ausdrücklich fest, daß es unzulässig ist, heutige Pferderassen von Wildrassen gleicher Erscheinung herleiten zu wollen und setzt sich in diesem Zusammenhang mit den gegensätzlichen Anschauungen von Skorkowski, Speed sowie Ebhardt auseinander. Die von diesen Autoren geprägten Subspecies-Begriffe, in diesem Falle von Ewart „*E. c. celticus*" bzw. „*E. c. typicus* E.", sind lediglich Typenbezeichnungen von Pferden bestimmter Größe und bestimmten Wuchses, die aus einer großen Variation frühgeschichtlicher Tiere ausgelesen oder in neuerer Zeit zu Zuchtzielen erklärt wurden. J. E. Flade. 3010.

Gabriš, Juraj; Košice, Vysoká Škola Pol'nohospodárska, Veterin. Fak., Katedra Všeobecnej a Špeciálnej Zootechn. Doterajšie výsledky pri šl'achtění malého horského koňa. **(Die bisherigen Ergebnisse der Züchtung eines kleinen Gebirgspferdes.)** Živočišná Výroba **7(35)** (1962) Nr. 5. S. 395–410. – 8 Tab., 23 Lit. Zus. in Russ., Dtsch.

Es werden die bisherigen Ergebnisse der Veredlung des slowakischen Huzulen unter Anwendung sowohl der Reinzucht als auch der Veredlungskreuzung mit verschiedenen Pferderassen (insbesondere mit Hengsten des Fjordpferdes) unter Benutzung variationsstatistischer Arbeitsmethoden eingehend untersucht. Es ergab sich, daß die bisher herangezüchteten Kleinpferde des veredelten Typs einen höheren, längeren und tieferen Körper aufweisen, ohne aber gleichzeitig eine größere Brustbreite und ein stärkeres Knochengerüst zu erreichen. Das Becken ist zwar breiter, aber zwischen den Sitzbeinhöckern enger. Der Körperumfang ist bei den veredelten Huzulen im Vergleich mit dem Ausgangsmaterial geringer. Im Hinblick auf die individuelle Durchschlagskraft einzelner Hengste und Stuten, die bei derVeredlungszucht benutzt wurden, ist eine gründlichere Bearbeitung des Materials erforderlich, wobei die Anzahl der Nachkommen sowie die Eigenschaften der ausgemerzten Tiere berücksichtigt werden müssen. F. Svoboda. 3170.

Brzeski, Erazm und Sosnowski, Adam; Kraków, Inst. Zootechn. Badania nad rozwojem konia. Część I. Döle. **(Untersuchungen über die Entwicklung des Pferdes. 1. Mitt. Das Döle-Pferd.)** Roczniki Nauk rolniczych, Ser. B 78 (1962) S. 509–540. — 13 Abb., 11 Tab., 29 Lit. Zus. in Russ., Engl.

Die Untersuchungen erstreckten sich auf 48 Fohlen, die in den Jahren 1951 und 1953 im staatlichen Gestüt Nowa Wioska geboren worden waren. Die Fohlen stammten väterlicherseits von Importen aus Norwegen, mütterlicherseits teils von aus Norwegen und Schweden eingeführten, teils von in Polen geborenen Stuten ab. Die Beobachtungen erfolgten im Zeitabschnitt vom Tage der Geburt bis zum Alter von 3,5 Jahren. Die Fohlen wurden mit 6 Mon. abgesetzt und beide Jahrgänge während der Beobachtungszeit unter annähernd gleichen Bedingungen gehalten. Im Frühjahr und Sommer verblieben sie tagsüber auf der Weide, im Herbst und Winter ca. 4 Std. tägl. im Auslauf. Nach Vollendung des 2. Lebensjahres wurden die Junghengste in die Trainieranstalt gebracht und dort endgültig auf ihre Leistungsfähigkeit geprüft. Das Messen und Wägen der Fohlen erfolgte in regelmäßigen Zeitabständen, in die Tab. wurden die abs. Körpermaße und die Indices eingetragen. Die höchste Wachstumsgeschwindigkeit ergab sich bis zur Vollendung des 6. Lebensmonats, dann nahm sie allmählich bis zum 16. Lebensmonat ab. Im folgenden ging die Entwicklung langsamer vor sich. Vff. sind der Meinung, daß in Anbetracht des Entwicklungstempos und der Veränderung der Körperproportionen sich ein allzufrühes Ausmerzen der Fohlen wegen gewisser körperlicher Mängel nicht empfiehlt. — Die Körpermaße von Vätern und Söhnen sowie von Müttern und Töchtern wurden verglichen, die sich ergebenden Abweichungen waren jedoch statistisch nicht signifikant. A. Ziołecka. 3225.

Schweizer, R.; St. Gallen, Bakteriol. Inst. des Kantons St.Gallen. **Trächtigkeitsuntersuchungen an Haflinger Stuten.** Schweiz. Arch. Tierheilkunde **104** (1962) Nr. 10. S. 501 503.

Für die Trächtigkeitsuntersuchung beim Pferd hat sich die von Küst modifizierte Aschheim-Zondek-Reaktion bewährt. Neuerdings wird diese nach Santa-Marina und Joven auf 48 Std. zusammengedrängt. Nach diesem Verfahren wurden 99 Haflinger Stuten getestet. Zutreffende positive Reaktionen sind mit Sicherheit zwischen dem 45. und 99. Tag nach dem Deckakt zu erwarten; die äußersten Grenzen liegen zwischen dem 38. und 124. Tag, jedoch ist hier mit Fehlreaktionen zu rechnen. Die massivste Ausscheidung von Gonadotropinen erfolgt zwischen dem 50. und 80. Tag. Demnach verhalten sich die Haflinger Stuten hinsichtlich der Testbarkeit auf Gravidität mittels des Gonadotropinnachweises wie die übrigen Stuten.

F. Schaetz. 3312.

Jorov, Ivan. (Jorow, Iwan.); Kostinbrod, Bulgarien, Zentralinst. für Tierzuchtforsch. Dnevka proizvoditelnost na konete ot dunavskata i težkovoznata poroda pri okopavane na selskostopanskite kultura. **(Tagesarbeitsleistung von Pferden der Donau- und Kaltblutrasse bei der Hackpflege landwirtschaftlicher Kulturen.)** Životnovŭdstvo, Sofija **16** (1962) Nr. 4. S. 26–29. — 1 Abb., 1 Tab.

In den Versuchen wurden zum Ziehen der Hackmaschinen (mit 3 Hackmessern) bei der Mais- und Rübenpflege Pferde der Donau- und Kaltblutrasse verwendet und folgende Ergebnisse bei 8stündiger Arbeitszeit (7 Std. effektive Arbeit) und 50 bis 80–85 cm Reihenabstand erhalten (die Angaben in Klammern beziehen sich auf die Kaltblüter): Zugkraft 42,1–52,7 (46,7–60,2) kp; zurückgelegte Strecke 24,628–26,529 (23,866–23,170) km; mittlere Geschwindigkeit

3,518–3,789 (3,310–3,424) km/h; Kraftleistung 0,55–0,74 (0,56–0,74) PS; geleistete Arbeit 1035854–1398662 (1113380–1395320) kpm; bearbeitete Fläche 1,231–2,255 (1,193–1,854) ha. N. Platikanow. 3350.

Dušek, Jaromír und Dušek, Josef; Slatiňany, Výzkumná Stanice pro Chov Koní; Milíčov, Pracoviště. Pohybové hodnoty koní při různém pracovním zatížení. **(Bewegungsmerkmale der Pferde bei verschiedener Arbeitsbelastung.)** Živočišná Výroba 7(35) (1962) Nr. 5. S. 343–356. — 1 Abb., 7 Tab., 31 Lit. Zus. in Russ., Dtsch.

Den Versuchsergebnissen zufolge wird bei mittelschwerem Pflügen (durchschnittl. Relativkraft 12%) die Schrittlänge um 22%, die Bewegungsschnelligkeit um 22–25%, bei schwerem Pflügen um 30–38% verkürzt. Bei Prüfungen der max. Zugkraft auf einer Strecke von 31 km wurde eine Senkung der Geschwindigkeit und der Schrittlänge bis um 10% festgestellt. Lipizzaner und englische Halbblutpferde zeichneten sich durch die größte, die Belgier und Gebirgspferde (Kreuzungsprodukte Fjordpferd × Huzule) durch etwas geringere Ausdauer aus. Gleiche Resultate wie bei der Prüfung der Höchstzugleistung zeigten sich auch bei Beobachtung der Leistungen der Pferde im Trab. Aus den Gesamtergebnissen der Untersuchungen wird geschlossen, daß für die landwirtschaftlichen Betriebe gegenwärtig ein Pferdetyp mit einem Lgw. von 580–600 kg, mit ruhigem Temperament und guten Arbeitseigenschaften anzustreben ist. F. Svoboda. 3350.

Addis-Smith, L. F. The changing pattern of „doping“ in horse racing and its control. **(Die wechselnden Arten des „Dopings“ beim Pferderennen und seine Kontrolle.)** New Zealand veterin. J. 9 (1961) Nr. 6. S. 121–128.

Es wird ein Überblick über die Geschichte des Dopings gegeben und auf die Schwierigkeiten einer wirksamen Kontrolle hingewiesen. Während früher in der Hauptsache Alkaloide (Hervin, Cocain, Strychnin, Coffein u. a.) Verwendung fanden, sind es heute alle Drogen, die das Zentralnervensystem und die Atmung anregen, aber auch solche mit sedativer Wirkung (z. B. Tranquilizer), weiter Antihistamin-Drogen und Analgetika (Aspirin, Phenazetin u. a.) sowie Hormone und Vit. Auch vermögen hohe Dosen von nicht toxischen Stoffen (Glucose, Sauerstoff, Wasser) die Leistungsfähigkeit von Rennpferden zu beeinflussen. In vielen Staaten dürfen nur Pferde an den Start, die 48 Std. vor dem Rennen keine Droge erhielten. Zum Nachweis von Drogen eignet sich die Untersuchung des Speichels und des Urins der Pferde. Wegen der oft geringen nachzuweisenden Mengen sind empfindliche Methoden erforderlich (Mikrokristallographie, Spektrophotometrie, Chromatographie). In Neuseeland wird die Entscheidung über angewandte Drogen durch alkaloidhaltige Futterpflanzen erschwert. W. Goldbach. 3360.

Mackay, A. Some effects of drugs in the „doping“ of racehorses. **(Einige Wirkungen von Drogen beim „Doping“ von Rennpferden.)** New Zealand veterin. J. 9 (1961) Nr. 6. S. 129–135.

Lidocain hat eine dem Morphin ähnliche Wirkung. Wird Lidocainhydrochlorid injiziert, kann es bereits nach 15 Min. im Harn nachgewiesen werden. Nach 8 Std. ist es gewöhnlich vom Organismus ausgeschieden. Aus Lidocainsalbe (Propylenglycol und 5% Lidocain) wird es von einer Wunde nicht resorbiert. Vermag das Pferd die behandelte Wunde zu lecken, fällt der Nachweis im Speichel positiv aus. Bei Anwendung per os treten im Harn Abbauprodukte von Lidocain auf. — Morphin und verwandte Verbindungen beschleunigen Puls und Atmung, erhöhen die Körpertemperatur, erweitern die Pupille und führen zu Unruhe und Erregung der Pferde. Sehr bald nach Erscheinen im Blut werden diese Stoffe mit dem Urin und den Faeces ausgeschieden (65% innerhalb von 24 Std.). Die vorherige Verabreichung eines Tranquilizers schwächt die Morphinwirkung ab, verlängert sie aber. In diesem Fall konnten beide Stoffe nicht im Urin nachgewiesen werden. — Nach Fütterung von alkaloidhaltigen Pflanzen (*Laurelia novae-zelandiae, Berberis vulgaris*) wurden bei letzterer ähnliche Erscheinungen wie nach Morphin hervorgerufen. — Xanthinderivate sind sowohl im Speichel als auch im Harn nachzuweisen. Bei i. m. Injektion treten die Wirkungen innerhalb 1 Std. auf, bei peroraler Gabe nach 3 Std. — Vitamin B_1 (Thiamin) wirkt bei Injektion von 1000 mg wie ein Tranquilizer. Es verlangsamt den Puls und übt auf den Herzmuskel eine ähnliche Wirkung wie Digitalispräparate aus. 500 mg zeigen keine Wirkung, 2000 mg führen zu einer Verschlechterung in der Kondition. Oral verabreicht ist es wirkungslos. W. Goldbach. 3360.

C. RINDER

Alim, K. A.; Alexandria, Univ., Landwirtsch. Fak. **Rinderzucht im Sudan. Bericht 1957/59.** Wiener tierärztl. Mschr. **49** (1962) Nr. 9. S. 749–754.
Im Ergebnis von 3jährigen Studien der Rinderzucht im Sudan in den Jahren 1957–59 wird neben der Beschreibung des Klimas, der Vegetation, des Ackerbaues und der Bodenverhältnisse die Bewirtschaftung der Rinderrassen und die Zuchtwahl behandelt. 2 Rassen von Milchvieh werden im Sudan gehalten, die Kenana und die Butana, letztere vor allem in der Trockenzone der Kassala-Provinz, da sie sich den trockenen Gebieten leichter anpassen als die Kenana. Die Tiere gehören meist nomadischen Hirten und werden auf der Weide in Herden von Milchvieh und Jungvieh beiderlei Geschlechts zusammengehalten. Die Kälber werden gesondert gehalten und geweidet. Sie dürfen nur kurz vor und nach dem Melken saugen und werden sonst mit Rauhfutter allein aufgezogen. Während der Regenzeit (Juli-Sept.) müssen die nomadischen Tierbesitzer mit ihren Herden nach dem Norden ziehen, um die Tiere vor den beißenden Tabanidfliegen zu schützen. Die Leistungen der Kühe hängen sehr stark von der Jahreszeit, in der sie abkalben, ab. Die Zuchtmethode, wie sie bei den Nomaden angewandt wird, beschränkt sich darauf, nur die Söhne der leistungsfähigsten Kühe zur Zucht weiter zu verwenden. Alle weiblichen Tiere der Herde werden ohne Rücksicht auf Exterieur oder Leistungsfähigkeit aufgezogen. Bei den genannten Rassen sind sowohl die Kühe als auch die Bullen langlebig, widerstandsfähig und gute Verwerter von Gras und Rauhfutter. Sie werden hinsichtlich Milch, Fleisch und Arbeit genutzt, dienen hauptsächlich jedoch der Milchproduktion. Der durchschnittl. Milchertrag wird mit ca. 3000 lb. jährl. bei einem rel. hohen Fettgehalt von 5–7% angegeben. Spitzenleistungen einiger Kühe liegen bei ca. 8000 lb., pro Laktation. Das Durchschnittsgewicht der erwachsenen Kühe beträgt 800 lb., und ausgewachsene Bullen können 1400 lb. und mehr erreichen. Als Verbesserungsmaßnahme wird vorgeschlagen, unter den bestehenden Rinderrassen des Sudans die besten auszuwählen, da die Züchtung einer bestimmten Rasse durch die Einführung von ausländischen Rassen und deren Kreuzung mit einheimischen zu viel Zeit in Anspruch nimmt und zu teuer ist. E. Semisch. 3410.

Aspinall, K.W.; Zomba, Nyasaland. An analysis of cattle population trends and cattle ownership in selected areas of Nyasaland. **(Eine Betrachtung zur Entwicklung des Rinderbestandes und der Eigentumsverhältnisse hinsichtlich der Rinderherden in verschiedenen Gebieten des Nyasalandes.)** Brit. veterin. J. **116** (1960) Nr. 9. S. 322–336. — 5 Abb., 2 Tab.
Im Jahre 1959 betrug die Gesamtzahl der Rinder in Nyasaland 356 514 Stck., von denen 341 734 den Afrikanern gehörten. Gegenwärtig umfaßt der Bestand 230 060 Tiere. Es wird über 3jährige Beobachtungen in den „dipping tanks“ (Stationen für veterinärmedizinische Betreuung und landwirtsch. Beratung) in den Distrikten Lilongwe und Karonga berichtet. In Lilongwe hat sich der Viehbestand um 9,4% im Laufe von 3 Jahren erhöht. Die Zahl der Geburten im Verhältnis zum Gesamtrinderbestand schwankte zwischen 18,8 und 30,6%,

die Kalbungen fielen in den Zeitraum von Juli–Nov. mit einem Schwerpunkt im Aug. Die jährl. Abgänge durch Krankheit, Diebstahl und Schlachtung umfaßten 14–26%. – In Karonga stieg der Bestand zwischen 1956 und 1958 um 3% an, die Geburten betrugen 27% und die Abgänge 23%. Die Abkalbezeit ist weniger konzentriert als in Lilongwe. – Als Hauptfaktor für die Begrenzung der Höhe des Viehbestandes ist die schlechte Fruchtbarkeit anzusehen, die im Distrikt Karonga teilweise bedingt wird durch die Bruceloseverseuchung und allg. durch die extensive Weidewirtschaft mit entspr. unregelmäßigem Futteranfall. Es werden weiterhin genaue Angaben über die auftretenden Krankheiten gemacht und der Aufbau eines Veterinärdienstes geschildert.

K.-H. Heinrich. 3410.

Bernhardt, L.; Berlin. **Einige Ursachen der ungenügenden Milchproduktion.** Tierzucht **16** (1962) Nr. 7. S. 282–286. – 5 Tab.

In einer Gegenüberstellung der Milchproduktion zweier Kreise mit ähnlichen natürlichen und ökonomischen Bedingungen werden als wesentlichste Ursachen und Erscheinungen der unterschiedlichen Entwicklung festgestellt: Die unterschiedliche Einstellung der Menschen zur genossenschaftlichen Produktion sowie die ungenügende Organisierung der guten genossenschaftlichen Arbeit, die ungenügende staatliche Leitungstätigkeit auf dem Gebiet der Viehwirtschaft, bes. im Hinblick auf die Qualität und den Umfang der Jungviehaufzucht und die Rindfleischproduktion. In diesem Zusammenhang setzt sich Vf. mit der falschen These „lieber weniger Kühe, dafür bessere Leistungen“ auseinander und beweist am Beispiel der Entwicklung der Kuhbestände der beiden Kreise, daß der einzig richtige Weg ist, die Anzahl der Kühe zu erhöhen und gleichzeitig ständig die Leistung je Kuh zu steigern, zumal das schneller geht als die Steigerung der Einzelleistung auf 5000 kg. Für alle Kreise werden zur Organisierung der Milchwirtschaft eine Reihe von Schlußfolgerungen herausgestellt: die Notwendigkeit einer straffen staatlichen Leitung auf dem Gebiet der Viehwirtschaft; erforderliche Maßnahmen zur Erhöhung der Milchleistung je Kuh, wobei die Höhe des Viehbestandes und seine Leistungen die Futterwirtschaft bestimmen und nicht umgekehrt; die Ausnutzung aller Möglichkeiten zur Erhöhung des Abschöpfungsgrades; die schnelle Steigerung der Kuhbestände, bes. in den LPG Typ III entspr. den Zielen des Volkswirtschaftsplanes bei Einschränkung der noch zahlenmäßig hohen Kuh- und Färsenschlachtungen; eine wirtschaftskomplexe Aufzucht des Jungviehs zur Sicherung einer leistungsstarken Nachzucht; die Verbesserung der Jungviehaufzucht, bes. bei den Genossenschaften des Typs I mit dem Ziel, die erweiterte Reproduktion der Rinder- und Kuhbestände unbedingt zu sichern.

E. Semisch. 3410.

Nöring, L. **Untersuchungen über Körperentwicklung und Leistungen von Schwarzbuntem Niederungsvieh in der Höhenlage unter Berücksichtigung verschiedener Haltungsformen bei optimalen Aufzuchtbedingungen.** Arch. Tierzucht **5** (1962) Nr. 4. S. 251–280. – 7 Abb., 20 Tab., 28 Lit.

Vf. stellte fest, daß die im Offen- und Massivstall der Forschungsstelle Knau (thüringisches Mittelgebirgsvorland) aufgezogenen schwarzbunten Rinder eine intensivere Körperentwicklung hatten als die im Massivstall des Vorerzgebirges aufgezogenen Rinder der gleichen Rasse. Sowohl beim Gewicht als auch bei den einzelnen Maßen (Widerristhöhe, Brusttiefe, Brustbreite, Umdreherbreite, Brustumfang, Röhrbeinumfang) traten in verschiedenen Altersabschnitten bis zum 2. Lebensjahr signifikante Differenzen auf. – Untersuchungsergebnisse an 380 Herdbuch-Kühen des Vorerzgebirges zeigten, daß sie in den direkten Leistungen über den Durchschnitten der DDR und des Zuchtgebietes liegen. Bei der Berechnung von Korrelationskoeffizienten konnte lediglich zwischen Brusttiefe und abs. Milchmenge ein positiver Zusammenhang festgestellt werden. In der Nährstoffaufnahme und Verwertung zeigten sich in Knau zwischen Offen- und Massivstallhaltung nur geringe Unterschiede.

H. Winkler. 3464.

Šmerha, J.; Praha, Vysoká Škola Zemědělská. Plemena skotu v ČSSR a jejich další zušlecht'ování. **(Rinderrassen in der ČSSR und ihre weitere Veredlung.)** Vesmír **41** (1962) Nr. 9. S. 275–277. – 6 Abb., 1 Tab.

Zu den hauptsächlichsten in der ČSSR gezüchteten Rinderrassen gehören das Tschechische Rote und das Slowakische Gelbe Fleckvieh, zu den weniger verbreiteten Rassen das Kuhländer und Schönhengster Rind (Schläge des Rotfleckviehs) in Mähren und das Pinzgauer Rind in der Slowakei. Vf. bringt eine ausführliche Beschreibung dieser Rassen und gibt als Zuchtziel die Erreichung einer Durchschnittsleistung von 2358 kg Milch je Kuh, d.h. 746 kg Milch je ha, sowie von 63 kg Fleisch je ha bis 1965 an. Die Bestände sollen auf 66 Rinder je 100 ha LN, davon 31,2 Kühe, erhöht werden. Bei der weiteren Veredlung der tschechoslowakischen Rinderrassen wird die Herauszüchtung eines ausgesprocheneren Milch-Fleischtyps angestrebt. Dabei werden verschiedene Kreuzungen geprüft, von welchen sich bisher die Kreuzung des Rotfleckviehs mit dem Ayrshire-Rind am besten bewährte. Zur Veredelung der Rinderrassen trägt wesentlich auch die KB bei, die in 83,1% der Kuhbestände durchgeführt wird.

F. Svoboda. 3480.

Beilharz, R. G.; Berry, Artificial Stock Breeding Centre. Breeding versus feeding. **(Züchtung und Fütterung beim Rind.)** Milk Board J. **18** (1962) Nr. 1. S. 18–21. – 2 Abb.

Während die Ergebnisse der Züchtung auf die Leistungshöhe permanent wirksam bleiben, verändert sich der Einfluß der Fütterung auf die Leistung mit der Quantität und Qualität der jeweiligen Futtermittel. Daher können Leistungsverbesserungen (im Bereich der genetischen Leistungsgrenzen) schnell durch Änderungen der Fütterung erzielt werden, wie Versuche an eineiigen Zwillingen in Großbritannien und Neuseeland bewiesen. Die Resultate von 140 Zwillingsfärsen, von denen jeweils die Partner in 20 Betriebe mit guter und 20 Farmen mit niedriger Milchleistung gestellt wurden, zeigten, daß die Höhe der durchschnittl. Milchleistung dieser Herden überwiegend von den Fütterungs- und Haltungsfaktoren abhängig waren. Der Milchfettgehalt zeigte eine größere Umweltstabilität. In Großbritannien konnte an Hand des CC-Testes eine genetische Differenz zwischen den Herden von nur 20% ermittelt werden (Milchleistung). Es wird daher auf die Notwendigkeit züchterischer (Anpaarung wertvoller Vatertiere, Selektion) und fütterungsbedingter Maßnahmen für die Kontinuität guter Leistungen hingewiesen.

G. Koriath. 3505.

Kohli, M. L., Suri, K. R., Sharma, S. K. und Lohia, K. L. The progeny testing of the Hariana bulls. **(Die Nachkommenprüfung von Harianabullen.)** Indian J. veterin. Sci. Animal Husbandry **31** (1961) Nr. 3. S. 217–222.

In einer Hariana-Versuchsherde wurden Zuchtwerte von 10 Bullen mit Hilfe der Nachkommenprüfung geschätzt. Die 10 Bullen wurden zufällig an je 23 Kühe angepaart und für das sich ergebende Material aus den Jahren 1944 bis 1959 bez. der Merkmale Laktationsleistung, Zwischenkalbezeit, Serviceperiode, durchschnittl. tägl. Milchmenge für Melk- und Futtertage Töchter-Mütter-Vergleiche durchgeführt. Die Heritabilitäten für die Merkmale lagen (außer bei der Serviceperiode) über 0,30. Die Ergebnisse werden diskutiert.

D. Rasch. 3550.

Häckert, W.; Zweigstelle Harz des Inst. für Tierzucht Dummerstorf. **Vorläufige Ergebnisse der Bullenmastleistungsprüfung an Nachzuchten Deutscher Rotviehbullen.** Tierzucht **16** (1962) Nr. 10. S. 431–435. – 4 Tab., 14 Lit.

Der Förderung des züchterischen Fortschrittes bei unseren Rinderrassen dienen seit langem Fütterungsberatungen und Milchleistungsprüfungen sowie zahlreiche andere staatliche Maßnahmen und neuerdings auch Mastleistungsprüfungen zur Verbesserung der Fleischleistung. Die von der DAL in Anlehnung an die Erfahrungen von Knau und Dummerstorf erarbeitete Methode wird genau beschrieben. Für die Rassen Deutsches Schwarzbuntes Rind, Deutsches Fleckvieh und Deutsches Gelbvieh werden 1000 g (mindestens 800 g tägl. Zunahme) sowie 3000–3500 StE Futterverbrauch und für das Deutsche Rotvieh 900 g (mindestens 700 g) bzw. 3400–3900 StE im Durchschnitt der Gruppe gefordert. Zur Auswertung gelangen nur Tiere, die laut tierärztlicher Untersuchung nicht krank gewesen sind. Vf. berichtet über einen Versuch an 2 Rotviehbullen in Hänichen, wobei sich zwischen beiden Gruppen statistisch gesicherte Unterschiede bez.des Kraftfutterverzehrs während der Lebenszeit sowie im Abschnitt 70 kg bis Mastende und beim Verbrauch an Gesamttrockenmasse zugunsten der „West-Wiking“-Gruppe ergaben. Im gleichen Mastabschnitt wurden im Verbrauch an Trockenschnitzeln, Eiweiß und StE keine signifikanten Differenzen gefunden. Innerhalb beider Gruppen waren die Unterschiede größer als zwischen den Gruppen. Umfangreiche Tab. ermöglichen einen genauen Überblick über Körper- und Schlachtmaße, Futter- und Nährstoffverbrauch sowie über die Gewichte der inneren Organe. Die Ergebnisse anderer Autoren an anderen Rassen werden gegenübergestellt. Zusammenfassend wird festgestellt, daß das Rotvieh im Hinblick auf Mastfähigkeit und Futterverwertung während der Mastzeit anderen Rassen nur unerheblich unterlegen ist und daß bei den Nachkommenschaften verschiedener Bullen Unterschiede zu erwarten sind. E. Kieslinger. 3550.

Hertrampf, Joachim; Göttingen, Georg-August-Univ., Landwirtsch. Fak., Inst. für Tierzucht und Haustiergenetik. **Untersuchungen zur Erkennung der Schlachtqualität von Jungbullen bei der Nachkommenprüfung auf Fleischleistung von Zweinutzungsrindern.** Diss. Göttingen **1960** 55 S. — 10 Abb., 22 Tab., 51 Lit.

Es wurde das Material von 157 Tieren verschiedener Rassen und deren Kreuzungen aus mehreren Versuchsreihen bei einem Mastendgewicht von 500 bzw. 350 kg ausgewertet. Die Zerlegung erfolgte nach der DLG-Schnittführung. Die subjektive Schlachtbeurteilung nach dem DLG-Schema ergab nur unzureichende Beziehungen zu den Schlachtwertmerkmalen. Zwischen den 350- und 500-kg-Tieren waren Unterschiede in Fleischwüchsigkeit, Verfettungsgrad und Knochenanteil zu erkennen. Größere innere Brusttiefe tendiert zu geringerer Fleischwüchsigkeit und stärkerer Verfettung. Die Beziehungen der Fettauflage über der Fläche des M. long. dorsi zwischen 8. und 9. Rippe und über der Brust zum Fettanteil sind sehr schwach. Von den Keulenmaßen war die signifikante Korrelation zwischen dem Umfang bei 60% der Keulenlänge und dem Fleischanteil der Keule $r = 0{,}492$ am höchsten. Die Fläche des M. long. dorsi erscheint zur Bestimmung der Fleischwüchsigkeit ungeeignet, dagegen ergab das Dreirippenstück einen gut geeigneten Maßstab. Aus dem Innereienfett in % des Schlachtgewichtes lassen sich ebenfalls Rückschlüsse auf den Verfettungsgrad ziehen. Zwischen dem 4-Füße-Gewicht in % des Schlachtgewichtes und dem Knochenanteil der Hälfte ergab sich eine signifikante Korrelation von $r = 0{,}609$. Ein Einfluß des Exterieurs auf den Fleisch- und Fettanteil der Hälfte ließ sich nicht nachweisen. Die Beziehungen zwischen Mastendgewicht und Schlachteigenschaften sind straffer als der Einfluß des Alters. Die den Verfettungsgrad betreffenden Merkmale waren zwischen der Stall- und Weidemast signifikant unterschiedlich, während Fleischanteil und Anteil wertvoller Teilstücke von der Mastmethode unabhängig sind. Durch die Weidemast wurde die Skelettausbildung signifikant positiv beeinflußt. In den quantiativen Merkmalen gibt es gesicherte Unterschiede zwischen den Rassen bei 350 und 500 kg Endgewicht. Ein Rassenvergleich bei gleichem Endgewicht kann bei dem unterschiedlichen Wachstumsrhythmus fehlerhaft sein. O. Siegl. 3550.

Moore, Donald B., Stonaker, H. H. und Riddle, Kent; Colorado State Univ. Factors influencing comparisons of Hereford bulls for rate of gain. **(Der Einfluß einiger Faktoren auf den Zunahmenvergleich bei Hereford-Bullen.)** J. Animal Sci. **20** (1961) Nr. 2. S. 255–259. – 4 Tab., 13 Lit.

In früheren Versuchen wurde der Zunahme eine hohe Erblichkeit beigemessen und bemerkt, daß diese mit den Eiweiß- und Energiewerten des aufgewendeten Futters in genetischer Korrelation steht. Durch Einsatz leistungsgeprüfter Vatertiere verspricht man sich einen großen ökonomischen Fortschritt in der Rindfleischerzeugung. Zweck dieses Versuches war die Ermittlung meßbarer Umwelt- und genetischer Faktoren auf die Zunahme bei Bullen. Die in den Jahren 1948–56 geprüften Bullen wurden jeweils von März–Juni in der Station geboren. Nach der Entwöhnung erhielt eine Gruppe 4–6 Wochen Heu aus Automaten, wobei die Tiere wahllos verschiedenen Boxen in verschiedenen Ställen zugewiesen wurden. Dazu bekamen sie individuell Heumehl mit Getreideschrot vermischt und durch Protein ergänzt sowie zerkleinerte Runkelrüben. Die Kälber stammten aus Inzucht, Linienkreuzung und Vergleichsgruppen. Die Inzuchtvatertiere wurden a) mit Inzuchtkühen und b) mit Linienkreuzungskühen angepaart, während die Kontrolltiere von Kühen stammten, die jedes Jahr mit einem neu zugekauften Bullen gedeckt wurden. Folgende Faktoren wurden bez. ihres Einflusses auf die Zunahmen geprüft: Linie des Vatertieres, Inzucht, Jahr, Aufstallungsbox, Unterkunft, Anfangsalter und -gewicht. Die zu dieser Auswertung angewandte mathematische Formel wird angegeben, wobei in der Analyse alle Einflüsse einer additiven Wirkung zugeschrieben werden. Die Ergebnisse ließen erkennen, daß die Tageszunahmen von Linie des Vatertieres, Jahr sowie Anfangsalter und -gewicht signifikant abhängig sind. Kein signifikanter Zusammenhang bestand zwischen Zunahmen und der entspr. Liegebox der Tiere, jedoch zwischen Zunahmen und dem Ort der Futterautomaten innerhalb der Unterkünfte. Von Inzucht ist die Zunahme nicht signifikant abhängig. Die Linien beeinflussen die Zunahmen zwischen $-0{,}35$ und $+0{,}21$ lb., dagegen variieren die Jahreseinflüsse die Zunahmen zwischen $-0{,}41$ und $+0{,}40$ lb. Diese Jahresdifferenzen finden auch in anderen Versuchen Bestätigung. Die partielle signifikante Regression zwischen Zunahme und Anfangsgewicht betrug 0,0026. Zwischen Anfangsalter und -gewicht besteht zwar eine Korrelation von $r = 0{,}56$, dagegen ist die partielle Regression der Zunahme gegenüber dem Anfangsgewicht positiv, gegenüber dem Anfangsalter jedoch negativ. Höhere Zunahmen in der Vorprüfung haben demnach auch höhere Zunahmen im Prüfungsabschnitt zur Folge. O. Siegl. 3550.

Karásek, Václav, Dvořáček, Miroslav und Pěnkava, Jaroslav. Vztah mezi mléčnou užitkovostí a některými morfologickými znaky dojnic u červenostraktého skotu. **(Beziehung zwischen der Milchleistung und einigen morphologischen Merkmalen von Kühen des Rotfleckviehs.)** Vědecké Prace ústředního výzkumného Ústavu Živočišné Výroby v Uhřiněvsi **5** (1962) S. 113–127. – 5 Tab., 38 Lit. Zus. in Russ., Dtsch.

Biometrische Untersuchungen an insgesamt 501 Kühen des Rotfleckviehs (älter als 5 Jahre) ergaben nach Belastungsproben (Bewegung auf einer Strecke von 2 km in 20 Min.) bei Tieren im Milchtyp einen um 6,708 mg%, bei Tieren im Masttyp einen um 11,745 mg% höheren Milchsäuregehalt des Blutes. Sofort nach Beendigung der Belastungsprobe steigerte sich bei den Kühen des Milchtyps der Puls um 17,9, bei Kühen des Masttyps um 25,697 Schläge/Min., die Atmungszahl stieg bei ersteren um 14,069, bei letzteren um 16,239 an. Die höchste korrelative Beziehung wurde zwischen der Milchleistung und den Eutermaßen sowie den gemessenen Körperwinkeln (Winkel der letzten Rippe, Brustbeinwinkel, Winkel der Neigung des Schulterblatts) festgestellt, dabei traten wesentliche Unterschiede zwischen beiden Typen auf. Gute Milchkühe zeichneten sich durch einen feinen Knochenbau, langen Brustkorb mit schräg nach hinten gewölbten Rippen, einem nach hinten abfallendem Brustbein und durch ein schräggestelltes, langes Schulterblatt aus. Der Umriß des Brustkorbs und des gesamten Rumpfes von der Seite und von oben gesehen hatte eine trapezähnliche Form, während er bei Kühen mit schlechter Milchleistung mehr einem Rechteck glich. Die Kühe der erstgenannten Gruppe wiesen eine geringere Brustbreite hinter dem Schulterblatt, einen schmaleren Kopf, ein breiteres Becken zwischen den Sitzbeinhöckern und eine rel. geringe Kreuzhöhe im Vergleich zu den Kühen des Masttyps auf. F. Svoboda. 3560.

Dumont, B.-L. La selection des bovins pour la production de viande. **(Die Selektion auf Fleischproduktion beim Rind.)** Élevage et Inséminat. **1962** Nr. 69. S. 9–19. — 5 Lit.
In der Praxis steht bei der Auswahl der Schlachttiere der morphologische Typ im Vordergrund. Eine zu starre Auswahl nach derartigen Gesichtspunkten läßt jedoch oft die möglichen Folgen für die Leistung unberücksichtigt. Insbesondere sind Merkmale wie die Fruchtbarkeit und die Futterverwertung von größter Bedeutung. Hammond betrachtet als wichtigste Selektionswirkung die Steigerung der Wachstumsgeschwindigkeit. Dieses Merkmal wird bei den Fleischrassen durch eine optimale Ernährung, vor allem während der hier üblichen Säugezeit, zur stärksten Entwicklung gebracht. Die für die Fleischbildung verantwortlichen Faktoren sind größtenteils von mittlerer oder rel. größerer Heredität. Bes. gilt dies für die Schlachtleistung und die Mastleistung bei Intensivmast. Zwischen den in den verschiedenen Lebensabschnitten der Tiere erzielten Gewichtszunahmen bestehen deutliche Korrelationen. Deshalb werden größtenteils auch dieselben Gene die Gewichtszunahmen in den verschiedenen Wachstumsabschnitten beeinflussen. So sind z.B. auch das Absatzgewicht und der Futterverzehrsindex während der Mast stark miteinander korreliert. Das Absatzgewicht, die Gewichtsentwicklung während der Mastperiode, die Intensität der Zunahmen, die Oberfläche des M. long. dorsi und die Zartheit des Fleisches sind die Hauptkritierien der Selektion. Diese Merkmale werden unabhängig voneinander vererbt. Nach 10jähriger Selektion ist im Absatzgewicht eine Steigerung um 21,5 lb., in der mittleren tägl. Zunahme nach dem Absetzen eine solche um 0,22 lb. und in der Oberfläche des M. long. dorsi eine Zunahme um 0,14 sq. in. zu verzeichnen. Bei einfacher Massenselektion ist das Absatzgewicht um 4,4 lb., die mittlere Tageszunahme nach dem Absetzen um 0,35 lb. und die Oberfläche des M. long. dorsi um 0,37 sq. in. erhöht bzw. vergrößert. Da diese Leistungssteigerungen in rel. kurzer Zeit erreichbar waren, ist anzunehmen, daß der genetische Fortschritt teilweise in kumulativer Wirkung zunimmt und eine Steigerung des Rohertrages um wenige Prozent oft eine beträchtliche Reinertragssteigerung zur Folge hat. Die Zuchtwahl unter den Bullen wird mit Hilfe der individuellen Leistungsprüfung und der Nachkommenschaftsprüfung vorgenommen. Wenn die Fleischleistung neben der Milchleistung nur als Nebenleistung gilt, genügt auch bei den Mehrnutzungsrassen die übliche Leistungsprüfung. Steht die Mastleistung aber im Vordergrund, muß sie auch bei den Nachkommen geprüft werden und ist selbst wiederum ein Ausdruck für die Milchleistung der Mütter. Die Probleme der geeigneten Testverfahren lassen noch viele Fragen offen. Auf Prüfstationen besteht jedoch die Möglichkeit, die verschiedenen Formen der Jungrindermast bei Milch- und Fleischrassen einer vergleichenden Kontrolle zu unterziehen. H. Busse. 3560.

Müller, W.; Berlin, Tierzucht-Hauptinspektion. **Derzeitiger Stand und weitere Aufgaben der Rinderherdbuchzucht.** Tierzucht **16** (1962) Nr. 7. S. 286–291. — 6 Abb., 7 Tab.
Die Entwicklung der Rinderherdbuchzucht in den letzten Jahren, bes. im Jahre 1961, wird eingeschätzt. Der Bestand an Herdbuchkühen einschließlich

VK-Kühen hat 1961 um 29415 Stck., 1960 um 38163 Stck., also innerhalb von 2 Jahren um insgesamt 67578 Tiere zugenommen, während in 5 Jahren von 1954–59 nur eine Erhöhung um 21945 Stück zu verzeichnen war. Aus der tabellarischen Darst. der Milch- und Milchfettleistung der Herdbuchkühe in den Jahren 1956, 1958 und 1960 in den einzelnen Bez. geht hervor, daß im Durchschnitt der DDR im Jahre 1958 gegenüber 1956 eine bedeutende Steigerung der Fett-kg-Leistungen zu verzeichnen war, die Durchschnittsleistung aller Herdbuchkühe jedoch 1960 gegenüber 1958 um 7 kg abfällt. Im Jahre 1960 haben die Herdbuchkühe mit ihrer durchschnittlichen Jahresleistung gegenüber der Durchschnittsleistung aller unter Milchleistungsprüfung stehenden Kühe einen Vorsprung von 607 kg Milch, 0,14% Fett und 26 kg Milchfett. Dabei wird die Entwicklung der Milchleistung der Herdbuchkühe bisher in keiner Weise der Aufgabenstellung des 8. Plenums des ZK der SED gerecht. Die Leistungsspitze wird an Hand der Entwicklung der durchschnittl. Mutterleistungen der Elitejungbullen der letzten Jahre beim Deutschen Schwarzbunten Rind und beim Deutschen Fleckvieh, an den Ergebnissen der Milchleistungsprüfung einiger Betriebe, an den Leistungen einiger Spitzenkühe und im Hinblick auf die Langlebigkeit an den Eintragungen in das Rinderleistungsbuch (RL) demonstriert. Schlußfolgernd für die weitere Arbeit wird vor allem die notwendige schnelle Steigerung der Leistung je Kuh bei allen Herdbuch- und Vorregisterkühen durch Verbesserung der Umweltverhältnisse, bes. der Fütterung und Pflege der Tiere, hervorgehoben. Die planmäßigere Arbeit in der Rinderzucht muß sich auf die Entwicklung großer leistungsfähiger Bestände in auf die Hauptproduktionsrichtung Rinderzucht spezialisierten hochproduktiven Betrieben richten. An züchterischen Maßnahmen werden angeführt: höhere Anforderungen an Herbuchkühe und zu körende Bullen, Einrichtung eines Eliteherdbuches ab 1. 1. 1963 bei der Tierzuchthauptinspektion, Intensivierung der Zuchtwertprüfung durch Berechnung der Töchter-Mütter-Vergleiche nach der Regressionsmethode nach Oheim-Pernitzsch, Einrichtung von Färsenprüfherden, allseitige Durchführung der Melkbarkeitsprüfungen und Viertelgemelkprüfungen und Auswertung der Ergebnisse der Mast- und Schlachtleistungsprüfungen. E. Semisch. 3565.

Pirchner, F., Stüber, O. und Tschörner, F. **Vererbung von Milchbestandteilen bei Höhenvieh.** Z. Tierzücht. Züchtungsbiol. 77 (1962) Nr. 3. S. 285–296. – 10 Tab., 16 Lit. Zus. in Engl.

Die Erhebungen erfolgten an 2206 Milchproben von 462 Kühen der Braun- und Fleckviehrasse aus Tirol und der österreichischen Bundesversuchswirtschaft Wieselburg. Untersucht wurden der Gehalt an Milchfett, Milcheiweiß und fettfreier Tr.-Subst. (FFT). Zur Schätzung der Heritabilität wurden Tochter-Mutterkorrelationen und Halbgeschwisterkorrelationen verwendet. Die gefundenen Heritabilitätskoeffizienten für Fett, Eiweiß und FFT lagen bei 0,54; 0,37 und 0,20. Eine Zuchtwahl auf Fett führt gleichzeitig zu einer Steigerung der anderen Milchinhaltsstoffe, die annähernd so groß wie bei einer direkten Zuchtwahl ist. Umgekehrt führt auch die direkte Zuchtwahl auf Eiweiß zu einer starken Steigerung des Fettgehaltes. K.-G. Breitenstein. 3578.

Walker, J. J. Beef cattle herd improvement. Part 3. **(Die Verbesserung der Fleischrinderherde. 3. Mitt.)** J. Agric. [Melbourne] 60 (1962) Nr. 3. S. 101–106. 120. – 7 Abb. 2. Mitt. vgl. LZ. Abt. III 7 (1962) Nr. 12. S. 2504.

Vf. bespricht neue Methoden, die der Erkennung, Auswahl und Paarung wertvoller Tiere dienen und die Herdenverbesserung unterstützen. Es werden behandelt: Die Ermittlung der Fleischleistung (Ultra-Schallgerät, Gewebeproben, Verzehrs- und Kochqualität des Fleisches), der Futterverwertung, der Haarbeschaffenheit, der Sekretion durch die Haut, der Blutbestandteile

und Blutgruppen, weiterhin die KB, die Leistungsprüfung von Bullen sowie die statistische und genetische Auswertung der ermittelten Leistungsdaten.
K.-H. Voigtländer. 3602.

Tschirschwitz, H. **Zur Bedeckung der Rinder.** Tierzucht **16** (1962) Nr. 9. S. 369–373.
Im Rahmen der Spezialisierung der sozialistischen Großbetriebe wird in Gebieten mit hohem Grünlandanteil verstärkt Jungrinderaufzucht betrieben. Am Beispiel des VEG Joachimshof wird dargestellt, wie in großen Färsenherden die zeitgerechte Belegung als wichtige Maßnahme zur Kostensenkung durch die Einrichtung eines Deck- und Besamungspferches gelöst wurde. Im VEG Joachimshof sind monatl. 70–90 Färsen zu belegen. Die deckfähigen Färsen werden ca. 6 Wochen lang in einer Weideeinheit gehalten, wo ein geschlechtlich aktiver „Lockbulle“ in einem Pferch, der im Schnittpunkt von 4 Koppeln liegt, untergebracht ist. Dem Bullenpferch sind 2 absperrbare Vorhöfe vorgelagert. Die rindernden Färsen finden sich beim Bullen ein und können leicht in den Vorhöfen abgesperrt werden. 4/7 der Färsen fanden sich frühmorgens, 2/7 im Laufe des Vormittag und 1/7 nachmittags ein. Die Besamungen werden mittags durchgeführt. Tiere, die nachmittags als brünstig ermittelt werden, werden dem Deckbullen zugeführt. Die belegten Färsen werden bes. gekennzeichnet. Die Vorteile des Deck- und Besamungspferches liegen darin, daß die rindernden Tiere leicht eingefangen werden können, eine genaue Kontrolle der Bedeckung möglich ist, keine Überbeanspruchung der Bullen erfolgt und Umrinderungen sofort festgestellt werden können.
H. Kleiber. 3608.

Basu, S.; Izatnagar, Indian Veterin. Res. Inst. The influence of milk yield on the occurrence of postpartum oestrus in Murrah buffaloes. **(Der Einfluß der Milchleistung auf die Brunst nach dem Kalben bei Murrah-Büffeln.)** Indian veterin. J. **39** (1962) Nr. 6. S. 328–332. – 4 Tab., 6 Lit.
Untersuchungen an 84 Büffelkühen mit insgesamt 180 Laktationen ergaben, daß die Brunst 173,74 Tage nach der Abkalbung auftritt. Zwischen Milchleistung und Brunstabstand konnte eine signifikante Korrelation von +0,251 ermittelt werden. K.-H. Voigtländer. 3608.

Belling jun., Theodore H. Pregnancy diagnosis: a management aid in commercial beef cattle operations. **(Trächtigkeitsdiagnose: Eine wertvolle Hilfe in der Fleischrinderhaltung.)** Veterin. Med. **57** (1962) Nr. 7. S. 595–597. – 3 Abb.
Vf. beschreibt für die Durchführung von Trächtigkeitsuntersuchungen in größeren Herden auf der Weide die Anwendung einer Schleuse und eines transportablen Zwangsstandes. Nur durch die Ruhigstellung der Tiere, die so mit geringen Anstrengungen der Farmer vorgenommen werden kann, sind eine exakte Untersuchung und Diagnosestellung möglich. H.-J. Kuller. 3612.

Alexander, G. I., Sutherland, D. N., Davey, Gillian P. und Burns, M.A.; Queensland Dep. of Agric., Cattle Husbandry Branch. Studies on factors in beef cattle production in a subtropical environment. I. Birth weight. **(Studien über Faktoren, die die Fleischrinderproduktion unter subtropischen Bedingungen beeinflussen. 1. Mitt. Geburtsgewicht.)** Queensland J. agric. Sci. **17** (1960) Nr. 3. S. 123–134. – 2 Abb., 5 Tab., 25 Lit.
In Queensland werden Fleischrinder vorwiegend auf ungedüngten Weiden gehalten. Bei nur geringfügiger Zufütterung ist die Zuwachsleistung saisonmäßig vom Weideertrag abhängig. Vorliegende Arbeit ist die erste einer Serie, welche sich mit dem Wachstum dieser Rinder in bestimmten Lebensabschnitten und den darauf einwirkenden Faktoren befaßt. Die Beobachtungen erfolgten an 502 Kälbern aus 244 Kühen in den Jahren 1954–57. Untersucht wurde die Abhängigkeit des Geburtsgewichtes vom Geschlecht des Kalbes, von

Alter und Geschlecht der Mutter sowie dem Zeitpunkt der Abkalbung. Alle Faktoren waren von signifikantem Einfluß. Die Intra-Klass-Korrelation des Geburtsgewichtes war 0,25 und die des Gewichtes der Mutter 0,86.

K. Damm. 3614.

Maymone, B. und Malossini, F. Lactation curve in water buffalo cows. **(Die Laktationskurve bei Wasserbüffelkühen.)** Z. Tierzücht. Züchtungsbiol. 77 (1962)Nr. 3. S. 316–334. — 10 Abb., 21 Tab., 17 Lit.

Ermittlungen an 533 Milchzeiten ergaben, daß die ansteigende Phase der Laktationskurve eine große Variabilität aufweist und durch die Laktationsfolge, die Kalbezeit sowie die Höhe der Milchleistung beeinflußt wird. Das Durchhaltevermögen ($P_2:_1$ nach Johansson) zeigte in der 1. Laktation signifikant höhere Werte, blieb später jedoch rel. konstant.

K.-H. Voigtländer. 3616.

Jungehülsing, H.; Kiel, Univ., Inst. für Landwirtsch. Betriebs- und Arbeitslehre. **Organisationsformen der Rindviehhaltung und ihr Bedarf an frischem und konserviertem Futter.** Ber. Landwirtsch. [N. F.] **39** (1961) Nr. 4. S. 685 bis 705. — 9 Abb., 32 Lit. Zus. in Engl., Franz.

Vf. untersuchte die Aufteilung des Nährstoffbedarfes verschiedener Formen der Rindviehhaltung in frisches und konserviertes Futter und die Faktoren, welche diese Aufteilung beeinflussen. Da die Produktivität des konservierten Futters geringer ist als die des frischen, stellt die richtige Kombination von frischem Futteraufwuchs mit den verschiedenen Formen der Rindviehhaltung ein wichtiges Problem dar. Ein Ausgleich der Unterschiede im Anspruch an frischem und konserviertem Futter bei betriebsüblicher Zusammensetzung des Rinderbestandes aus Milchkühen, Nachzucht und Mastvieh trat nicht ein. Es zeigte sich, daß es Kombinationen der Rindviehhaltungsformen gibt, deren Bedarf an konserviertem Futter nur 33% beträgt, während die üblichen Haltungsformen oft bis zu 50% des wirtschaftseigenen Futters in konservierter und damit teuerer Form benötigen. U. a. sind die Anpassung des Kalbetermines sowie der Aufzucht- und Mastformen an den Vegetationsrhythmus des Futters Möglichkeiten zur Verminderung des Bedarfes an konserviertem Futter. Eine exakte Abstimmung der Organisationsformen hinsichtlich einer möglichst umfangreichen Verwertung frischen Futters kann eine Einsparung der landwirtsch. Ausgaben bis zu ca. 250 DM je ha bringen. Einige charakteristische Organisationsformen der Rindviehhaltung werden eingehend dargestellt.

O. Siegl. 3632.

Karpinec, M. Teplota napájecí vody v chovu skotu. **(Die Wassertemperatur beim Tränken in der Rinderzucht.)** Studijni Informace, Řada Živočišná Výroba **1962** Nr. 4. S. 1–23. — 8 Tab., 62 Lit.

Auf Grund einer umfassenden kritischen Bearbeitung der zugänglichen Fachliteratur wird ein ungünstiger Einfluß kalten Tränkwasser (0–5 °C) sowohl auf die Gesundheit als auch die Nutzleistung des Rindes nachgewiesen. In der Frage des Einflusses temperierten Tränkwassers auf die Milchleistung bzw. auf die Lebendgewichtszunahmen landwirtsch. Nutztiere sind die Angaben der Fachliteratur unklar, zum Teil widersprechend. Die optimale Temperatur des Tränkwassers wird vorwiegend mit 8–14 °C angegeben. Das Tränken mit Wasser von mehr als 15 °C wird von der Mehrzahl der Fachleute als unzweckmäßig angesehen, obwohl aus der Praxis in der ČSSR günstige Ergebnisse vorliegen. Das Kühlen des Tränkwassers in den heißen Sommermonaten trägt nachweislich zur Steigerung der Leistung der Rinder bei. F. Svoboda. 3632.

Smith, C. A. und Hodnett, G. E.; Nazabuka, Centr. Res. Stat.; Trinidad, West Indies, Imperial Coll. of Trop. Agric. Compensatory growth of cattle on the natural grasslands of Northern Rhodesia. **(Kompensatives Wachstum von Rindern auf natürlichen Grünländereien Nordrhodesiens.)** Nature [London] **195** (1962) Nr. 4844. S. 919–920. — 2 Tab., 9 Lit.

Auf den natürlichen Grünländereien Nordrhodesiens erreicht das Rindvieh in der Regenzeit Zunahmen, mit denen die Verluste kompensiert werden, die in der vorhergehenden Trockenzeit entstanden sind und die bis zu 25% des früheren Höchstgewichtes ausmachen. Um das Ausmaß der Kompensierung zu bestimmen, wurde in der Trockenzeit eine unterschiedliche Zufütterung gehandhabt, so daß einmal Zunahmen und zum anderen unterschiedlich hohe Verluste eintraten. Es ist bekannt, daß einer knappen Fütterung bei späterer ausreichender Fütterung höhere Zunahmen folgen. Die Regressionskoeffizienten der Zunahmen in der Regenzeit zu der Gewichtsentwicklung in der vorhergehenden Trockenperiode (unterschiedliche Fütterung) zeigen an, wie die zu erwartenden Gewichtszunahmen der Regenperiode durch evtl. Zunahmen während der Trockenzeit gesenkt werden (je 1 lb. Zunahme) bzw. in welchem Maße durch 1 lb. Gewichtsverlust sich das kompensative Wachstum infolge höherer Futteraufnahme in der Regenzeit erhöht. Diese Ergebnisse können als Grundlage ökonomischer Analysen hinsichtlich der Handhabung der Fütterung in der Trockenzeit mit dem Ziel einer hohen Ausnutzung der Regenzeit dienen. K. Damm. 3632.

Koriath, G., Piatkowski, B. und Lenschow, J. **Einsparung von Tränkmilch und Magermilch in der Kälberaufzucht bei Verwendung von Kälbernährmehl.** Tierzucht **16** (1962) Nr. 10. S. 429–431.

Die Mindestmilchmenge für die normale Aufzucht ist von der Qualität der übrigen Futtermittel abhängig. In einem Versuch vom 6.–119. Lebenstag wurde geprüft, wie weit durch Kälbernährmehle und Kälpan die Tränk- und Magermilchmenge herabgesetzt werden kann. Analysen von Kälbernährmehl und Heu und Tabellen über Futterkosten, Futterverwertung und Entwicklung von Lgw. und Körpermaßen sind angegeben. Aus dem Versuch ergab sich ein Tränk- und Futterplan, der bei guten Aufzuchtbedingungen mit 160 kg Tränk-, 430 kg Magermilch, 105 kg Nährmehl, 75 kg Heu, 12 kg Trockenschnitzel und 2,2 kg Kälpan eine gute Entwicklung gewährleistet.
J. Morgenstern. 3634.

Kumanov, St. und Paliev, Chr. (Kumanow, St. und Paliew, Chr.) Vlijanie na nivoto na chranene na teleta i junici — ednopolovi bliznaci — vŭrchu rasteža, razvitieto i produktivnostta. Sŭobstenie I. Proučvanija do 18-mesečna vŭzrast. **(Einfluß der Ernährung der Kälber und Färsen — gleichgeschlechtlicher Zwillinge — auf Wachstum, Entwicklung und Leistung. 1. Mitt. Untersuchungen bis zum 18. Lebensmonat.)** Izvestija na Centralnija naučnoizsledovatelski institut po životnovŭdstvo „Georgi Dimitrov" — Kostinbrod, Sofija **13** (1962) S. 5–22. — 10 Tab., 34 Lit. Zus. in Russ., Engl.

Der Versuch wurde mit 7♀ und 2♂ gleichgeschlechtlichen Zwillingspaaren (1♂ Zwillingspaar Sadowoer Rotvieh, die übrigen Sofioter Braunvieh), die in 2 Gruppen eingeteilt waren, durchgeführt. Die Kontrollgruppe wurde vom 2.–18. Lebensmonat nach den Nährstoffnormen des Unions-Inst. für Tierzuchtforschung, Moskau, die Versuchsgruppe nach denselben, jedoch um 30% gekürzten Normen gefüttert. Das eine männliche Zwillingspaar wurde mit 15 und das andere mit 18 Mon. geschlachtet. Ergebnisse (in Klammern Kontrollgruppe): Futteraufwand 1631 (2504,3) FE mit 197,7 (269,6) kg verd. Protein; Lgw. mit 18 Mon. 318,5 (360,8) kg; Gesamtzuwachs 285,4 (328,0) kg; Futteraufwand je kg Zuwachs 6,83 (8,33) kg; Widerristhöhe 119,4 (122,6) cm, Rumpflänge 127,0 (132,1) cm, Brusttiefe 55,9 (59,0) cm, Brustbreite 34,4 (39,7) cm, Röhrbeinumfang 17,3 (17,8) cm; Auftreten der 1. Brunst mit 409,1 (321,9) Tagen bei 254,9 (244,0) kg Lgw.; Befruchtung im Alter von 18 Mon. mit 1,56 (1,58) Besamungen; Schlachtausbeute 50,2 (53,3) %; Fettgehalt des Filetfleisches 4,24 (5,27) %. Zwischen den inneren Organen der Tiere aus beiden Gruppen waren keine wesentlichen Unterschiede feststellbar.
N. Platikanow. 3636.

Voigtländer, K.-H.; Leipzig, Karl-Marx-Univ., Inst. für Tierzucht und Milchwirtsch. **Probleme der Fütterung von Rindern in Offenställen.** Dtsch. Akad. Landwirtsch.-Wiss. Berlin, Tagungsber. **1960** (hrsg. 1961) Nr. 38. S. 17–35. — 3 Abb., 9 Tab., 42 Lit.

In bezug auf die Fütterungstechnik im Offenstall bieten sich 2 Verfahren an, und zwar 1. die Selbstfütterung und 2. die rationierte Krippenfütterung. Die Einteilung der Kühe in verschiedene Leistungsgruppen ermöglicht auch im Offenstall die gleiche Leistungsfütterung wie im Anbindestall. Mit zunehmender Gewöhnung der Tiere an die Verhältnisse des Offenstalles verringern sich auch die z.T. bei tiefen Temperaturen im Winter bei der Fütterung gefrorenen Saftfutters auftretenden Schwierigkeiten. Große arbeitswirtschaftliche Vorteile bietet die freie Selbstfütterung, die jedoch zu einem überhöhten Nährstoffverbrauch führt. Werden über längere Zeiträume die gleichen Futtermittelarten verfüttert, ergibt sich kein Rückgang in der Verzehrsmenge. Alle mit einer begrenzten Selbstfütterung im Zusammenhang stehenden Fragen gewinnen zunehmend an Bedeutung, wobei die räumlich begrenzte gegenüber der zeitlich begrenzten Selbstfütterung offenbar im Vorteil ist. Weitere Versuche zu diesem Problem laufen. E. Kieslinger. 3638.

Schulze, W.; Bernburg. **Zu einigen Fragen der rationellen Selbstfütterung bei Milchkühen.** Dtsch. Akad. Landwirtsch.-Wiss. Berlin, Tagungsber. **1960** (hrsg. 1961) Nr. 38. S. 50-54.

Da die unbeschränkte Selbstfütterung gegenüber der rationierten Krippenfütterung einen erheblichen Mehrverbrauch an Nährstoffen bedingt, liegt der Gedanke einer z.B. räumlich begrenzten Selbstfütterung nahe. Dadurch können die arbeitswirtschaftlichen Vorteile der Selbstfütterung mit den nährstoffökonomischen Vorteilen der Rationierung verbunden werden. Nach einem an 50 Milchkühen durchgeführten Versuch in einem Offenstall des VEG Esack kann auf Grund der dort gesammelten Erfahrungen die räumliche Selbstfütterung bejaht werden. Dabei wird der gesamten Kuhgruppe das Futter auf einmal zugeteilt. Aus versuchstechnischen Gründen wurden die Silagegaben auf 30 und 25 kg und die Heumenge auf 5 und 4 kg je Kuh begrenzt. Durch 7tägige 24stündige Dauerbeobachtungen aller 50 Kühe können einige Aussagen über das Verhalten der Tiere gemacht werden. Ob jede Kuh das ihr zustehende Futter bekommt, hängt nach Ansicht des Vf. vor allem von der Futtertechnik ab. Voraussetzung sind normale Rationen und eine gute Grundfutterversorgung. Zweckmäßige Freßgitterkonstruktionen sichern verlustarme Fütterung. Die Herde war auffallend ruhig. Trotz Enthornung wurde eine gewisse Rangstellung beibehalten, die aber zu keiner völligen Verdrängung schwächerer Kühe führte. Wichtig ist die gleichzeitige Freigabe vonHeu und Silage. Bei den Versuchen wurden verschiedentlich festgestellte Weidebeobachtungen bestätigt, wonach die Kühe ihre Freßzeit i.allg. nicht über 5-7 Std. ausdehnen (Hauptfreßzeiten: vormittag bis 11 Uhr und von 16^{30}-19^{30}). Insgesamt standen 20-24 Freßplätze für Silage und 32 Freßplätze für Heu zur Verfügung. Dadurch ist die notwendige Ruhe gewährleistet. Der Nährstoffausgleich ist weitestgehend im Grundfutter zu gewährleisten. Kraftfutter ist nach wie vor rationiert zu geben. Ein kleinerer Testversuch mit zeitlich begrenzter Rationierung ergab eine schon von anderen Autoren nachgewiesene Tendenz, daß Kühe mit höheren Leistungen mehr und schneller in der gleichen Zeiteinheit fressen. E. Kieslinger. 3638.

Singh, Sukh Bir und Desai, R. N.; Mathura, Uttar Pradesh, Livestock Res. Stat., Animal Genetics and Breeding Sect. Production characters of Bhadawari buffalo cows. **(Leistungsmerkmale von Bhadawari-Büffelkühen.)** Indian veterin. J. **39** (1962) Nr. 6. S. 332-343. — 3 Abb., 6 Tab., 25 Lit.

Die Büffelkühe einer Herde in Bharari wiesen folgende Leistungsdaten auf: Erstkalbealter (EKA) 50,7 Mon., 305-Tage-Leistung 2434,2 lb., Laktationsdauer 276 Tage, Zwischenkalbezeit 15,12 Mon., Trockenzeit 156,4 Tage. Das EKA beeinflußte die übrigen genannten Merkmale nicht. Die Kalbezeit lag vorwiegend zwischen Juli und Dez. Die höchste Milchleistung wurde in der 4. Laktation erreicht; innerhalb der Laktation wurde sie am 45. Tage festgestellt. Der Fettgehalt der Milch stieg von 6,1% zu Laktationsbeginn auf 12,5% zu Ende der Milchzeit an. Mischmilch enthielt 8% Fett und 10,98% fettfreie Tr.-Subst. Die mittelrahmigen Kühe wogen 936,6 lb.

K.-H. Voigtländer. 3660.

Agarwala, O. P.; Allahabad, Agric. Inst. Certain factors of reproduction and production in a water-buffalo herd. **(Fruchtbarkeits- und Leistungsdaten einer Wasserbüffelherde.)** Indian J. Dairy Sci. **15** (1962) Nr. 2. S. 45-51. — 6 Tab., 18 Lit.

Im Durchschnitt der Jahre 1926-57 betrug das Erstkalbealter 3,62 Jahre, die Zwischenkalbezeit 442 Tage und die Zeit des Trockenstehens 152 Tage. Die 305-Tage-Leistung wurde mit 3006 lb. Milch, 7,3% Fett und 225 lb. Fett ermittelt. Das Verhältnis der geborenen männlichen und weiblichen Kälber belief sich auf 47:53 bei einem mittleren Geburtsgewicht von 63,9 bzw. 62,4 lb.

K.-H. Voigtländer 3660.

Mácha, J. und Pavel, J.; Brno, VŠZ, Katedra Technol. a Mlékařství. Užitkovost kravařského skotu z hlediska produkce bílkovin a tuku v mléce za laktaci. **(Leistungsfähigkeit des Kuhländer Rindes vom Standpunkt der Milcheiweiß- und Milchfettproduktion während der Laktationsperiode.)** Sborník Vysoké Školy zemědělské Brně, Řada A **1962** Nr. 1. S. 53-62. — 1 Abb., 6 Tab., 8 Lit. Zus. in Russ., Dtsch.

Zweijährige Untersuchungen der Nutzleistung einer Gruppe typischer Kuhländer Milchkühe ergaben eine durchschnittl. Milchleistung von 2689 kg Milch mit 2,94% Eiweiß und 3,95% Fett. Das entspricht einer Produktion von 78,96 kg Milcheiweiß und 106,15 kg Fett pro normierter Laktation. Der aus diesen Werten berechnete Eiweiß-Produktions-Index beträgt nur 74,39%, was die Bedeutung der Forderung nach Steigerung des Eiweißgehaltes in der Milch des Kuhländer Rindes mitHilfe geeigneter Zuchtmaßnahmen bekräftigt. Die rel. Nutzleistung der Versuchskühe betrug 478 kg Milch, 18,75 kg Milchfett und 14,14 kg Milcheiweiß. F. Svoboda. 3662.

Gerencsér, V. und Buzás, Gy. Az elsö laktációs termelést módositó tényezők hatásának vizsgálata. **(Untersuchung einzelner Faktoren, die die erste Laktationsleistung beeinflussen.)** Keszthelyi mezögazdasági Akad. Kiadvanyai [Mitt. landwirtsch. Akad. Keszthely] **1962** Nr. 3. S. 1-13. — Aus: Ung. Agrar-Rdsch. **1962** Nr. 4.

Zur Untersuchung der Wirkung von Fütterungsintensität, Abkalbemonat, Erstkalbealter (EKA) und Lgw. auf die Erstlaktationsleistung (200-Tage-Kurzleistung) wurden die Daten von 294 Fleckviehkühen, darunter einigen Simmentalern aus dem Staatsbetrieb Bábolna ausgewertet. Nach den Feststellungen der Vff. beeinflußt ein Abkalben in den Herbst- und Wintermonaten in ungün-, stiger Weise die Erstlaktationsleistung, wogegen ein Abkalben im Jan., Febr. März und Juli von günstiger Wirkung ist. Die Milchleistung der in den Frühjahrsmonaten abgekalbten Erstlingskühe betrug 106,42%, die der im Sommervierteljahr abgekalbten 103,53% der durchschnittl. Leistung. Aus den Versuchsergebnissen wird geschlußfolgert, daß die Winterfütterung ungenügend war. Bis zum EKA von 36-38 Mon. erhöhten sich sowohl die Erstlaktationsleistung als auch das Lgw. Zwischen dem EKA und der Milchleistung stellten Vff. eine Korrelation von $r = +0{,}235$, zwischen dem EKA und dem Lgw. eine solche von $r = +0{,}276$ fest. Zwischen dem Lgw. der Tiere und der auf 100 kg Lgw. bezogenen rel. Milchleistung fanden sie eine schwache, negative Korrelation ($r = -0{,}107$). 3662.

Singh, O. N., Prasad, R. B. und Singh, R. N.,; Bihar, Patna, Livestock Res. Stat., Animal Genetics Sect. Seasonal distribution of calving and its influence on milk yield in dairy cattle. **(Die jahreszeitliche Verteilung der Abkalbungen und ihr Einfluß auf die Milchleistung beim Rind.)** Indian J. Dairy Sci. **15** (1962) Nr. 2. S. 56-60. — 5 Tab., 11 Lit.
Von insgesamt 535 Abkalbungen des Tharparkar-Rindes lagen 67% im Winter und Frühjahr (Nov.–April). Die höchste Milchmenge wurde bei Abkalbungen zwischen Nov. und März erreicht. Die Kalbezeit übte keinen Einfluß auf die Laktationslänge aus. K.-H. Voigtländer. **3662.**

Karásek, Václav. Vliv suoustavného pohybu telat a mladého skotu na jejich růst, vývin a některé biochemické změny z hlediska stupňování dojivosti a tučnosti mléka. **(Einfluß einer systematischen Bewegung der Kälber und des Jungviehs auf deren Wachstum, Entwicklung und einige biochemische Veränderungen vom Gesichtspunkt der Steigerung der Milchleistung und des Fettgehaltes der Milch.)** Vědecké Práce ústředního výzkumného Ústavu Živočišné Výroby v Uhříněvsi **5** (1962) S. 177-206. — 1 Abb., 13 Tab., 25 Lit. Zus. in Russ., Dtsch.
In Trainingsversuchen mit insgesamt 49 Kälbern zeigten die trainierten im Vergleich zu den Kontrolltieren im Alter von 24 Mon. einen 8-9% größeren Brustumfang, eine 10,3% größere Körperlänge und 5,6% breitere Beckenmaße. Die trainierten Bullenkälber wiesen ein 14,9% höheres Herzgewicht, 10,3% höheres rel. Lungengewicht, 12,2% höheres Schilddrüsengewicht, 11% höheres Hypophysengewicht und ein 21,3% höheres Hodengewicht gegenüber den nichttrainierten Bullenkälbern auf. Nach dem Training wurde bei allen Versuchskälbern eine Herabsetzung der Laktacidämie festgestellt. Die Versuchskalbinnen hatten in den beiden ersten Laktationen eine 8,5-11,6% höhere rel. Milchleistung und einen 0,10-0,71% höheren Fettgehalt der Milch im Vergleich zu den Kontrolltieren. F. Svoboda. **3662.**

Damon jun., R. A., Crown, R. M., Singletary, C. B. und McCraine, S. E. Carcass characteristics of purebred and crossbred beef steers in the Gulf Coast region. **(Schlachtkörpermerkmale von Reinzucht- und Kreuzungsochsen der Fleischrassen im Golfküstengebiet.)** J. Animal Sci. **19** (1960) Nr. 3. S. 820-844. **3664.**

Drawer, K. **Die Verwendung des Doppeljoches bei Zugrindern in Deutschland aus der Sicht des Tierschutzes.** Berliner Münchener tierärztl. Wschr. **75** (1962) Nr. 18. S. 352-355.
Nach dem jeweiligen Zugansatz am Körper des Rindes unterscheidet man Kopf-, Widerrist- und Schulterzuggeschirr. Demnach gibt es das Stirn-, Genick- und Widerristdoppeljoch. Gegenwärtig ist nur noch das Genickdoppeljoch in einigen Tälern des Schwarzwaldes gebräuchlich. Hierbei werden 2 Rinder mit einem ca. 125-150 cm langem Jochbaum verbunden, dessen Enden dem Genick aufliegen und an den Hörnern festgebunden sind. Hierbei ist die freie Bewegung des Kopfes unmöglich und die Erschütterung des Wagens wird über die Deichsel auf den Kopf der Tiere übertragen. Beim seitlichen Ausschlagen der Deichsel können die Hörner abgebrochen werden. Bei ungleich großen Rindern und bei Fahrten am schrägen Hang gibt es ebenfalls Schwierigkeiten. Der Vorteil dieser Anspannung liegt im billigen Anschaffungspreis. Die Frage, ob die Benutzung des Doppeljochs eine Tierquälerei darstellt, wurde bisher von den einzelnen Gerichten nicht einheitlich entschieden. Es erscheint wünchenswert, daß eine klärende rechtswirksame Vorschrift für die Benutzung des Doppeljochs im neuen Tierschutzgesetz geschaffen wird. Wahrscheinlich aber dürfte diese Anspannungsart in Zukunft aus Mangel an Arbeitsrindern ohnehin nicht mehr angewendet werden können.
A. Meyer **3666.**

Penner, E. und Kiesewalter, Ch. **Kälberaufzucht im Laufstall.** Dtsch. Landwirtsch. 13 (1962) Nr. 12. S. 608-612. — 12 Abb.
Um die Vorteile der Großproduktion zu nutzen, muß eine konzentrierte Unterbringung der wachsenden Viehbestände erreicht werden. Der Laufstall erfordert die bes. Beachtung der Hygiene, der Gesunderhaltung, der optimalen Entwicklung der Tiere und einer hohen Arbeitsproduktivität mit Hilfe der Innenmechanisierung. Alle diese Forderungen werden im Jungviehstall der LPG in Burkersdorf, Krs. Brand-Erbisdorf, erfüllt, da er sowohl die biol. Belange einer konzentrierten Kälberaufzucht berücksichtigt als auch zur Verminderung des Arbeitsaufwandes führt. Gegenüber der bisher üblichen Boxenhaltung konnte dort die Arbeitsproduktivität um ca. 25% erhöht werden, und zwar unter Verwendung von Altbauten bei billigem Mitteleinsatz. Bes. Kennzeichen der Anlage sind die anstelle der Einzelboxen getretenen Freß- und Tränkabteile mit klappbarem Aftergitter, wodurch trotz Laufstallhaltung eine individuelle Betreuung der Kälber möglich ist. W. Fleischmann. 3673.

Chambers, D. T. und Alder, F. E.; Hurley, Maidenhead, Berks., Grassland Res. Inst. Studies in calf management. III. The rearing of autumn-born calves at pasture. **(Studien über die Kälberhaltung. 3. Mitt. Die Aufzucht von Herbstkälbern auf der Weide.)** J. Brit. Grassland Soc. 16 (1961) Nr. 1. S. 30-36. — 6 Tab., 2 Lit. 2. Mitt. vgl. LZ. Abt. III 7 (1962) Nr. 4. S. 751.
11 Versuchreihen mit insgesamt 44 7-14 Tage alten Herbstkälbern (vorwiegend Hereford, 6 Friesian) wurden in den Jahren 1956-58 in folg. Variationen durchgeführt: Gruppe A — Stallaufzucht, saugen lassen, Kälbermehl und Heu; Gr. B — Stallaufzucht, Eimertränke, Milchersatz, Kälbermehl und Heu; Gr. C — wie B, nur Milchentzug nach 4 Wochen; Gr. D — Weideaufzucht, Eimertränke, Milchersatz, Heu, kein Kälbermehl, Haferschrot ab 13. Woche; Gr. E — Weideaufzucht, Milchentzug nach der 4. Woche, sonst wie C; Gr. F — Weideaufzucht und Heu; Gr. G — Weideaufzucht, Heu + 4 lb. Haferschrot; Gr. H — Weideaufzucht, Heu, Kälbermehl; Gr. I — Weideaufzucht und Milchersatztränke; Gr. J — wie I, zuzüglich eiweißarmes Kälbermehl; Gr. K — wie J, aber eiweißreiches und energiearmes Kälbermehl. Die Aufzuchtperiode dauerte 16 Wochen. Die durchschnittlichen Zunahmen im 1. Lebensjahr betrugen: A — 1,61; B — 1,27; C — 1,36; D — 1,56; E — 1,45; F — 1,57; G — 1,41; H — 1,58; I — 1,38; J — 1,35; K — 1,43 lb. Die Aufzuchtverluste auf der Weide waren gering. Die Ersparnis an Kraftfutter und Heu war bei den Weide-Kälbern bemerkenswert. G. Blau. 3675.

Stableforth, A. Wallace L' eradicazione della tubercolosi bovina in Gran Bretagna. Tubercoline e metodi usati. **(Die Rindertuberkulosetilgung in Großbritannien. Die verwendeten Tuberkuline und angewendeten Methoden.)** Zooprofilassi [Rom] 15 (1960) Nr. 11. S. 847-853. 3680.

Harnett, Patrick. L' eradicazione della tubercolosi bovina in Irlanda. **(Die Rindertuberkulosetilgung in Irland.)** Zooprofilassi [Rom] 15 (1960) Nr. 11. S. 854-859. 3680.

Hess, Emil. Lotta contro la tubercolosi bovina in Svizzera. **(Die Bekämpfung der Rindertuberkulose in der Schweiz.)** Zooprofilassi [Rom] 15 (1960) Nr. 11. S. 843-846. 3680.

Comotti, Giuseppe. Stato attuale della profilassi della tubercolosi bovina in Italia. **(Der Stand der Tuberkulosebekämpfung beim Rind in Italien.)** Zooprofilassi [Rom] 15 (1960) Nr. 11. S. 871-882. 3680.

Lopez, Campano. La tubercolosi bovina in Spagna. Misure adottate per la sua eradicazione. **(Die Tuberkulose des Rindes in Spanien und Methoden zur Tilgung der Krankheit.)** Zooprofilassi [Rom] 15 (1960) Nr. 11. S. 866-870. 3680.

Azevedo, Joao Augusto-Rosa. La lotta contro la tuberculosi bovina in Porotgallo. **(Die Bekämpfung der Rindertuberkulose in Portugal.)** Zooprofilassi [Rom] **15** (1960) Nr. 11. S. 860-865. 3680.

Kneidel, H. und Laugwitz, N. **Zur Tbc-Gefährdung im Reagenten-Rinderstall.** Mh. Veterinärmed. **17** (1962) Nr. 14. S. 563-565.
Der Tbc- Reagentenstall ist als eine erhebliche Infektionsquelle zu werten. Es wird allg. angenommen, daß in den Tbc-verseuchten Beständen ca. 20% der Tiere Tuberkelbakterien ausscheiden. Das sind insgesamt ca. 200000 ansteckungsfähige Rinder. Damit ist im Vergleich zu den 39175 ansteckungsfähigen Menschen die Zahl der Infektionsquellen in den Rinderställen 5mal höher als die beim Menschen. In Gebieten mit einer starken Tbc-Verseuchung der Rinder liegt auch der Prozentsatz der bovinen Tbc des Menschen höher. Die Infektionsgefährdung in Rinderbeständen betrifft nicht nur das Kind, sondern auch Erwachsene, bes. Berufe, die Umgang mit Tbc-kranken Rindern haben. Der Infektionsverhütung der Tbc-freien Rinderbestände wurde mehr Aufmerksamkeit geschenkt als den im Stall beschäftigten Menschen. Obwohl die überdurchschnittl. Infektionsgefährdung bei dem Stallpersonal in Reagentenbeständen bereits seit Jahren bei der Anerkennung der Tbc als Berufskrankheit berücksichtigt wird, sind die prophylaktischen Konsequenzen bisher nicht gezogen worden. Die zum Schutze der Gesundheit dieses Personenkreises von Ganguin und Wagner aufgestellten Forderungen, die im Bezirk Cottbus zur Ratsvorlage erhoben wurden, sollten grundsätzlich für alle Personen gelten, die mit Tbc-Reagenten Umgang haben. E. Kunter. 3680.

Silaev, A. M. (Silajew, A. M.); Kusminki, Gebiet Moskau, Unions-Inst. für Exp. Veterinärmed., Lab. für Physiol. O toksičnosti moloka vysokoproduktivnych korov s narušeniem obmena veščestv v ostroj forme. **(Über die Toxizität der Milch von Hochleistungskühen mit gestörtem Stoffwechsel.)** Trudy Vsesojuznogo instituta ėksperimental'noj veterinarii, Moskva **26** (1962) S. 193 bis 197. — 1 Tab.
Vf. führt akute Erkrankungserscheinungen von Kälbern, die notgeschlachtet werden mußten, auf Eiweißüberfütterung der Muttertiere bei kalkarmem Heu zurück. Die Erkrankungszahl stieg zum Schluß der Stallhaltung der Muttertiere an. Von 55 Erkrankungsfällen verliefen 19 in nervöser Form. Der Grad der Erkrankungssymptome der Kälber stand im Zusammenhang mit 1. dem Vorhandensein von Acetonkörpern im Colostrum; 2. der verfütterten Milchmenge; 3. dem Alter und 4. dem Gesundheitszustand der Kälber vor der Milchaufnahme von einer kranken Kuh. Die Erkrankungserscheinnungen verschwanden nach Verbesserung der Futterbedingungen (Beschreibuung des Krankheitsbildes). Vf. fand im Mageninhalt der Kälber Acetonkörper und folgert, daß Acetonkörper enthaltende Milch bei Kälbern scheinbar toxisch wirkt, und daß es für Betriebe, in denen Stoffwechselstörungen auftreten, zu empfehlen ist, 15 Tage vor und 15 Tage nach dem Kalben die Kraftfuttergaben allmählich zu senken bzw. einzustellen und Kühe mit Stoffwechselstörungen vor allem durch Diättherapie (Kraftfutteraustausch durch hochwertiges Heu, Zuckerrüben bzw. Gehaltsrüben) zu behandeln.
E. Kraack. 3680.

Neave, F. K. und Oliver, J.; Shinfield, Reading, Nat. Inst. for Res. in Dairying. The relationship between the number of mastitis pathogens placed on the teats of dry cows, their survival, and the amount of intramammary infection caused. **(Die Beziehung zwischen der Zahl der Mastitiserreger, die sich auf den Zitzen trockenstehender Kühe befinden, ihrem Überleben und der Anhäufung der durch sie verursachten intramammären Infektion.)** J. Dairy Res. **29** (1962) Nr. 1. S. 79-93. — 10 Tab., 11 Lit.
Wenn Zitzen am Ende der Laktationsperiode in Kulturen von *Staph. aureus* getaucht werden, treten vermehrt infizierte Euterviertel auf. 3 Wochen nach

dem Trockenstellen enthielten 58% der verunreinigten Zitzen Staphylokokken, dagegen nur 10% der Kontrollzitzen. Von 17 Zitzen mit stark verunreinigten Strichkanälen waren 10 mit einer Milchinfektion verbunden. 9 davon waren 3 verschiedenen Staphylokokkenstämmen ausgesetzt gewesen, aber nur 1 Stamm ließ sich wieder isolieren. Zitzenkanalverletzungen zeigten keinen Einfluß auf die Infektion der Euter. — Die Infektion des Euters und das Verbleiben der Bakterien auf der Haut ist abhängig von der Menge der Bakterien in dem verunreinigenden Medium. Verschiedene Faktoren beeinflussen die Versuche: die unterschiedliche Empfänglichkeit der Tiere, die Unterschiede der Bakterienstämme, die wechselnde Zahl der Bakterien auf der Zitze, aber auch andere unberücksichtigte Faktoren, wie Laktationsalter und Zustand der Zitzenhaut. — Es ist wichtig, daß die Keime von der Zitzenhaut vor dem Trockenstellen entfernt werden. 21 Tage nach dem Trockenstellen und einer Desinfektion traten *Sc. uberis*-Keime im Strichkanal auf, obwohl sie nicht zur Verunreinigung der Euter benutzt wurden. Immer war eine Euterinfektion damit verbunden. Die Ursache der Infektion muß in der Umgebung der trockenstehenden Kühe gesucht werden. F. Ulbrich. 3680.

Farkas, E. und *Kecskés, S.* **A szarvasmarhatörzskönyvezés és utódellenörzés évkönyve 1959/1960** (Jahrbuch 1959/1960 der ungarischen Rinderherdbuchführung und Nachkommenschaftsprüfung.) Budapest 1961. (224 S.) — Aus: Ung. Agrar-Rdsch. **1962** Nr. 3. Im Jahre 1960 blieb der Rinderbestand Ungarns zahlenmäßig unverändert, der Kuhbestand nahm hingegen ab. Die Durchschnittsleistung pro Kuh betrug im Landesmaßstab 2200 kg Milch. 130085 Kühe (14% des Kuhbestandes) standen unter Herdbuchkontrolle, 98,36% des unter ganzjähriger Leistungskontrolle stehenden Kuhbestandes gehörten der Ungarischen Fleckviehrasse an, 0,93% waren Simmentaler und 0,71% Braunvieh. Die Leistung betrug beim Fleckvieh: 3537 kg Milch mit 3,90% und 137,9 kg Milchfett; bei den Simmentalern: 3786 — 3,97 — 150,4; beim Braunvieh: 3648 — 3,91 — 142,7. Die durchschnittl. Lgw. betrugen: Fleckvieh 618 kg, Simmentaler 668 kg, Braunvieh 592 kg. — 93,7% des ganzjährig unter Leistungskontrolle stehenden Kuhbestandes gehörten zum volkseigenen und genossenschaftlichen Sektor der Landwirtschaft. Das durchschnittl. Erstkalbealter der Färsen betrug 31 Mon. Die Abkalbungsrate der ganzjährig geprüften Kühe erreichte 79,3%. Unter den Ausmerzungsgründen spielte bei Kühen die Unfruchtbarkeit mit 36,3% der Abgänge die größte Rolle. 13,73% wurden wegen geringer Milchleistung ausgemerzt. Das Durchschnittsalter der kontrollierten Kühe betrug 6,9 Jahre, 16,7% des Bestandes waren älter als 10 Jahre, die ausgemerzten Kühe wurden Ø 7,3 Jahre alt. In der KB und in der Landeszucht stehen fast 4000 Bullen, von denen 1256 (31,4%) Herdbuchtiere sind. Die durchschnittl. Mutterleistung der im Jahre 1960 angekauften Zuchtbullen betrug 5332 kg Milch. 53,6% der Bullenmütter lagen im Milchfettgehalt bei 4% und höher. 65% des ungarischen Kuhbestandes wurden künstlich besamt. Auf den ungarischen Besamungsstationen stehen ca. 600 Bullen; die Stationen ermöglichen jährl. die Nachkommenschaftsprüfung von ca. 200–250 Jungbullen. Die durchschnittl. Mutterleistung der Besamungsbullen betrug 5940 kg Milch mit 4,02% Fett. 6000 Stammkühe (Leistung mindestens 3,8% und 160 kg Milchfett) wurden zur Bullennachzucht bestimmt. Neben der Reinzucht wurden versuchs- und betriebsmäßig Kreuzungen durchgeführt. Die durchschnittl. Jahresleistung der zum Großteil unter guten Fütterungs- und Haltungsbedingungen gehaltenen 145 weibl. Nachkommen aus der Kreuzung Ungarisches Fleckvieh × Kostroma-Rasse betrug 4804 — 3,92 — 188,2. Derunter den durchschnittl. Bedingungen volkseigener Betriebe gehaltene, nicht in Stammzuchtbetrieben stehende Kreuzungsbestand von 119 Kühen der Fleckvieh × Jersey-F_1-Generation erzielte Ø 3442 — 4,81 — 165,4. Die Jahresleistung der 20 Braunvieh × Jersey-F_1-Kühe betrug Ø 3808 — 4,96 — 188,7. Die aus Jersey-Kreuzungen stammenden Kühe erreichten durchschnittl. Lgw. von 501 bzw. 515 kg. Nach einem Beschluß des Ministeriums für Landwirtschaft wurden die Kreuzungsversuche mit Jerseys auf insgesamt 20000 Fleckviehkühe ausgedehnt. Die Jahresleistung von 140 weibl. F_1-Nachkommen aus Fleckvieh × Rote Dänen betrug 3972 — 4,05 — 160,9. Der ungarische Steppenviehbestand wird mit der Kostroma-Rasse gekreuzt. Seit Beginn der planmäßigen Nachkommenschaftsprüfungsarbeit (1957) wurden insgesamt 439 Bullen zur Erbwertermittlung eingestellt. Im Jahr 1960 begann die Nachkommenschaftsprüfung von 264 Bullen. Zur Anwendung kommen die Prüfung in der Zentrale (58,5% der untersuchten Bullen), der CC-Test (40%) und der Töchter-Mütter-Vergleich (1,5%).

D. SCHWEINE

Altmann, Helga. **Die Bedeutung des Schweines auf Neu-Irland und den Salomonen.** Wiss. Z. Karl-Marx-Univ. Leipzig, math.-naturwiss. R. **10** (1961) Nr. 4. S. 501–532. — 26 Abb., 2 Tab., 411 Lit.

Nach einer kurzen Betrachtung der in Melanesien vorkommenden Hausschweine und ihrer Abstammungsverhältnisse wird von Vf. sehr eingehend die Bedeutung der Schweine im Leben der Eingeborenen auf dieser Inselwelt aus ethnologischer Sicht untersucht. Es werden hierbei nur die Verhältnisse auf Neu-Irland und den Salomonen berücksichtigt. Da auf diesen Inseln eine säugetierarme Fauna besteht, ist es nicht verwunderlich, daß das Schwein für die Eingeborenen zu einem wichtigen Bestandteil des ökonomischen, gesellschaftlichen und kultischen Lebens wurde. Allerdings sind die Einflüsse, die das Schwein auf die verschiedenen Lebensbereiche ausübt, auf den einzelnen Inseln sehr unterschiedlich. Als Gründe hierfür werden angegeben: verschiedenartige Erforschung dieser Gebiete, unterschiedliche Umweltbedingungen, verschiedene Bevölkerungselemente. Wie groß die Bedeutung des Schweines als einziger Fleischlieferant der Eingeborenen dieser Inseln ist, geht nach Vf. daraus hervor, daß das gesellschaftliche Ansehen am Schweinebesitz gemessen wird und das Schwein im religiösen Leben den Menschen als wertvollstes Opfertier gilt. G. Triebler. 3710.

Barron, N. S. Pig farming in Rhodesia. **(Schweinehaltung in Rhodesien.)** Pig Farming **10** (1962) Nr. 7. S. 71. — 4 Abb.
In Südrhodesien liegen die Schweinefarmen rel. isoliert. Die Unterkünfte für die Schweine sind einfach, sie bieten nur Schutz vor Sonne und Regen. Obgleich kein Landmangel besteht, gibt es keine extensiven Methoden der Schweinehaltung. Auf den meisten Farmen sind für die Zuchtsauen Ställe errichtet, in denen eine individuelle Fütterung der Tiere möglich ist. Auf eingezäunten Kleegrasflächen sind transportable Spitzhüttenanlagen für die Unterbringung der Muttersauen mit ihren Würfen zu finden. Bez. der Fütterung wird dargelegt, daß lokal vorkommende Gräser neben anderen Produkten des Landes über die Schweinehaltung verwertet werden. Soja, grün geschnitten und getrocknet, wird als Ersatz für Luzernemehl verabreicht. 5-6 Schnitte pro Jahr sind so bei Soja möglich. Am verbreitetsten sind in Rhodesien die Large White- und Landrasse; es gibt außerdem noch einige Walisische Schweine. Die Qualität der einzelnen Herden ist hervorragend. Fieberhafter Milchmangel der Muttersauen, Oedemkrankheiten und Ferkelgrippe kommen verschiedentlich noch vor. R. Kürbs. 3710.

Trenchard. Pigs for modern markets. **(Schweine für den modernen Markt.)** J. Farmers' Club **1960** Nr. 6. S. 217-222. 3740.

Hladký, Vladimír; Nitra, Vysoká Škola Pol'nohospodárska. Štúdium zmien telesných tavarov bielych ušl'achtilých ošípaných na Slovensku. **(Studium der Veränderungen der Körperdimensionen bei den Weißen Edelschweinen in der Slowakei.)** Živočišná Výroba **7(35)** (1962) Nr. 6. S. 365-380. — 4 Abb., 10 Tab., 18 Lit. Zus. in Russ., Dtsch.
Untersuchungen an insgesamt 4251 Slowakischen Weißen Edelschweinen im Alter von 8-14 Mon. ergaben Durchschnittszunahmen von 452 g bei den Jungebern und von 430 g bei den Jungsauen bis zum Alter von 12 Mon. Diese Werte werden als optimal betrachtet und sollten bei der Aufzucht nicht überschritten werden. Die tägl. Höchstzunahmen betrugen bei den Jungebern 588 g, bei den Jungsauen 547 g, was bereits unerwünscht ist. Die ermittelten Gewichte und Körpermaße wurden variationsstatistisch bearbeitet.
F. Svoboda. 3770.

Fewson, D., Fender, M. und Kirsch, W.; Hohenheim, Landwirtsch. Hoschschule, Inst. für Tierzuchtlehre. **Prüfungsanstalten als Hilfsmittel für die Selektion in der Schweinezucht. 2. Selektionsversuch zur Prüfung der Effektivität der Eigenleistungsprüfung von Ebern.** Z. Tierzücht. Züchtungsbiol. **77** (1962) Nr. 3. S. 265-272. — 6 Tab., 13 Lit.
Vff. benutzen die mit einem Leanmeter gemessene Rückenspeckdicke zur Bestimmung der Effektivität der Eigenleistungsprüfung in einem Zuchtversuch mit 8 eigenleistungsgeprüften, unverwandten VL-Ebern. Bei einem

Selektionsdifferential zwischen der mittleren Speckdicke der „marktgerechten" (⌀ 2,96 cm) und der „fettwüchsigen" Eber (⌀ 3,92 cm) von 0,96 cm hatten die aus je 5 Würfen geprüften 2 ♂ Tiere einen realisierten Selektionserfolg von 0,28 cm, während mit 0,24 cm zu rechnen war (h^2 = 0,5). Die Mastleistung der geprüften Eber war in beiden Generationen trotz der unterschiedlichen Rückenspeckdicke praktisch gleichwertig. Die Effektivität der Selektion ist auch aus Maßen an der Schlachthälfte und den Teilstücken von Tieren der Nachkommengruppen ersichtlich. A. Schaaf. 3815.

Wöhlbier, W., Friesecke, H. und Kirchgeßner, M. **Über die frühzeitige Beurteilung einiger Masteigenschaften wachsender Schweine.** Züchtungskunde **33** (1961) Nr. 10. S. 488-492. — 2 Tab., 7 Lit. Zus. in Russ., Engl., Franz.

Vff. untersuchten, ob verkürzt durchgeführte Schweinemastversuche genügend sichere Aussagen über die Mastleistung der Tiere geben können. Mit Hilfe der Prüfungsergebnisse von 283 Schweinen wurden die Beziehungen der durchschnittl. Tageszunahmen sowie der Futterverwertung in verschiedenen Maststadien zu denen bei Mastende untersucht. — Es ergab sich, daß Mastversuche bei einem Lgw. von 65 kg abgebrochen werden können, ohne daß die Aussagefähigkeit der Versuche nennenswert beeinträchtigt wird. Dadurch würde es möglich, die Kapazität der Schweinemastleistungs-Prüfungsanstalten weit stärker auszunutzen als bisher. E. Ritter. 3820.

McNab, A. P. The influence of sex on the economy of feed utilisation and some carcass characteristics of pigs in Southern Rhodesia. **(Der Einfluß des Geschlechtes auf Futterverwertung und einige Schlachtkörpermerkmale beim Schwein in Süd-Rhodesien.)** Rhodesia agric. J. **57** (1960) Nr. 4. S. 298-300. 3820.

Grosse, F.; Halle/S., Martin-Luther-Univ. Halle-Wittenberg, Inst. für Tierzucht. **Die Ansatzleistungen bei Jungebern von Geburt bis zum Tage ihrer Körung. 2. Mitt.** Tierzucht **16** (1962) Nr. 10. S. 442–444. — 7 Tab., 8 Lit. 1. Mitt. vgl. LZ. Abt. III 8 (1963) Nr. 1. S. 78.

An Hand großer Tierzahlen wurde festgestellt, daß bei allen untersuchten Schweinerassen des Bez. Halle mit steigendem Auftriebsgewicht und steigender Lebenstagszunahme die Speckstärke größer wird. Zwischen den Rassen zeigte sich die Tendenz, daß die Edelschweine den dünnsten, die Cornwalls den dicksten Speck hatten. Die Unterschiede zwischen den Edel- und veredelten Landschweinen waren mit ⌀ 4 mm unerheblich. Die Orientierung auf eine von Jungebern zu fordernde Speckstärke nach dem Alter wird nicht empfohlen. Werner Schlegel. 3825.

Varney, W. Y., Kemp, J. D., Phillips, C. D. und Barnhart, C. E.; Lexington, Univ. of Kentucky. Relative cut-out percentages and values of light and heavy weight hogs. **(Relative Schlachtwerte und Daten von leichten und schweren Schweinen.)** J. Animal Sci. **21** (1962) Nr. 3. S. 593–596. — 7 Tab., 7 Lit.

30 Schweine wurden in 2 Gruppen im Gewicht von 159 lb. bzw. 215 lb. geschlachtet. Der Schlachtertrag ist bei den leichteren 0,5% niedriger. Das Kotelettauge war bei den schwereren Schweinen 0,5 sq. in. größer (3,66–4,16), rel. zum Schlachtkörpergewicht 0,5 sq. in. kleiner (3,27–2,70). Die Teilstückgewichte sind bei der schwereren Gruppe immer höher. Die schwereren Schweine sind fetter. Das Schinkengewicht ist zwar höher, aber auch das Schinkenfett und die Schwarte. Rel. ist der knochenlose, fettfreie Schinken bei den leichteren Schweinen schwerer. E. Otto. 3825.

Schmidt, K.-H.; Braunschweig-Völkenrode, Forsch.-Anst. für Landwirtsch., Inst. für Tierzucht. **Biometrische Untersuchungen über den Zusammenhang**

zwischen den Flächen verschiedener Querschnitte des Rückens beim Deutschen veredelten Landschwein. Schweinezucht u. Schweinemast 10 (1962) Nr. 5. S. 88–90. — 4 Abb., 1 Tab., 4 Lit.
An insgesamt 93 DVL-Schweinen untersuchte Vf. die Frage, ob a) ein zuverlässiger Unterschied zwischen der Größe der Rückenmuskelfläche hinter der 13. und letzten Rippe besteht, b) ein gesicherter Zusammenhang zwischen den Rückenmuskelflächen und den Flächenquotienten der beiden verschiedenen Querschnitte nachweisbar ist und c) gesicherte Unterschiede der Meßzahlen für die verschiedenen Geschlechtergruppen vorliegen. Im Mittel sind die weibl. Tiere um 2 cm länger als die Börge, letztere wesentlich fetter. Sowohl bei Börgen als auch Sauen ist hinter der letzten Rippe eine deutlich größere Muskelfläche gemessen worden, dagegen ist die Fettfläche an dieser Stelle nur um 0,2 cm² bei Börgen, jedoch um 1,07 cm² bei Sauen größer. Die Variation der Rückenmuskelfläche sowohl hinter der 13. wie der letzten Rippe ist bei Börgen erheblich größer als bei Sauen. Die Fettfläche streut zwischen den Geschlechtergruppen nur gering. Die mittlere signifikante Differenz zwischen den Muskelflächen hinter der 13. und der letzten Rippe beträgt bei Börgen 2,49 cm², bei Sauen 2,18 cm². Der Unterschied zwischen Sauen und Börgen ist jedoch nur zufallsbedingt. Die Einzeldifferenzen streuen sehr erheblich. Bei beiden Geschlechtern besteht also eine gleichstarke enge Beziehung zwischen den Rückenmuskelflächen sowie Flächenquotienten hinter der 13. und letzten Rippe. Somit besteht im Durchschnitt einer Population kein wesentlich veränderter Aussagewert zwischen diesen beiden Meßstellen. O. Siegl. 3825.

Čupka, Václav; Nitra, Pobočka Českoslov. Akad. Pôdohospodárskych Vied, Výskumný Ústav Živočíšnej Výroby. Porovnanie závislostí mediz plochou svalov a slaniny na kotletovom reze s ukazovatel'mi jatočnej hodnoty ošípaných. **(Vergleich der Abhängigkeit zwischen der Muskel- und Speckfläche auf dem Kotelettzuschnitt und Schlachtwertmerkmalen der Schweine.)** Pol'nohospodárstvo 9 (1962) Nr. 5/6. S. 389–395. — 1 Abb., 1 Tab., 10 Lit. Zus. in Russ., Engl.
In Untersuchungen an insgesamt 22 Mastschweinen des Edelschweins wurden hohe Korrelationen zwischen der Muskel- und Fettfläche am Kotelettanschnitt hinter der 13. Rippe und den Kennziffern des Schlachtwertes der Tiere festgestellt. Es wurden folgende Korrelationskoeffizienten berechnet: Zwischen dem Gewicht der Fleischteile der Schlachthälfte und der Fläche des Rückenmuskels $r = + 0{,}795$ (bzw. $r = + 0{,}736$); zwischen der Fläche des langen Rückenmuskels und dem Kotelettgewicht $r = + 0{,}764$; zwischen der Fettfläche am Kotelettanschnitt und dem Gewicht der Fettbestandteile der Hälfte $r = + 0{,}861$; zwischen der Fettfläche am Kotelettanschnitt und dem prozentualen Anteil der Fettbestandteile $r = + 0{,}772$; zwischen der Fettfläche am Kotelettanschnitt und dem prozentualen Anteil der Fleischbestandteile $r = + 0{,}662$ und schließlich zwischen der angeführten Fettfläche und dem prozentualen Anteil des Specks $r = + 0{,}851$. Es wird empfohlen, die Prüfung der Mastleistung und des Schlachtwertes von Schweinen durch eine planimetrische Auswertung der Fleisch- und Fettfläche des Kotelettanschnittes zu ergänzen. F. Svoboda. 3825.

Gabriš, Juraj; Košice, Vysoká Škola Pol'nohospodárska, Veterin. Fak. Vzťah medzi výťaznosťou, váhou a niektorými rozmermi jatočných ošípaných. **(Zusammenhang zwischen Schlachtleistung, Gewicht und einigen Maßen der Schlachtschweine.)** Pol'nohospodárstvo 9 (1962) Nr. 5/6. S. 397 bis 402. — 4 Tab., 15 Lit. Zus. in Russ., Engl.
Untersuchungen an insgesamt 60 Edelschweinen des Fleisch-Fettyps mit einem durchschnittl. Lgw. von 100 kg wurde eine hohe positive Korrelation zwischen dem Lebend- und Schlachtgewicht nach dem Auskühlen ($r = +$

0,937) sowie zwischen dem Schlachtgewicht der Tiere nach dem Auskühlen und der Schlachtausbeute ($r = + 0{,}477$) festgestellt. Das Verhältnis des Lgw. zur Schlachtausbeute dagegen zeigte eine nur geringe positive Korrelation. Eine höhere Schlachtausbeute wurde bei Schweinen mit kürzerem Kopf, aber längerem Körper und längeren Gliedmaßen ermittelt. Allg. weisen Tiere mit ausgeprägtem Masttyp eine höhere Schlachtausbeute auf, obwohl diese nicht nur vom Typ des Schweines, sondern auch von anderen Faktoren abhängt und individuell sehr schwankt. F. Svoboda. 3825.

Majerčiak, Pavel; Nitra, Pobočka Českoslov. Akad. Pôdohospodárskych Vied, Výskumný Ústav Živočíšnej Výroby. Štúdium vztahov medzi hlavnými súčastami stehna a jatočnou hodnotou bielych ušl'achtilých ošípaných. **(Studium der Zusammenhänge zwischen den Hauptbestandteilen des Schinkens und dem Schlachtwert der Weißen Edelschweine.)** Pol'nohospodárstvo **9** (1962) Nr. 5/6. S. 403–408. – 1 Abb., 1 Tab., 15 Lit. Zus. in Russ., Engl.
Untersuchungen an 21 Mastschweinen der Edelschweinrasse mit einem Durchschnittsgewicht von 89–96 kg ergaben eine hohe Korrelation zwischen dem Schinkengewicht und dem Fleischanteil an der Schlachthälfte ($r = + 0{,}745$). Fleisch-, Fett- und Knochengewicht des Schinkens zeigten ebenfalls enge Beziehungen zum Anteil dieser Bestandteile an der Schlachtkörperhälfte. Auf Grund dieser Ergebnisse wird empfohlen, bei der Beurteilung des Schlachtwertes von Schweinen auch das Gewicht des Schinkens und seiner Bestandteile zu berücksichtigen. Von bes. Bedeutung ist auch der nachgewiesen große Einfluß des Gewichtes der Schenkelknochen auf den Schlachtwert des Schweines: Ein höheres Knochengewicht des Schinkens deutet auf ein höheres Gewicht des Fettanteils der Hälfte hin, wodurch die Fläche des langen Rückenmuskels (M. long. dorsi) und das Gewicht des Fleischanteils kleiner werden. F. Svoboda. 3825.

Smith, Charles; Edinburgh, Animal Breeding Res. Organization. Estimation of genetic change in farm livestock using field records. **(Die Schätzung der genetischen Veränderung bei Haustieren unter Verwendung betrieblicher Aufzeichnungen.)** Animal Product. **4** (1962) Nr. 2. S. 239–251. – 2 Abb., 3 Tab., 11 Lit.
Wird die Veränderung in einer Population mit der Zeit als $t + g$ angenommen (t = Umweltkomponente, g = genetische Komponente), die Veränderung innerhalb der Väter aber als $t + \frac{g}{2}$, so mißt die Differenz die halbe genetische Veränderung. Vf. wendet dieses Prinzip nach theoretischen Ableitungen auf Praxisunterlagen an, die er von einem privaten Schweinezüchter über 1188 Large-White-Würfe aus 9 Jahren erhalten hat. Alle 6 untersuchten Merkmale (Schlachtalter, Schlachtkörpergewicht, Schlachtausbeute, Schlachtlänge und Speckdicke über der Schulter und in Rückenmitte) zeigten beträchtliche Veränderungen mit der Zeit, die für wenigstens 3 Merkmale (Schlachtlänge, Speckdicken) auf wesentliche genetische Veränderungen zurückgeführt werden konnten. Das Alter der Mutter hatte nur auf das Schlachtalter (6–8 Tage Unterschied zwischen Jung- und Altsauenwürfen) einen signifikanten Einfluß, denn Jungsauenwürfe hatten um ⌀ 1,8 lb. weniger 8-Wochengewicht als Altsauenwürfe. A. Schaaf. 3830.

Siegl, O. **Die Wurfbonitur – ein System zur tierzüchterischen und ökonomischen Leistungsbewertung der Würfe.** Tierzucht **16** (1962) Nr. 10 S. 439–441.
Vf. zeigt die Anwendung des von Hofmann und Seng vorgeschlagenen Boniturschemas bei den 162 in den Jahren 1959 und 1960 geborenen Würfen der Edelschweinzucht im Inst. für Tierhaltung Knau. Er folgert daraus, daß es zur Anfertigung von Betriebsvergleichen zweckmäßig erscheint, die Leistungen von Erstlingswürfen getrennt von den übrigen zu bewerten.

Da das Boniturschema die wichtigsten Leistungsfaktoren der abgesetzten Würfe — Ferkelzahl, Absetzgewicht, Ausgeglichenheit und Gesundheit — erfaßt, empfiehlt Vf. die breite Anwendung in den sozialistischen Landwirtschaftsbetrieben. In den Läuferlieferbetrieben sollte die Wurfbonitur generell eingeführt werden, und auch die staatlichen Organe sollten ihre statistischen Ermittlungen nach diesem System vornehmen, da daraus mehr Aufschlüsse zu erhalten sind als durch die Kennziffer „Ferkelverluste".

H.-G. Englisch. 3835.

Bernhardt, L. **Sichert die Einführung eines Planes der Bedeckung ein kontinuierliches Marktaufkommen und die ausreichende Entwicklung der Viehbestände?** Tierzucht **16** (1962) Nr. 10. S. 417–419.

Um eine kontinuierliche Schweinefleischproduktion zu erreichen, ist ein Sauenbedeckungsplan aufzustellen, der die monatl. Bedeckung und auch die Reproduktion der Sauenbestände vorschreibt. Voraussetzung dafür ist, daß die Orientierungskennziffern den LPG schon 15 Mon. vor Beginn des Planjahres bekannt sind und die LPG ihre Möglichkeiten hinsichtlich Aufzuchtergebnis und Mastdauer real einschätzen. Vf. führt als Beispiel den Plan der LPG „Mitschurin" in Schwante, Krs. Oranienburg, an.

H.-G. Englisch. 3904.

Zimmerman, D. R., Spies, H. G., Rigor, E. M., Self, H. L. und Casida, L. E. Effect of restricted feeding, crossbreeding and season of birth on age at puberty in swine. **(Der Einfluß von eingeschränkter Fütterung, Kreuzung und Jahreszeit der Geburt auf die Geschlechtsreife beim Schwein.)** J. Animal Sci. **19** (1960) Nr. 3. S. 687–694. 3908.

Vačev, B., Minčeva, N., Popchristov, A. und Djakov, L. (Watschew, B., Mintschewa, N., Popchristow, A. und Djakow, L.) Proučvane vŭrchu abortite po svinete. **(Studien über des Verwerfen bei Schweinen.)** Izvestija na Centralnija veterinaren institut za zarazni i parazitni bolesti, Sofija **8** (1962) S. 83–95. — 1 Tab., 8 Lit. Zus. in Russ., Engl.

Bei den in 41 Schweinezuchtfarmen durchgeführten Untersuchungen des Schweineverwerfens wurde festgestellt, daß diese Aborte seuchen- und nichtseuchenhaften Charakters sind. Die Grundursache der nichtinfektiösen Aborte sei alimentären Charakters — Intoxikationen, Avitaminosen, einseitige Fütterung. Als Ursache des seuchenhaften Verferkeln wurden festgestellt: *Bacterium paracoli, Salm. cholerae suis, S. typhy murium, Vib. foetus, E. coli haemoliticus, L. pomona.* Vor und nach den Aborten wurden keine charakteristischen klinischen Symtome beobachtet. Bei einem frühen Embryotod und Fruchtmazeration stellte man ein Steigen der Temperatur fest, die nach dem Verwerfen wieder normal wird. Die Bekämpfungsmaßnahmen sind komplex.

P. Pawlow. 3910.

Campbell, E. A. Pregnancy diagnosis in the sow. **(Trächtigkeitsdiagnose bei der Sau.)** Austral. veterin. J. **38** (1962) Nr. 7. S. 357–362. — 9 Abb., 2 Tab., 23 Lit.

Während der Trächtigkeit und Brunst kommt es im Blutserum der Sau zu einem Anstieg des Globulin- und einer Abnahme des Albumingehaltes. Da das Albumin-Globulin-Verhältnis beim Schwein aber schon normalerweise Schwankungen unterworfen ist, können diese Veränderungen nicht zur Trächtigkeitsdiagnose herangezogen werden. Bei den Lipoproteinen ist das Verhältnis der β- zu den α-Lipoproteinen bei nicht trächtigen und nicht brünstigen Tieren stets < 1 und bei trächtigen und brünstigen > 1. Mit fortschreitender Trächtigkeit nimmt der Anteil an α-Lipoproteinen zugunsten des β-Lipoproteingehaltes ab. Die Erythrocytensenkungsgeschwindigkeit ist bei trächtigen und brünstigen Tieren erhöht und liegt i. allg. über 40. Häufig tritt die oestrusbedingte Zunahme der Senkungsgeschwindigkeit schon 3 Tage vor der Brunst auf und bleibt nach Ablauf derselben noch 7 Tage bestehen. Eine später als 7 Tage nach der Paarung auftretende Erhöhung der Senkungsgeschwindigkeit weist daher auf eine Trächtigkeit hin.

J. Jürgens. 3912.

Abilay, Juanito P. und Arganosa, Valentino G. The effect of age at castration on wound healing and rate of growth of castrated pigs. **(Der Einfluß des Kastrationszeitpunktes auf die Wundheilung und Wachstumsrate von kastrierten Schweinen.)** Philippine Agriculturist **44** (1962) Nr. 10. S. 587–591. — 5 Tab.

In einem Versuchsbetrieb auf den Philippinen wurden 1958/59 15 (Berkshire × Berkjala)-Ferkel zu verschiedenen Zeitpunkten kastriert, und zwar Gr. I im Alter von 1 Woche, Gr. II mit 2 Mon. und Gr. III mit 4 Mon. Dauer der Kastration und Wundheilung sowie Lebendgewichtsentwicklung und Futterverwertung bis zum 180. Tag wurden dabei geprüft. Der Zeitaufwand für die Kastration betrug in der Reihenfolge der Gruppen im Durchschnitt pro Tier: 2,96; 5,18 und 7,96 Min. Als Zeitpunkt der Wundheilung wird der Abfall des Wundgrindes angesehen. In der Gr. I war das im Mittel nach 3,8, in Gr. II nach 9,2 und in Gr. III nach 13,0 Tagen — von Kastration an gerechnet — der Fall. Mit 180 Lebenstagen wogen die Schweine durchschnittl. in Gr. I 49,6, Gr. II 45,6 und in Gr. III 50,4 kg. Die Futterverwertung belief sich in Gr. I auf 3,41 in Gr. II auf 3,56 und in Gr. III auf 3,82 im Mittel.

R. Kürbs. 3925.

Möbius, G. und Englisch, H.-G.; Ruhlsdorf, Forschungsstelle für Tierzucht. **Zu einigen Problemen des frühzeitigen Absetzens der Ferkel.** Tierzucht **16** (1962) Nr. 9. S. 380–383. — 6 Tab.

Es wird festgestellt, daß unter unseren Verhältnissen das frühzeitige Absetzen der Ferkel nur Erfolg hat, wenn ein leicht verdauliches und nach neusten Erkenntnissen zusammengesetztes Futter unter besten Stallverhältnissen verabreicht wird. Nur qualifizierte Fachkräfte können mit der Betreuung beauftragt werden. Ein negativer Einfluß auf die Mast- und Schlachtleistung ergab sich nicht durch das Absetzen am 35. Lebenstag, da alle Forderungen an eine optimale Aufzucht erfüllt wurden.

Werner Schlegel. 3936.

Berek, G. und Farkas, M. A 30 és 60 napos korig szoptatott malacok felnevelésének összehasonlitó vizsgálata. **(Vergleichende Untersuchung zur Ferkelaufzucht beim Absetzen im Alter von 30 bzw. 60 Tagen.)** Állattenyésztés [Tierzucht] **11** (1962) Nr. 1. S. 47–58. — Aus: Ung. Agrar-Rdsch. **1962** Nr. 4.

Im 1. Versuch wurden 107 Ferkel (Ungarischer Yorkshire) der Versuchsgruppe im Alter von 30 Tagen abgesetzt und künstlich aufgezogen, 102 Ferkel der Kontrollgruppe blieben bis zum Alter von 60 Tagen bei der Sau. Zwischen dem 31.–60. Lebenstag betrug der durchschnittl. Verbrauch in der Versuchsgruppe 6,26 kg Ferkelflockenfutter, 5,78 kg Maisschrot und 30,75 l Magermilch pro Tier, in der Kontrollgruppe neben der Muttermilch 9,27 kg Schrotgemisch und 27,28 l Magermilch pro Ferkel. Das durchschnittl. 60-Tage-Gewicht erreichte in der Versuchsgruppe 13,42 kg, in der Kontrollgruppe 13,54 kg. Im 2. Versuch wurden die im Alter von 30 Tagen abgesetzten Ferkel in 3 Gruppen geteilt. Gr. I erhielt im Alter von 30–60 Tagen ausschließlich geflocktes Ferkelfutter. In den Gr. II und III wurden dem Ferkelfutter 12–26% fein geschrotene Haferkleie beigemischt. Zwischen dem 31. und 60. Lebenstag verbrauchte ein Ferkel ⌀ 16,43 kg geflocktes Ferkelfutter und 2,12 kg Haferschrot. Das Durchschnittsgewicht der Versuchstiere betrug im Alter von 60 Tagen 15,49 kg, das der 60 Tage säugenden Kontrollen 14,32 kg. Der Gewichtsverlust der bis zum 30. Tag säugenden Sauen verringerte sich von 13,29% bis zum 60. Tage nach der Geburt auf 8,62%, bei den 60 Tage säugenden Sauen erhöhte er sich in der gleichen Zeitspanne von 15,06 auf 20,5%.

3936.

Lucas, I. A. M., Livingstone, R. M. und McDonald, I.; Bucksburn, Aberdeen, Rowett Res. Inst. Further observations on the effects of growth checks in pigs of 50 lb. live-weight and over. **(Weitere Beobachtungen über die Einflüsse von Wachstumsverzögerungen bei Schweinen von 50 lb. Lebendgewicht und schwerer.)** Animal Product. **4** (1962) Nr. 2. S. 195–202. – 1 Abb., 4 Tab., 5 Lit.

Vff. untersuchten den Einfluß stark beschränkter Futtergaben an Hand von 48 individuell gefütterten Large-White-Schweinen (je 3♂ und 3♀ aus 8 Würfen). Die Versuchstiere wurden von 10 Wochen bis 200 lb. Lgw. in 3 Gruppen gefüttert, und zwar Gruppe A entspr. dem Lgw. rationiert, Gruppen B und C ebenso, nur wurde ihnen bei Erreichen von 50 lb. bzw. 100 lb. Lgw. 5 Wochen lang die Ration so beschränkt, daß keine Zunahme möglich war. Bei Ausklammerung der Beschränkungsperiode hatten die Tiere der Versuchsgruppen bessere Zunahmen (1,36:1,44:1,46) und bessere Futterverwertung (3,13:2,98:2,93). Die Kastraten hatten insgesamt 3% geringere Zunahmen, 3,5% schlechtere Futterverwertung und einen höheren Fettgehalt. Schlachtlänge und Ausschlachtungsanteil waren durch das Geschlecht nicht beeinflußt. Allg. hatten die Futterbeschränkungen wenig Einfluß auf die Schlachtkörperzusammensetzung (spez. Gew., Augenmuskelfläche, Speckdicke). A. Schaaf. 3954.

Lucas, I. A. M., Livingstone, R. M. und McDonald, I.; Bucksburn, Aberdeen, Scotland, Rowett Res. Inst. The effect of growth checks on the performance and carcass quality of pigs. **(Auswirkung von Wachstumsverzögerungen auf die Entwicklung und Schlachtkörperqualität von Schweinen.)** VIII. int. Tierzuchtkongr. Hamburg **1961** Schlußber. S. 263–267. – 1 Abb., 3 Tab., 5 Lit.

Wachstumsverzögerungen bis zur Gewichtsabnahme wurden durch Futtereinschränkung bei 78 Schweinen wie folgt hervorgerufen: Gruppe A, Kontrollgruppe (keine Stockung), Gr. B und D bei 23 kg, Gr. C und E bei 45 kg, Gr. F bei 68 kg. Die Mangelperioden dauerten jeweils 21 Tage. Während dieser Zeit erhielten Gr. D und E eine Mischung mit nur 11,1% Rohprotein. Der Proteingehalt aller übrigen Mischungen betrug 17,6%. Die Gr. B bis E kamen ⌀ 16–19 Tage, Gr. F 22 Tage später zur Schlachtung als Gr. A. Die Futterverwertung lag nur bei Gr. F signifikant niedriger. Die Schlachtkörpereigenschaften wurden unter den genannten Bedingungen nicht beeinflußt. H. Jung. 3954.

Hellberg, A. Experiments with bacon pigs at different levels of nutrition. **(Versuche mit Baconschweinen bei unterschiedlicher Fütterung.)** VIII. int. Tierzuchtkongr. Hamburg **1961** Schlußber. S. 258–263. – 3 Abb., 3 Tab.

In den Versuchen wurden verschiedene Arten der Handfütterung untereinander sowie mit verschiedenen Arten der Automatenfütterung verglichen. Das jeweilige Versuchsergebnis wurde nach der Speckdicke, d. h. hinsichtlich der Erzeugung von Bacon beurteilt. Bei der Handfütterung traten bez. des richtigen Zeitpunktes der Anwendung der Restriktion einander widersprechende Ergebnisse auf. Insgesamt gesehen erwies sich die restriktive Fütterung jedoch als günstig. Ungünstig wirkte sich bei der Handfütterung eine von Tag zu Tag ungleichmäßige Futterzuteilung aus. Bei der Automatenfütterung bewährte sich Holzmehl als Mittel zur Erzielung eines Restriktionseffektes. Die restriktive Automatenfütterung, d. h. das Fasten vor dem erneuten Füllen der Automaten, zeigte keine befriedigenden Ergebnisse, ebenso die Automatenfütterung ad libitum. H. Jung. 3954.

Petersen, W. **Kartoffelschnellmast bei fallenden Getreidepreisen.** Kartoffelbau **11** (1960) Nr. 10. S. 215–216. 3955.

Kovacs, J. Fehérhussertés szoptatókocák takarmányhasznositása. **(Futterverwertung säugender ungarischer Yorkshiresauen.)** Keszthelyi mezögazdasági Akad. Kiadványai [Mitt. landwirtsch. Akad. Keszthely] **1962** Nr. 4. S. 1–21. — Aus: Ung. Agrar-Rdsch. **1962** Nr. 4.
Vf. stellte mehrere Jahre lang an insgesamt 18 Tieren Untersuchungen an. Er ermittelte den tägl. Nährstoffverbrauch, die Milchleistung und die Gewichtsverringerung während des Säugens sowie die Veränderung der Milchbeschaffenheit während der Laktation. Die durchschnittl. Milchleistung während der 70tägigen Laktation betrug 394,07 (266,0–568,96) kg. Die Milcherzeugung erreicht meist in der 3. Säugewoche ihren Maximalwert. Die auf ein Ferkel tägl. entfallende Milchmenge betrug ⌀ 571,25 g. Zur Erzeugung von 1 kg Ferkel-Lebendgewicht wurden ⌀ 2304 g Muttermilch verbraucht. Die mittlere Zusammensetzung der Sauenmilch war: Roheiweiß 5,38%, verd. E. 5,22%, Milchzucker 6,29%, Milchfett 7,81%, Asche 0,89%, Tr.-Subst. 19,12%, 1 kg Sauenmilch enthält 295,3 g StW. Hinsichtlich der Futterverwertung fanden sich zwischen den Sauen erhebliche Unterschiede. Die StW wurden durchschnittl. zu 41,42%, das verd. E. zu 42,95% verwertet (falls der gesamte Nährstoffgehalt der Milch in % des Nährstoffgehaltes im Futter angegeben wurde). Zwischen der unmittelbar festgestellten Futterverwertung der säugenden Sauen und der Menge an StW, die zur Erzielung eines Nettogewichtszuwachses von 1 kg nötig waren, fand Vf. eine Korrelation von $r = -0{,}595$ ($P = 1{,}4\%$). Deshalb schlägt er vor, in Zukunft die Futterverwertung der Sauen während der Laktation in der Menge an StW anzugeben, die zur Erzeugung von 1 kg Nettogewichtszunahme erforderlich ist. Dieser Wert läßt sich errechnen, indem der StW-Verbrauch der individuell gefütterten Sau durch den Nettogewichtszuwachs dividiert wird. 3970.

Post, **Stallordnung für die Schweineherdbuchzuchten.** Tierzucht **16** (1962) Nr. 10 S. 444–445.
Vf. begründet die Einführung einer Stallordnung für die Schweineherdbuchzuchten mit der Vergrößerung der Herdbuchsauenbestände infolge der sozialistischen Umgestaltung der Landwirtschaft. Am Beispiel der Stallordnung der Schweinezuchtbrigade der 2000-ha-LPG Penzlin, Bez. Neubrandenburg, zeigt Vf., welche Punkte in die Stallordnung aufgenommen werden müssen und wie deren Einhaltung zur Produktionssteigerung und Planerfüllung beiträgt. H.-G. Englisch. 3976.

Sackmann, P.; Rat des Bezirks Karl-Marx-Stadt, Inst. für Landwirtsch. **Erfahrungen mit der Großgruppenhaltung von Mastschweinen in der LPG „Einheit" Memmendorf, Kreis Flöha.** Tierzucht **16** (1962) Nr. 9. S. 376–379. — 4 Abb., 4 Tab.
Vf. beschreibt, wie durch Umbau einer Scheune ohne größere finanzielle Mittel eine Schweinemast in Großgruppen eingerichtet wurde. Als Futterautomat wurde eine Stahlblechzylinder, der über einer Trogschüssel steht, benutzt. Bei Arbeitsstudien wurde festgestellt, daß der durchschnittl. Gesamtarbeitsaufwand 0,98 Min. je Mastschwein und Tag beträgt. Dagegen belief sich dieser bei herkömmlicher Fütterung auf 1,86 Min. Das bedeutet eine Senkung des Gesamtarbeitszeitaufwandes gegenüber der üblichen Mastmethode um fast 50%. Werner Schlegel. 3978.

Gerov, Krum und Čuškov, Petŭr. (Gerow, Krum und Tschuschkow, Peter.) Za pričinite na nezaraznite chranosmilatelni razstrojstva na prasetata i tjachnoto predotvratjavane. **(Über die Ursachen der nichtansteckenden Verdauungsstörungen bei Ferkeln und ihre Vorbeugung.)** Životnovŭdstvo, Sofija **16** (1962) Nr. 3. S. 20–24.
Der Artikel enthält in zusammengefaßter Form die Ergebnisse von Untersuchungen über Verdauungsstörungen bei Ferkeln (Ursachen, Prophylaxe,

Therapie). Es wurden verschiedene Ursachen der nichtansteckenden Verdauungsstörungen festgestellt. Die meisten Verdauungsstörungen bei den Ferkeln bis zum 10. Lebenstag kommen bei Agalaxie und Hypogalaxie der Mütter vor. Baumwollsaatmehl und Rizinusschrot in den Rationen der Muttersauen, einseitige, nicht vollwertige Ernährung, Rausche der Sauen usw. sowie ungünstiges Mikroklima sind ebenfalls häufig die Ursache von Verdauungsstörungen bei den Ferkeln. Prophylaxe: vollwertige Ernährung und hygienische Haltung der Tiere. Therapie: Behandlung der Agalaxie und Hypogalaxie der Muttersauen, Behandlung der erkrankten Ferkel mit frischem und konserviertem Rinderblut (3–5 ml s. c.), Novocain (peroral und parenteral), Biomycin, 1%ige Zitronen- oder Weinsäurelösung (1 Tee- oder Suppenlöffel 2mal tägl. im Verlaufe von 2 Tagen). N. Platikanow. 3985.

Eernstman, T. De invloed van het micro- en het macroklimaat en van isoleringsmaatregelen op het optreden van enzoötische of viruspneumonie bij varkens. Een kritisch literatuuroverzicht. I. **(Der Einfluß des Mikro- und Makroklimas und der Isolierungsmaßnahmen auf das Auftreten der enzootischen oder Viruspneumonie bei Schweinen. Eine kritische Literaturübersicht. 1. Mitt.)** Tijdschr. Diergeneeskunde 87 (1962) Nr. 14. S. 965–975. – 1 Tab., 34 Lit. Zus. in Engl., Franz., Ital., Dtsch.
Vf. bespricht in einer Literaturübersicht die Anforderungen, die zur Bekämpfung der Viruspneumonie der Schweine an Stallungen und Ausläufe gestellt werden müssen. Er betont dabei bes., daß die in dieser Hinsicht von Waldmann zwischen 1933 und 1938 aufgestellten Forderungen sowohl in den Niederlanden als auch in England und Deutschland oft vernachlässigt werden. Vor allem fehlen häufig in den Ställen die vollständige Trennung der einzelnen Buchten durch bis an die Decke reichende dichte Zwischenwände sowie der notwendige Abstand von ca. 1,50 m zwischen den Ausläufen. Übertragungsgefahr besteht auch, wenn die Zuchtsauen gemeinschaftliche Futterplätze benutzen. Vf. bespricht weiterhin an Hand der Lit. die Möglichkeit der Übertragung des Erregers durch die Luft und insbesondere den Einfluß der rel. Luftfeuchte auf die das Virus enthaltenden Sekrettröpfchen während der Übertragung. W. Wittig. 3985.

Gadl, J. und *Kasó, P.* **A sertéstörzskönyvezés és utódellenörzés évkönyve 1959/60.** (Jahrbuch 1959/60 der ungarischen Schweinherdbuchführung und Nachkommenschaftsprüfung.) Budapest. 1961. (138 S.) – Aus: Ung. Agrar-Rdsch. 1962 Nr. 3. Im Jahre 1960 gliederte sich in Ungarn der unter Leistungskontrolle stehende Sauenbestand rassenmäßig wie folgt auf: Ungarische Yorkshire 33966, Mangalica 2439, Cornwall 2088, Berkshire 532, Landrasse 463, Sattelschweine 383 Stck. Gegenüber dem Jahre 1959 erhöhte sich die Zahl der unter Kontrolle stehenden Yorkshires und die der Sattelschweine, bei den anderen Rassen trat eine Verminderung ein, die mit 40,4 % bei den Mangalica bes. ausgeprägt war. Nur solche Zuchtbetriebe will man unter Kontrolle halten, in denen die Bedingungen zur Zucht von Zuchtebern und Zuchtsauen mit einer verbessernden genetischen Wirkung gegeben sind. Die durchschnittl. Zuchtergebnisse der Rassen erreichten folgenden Stand:

	Abferkel-prozentsatz	Aufgezogene Ferkel		60-Tage-	
		Stck.	% d. leb. geb.	Wurf-größe	Wurfgewicht (kg)
Ung. Yorkshire	139,5	10,9	84,5	8,1	117,4
Mangalica	154,2	8,9	90,1	5,8	77,9
Cornwall	137,0	10,1	85,5	7,5	104,0
Berkshire	139,3	9,3	84,4	6,9	88,6
Landrasse	131,7	10,0	85,1	7,8	125,4
Sattelschwein	138,9	10,7	85,0	7,9	109,4

Die Leistungen liegen bei allen Rassen höher als im Vorjahr. Von den in der Landeszucht stehenden 9124 Zuchtebern gehören 17,4 % der Mangalica- und 68,1 % der Yorskhirerasse an. 66 % der Eber sind in Klasse II und 21,1 % in Klasse I eingestuft. Zur Hebung der Qualität des ungarischen Schweinebestandes wurden im Jahre 1960 aus Polen, Schweden und England insgesamt 83 Eber und 32 Sauen der weißen Fleischschweinrassen eingeführt. Die Zahl der unter Kontrolle stehenden Sauen der Stammzuchten betrug 10252 (76,8 % Ungarische Yorkshire, 12,8 % Mangalica, 8,9 % Cornwall und 1,5 % Berkshire). Die Zuchtleistungen in den Stammzuchten betrugen (Reihenfolge wie in der Tab.): Yorkshire 146,1/11,7/83,3/8,2/116,4; Mangalica 153,0/9,0/89,6/6,0/80,4; Berkshire 140,1/9,6/86,2/6,9/90,3; Cornwall 131,3/9,7/85,8/7,5/105/4. Die Nachkommenschaftsprüfungen wurden offiziell aufgenommen und im Jahr 1960 insgesamt 718 Schweine bewertet. Die Mastfähigkeit wird in Ungarn nach dem Gruppen- und Einzelfütterungsverfahren beurteilt. In den Mastleistungsprüfstationen können z. Z. jährl. 1200 Stammsauen und 200 – 240 Stammeber geprüft werden. Die Prüfstationen untersuchten 1960 die zur Bacongewinnung und die zum Frischfleischverbrauch geschlachteten Schweine. Die Durchschnittsergebnisse von 622 Baconläufern ergaben folgende Werte: durchschnittl. tägl. Zunahme 607 g, Alter am Ende des Versuches 204 Tage, Futteraufwand pro kg Gewichtszunahme 2,52 kg StW, Körperlänge 92,4 cm, Speckdicke am Widerrist 45 mm, am Rücken 26 mm, an der Lende 29 mm, am Bauch 33 mm; Anteil des Schinkengewichtes 27,2 %, Kotelettfläche 33,5 cm^2, Farbe und Qualität des Fleisches 4,4 Punkte, Farbe und Qualität des Speckes 4,4 Punkte, Qualität des Bauchspeckes 4,3 Punkte.

E. SCHAFE

Zahn, W. **Die Schafhaltung in der LPG Typ I.** Tierzucht **16** (1962) Nr. 2. S. 64–67. – 1 Abb.

Es werden die Nachteile der Einzelschafhaltung und die Vorteile der Herdenschafhaltung dargelegt. Eine Senkung der Selbstkosten und Erhöhung der Produktion aus der Schafhaltung ist nur durch die Herdenschafhaltung möglich. Vf. beschreibt verschiedene Formen der Herdenhaltung für LPG Typ III und LPG Typ I sowie Aufbau und Zusammensetzung von Schafherden. An Hand von 2 LPG aus dem Bez. Halle werden verschiedene Formen der genossenschaftlichen Schafhaltung in LPG Typ I als erster Schritt zur genossenschaftlichen Viehhaltung beschrieben. S. Mertins. 4010.

Dummer, Mostyn. Our breeding ewe population. **(Der Zuchtschafebestand in England und Wales.)** Agriculture [London] **67** (1960) Nr. 4. S. 200–203. 4010.

Krüger, L.; Gießen, Inst. für Tierzucht und Haustiergenetik. **Betriebswirtschaftliche Fragen der Fleischerzeugung.** Arch. dtsch. Landwirtsch.-Ges. **28** (1961) S. 77–94. – 3 Abb., 3 Tab.

Vf. geht speziell auf Fragen der Schaffleischerzeugung ein. Je Mutterschaf werden DM 115 Einnahmen erzielt. Ein Lamm verbraucht im Stall bis 40 kg Lgw. bei 250 g Tageszunahmen 25–30 kg Heu, 20 kg Gärfutter und 50–60 kg Trockenmischfutter. Die Futterkosten je Mutterschaf und Tag sollten DM 0,30, die Lämmerfutterkosten insgesamt DM 30 nicht überschreiten. Die Ausgaben sind durch Verbilligung der Fütterung zu senken. Dabei ist an viel billiges absolutes Schaffutter, lange Weidezeiten (auch Winterweiden), mehr Gärfutter und preiswerte Trockenmischfutter, Anpassung der Lammzeiten an die Futterlage und Leistungsfütterung vor und nach dem Ablammen zu denken. Die Nährstoffkosten von Futtermitteln für Schafe sind gegenübergestellt. In rindviehschwachen Betrieben erhöht das Schaf die Wirkung der Gründüngung, schließlich besorgt es auf Umtriebsweiden auch das Abfressen stehengebliebenen Futters. Weidefutter ist immer billiger als Stallfutter, deshalb sind lange Weidezeiten anzustreben. E-Zäune und Futterpferch sind wertvolle Hilfsmittel. Ein Mutterschaf im Stall benötigt 100–500 g Heu, 100–300 g Trockenmischfutter, dazu Gärfutter, Spreu und Stroh. Die Milchleistung pro Mutterschaf beträgt in den ersten 6–8 Wochen nach dem Ablammen ca. 2 l/Tag, dabei werden für 1,5 l Milch soviel Nährstoffe wie für die Erhaltung benötigt. Je nach Futterzustand erfolgt die Zufütterung zwischen 3 und 6 Wochen vor dem Ablammen, während 6 – 7 Wochen danach Milchleistungsfutter verabfolgt wird. Als Richtzahlen für die Fruchtbarkeit werden eine Befruchtungsziffer von 95%, mindestens 1,2 Lämmer je Mutterschaf, kurze Lammzeiten, unter 8% liegende Aufzuchtverluste und mindestens 4 kg Geburtsgewicht angesehen. Die Lämmermast ist je nach Wert des verabreichten Futters bis 30 bzw. 40 kg zu empfehlen. Bei 350 g Tageszunahmen erreichen Mastlämmer im Alter von 115 Tagen 40 kg Gewicht und schneiden in Futterverbrauch und -kostenanteil gegenüber niedrigen Zunahmen sehr günstig ab. Männl. Tiere zur Mast sind nicht zu kastrieren. Als Arbeitsmaß je Schäfer sind 200 Mutterschafe und 40 Jährlinge vorzusehen. O. Siegl. 4015.

Dalton, D. C. Characters of economic importance in Welsh Mountain sheep. **(Merkmale von wirtschaftlicher Bedeutung bei den Welsh-Mountain-Schafen.)** Animal Product. 4 (1962) Nr. 2. S. 269–278. – 12 Tab., 8 Lit.
Es wird der Einfluß der Jahreszeit, der mütterlichen Veranlagung und der genetischen Variation auf das Körpergewicht und die Vliesmerkmale bei Welsh-Mountain-Schafen besprochen. Hiernach steigen die Fruchtbarkeit und die Aufzuchtleistung der Mutterschafe von der 1.–3. Ablammung an. – Die Bocklämmer wogen bei der Geburt ⌀ 0,4 lb. mehr als Zibbenlämmer. Die Tageszunahme der Lämmer von der Geburt bis zum Alter von 24 Tagen, die teilweise als Maßstab für die Milchleistung des Mutterschafes angesehen wird, war bei den Bocklämmern größer als bei den Zibbenlämmern. In der Versuchsperiode waren die Zunahmen der Lämmer älterer Mutterschafe am höchsten, obwohl diese Tendenz statistisch nicht zu sichern war. – Das Absatzgewicht des Lammes wurde durch das Gewicht des Muttertieres in der Bockzeit, die Häufigkeit der vorangegangenen Trächtigkeitsperioden, die Milchleistung der Mutter und die Jahreszeit bei der Geburt des Lammes beeinflußt. Danach kann das Absatzgewicht als guter Maßstab für das Gewicht bei der Paarung mit 1,5 und 2,5 Jahren angesehen werden. Die Erblichkeit des Merkmals lag bei $0{,}51 \pm 0{,}07$ ($P > 0{,}01$) und die Wiederholbarkeit bei 0,43 ($P < 0{,}001$). – Das Vliesgewicht wurde nicht durch die Jahreszeit oder das Alter des Mutterschafes beeinflußt. Die beim Absetzen schwersten Lämmer neigten jedoch dazu, im nächsten Jahre den höchsten Schurertrag aufzuweisen. Hier lag die Heritabilität bei $0{,}58 \pm 0{,}11$ und die Wiederholbarkeit bei 0,46 ($P < 0{,}001$). Für die Stapellänge an der Rumpfmitte betrugen die entspr. Werte $0{,}38 \pm 0{,}11$ bzw. 0,56. – Die 14 nachkommenschaftsgeprüften Böcke waren nicht auf die zu prüfenden Merkmale selektiert. Im Absatzgewicht und im Schurgewicht bestanden zwischen den Bocknachkommenschaftsgruppen keine gesicherten Differenzen.
H. Busse. 4080.

Schäfer, H. **Der Wandel der Zuchtrichtung beim Karakulschaf dargestellt an Lammbildern einer Zucht.** Züchtungskunde **34** (1962) Nr. 4. S. 177–183. – 9 Abb.
Die Karakulzucht in Südwestafrika ist 50 Jahre alt. Die ersten Vollblutschafe wurden sämtlich aus Rußland eingeführt. Seit Mitte der 30er Jahre wird eine intensive Zucht auf breiter Basis durchgeführt. Es bestehen gegenwärtig 4 Zuchtrichtungen, und zwar Röhrenlocke, unterentwickelte Röhrenlocke bzw. entwickelte flache Locke, flache Locke und watered silk. An Hand der Farm Haribes werden die Zuchtmethoden und Zuchtergebnisse beschrieben. Auf dem Wege der Linienzucht wurde innerhalb weniger Generationen ein Karakulschaf gezüchtet, dessen Nachzucht die angestrebten Merkmale und Eigenschaften des Felles, wie lange, gekantete Röhren von mittlerer Größe in Anordnung des Lyramusters mit deutlichen Abständen zwischen den Röhren bei seidig elastischem Haar und leuchtendem Glanz aufweisen.
S. Mertins. 4090.

Busch, B. und Rasch, D.; Dummerstorf, Inst. für Tierzuchtforsch. **Karniometrische Untersuchungen an Schafen und deren statistische Auswertung mit Hilfe der Faktoranalyse. I. Material, Meßmethodik und Schätzung der Faktorladungen.** Arch. Tierzucht 4 (1961) Nr. 6. S. 403–419. – 8 Abb., 5 Tab.
An 49 präparierten Schädeln von Schafböcken der Merinofleischschafrasse werden Untersuchungen durchgeführt, um Beziehungen zwischen Knochenmaßen und Leistungen zu ermitteln. Diese Böcke wurden unter gleichen Umwelt- und Fütterungsbedingungen gehalten und bei einem mittleren

Alter von 255 Tagen und einem mittleren Gewicht von 52,5 kg geschlachtet. An den Schädeln wurden je 41 Maße genommen. Vff. erläutern Behandlung der Schädel, Methode der Messungen, Beschreibung der einzelnen Maße und Methodik der Messungen. Auf Grund der Analysen wird geschlußfolgert, daß in Zukunft auf 13 der 41 Schädelmaße verzichtet werden kann. In einem folgenden Beitrag sollen Ergebnisse über Beziehungen zwischen den Schädelmaßen und den Leistungen dieser Schafe veröffentlicht werden.

S. Mertins. 4125.

Váchal, Jan; Uhříněves, Výzkumný Ústav Živočišné Výroby. Dědivost stříže potní vlny u ovcí stavropolské merino. **(Die Heritabilität des Schurertrages an Schweißwolle bei Stawropol-Merinoschafen.)** Živočišná Výroba **7(35)** (1962) Nr. 6. S. 421–428. – 8 Tab., 13 Lit. Zus. in Russ., Dtsch. Mit Hilfe der Töchter-Mütter-Regression wurden die Heritabilitätskoeffizienten des Schurertrages an Schweißwolle bei 536 Mütter-Töchter-Paaren von Stawropol-Merinos, die vor 10 Jahren in die ČSSR eingeführt wurden, ermittelt. Die Berechnungen ergaben einen Heritabilitätskoeffizienten von $h^2 = 0,368 \pm 0,070$. Dabei betrug der Koeffizient für eine Herde mit Merinofleischschaf-Beimischung (241 Töchter-Mütter-Paare) $h^2 = 0,299 \pm 0,101$, für die übrigen 3 hervorragenden Zuchtherden der Stawropol-Merinos (295 Töchter-Mütter-Paare) $h^2 = 0,412 \pm 0,094$. Im Hinblick auf das verhältnismäßig niedrige Wollrendement der Stawropol-Merinos (35–40%) ist es zweckmäßiger, bei einer evtl. weiteren Benutzung des berechneten Heritabilitätskoeffizienten seinen unteren Grenzwert ($h^2 = 0,30$) in Betracht zu ziehen.

F. Svoboda. 4150.

Čumlivsky, Bora. Přispěvek k otázce recipročního kříženi ovcí plemene žírné merino a stavropolské merino. **(Beitrag zur Frage der reziproken Kreuzung des Fleischmerinos mit dem Stawropoler Merino.)** Vědecké Prace ustředniho výzkumného Ústavu Živočišné Výroby v Uhříněvsi **5** (1962) S. 55–79. – 3 Abb., 15 Tab., 23 Lit. Zus. in Russ., Dtsch.

Im Vergleich zu reinrassigen Merinofleischlämmern wiesen Lämmer aus der Kreuzung von Merinofleischschafen mit Böcken des Stawropol-Merinoschafes ein bei der Geburt um 11,7% und im Alter von 120 Tagen um 4,3% geringeres Lgw. auf. Die Kreuzungstiere lagen in der Körperlänge, dem Brustumfang und der Beckenbreite bei der Geburt um 6,59%, 7,72% bzw. 14,62%, im Alter von 120 Tagen um 10,39%, 16,07% bzw. 16,33% unter den Maßen der Reinzuchttiere. Der Wollertrag war um 9,05% höher, die Wollänge um 2,75% geringer, die Wolldichte um 3,28% größer und die Bewollung des Körpers um 16,6% besser als bei den reinrassigen Merinofleischschafen gleichen Alters. Die Wollqualität dagegen war schlechter. Lämmer aus der Kreuzung von Stawropol-Merinoschafen mit Merinofleischschafböcken wiesen gegenüber reinrassigen Stawropol-Merinolämmern ein bei der Geburt um 6,97% und im Alter von 120 Tagen um 5,52% niedrigeres Lgw. auf. Diese Kreuzungstiere lagen in der Körperlänge, im Brustumfang und der Beckenbreite bei der Geburt um 2,74%, 2,16% bzw. 1,05% und im Alter von 120 Tagen um 15,34%, 8,46% bzw. 9,64% über den Reinzuchttieren. Der Wollertrag der Kreuzungstiere war um 12,07% geringer, die Wollänge um 13,9% größer, die Wolldichte um 5,96% und die Bewollung des Körpers um 7,28% geringer. Die Wollqualität war besser. Was die Fruchtbarkeit, den körperlichen Wuchs und die Entwicklung sowie die Wolleigenschaften und die Pigmentierung betrifft, wurde bei den Kreuzungstieren beider Gruppen eine größere Durchschlagskraft der Mütter festgestellt. F. Svoboda. 4164.

Čumlivsky, Bora; Uhříněves, Výzkumný Ústav Živočišné Výroby. Zhodnocení dojnosti a odolnosti kříženců F_1 po ovcích valásských a beranech plemene sovětska cigaja. **(Die Milchleistung und Widerstandsfähigkeit der F_1-Kreuzungsprodukte aus Wallachischen Mutterschafen und sowjetischen Ziga-**

jaböcken.) Živočišná Výroba **7(35)** (1962) Nr. 6. S. 411–420. – 3 Tab., 11 Lit. Zus. in Russ., Dtsch.
Kreuzungstiere aus Wallachischen Schafen und sowjetischen Zigajaböcken wiesen in der 1. Laktation nach dem Absetzen der Lämmer eine durchschnittl. tägl. Milchleistung von 0,36 kg auf, während ihre wallachischen Halbgeschwister tägl. 0,49 kg, d. h. um 26,53% mehr Milch gaben. Der Milchfettgehalt betrug bei den Wallachischen Schafen 7,51%. Gegenüber parasitären Erkrankungen zeigten sich die reinrassigen Wallachischen Schafe widerstandsfähiger im Vergleich zu den Kreuzungen, bei welchen die Anzahl der Krankheitsfälle um 3,71% höher lag. Bei den Kreuzungen zeigte sich eine allg. höhere Durchschlagskraft der Eigenschaften der Wallachischen Rasse, wobei sich aber in Einzelfällen eine Individualpotenz bestimmter Elterntiere auswirkte. F. Svoboda. 4164.

Gutsche, H.-J. **Die Problematik der Einführung der Weidelammzeit.** Tierzucht **16** (1962) Nr. 9. S. 385–386.
Vf. stellt heraus, daß für den modernen sozialistischen Schäfereibetrieb die Ablammung der Mutterschafe in die Zeit des Weideganges zu verlegen ist, da hier das Eiweißangebot sowohl im Frühjahr als auch im Herbst der Milchproduktion der Mutterschafe direkt entgegenkommt. Die Frühjahrslammung erfordert, obwohl sie dem natürlichen Brunsttermin am nächsten kommt, gutes Vorbereitungsfutter und gute Frühjahrsweide. Beides ist nur verhältnismäßig selten möglich, aus diesem Grunde bildet die Spätsommer- oder Herbstlammung heute das Hauptproblem. Es werden die Möglichkeiten der rechtzeitigen und erfolgreichen Bedeckung der Mutterschafe beschrieben, wobei der ausgedehnte Winterweidegang im Vordergrund steht. Nicht unwesentlich sind die Momente, die bei der Verlegung der Winterlammung zur Herbstlammung zu beachten sind. Die Durchführung der Weidelammzeit stellt wohl an den Schäfer höhere Anforderungen, aber dafür ist der ökonomische Nutzen der Schafhaltung höher zu bewerten.
W. Altenkirch. 4170.

Altenkirch, W., Otto, E. und Kupatz, B. **Zur Frage der Lämmermast und des Schlachtwertes von Hammeln verschiedener Rassen.** Tierzucht **16** (1962) Nr. 9. S. 383–385. – 12 Tab.
Mit 15 im Durchschnitt 135 Tage alten Hammeln der Rassen Schwarzköpfiges Fleischschaf, Merinofleischschaf, Rhönschaf und Leineschaf wurde ein vergleichender Mast- und Schlachtversuch durchgeführt. Die Hammel standen in Einzelfütterung und wurden bei Erreichung eines Schlachthofgewichtes von ca. 40–41 kg, ohne Wolle, geschlachtet. Die Schwarzköpfe hatten den geringsten Nährstoffverbrauch, den höchsten die Leineschafe. Die Mastgewichte stimmten recht gut überein. Mit 228,5 g tägl. Zunahmen lagen die Schwarzköpfe an der Spitze; es folgten Merinofleischschafe mit 191,9 g, Rhönschafe mit 180,1 g und die Leineschafe mit 158,4 g. Letztere hatten auch entspr. eine höhere Anzahl von Masttagen. Die abs. Schlachtverluste sind fast gleich bei 47,24–48,26%. Die Zerlegung zeigt teilweise große Unterschiede. Die Rhönhammel zeigen den höchsten Talggehalt, während die Schwarzköpfe den höchsten Knochenanteil aufweisen. Auf Grund der Streuung innerhalb der Gruppen und der geringen Tierzahl lassen sich die Unterschiede statistisch nicht sichern. W. Altenkirch. 4198.

Weston, R. H. The efficiency of wool production of grazing Merino sheep. **(Die Höhe des Wollertrages bei Merinoschafen unter Weidebedingungen.)** Austral. J. agric. Res. **10** (1959) Nr. 6. S. 865–885. 4222.

Munro, Joan. A study of the milk yield of three strains of Scottish Blackface ewes on two environments. **(Untersuchungen über die Milchleistung von drei Linien Schwarzköpfiger Schottischer Mutterschafe bei verschiedenen**

Umweltverhältnissen.) Animal Product. 4 (1962) Nr. 2. S. 203–213. — 5 Abb., 7 Tab., 9 Lit.

Die Milchleistung wurde im Verlaufe von 8 Wochen bei Weidegang auf Neuansaat und auf Bergweide vergleichend untersucht. Zwischen der Milchleistung der 3 Zuchtlinien bestanden keine signifikanten Unterschiede, jedoch zwischen den Umweltbedingungen sämtlicher 3 Zuchtlinien. Bei der Newton-Stewartlinie war die Breite der Euter stärker als bei den Lewis-Mutterschafen, ohne Rücksicht auf die Art der Weide. Bei diesen beiden Linien bestand zwischen der durchschnittl. Milchleistung in einer bestimmten Woche und der durchschnittl. Euterbreite dieser Woche eine signifikante Korrelation. Zwischen der Euterbreite in der ersten Laktationswoche oder der Euterbreite während 8 Wochen und der Gesamtmilchleistung lag jedoch keine gesicherte Beziehung vor. In den mit der Hand entnommenen Milchproben gab es keine signifikanten Differenzen im Fettgehalt oder der fettfreien Tr.-Subst. Beide Werte sanken zunächst in allen 3 Gruppen und stiegen bei fortschreitender Laktation wieder an. Die Mutterschafe der Lewislinie waren im Lgw. leichter als die Tiere der beiden anderen Zuchtlinien. Auf der Neuansaat waren die Lämmer im Lgw. und der Kondition nahezu ausgeglichen. Auf den Bergweiden hingegen waren die Jungtiere der Lewislinie in dieser Hinsicht schwächer. Vermutlich hängt dies mit der Neigung der Lewis-Mutterschafe zusammen, beim Weiden höher gelegene Stellen zu bevorzugen.
H. Busse. 4226.

Doney, J. M. und Munro, Joan. The effect of suckling, management and season on sheep milk production as estimated by lamb growth. **(Der Einfluß des Säugens, der Haltung und der Jahreszeit auf die Milchleistung bei Schafen, gemessen am Wachstum der Lämmer.)** Animal Product. 4 (1962) Nr. 2. S. 215–220. — 2 Tab., 10 Lit.

Es wurden auf Grund der Leistungsberichte einer Herde aus den Jahren 1956–59 die tägl. Gewichtszunahmen der Lämmer zur Schätzung der Milchleistung der Mutterschafe in den ersten 6 Wochen der Laktation benutzt. Auf den Milchertrag hatte die Zahl der gesäugten Lämmer einen Einfluß, die Zahl der geborenen Lämmer jedoch nicht. Zwillingsmutterschafe hatten eine höhere Milchleistung als Muttern einzelner Lämmer (145–155%). Bei guter Weide stieg unter den Bedingungen der Bergschäferei der Milchertrag auf das Doppelte gegenüber Mutterschafen mit Einzellämmern an. In 3 von den 4 zur Untersuchung herangezogenen Jahren war die Milchleistung bei den Mutterschafen mit Einlingslämmern auffällig konstant, während sie bei den Zwillingsmuttern mehr Schwankungen aufwies. Bei Mutterschafen, die in den Niederungen Zwillinge gesäugt hatten, waren im Gegensatz zu den Mehrlingsschafen im Gebirge keine signifikanten Jahresdifferenzen zu beobachten. Auf Grund eines mit 36 Muttertieren durchgeführten Versuches wurde festgestellt, daß die Zwillingsmutterschafe unter allen Umweltverhältnissen mehr Milch geben als Einlingsmuttern. Zwischen den Mutterschafen mit einem einzelnen oder als Zwilling geborenen Bocklamm bestanden keine Unterschiede. Wenn man, um eine höhere Milchleistung auszulösen, an ein Mutterschaf 2 Lämmer einige Tage zum Säugen ansetzte, stand für das danach verbleibende Einzellamm keine größere Milchmenge zur Verfügung.
H. Busse. 4226.

McCance, I. The determination of milk yield in the Merino ewe. **(Die Bestimmung der Milchleistung beim Schaf.)** Austral. J. agric. Res. 10 (1959) Nr. 6. S. 839–853.
4226.

Anonym. **Empfehlung der „Sozialistischen Arbeitsgemeinschaft für Schafzucht“ beim Ministerium für Landwirtschaft, Erfassung und Forstwirtschaft hinsichtlich des Begriffes „Schafwolle“.** Tierzucht 16 (1962) Nr. 10. S. 445–447.

Mit der Forderung, beste in Feinheit und Länge ausgeglichene Wollen mit einem hohen Reinwollgehalt zu erzielen, werden zunächst die allg. grundlegenden Begriffe des Rohstoffes Wolle und die sich daraus ergebenden Forderungen für den Schafzüchter dargelegt. Es werden nicht nur züchterische Begriffe zur Erzielung ausgeglichener Wollen angeführt, sondern auch die wichtigsten Haltungs- und Fütterungsfehler erwähnt, wobei gleichzeitig auf Mindestanforderungen an Feinheit und Länge verwiesen wird.

W. Altenkirch. 4234.

Jalihal, M. R., Kundalkar, O. G., Rangara, D. S. und Narayana, N. Some considerations of experimental errors in the determinations of a few fleece characteristics. **(Einige Betrachtungen über die Größe der Versuchsfehler bei der Bestimmung verschiedener Vliesmerkmale.)** Indian J. veterin. Sci. Animal Husbandry **31** (1961) Nr. 3. S. 234–241. — 6 Tab., 6 Lit.

Den Untersuchungen lag ein Fütterungsversuch an Kreuzungen von Merino- × Deccani-Schafen zugrunde. Der Versuch zur Bestimmung des durch die Methode bedingten Fehlers ist bereits bei anderen Schafrassen unternommen worden. Zog man zu den Messungen der Hautoberfläche eine anfangs tätowierte Fläche von 100 cm² heran, lag der Fehler bei 6,8%, während er bei einer Fläche von nur 1 cm² 17,2% betrug. Bei der Vorausschätzung der Vliesdichte lag der geschätzte Wert 1,2–32,7% über der tatsächlichen Vliesdichte. Die Messung des Faserdurchmessers führte bei der Kontrollmessung in der gleichen Schnittprobe zu einem geringfügigen Meßfehler, der nur 7% der Gesamtvariation, beim Längenmaß der Wollfaser 5% betrug. Die Beziehung zwischen dem Lgw. und der Hautoberfläche bei Kreuzungstieren wird in der Formel: $A = 0{,}05683 \times W^{0{,}72093}$ ausgedrückt. A ist das Symbol für die Oberfläche in m² und W für das Körpergewicht in kg. Die Beziehungen zwischen dem Gesamtwollertrag (Y) und dem Wollertrag von 100 cm² geschorener seitlicher Körperfläche (X) werden durch die Gleichung $Y = 727{,}0 + 26{,}4\,X$ ausgedrückt. H. Busse. 4236.

Maddox, J. M. Forward creep grazing in store lamb production. **(Eine Intensivweidemethode zur Mastlämmerproduktion.)** Scott. Agric. **42** (1962) Nr. 1. S. 23–29. — 4 Tab.

Die Methode gestattet nahezu den doppelten Viehbesatz je Nutzflächeneinheit Weide und ermöglicht eine Kontrolle der endoparasitären Wurmbürde. Bes. kleinere Farmbetriebe erfahren eine Rohertragssteigerung durch die höhere Besatzstärke bei zufriedenstellender Qualität der Schlachtlämmer. Die Vorteile des höheren Viehbesatzes, die bessere Landbewirtschaftung und günstigeren Erlöse sind aber nicht für alle Betriebsformen und Standortverhältnisse verbindlich. Auch in den Mittelgebirgsfarmen ist diese Form der Weidenutzung für Zwillingsmuttern günstig. Die Ablammergebnisse werden gesteigert, der geldliche Flächenertrag und die Arbeitsproduktivität erhöht. In Ackerbaubetrieben mit einer Schafzahl, die sonst nicht den Einsatz eines voll beschäftigten Schäfers rechtfertigt, kann der Schafbestand im Interesse des lohnenden Einsatzes einer Fachkraft vermehrt werden. Wenn sich aus der verstärkten Schafhaltung ein Lämmerüberschuß ergeben sollte, bedarf das Problem der Verwertung dieser Tiere noch der Lösung, die evtl. im Export zu suchen ist. H. Busse. 4274.

Walter, K. **Die Einführung von Weidetagebüchern in sozialistischen Landwirtschaftsbetrieben des Bezirkes Neubrandenburg.** Tierzucht **16** (1962) Nr. 3. S. 125–127.

Im Jahre 1960 wurden in mehreren herdenschafhaltenden LPG und VEG des Bez. Neubrandenburg Weidetagebücher eingeführt. Im Weidetagebuch wurden der Tag des Austreibens, die behütete Fruchtart, die Größe der Schafherde und die Anzahl der gehüteten Std. registriert. Es wurden an Hand von 10 Weidetagebüchern die insgesamt geleisteten Hütestunden, der Anteil der Hütestunden in den einzelnen Monaten und die behüteten Fruchtarten des Untersuchungsjahres ausgewertet. Für den Betrieb ergeben sich durch die Führung eines Weidetagebuches Vorteile hinsichtlich der Erfassung des unbedingten und bedingten Schaffutters, genauere Brigadeabrechnung, Erziehung des Meisters zum betrieblichen Mitdenken, Senkung der Selbstkosten und gerechtere Beurteilung der Arbeitsleistung des Schäfers. Darüber hinaus kann der Schäfer besser Nachweis über seine Arbeit, die Kosten auf der Weide und die Nutzung des ihm zur Verfügung stehenden Futters führen. Vf. zieht daraus die Schlußfolgerung, daß sich die Führung von Weidetagebüchern günstig auf die Ausnutzung der Futterreserven auswirkt und Hinweise zur Verbesserung der Gesundheit sowie der Leistungen unserer Schafbestände gibt. Es wird gefordert, ein einheitliches Weidetagebuch herauszugeben. S. Mertins. 4274.

Iwanow, I. **Untersuchungen über die Listeriose der Schafe in Bulgarien.** Mh. Veterinärmed. **17** (1962) Nr. 18. S. 729–736. – 11 Abb., 1 Tab., 55 Lit. Durch Listerien verursachte Aborte bei Schafen werden in Bulgarien gehäuft beobachtet. Während bei erstgebärenden Schafen bis 45% abortierten, beträgt der Anteil bei älteren Tieren i. allg. 4%. Meningoencephalitische und septikämisch-intestinale Formen werden in diesen Fällen nicht beobachtet. H. Linsert. 4280.

Hiepe, Th. und Splisteser, H. **Untersuchungen über Vorkommen und Diagnostik der durch Chorioptes ovis bedingten Fußräude in Schafherden.** Mh. Veterinärmed. **17** (1962) Nr. 19. S. 776–780. – 2 Abb., 1 Tab., 14 Lit. Die Untersuchungen wurden in 18 Merinofleischschafherden und 2 Herden des Deutschen Veredelten Landschafes im Raum Berlin und im Bez. Frankfurt/O. durchgeführt. Es kamen insgesamt 4 Untersuchungsmethoden zur vergleichenden Anwendung, die im Text der Arbeit genau beschrieben sind. Entgegen den in der Lit. vertretenen Auffassungen ist auf Grund der vorliegenden Befunde die Chorioptesräude in den Schafherden stark verbreitet. Von 138 Tieren erwiesen sich 62,4% als Milbenträger. Bei 39,2% der Schafe lagen klinische Erscheinungen vor, bei 23,2% verlief der Chorioptesmilbenbefall ohne erkennbare Hautveränderungen. 97,9% der Böcke und 57,1% der Lämmer waren Milbenträger, während Mutterschafe, Hammel und Jährlinge überwiegend einen negativen Befund aufwiesen. Ob die Disposition auf endo- oder exogenen Faktoren beruht, ist noch unentschieden. Stallhaltung, Silagefütterung und das Zuchtziel einer Bewollung auch an den unteren Extremitätenpartien, der Juckreiz, die Unruhe und der Schmerz fördern die Erkrankung, die letzteren Faktoren bedingen beim Bock u. U. Deckträgheit. H. Busse. 4280.

Balogh, I. und *Mészáros, I.* **A juhtörzskönyvezés évkönyve 1959/60.** (Jahrbuch 1959/60 der ungarischen Herdbuchführung für Schafe.) Budapest. 1961. (96 S.) – Aus: Ung. Agrar-Rdsch. 1962 Nr. 3. Die ungarische Schafzucht erzielte im Jahre 1959/60 beträchtliche Erfolge. Der Schafbestand erhöhte sich um 5,9%, vor allem der Tatsache zufolge, daß sich 79,8% des Bestandes im Besitz von volkseigenen und genossenschaftlichen Großbetrieben befanden. Der durchschnittl. Wollertrag pro Schaf belief sich auf 4,18 kg gegenüber 4,10 kg im Vorjahr. 1960 wurden 220000 Mutterschafe (23% des Gesamtbestandes) künstlich besamt. Im Wirtschaftsjahr 1959/60 standen 52073 Ungarische Kammwollmerino-Mutterschafe unter Herdbuchkontrolle. In den geprüften Beständen betrug das durchschnittl. Schurgewicht 5,41 kg. Von den 266 unter Herdbuchkontrolle stehenden Zuchtbetrieben erreichten 209 einen Lämmer-Zugang von 100%, 184 ein durchschnittl. Schurgewicht von 5 kg und 219 ein durchschnittl. Lgw. von 40 kg. Unter 142 Abmelkschäfereien erreichten oder überschritten die Muttern in 102 Betrieben eine durchschnittl. Milchleistung von 30 l. Im Landesdurchschnitt des unter Herdbuchkontrolle stehenden Bestandes betrug die auf ein Lgw. von 40 kg und ein Rendement von 31% bezogene Wolleistung 5,45 kg, das Lgw. 43 kg, die Milchleistung 34,6 l. Im Wirtschaftsjahr 1959/60 waren 72 Stammzuchten vorhanden, die insgesamt über einen Bestand von 19210 Mutterschafen und 255 Zuchtböcken verfügten. In den Stammzuchten des Ungarischen Kammwollmerinoschafes lammten insgesamt 87,6% aller Muttern ab und brachten 67% Einzellämmer und 20,6% Zwillinge; das Ablammungsergebnis betrug 108,4%, das Aufzuchtergebnis 104,5%, das auf 40 kg Lgw. und auf 31% Rendement bezogene Schurgewicht

5,31 kg, das Lgw. 45 kg, die Milchleistung 33,2 l. Die Stapeltiefe von 73,4 % der Kammwollmerino-Muttern betrug mehr als 6,5 cm, die Feinheit des Vlieses von 84,8 % dieser Schafe entsprach dem Sortiment A oder war noch feiner. Das durchschnittl. Schurgewicht der ungarischen Kammwollmerino-Zuchtböcke übertraf das der Mutterschafe um 3,72 kg (67,3 %). 96,5 % des Kammwollmerino-Zuchtbockbestandes wiesen eine Stapeltiefe von mehr als 7 cm und ein A-Sortiment auf. Das Lgw. der Böcke lag um 31 kg (68,8 %) über dem der Muttern. Zur qualitativen Verbesserung des ungarischen Schafbestandes wurden aus der Sowjetunion Kaukasische Feinwollschafe, Stawropoler, Askanische und Grosnyer Merinos, aus der DDR Merinofleischschafe und aus Frankreich Mérinos précoce importiert. Im Wirtschaftsjahr 1959/60 begann die Durchführung von Nachkommenschaftsprüfungen. In 17 volkseigenen und 1 genossenschaftlichen Betrieb wurde die Nachzucht von insgesamt 100 Böcken geprüft.

SPEZIELLE KLEINTIERZUCHT

C. GEFLÜGEL

Hühner

Scholtyssek, S. **Eindrücke über die Geflügelwirtschaft in Jugoslawien.** Dtsch. Geflügelwirtsch. **14** (1962) Nr. 37. S. 475–479. — 11 Abb.

Vf. beschreibt zunächst den Ausbildungsgang während des Landwirtschaftsstudiums und schildert dabei die Verhältnisse an den landwirtsch. Fakultäten in Zagreb und Ljubljana, weil dort die Fachrichtung „Tierische Produktion" und spez. Geflügelzucht bes. gut vertreten sind. Im 2. Teil werden mehrere Agrokombinatsfarmen beschrieben. Der in der Nähe von Osijek gelegene Mastbetrieb liefert der zentralen Schlachterei tägl. 3000 schlachtfertige Masttiere. 120 000 Broiler wurden in Batterien gemästet, neue Ställe für die Bodenmast wurden eingerichtet. In der Zuchtabteilung wurden 70 000 Legehennen der Rassen White Rocks, Delaware und Abor-Acres gehalten und miteinander gekreuzt. Das Futter wurde im eigenen Betrieb gemischt. Die Eierproduktionsfarm Varazdin war noch im Aufbau; es waren aber bereits 12 Ställe mit je 50 000 Legehennen der Rassen Weiße Leghorn und White Rocks in Betrieb. Im Mastbetrieb Zalog wurden in mehrstöckigen Ställen 180 000 Broiler aller Altersgruppen der Kreuzung Cornish × White Rocks gemästet. Im Zuchtbetrieb Pivka wurden erstmalig 80000 Legehennen mit der dazugehörigen Nachzucht in einem Gebäudekomplex zusammengefaßt. Das Kraftfutterwerk in Ljubljana ist das größte und neueste in Jugoslawien und produziert insgesamt 12 Sorten Geflügelfutter. U. Hofmann. 4608.

Anonym. **Die australische Geflügelwirtschaft im Umbruch.** Dtsch. Geflügelwirtsch. **14** (1962) Nr. 33. S. 426. 428. — 1 Tab.

Der Wert der australischen Geflügelwirtschaft betrug 1959/60 insgesamt ca. DM 500 Mill., wovon auf die Eierproduktion schätzungsweise DM 387 Mill. entfielen. Infolge der Transportkosten und -probleme ist es für die Geflügelwirtschaft Australiens schwer, auf dem europäischen Markt zu konkurrieren. Nach dem Verlust des Marktes für Geflügelfleisch im Vereinigten Königreich haben steigender Eigenbedarf und die ständig wachsende Bevölkerung den Absatz von Geflügelfleisch gesichert. Die Geflügelwirtschaft Australiens hat ihre Hauptzentren zumeist nahe der großen Städte. Bei der Eierproduktion ist eine Wirtschaftlichkeit gegeben, wenn 1 AK 2000 Hennen mit 180 Eiern Durchschnittsleistung bei guter Betriebsplanung und -organisation betreut. Die Broilerindustrie macht sowohl bei der Züchtung spez. Mastrassen als auch bei der Verbesserung der Futterverwertung gute Fortschritte. Die besten australischen Broilerherkünfte erzielen in 12 Wochen ein Durchschnittsgewicht von 1350 g bei einer Futterverwertung von ca 1:3. Ein leistungsfähiger Betrieb scheint pro Durchgang 10 000 Stck. Mastgeflügel halten zu müssen. Ein klares Muster für die Zukunft hat sich in der australischen Geflügelwirtschaft noch nicht abgezeichnet. U. Hofmann. 4608.

Trail, J. C. M. The indigenous poultry of Uganda the fertility, hatchability and chick mortality compared with European breeds. **(Das einheimische**

Geflügel von Uganda. Befruchtung, Schlupffähigkeit und Kükensterblichkeit verglichen mit europäischen Rassen.) Poultry Sci. **41** (1962) Nr. 4. S. 1271 bis 1276. — 4 Tab., 2 Lit.
Es wurde ein Vergleich zwischen dem Stand der Befruchtung, Schlupffähigkeit und Kükensterblichkeit des einheimischen Geflügels und jenem europäischer Rassen geführt. Die Befruchtung der einheimischen Eier betrug 91,6%, die der Rhodeländer-Eier nur 79,7%. Die Schlupfquote der fruchtbaren einheimischen Eier lag bei 83,4, die der Rhodeländer Eier bei 79,1%. Bei Kreuzungen mit Hellen Sussex,- Leghorn-, Rhodeländer- und Schwarzen Australorp-Hähnen ergaben sich zwischen dem Befruchtungsstand der 4 beteiligten Rassen nur geringfügige Unterschiede, insgesamt eine Befruchtung von ⌀ 87,3%. Ähnlich verhielt es sich mit der Schlupfquote, sie betrug durchschnittl. für alle 4 Rassen 86,4%. Die Fruchtbarkeitsverhältnisse waren bei den einheimischen Tieren günstiger, wenn die Herde das ganze Jahr über verpaart wurde. Wenn dagegen die europäischen Hähne nur kurze Zeit bei einheimischen Hennen belassen wurden, näherte sich der Befruchtungsprozentsatz jenem der reinen einheimischen Tiere. Die Daunenfarbe der reinen einheimischen Küken und die der Kreuzungen mit den 4 europäischen Rassen wird angegeben. Die Rate für Kükensterblichkeit betrug bei den einheimischen Tieren für die Altersgruppe von 0–2 Wochen 4,5%, von 0–8 Wochen 13,6% und von 0–20 Wochen 23,4%. Die entspr. Werte für die europäischen Rassen lauteten 3,8%, 9,5% und 13,5%. Die Ursachen für die Sterblichkeit der einheimischen Tiere werden aufgeführt.
W. Greiner-Petter. 4608.

Volkov, D. I. und Fokina, Z. V. (Wolkow, D. I. und Fokina, S. W.); Sagorsk, Gebiet Moskau, Unions-Forsch.-Inst. für Geflügelzucht, Abt. für Züchtung. Rost, razvitie i mjasnye kačestva kanadskich brojlerov i cypljat porody korniš. **(Wuchs, Entwicklung und Fleischqualität kanadischer Broiler und Küken der Cornish-Rasse.)** Trudy Vsesojuznogo naučno-issledovatel'-skogo instituta pticevodstva, Moskva **27** (1961) S. 34–44. — 6 Tab., 9 Lit.
In den USA und Canada erreichen die Broiler im 70- bis 75-Tage-Alter ein Gewicht von 1,6–1,8 kg bei einer Rohverwertung von 2,0–2,5 kg und sogar unter 2,0 kg. 1959 wurden Bruteier der Rasse Cornish und Eintagsbroilerküken der Kreuzung Cornish (4-Linien-Hybrid), New Hampshire und Weiße Plymouth Rock importiert. Auf Grund geringer Widerstandskraft trat bei den Cornish eine Verlustrate von 30% auf, was sich auch auf die Entwicklung auswirkte. Die Broilerküken zeichneten sich vor allem durch eine hohe Wachstumsenergie in den ersten 20 Tagen aus, die für das hohe Mastendgewicht und für die Verkürzung der Mastdauer von entscheidender Bedeutung ist. Dieser Faktor muß in der künftigen Züchtungsarbeit berücksichtigt werden. Die Broiler hatten im Vergleich zu einheimischen mittelschweren Rassen eine geringere Körperlänge, aber eine größere Brusttiefe und Schenkellänge mit ausgeprägter Muskulatur. Bei den männl. Broilern betrug das Gewicht der Knochen 16,3%, die Brustmuskulatur 12,1% und die Schenkelmuskulatur 17% des Lgw. Die Werte für die weibl. Broiler betrugen 16,1%, 13,1% und 18,3%. Die Cornish hatten ein höheres Knochengewicht, 17,7% bzw. 16,4% vom Lgw. und ein höheres Gewicht der Brustmuskulatur, und zwar 14,5% bzw. 16,4% des Lgw. H. Pingel. 4640.

Gleichauf, Robert. **Die Eiform als Auslesefaktor.** Dtsch. Geflügelwirtsch. **14** (1962) Nr. 40. S. 513–516. — 9 Abb., 3 Lit.
Das Eiprüfgerät „Ovo Colombo" von Abel aus Pichlgut, welches aus den Symmetrieverhältnissen des Eies Schlüsse auf Legeleistung der betreffenden Henne, Schlupffähigkeit ihrer Nachkommen, Geschlechtsverhältnis, Totwahrscheinlichkeit während der Aufzucht u. ä. zuläßt, wurde einer Eignungsprüfung für die Praxis unterzogen. Die Prüfmethode mittels des Gerätes hat

versagt bei der Selektion auf Legeleistung, bei der Ermittlung des Geschlechts sowie im Hinblick auf die Beeinflussung des Verhältnisses zugunsten des weibl. Geschlechts. Eine gewisse Tendenz im Sinne der Abelschen Leistungsstufen ergab sich hinsichtlich der Lebend-Tot-Erwartungen, also bei der Schlupffähigkeit. Damit bestätigt sich die schon immer bei der Auswahl der Bruteier wohl beachtete Beziehung zwischen der guten, glattschaligen Eiform und der Schlupffähigkeit. W. Greiner-Petter. 4655.

Scholtyssek, Siegfried. **Die Leistungsprüfungsverfahren in der Geflügelzucht.** Arb. landwirtsch. Hochschule Hohenheim **9** (1961) S. 23–36. — 2 Abb., 2 Tab.
Vf. kommt zu der Schlußfolgerung, daß unter wirtschaftlichen Gesichtspunkten der Prüfung von Gebrauchstieren im Stichprobentest der Vorrang zu geben ist. Nach Gründung von Zuchtringen könnten auch spez. Prüfanstalten errichtet werden, die ausschließlich der Zuchtarbeit zu dienen hätten. Darüber hinaus sollte eine Trennung der Leistungsprüfung für Lege- und Masttiere erfolgen. Bei der Legeleistungsprüfung ist der Eizahl pro eingestallter Henne ein bes. Informationswert einzuräumen, bei der Mastleistungsprüfung spielt das 8-Wochen-Gewicht eine ausschlaggebende Rolle. Die Erfassung der Einzelmerkmale und ihre getrennte Wiedergabe werden als notwendig erachtet. Außerdem erfolgt eine Betrachtung über die Technik und Durchführung der Leistungsprüfungen. Es wird u. a. der Vorschlag unterbreitet, statt der Prüfungen einer Herde in Einzelkontrolle, vier oder mehr Untergruppen in Gruppenkontrolle zu halten. Es ist richtiger, pro Jahr weniger Herkünfte, diese dafür aber exakt und einwandfrei zu prüfen, da bei mehrmaligen Wiederholungen durch Jahresunterschiede und Änderungen des Genbestandes der Ausgangstiere die Vergleichbarkeit abgeschwächt wird. K. Löhle. 4656.

Heinemann. **Legeleistungskontrolle 1961/62 in der Tierzucht- und Mastprüfstation Altmorschen.** Dtsch. Geflügelwirtsch. **14** (1962) Nr. 40. S. 519 bis 520. — 4 Abb.
Eingestellt wurden am 20. 7. 1961 7 Gruppen mit je 50 Tieren (Gr. 1 — Leghorn; Gr. 2+3 — Hy-Line; Gr. 4–6 — Deutsche Linienhybriden; Gr. 7 — HNL). Gefüttert wurde Raiffeisen-Legemehl S und ein Körnergemisch (60% Weizen, 20% gebrochener Mais, 16% Gerste, 2% Garnelen, 2% Muschelschalen) und Grit und Muschelkalk ad libitum. Die Körnerration betrug 50 g/Tier/Tag, nur Gr. 3 erhielt 70 g/Tier/Tag (Beginn 70%iger Legeleistung bis Ende des Legejahres). Die Futterverwertung lag bei ca. 1:3,0; dadurch sanken im Prüfzeitraum auch die Futterkosten je Ei. Die Verluste schwankten zwischen 2 und 10%. Die Eizahl je eingestallte Henne belief sich (Gr. 1–7) auf 225 (64%), 251 (71%), 250 (71%), 236 (67%), 244 (69%), 241 (68%) und 248 (70%). — Die geprüften kurhessischen Zucht- und Vermehrungsbetriebe wiesen einen ausgeglichenen, überdurchschnittlichen Leistungsstand auf. Die erstmalig beteiligten Deutschen Linienhybriden (jetzt „Meisterhybriden") waren den anderen Hybriden praktisch gleichwertig.
W. Greiner-Petter. 4656.

Preisser, C.; Leipzig, Karl-Marx-Univ., Inst. für Kleintierzucht. **Die Beziehungen zwischen Teilperiodenleistung der Eigewichte zur Jahresleistung und die Bedeutung für eine frühe Ermittlung des Erbwertes bei Hühnern.** Arch. Geflügelzucht Kleintierkunde **11** (1962) Nr. 5/6. S. 299–333. — 11 Abb., 17 Tab., 37 Lit.
Vf. untersuchte an Hand der Leistungen von 5852 Weißen Leghorn-Hennen aus 4 sächsischen Herdbuchzuchten im 1. Legejahr die Beziehungen zwischen Junghenneneigewicht (JHG, Wintereier), Henneneigewicht (HG) und Jahreseigewicht (JG). Säulendiagramme zeigen, daß mit steigendem JHG der Anteil der höheren Leistungsklasse der JG bei kontinuierlicher Abnahme der niedrigen Leistungsklasse ständig zunimmt. Die für alle Betriebe sowohl

für Einzelleistungen als auch für Schwesterngruppenleistungen errechneten Korrelationen schwanken zwischen 0,71 und 0,89. Um ein Durchschnittseigewicht von 56–58 g zu bekommen, muß das JHG mindestens 55 g erreichen. Die Zuchtwertschätzung der Hähne kann mit hinreichender Genauigkeit bereits an Hand der Teilperiodenleistung ihrer Töchter vorgenommen werden. In 81% der untersuchten Fälle (39 von 48 untersuchten Hähnen) stimmten die errechneten Hofferschen Erbwerte nach der Teilperiodenleistung mit der Jahresleistung überein. A. Schaaf. 4658.

Zervas, N. P., Collins, W. M. und Skoglund, W. C. Genetic variation and covariation in yellow shank pigmentation intensity and 8 week body weight of chickens. **(Die genetische Variation und Covariation hinsichtlich der Intensität der Gelbfärbung der Ständer und des 8-Wochen-Gewichtes der Küken.)** Poultry Sci. **41** (1962) Nr. 4. S. 1247–1254. — 5 Tab., 23 Lit.
Die Punktzahl für Ständerpigmentierung und das 8-Wochen-Gewicht wurde bei insgesamt 3530 Broilern aus 2 verschiedenen Linien in 2 Jahren festgestellt. Die Ständerpunktzahl war ständig in der C-Linie höher als in der R-Linie, dagegen kehrte sich die Linienreihenfolge bei dem 8-Wochen-Gewicht um. Die durchschnittl. Heritabilität für Ständerpigmentierungsstärke in der männl. Nachzucht betrug 21 nach der väterlichen Varianzkomponente und 69 nach der mütterlichen. Unter der weibl. Nachzucht deuteten die korrespondierenden Heritabilitätsschätzungen (16 und 23) auf geschlechtsgebundene Gene hin, welche die Stärke der Ständerpigmentierung beeinflussen können. Die von der Umwelt bestimmte Korrelation zwischen Ständerpunktzahl und Körpergewicht war niedrig, aber i. allg. positiv. Die genetische Korrelation zwischen diesen Kennzeichen war durchweg negativ.
W. Greiner-Petter. 4660.

Svozil, Eduard. Odhad dědičnosti počtu a váhy vajec u mladých kohoutů. **(Schätzung der Erblichkeit der Eizahl und des Eigewichtes bei jungen Hähnen.)** Studijní Informace, Řada Živočišná Výroba **1962** Nr. 2. S. 1–20. — 10 Tab., 13 Lit.
Die Arbeit faßt eine kritische Darstellung verschiedener Methoden einer Schätzung der erblichen Veranlagung von Hähnen mit Hinsicht auf Anzahl und Gewicht der Eier zusammen. Am geeignetsten für die züchterische Praxis ist die vom Forschungsinstitut in Hohenheim geprüfte Methode, welche folgende Gesichtspunkte berücksichtigt: a) Durchschnitt der Legeleistung und des Eigewichts bei mindestens 8 Schwestern des Hahnes im 1. Legejahr. b) Durchschnitt der Legeleistung und des Eigewichts bei der Mutter der Hahnschwestern, Standardleistung des Vaters und Durchschnittsleistung der Schwestern des geprüften Hahnes. c) Durchschnittsleistung der Schwestern der Mutter, eigene Leistung der Mutter, Standardleistung des Vaters und Durchschnittsleistung der Schwestern des geprüften Hahnes. Zur Vereinfachung der Berechnungen wird für die breite Praxis die Schätzung der erblichen Veranlagung des Hahnes nach der Leistung seiner mindestens 8 Schwestern empfohlen. F. Svoboda. 4660.

Molčanova, N, Šorochova, N. und Javorskij, L. (Moltschanowa, N., Schorochowa, N. und Jaworski, L.); Krasnojarsk, Landwirtsch. Inst. Vyraščivanie mjasnych cypljat v Krasnojarskom krae. **(Die Aufzucht von Fleischküken in der Region Krasnojarsk.)** Životnovodstvo, Moskva **24** (1962) Nr. 6. S. 36–38. — 3 Tab.
Bei der Kreuzung von Russischen Weißen mit Kutschinoer Hühnern, Rhodeländern und Australorps wurden bessere Ergebnisse erzielt (Lgw. mit 90 Tagen: Russische Weiße × Rhodeländer 1500 g, Rhodeländer × Russische Weiße × Kutschinoer 1550 g (**I**), Rhodeländer × Russische Weiße × Australorps 1450 g) als mit reinrassigen Russischen Weißen (**II**-1100 g) und Rhodeländern (**III**-1250 g). Die Futterrationen waren eiweißreich und lagen zwischen 60

und 70 Tagen 20–30% höher als Normalrationen. Der Futteraufwand betrug nach 3 Mon. bei **I**-3,892 FE/kg Zunahme, bei **II**-5,06 FE und bei **III**-4,843 FE. Die Küken wurden auf Tiefstreu mit einer Besatzdichte von 12–13 Tieren/m² gehalten. F. Schenk. 4669.

Penionžkevič, È. È. (Penionshkewitsch, E. E.); Sagorsk, Gebiet Moskau, Unions-Forsch.-Inst. für Geflügelzucht, Abt. für Züchtung. Metody vyvedenija i soveršenstvovanija mjaso-jaičnych porod kur. **(Methoden der Schaffung und Vervollkommnung von Zwiehuhnrassen.)** Trudy Vsesojuznogo naučno-issledovatel'skogo instituta pticevodstva, Moskva **27** (1961) S. 3–14. — 5 Tab., 17 Lit.

Die Broilerproduktion basiert im wesentlichen auf Kreuzungen zwischen Rassen und Linien des Zwiehuhntyps. Das Ziel des Zuchtprogramms sieht vor, in den nächsten Jahren die Mastdauer auf 50–55 Tage zu verkürzen und ein Schlachtgewicht von 1350 g bei einer Rohverwertung von 2,4–2,7 kg zu erreichen. Bei der Selektion auf Mastfähigkeit sind die Korrelationen zu beachten, die bestehen zwischen Lgw. im 30- und 70- bzw. 90-Tage-Alter (+ 0,59 und + 0,74), zwischen Brustmuskelgewicht und prozentualem Anteil eßbarer Teile am Schlachtkörper (+ 0,84) und zwischen Eigewicht und Lgw. (+ 0,58). Die langsame Befiederung wird von Hähnen gleichmäßig auf Söhne und Töchter, von Hennen dagegen bevorzugt auf Söhne vererbt. Ferner werden väterlicherseits Legeleistung und Legereife und mütterlicherseits Lgw., Schlupffähigkeit, Mastqualität, bestimmte Exterieureigenschaften und Lebensfähigkeit bevorzugt vererbt. Daraus ergibt sich die Verwendung bestimmter Rassen oder Linien bei der Kreuzung als väterliche bzw. mütterliche Ausgangsformen. Für die Züchtung neuer Rassen gibt es 2 grundlegende Wege, einmal die Rassenkombination und zum anderen die vegetative Kreuzung, bei der über 5 Generationen Blut einer anderen Rasse übertragen wird. Nach letzterer sind die Leningrader Weiße entstanden, und zwar wurde Blut von Australorp auf Weiße Leghorn übertragen. Neben anderen Veränderungen trat hinsichtlich des Lgw. ein vegetativer Herosiseffekt auf, indem die Kreuzungstiere das Gewicht beider Ausgangsrassen übertrafen. H. Pingel. 4669.

Polivanova, T. M. und Levin, N. M. (Poliwanowa, T. M. und Lewin, N. M.); Sagorsk, Gebiet Moskau, Unions-Forsch.-Inst. für Geflügelzucht, Abt. für Züchtung. Sravnitel'naja ocenka pomesej kur pri vyraščivanii cypljat na mjaso. **(Vergleichende Bewertung von Kreuzungshühnern bei der Mastkükenaufzucht.)** Trudy Vsesojuznogo naučno-issledovatel'skogo instituta pticevodstva, Moskva **27** (1961) S. 15–32. — 3 Abb., 15 Tab.

Es sollten die Rassen ermittelt werden, die bei der Kreuzung hinsichtlich Mastfähigkeit die beste Kombinationseignung aufwiesen. Die Untersuchung wurde mit 4100 reziproken Kreuzungstieren zwischen Kutschinoer Jubiläum und Weißen Sagorskern, Sagorsker Lachsfarbenen bzw. Weißen Moskauern sowie reinrassigen Weißen Sagorskern, Kutschinoer Jubiläum und Russischen Weißen durchgeführt. Das höchste 90-Tage-Gewicht bei bester Futterverwertung zeigte die Kombination Kutschinoer Jubiläum × Sagorsker Lachsfarbene, nämlich bei den Hähnchen 1607 g und bei den Hennen 1233 g bei einem Verbrauch von 3,4 kg Mischfutter je kg Zuwachs. Es wurde ferner eine deutliche Abhängigkeit des 90-Tage-Gewichtes vom 10-, 30- und 60-Tage-Gewicht festgestellt. Nach dem 80. Lebenstag wird die Wachstumsenergie plötzlich gesenkt, so daß die Mast besser im 80-Tage-Alter beendet wird. Dementsprechend erhöht sich der Aufwand an FE je kg Zuwachs von 3,67 im Abschnitt 1. –80. Lebenstag auf 4,39 im Abschnitt 1. –90. Lebenstag. Das Äußere der Schlachtkörper ist häufig durch dunkle Stoppeln unansehnlich. Deshalb sind Kreuzungen mit Weißen Sagorskern und Moskauern vorzuziehen. H. Pingel. 4690.

Ehrlich, Gundula; Leipzig, Karl-Marx-Univ., Inst. für Kleintierzucht. **Der Einfluß der Witterung auf die Legeleistung der Hühner.** Tierzucht **16** (1962) Nr. 6. S. 267–270. — 20 Lit.
Die günstigste Umgebungstemperatur für Hühner liegt zwischen 13 und 24 °C. Tierverluste durch Wärmestauung oder Leistungsabfall in der Eiproduktion sind bes. bei feuchtwarmem und bei heißem Wetter zu verzeichnen. Der durch heiße Witterung bewirkte Rückgang in der Legeleistung ist in erster Linie dem geringeren Futteraufwand zuzuschreiben, da die Tiere mehr Wasser zu sich nehmen. Das Sinken der Legeleistung im Winter scheint nicht allein durch die Kälte, sondern durch das Zusammenwirken mehrerer negativer Faktoren hervorgerufen zu werden. Bei Versuchen mit Beleuchtung und Heizung erwies sich das Licht als leistungsfördernder. Hohe rel. Luftfeuchtigkeit mit hohen bzw. niedrigen Temperaturen wirken sich ungünstig auf das Wohlbefinden des Huhnes aus. Stärkere Niederschläge zwischen 14 und 19 Uhr lassen die Eiproduktion abfallen. Die Entstehung von Krankheiten wird unter bestimmten Witterungsverhältnissen gefördert und dadurch die Legeleistung beeinflußt. Eine verstärkte Legetätigkeit hat eine vermehrte Wasseraufnahme zur Folge.
U. Hofmann. 4700.

Smetnev, S. I., Belov, L. und Sergeev, V. A. (Smetnew, S. I., Below, L. und Sergejew, W. A.); Moskau, Lenin-Akad. der Landwirtsch.-Wiss.; Landwirtsch. Timirjasew-Akad. Uskorennoe ulučšenie mjasnych kačestv cypljat. **(Beschleunigte Steigerung der Fleischleistung bei Broilern.)** Vestnik sel'skochozjajstvennoj nauki, Moskva **7** (1962) Nr. 5. S. 73–82. — 5 Abb., 5 Tab., 17 Lit. Zus. in Engl., Franz., Dtsch.
In der Geflügelzucht ist für die schnelle Produktion von Broilern und zur Verbesserung ihrer Fleischqualität die Selektion, Zuchtwahl und Kreuzung der wirtschaftlichsten Geflügelrassen, bes. der einheimischen, des Fleisch-Eier-Types von äußerster Wichtigkeit. Eine Verbesserung der Fleischqualität kann durch die züchterische Verbesserung der Entwicklung des Brustmuskels erreicht werden, dessen Gewicht mit dem Körpergewicht des Huhnes korreliert. Der Einfluß des väterlichen Organismus ist vorherrschend, jedoch ist auch der mütterliche Organismus von großer Bedeutung.
G. Leisner. 4700.

Kondra, P. A., Richards, J. F. und Hodgson, G. C.; Winnipeg, Canada, Univ. of Manitoba, Poultry Dep. The effect of sex, ration and strain on meat yield and its determination in chicken broilers. **(Die Wirkung von Geschlecht, Fütterung und Linie auf den Fleischertrag und seine Bestimmung bei Broilern.)** Poultry Sci. **41** (1962) Nr. 3. S. 922–927. — 5 Tab., Lit.
Vff. beginnen mit der Beschreibung einiger Methoden zur Bestimmung des prozentualen Anteils von eßbarem Fleisch am Gesamtgewicht des Geflügels und sind der Auffassung, daß neue Methoden zur genauen Lösung dieses Problems gefunden werden müssen. Anschließend werden ausführliche Versuche beschrieben, die mit 3 Mastkreuzungen beiderlei Geschlechts in 4 Fütterungsgruppen durchgeführt wurden. Es wurde festgestellt, daß Linien- und Fütterungsunterschiede signifikante Effekte auf das abs. Skelettgewicht haben und daß das Geschlecht eine Auswirkung auf das Verhältnis des Skelettgewichtes zum Femur-, nicht aber zum Tibio-tarsus-Gewicht hat.
B. Rempel. 4700.

Coppock, J. B. M. und Daniels, N. W. R.; Cambridge, Techn. Res. Stat. Influence of diet and husbandry on the nutritional value of the hen's egg. **(Der Einfluß der Fütterung und Haltung auf den Nährwert des Hühnereies.)** J. Sci. Food Agric. **13** (1962) Nr. 9. S. 459–467. — 5 Abb., 5 Tab., 15 Lit.
Je 18 Hennen bekamen 13 Mon. lang zum Grundfutter a) 4% Erdnußöl mit 2,52 g essentiellen Fettsäuren (EFA), b) 4% Talg mit 1,45 g EFA/100 g

Futter. Die Eier wurden alle 4 Wochen, je 2 Hennen/Gruppe alle 12 Wochen analysiert. Der Gehalt an EFA in den Eiern war bei a) höher als bei b) und veränderte sich im Laufe der Legezeit gleichsinnig (Rückgang nach dem 6. und 10. Mon.). Der Anteil an gesättigten Fettsäuren hielt sich in den Eiern auf gleicher Höhe und war vom Angebot im Futter unabhängig. Im Körperfett der Hennen wirkte sich die Fütterung erst viel später (nach 6 Mon.) aus; die EFA stellten sich auf je einen konstanten Wert ein, der bei a) höher lag als bei b). Auch an gesättigten Fettsäuren enthielten die Hennen a) — im Gegensatz zu den Eiern — um 7% mehr als b). Auch diese Werte änderten sich während der Versuchsdauer nicht. Die Haltung in Batterien, auf Tiefstreu und im Grasauslauf blieb auf den EFA-Gehalt in den Eiern ohne Einfluß. Eine makroskopische Anreicherung von Lipoiden in der Aortenwand, wie sie bei Küken auftreten sollte, deren Mütter Batteriehennen waren, beobachteten Vff. nicht; sie fanden in histol. Präparaten winzige sudanophile Tröpfchen — in der Intima und media interna — bei allen Küken. Die Zusammensetzung des Fetts der Aorta stimmte völlig überein mit der des Eies. C. Engelmann. 4700.

Mather, F. B., Epling, G. P. und Thornton, P. A.; Fort Collins, Colorado Agric. Stat. The microscopic structure of the egg shell matrix as influenced by shell thickness and environmental temperature. **(Die mikroskopische Struktur der Kalkschale, die durch Schalendicke und Umgebungstemperatur beeinflußt wird.)** Poultry Sci. **41** (1962) Nr. 3. S. 963–970. — 4 Abb., 2 Tab.

Vff. gehen einleitend auf zahlreiche Literaturquellen ein und beschreiben dann 2 Versuche, in denen mehrere Eiergruppen — von Weißen Leghorn bei Temperaturen zwischen 70 und 90 °F gelegt — zusammengestellt wurden. Die Schalen dieser Eier wurden mit Mikrometer und Mikroskop untersucht. Es konnten keine begründeten Schlußfolgerungen über den Einfluß der erhöhten Temperatur auf die Quantität an Kalkschale gezogen werden im Gegensatz zu der Wirkung auf die Schalendicke. Bei der Untersuchung der Struktur der Kalkschale konnten 2 Anordnungen des Gewebes beobachtet werden, einmal eine punktierte und zum anderen eine geschichtete. Vff. vermuten, daß die Menge der Kalkeinlagerungen in die Eischale von der histol. Struktur der Kalkschale abhängig ist. B. Rempel. 4700.

Rodriguez, J. L. und Riehl, L. A. Control of flies in manure of chickens and rabbits by cockerels in Southern California. **(Die Kontrolle der Fliegen im Küken- und Kaninchendünger mittels Hähnchen in Südkalifornien.)** J. econ. Entomol. **55** (1962) Nr. 4. S. 473–477. — 1 Abb., 4 Tab., 1 Lit.

In Südkalifornien wurde in Wirtschaftsgeflügelhaltungen anschaulich dargestellt, wie sich die Zahl der Fliegenlarven und -puppen (*Musca domestica* L.) im Kükendünger unter Käfigen mit einem erhöhten Maschendrahtboden auf Null vermindern läßt, wenn Hähnchenküken auf die Kotplatte freigelassen werden. Die Kontrolle wurde bei einer Anzahl von 20–100 Hennenküken in Käfigen mit je 1 Hähnchen auf der Kotplatte aufrechterhalten. Die Hähnchen entwickelten sich zufriedenstellend und verblieben bis zum 12- und 16-Wochen-Alter auf der Kotplatte. Die Verlängerung des Aufenthaltes bis zu 24 Wochen wurde mit Erfolg versucht, wenn die Behandlungsweise in jeder Hinsicht gut war. Die Zahl der Küken bei wechselnden Bedingungen wurde zwecks Ermittelung der Behandlungsarten geprüft, die für die Fliegenkontrolle durch Küken günstig waren. Erwünschte Praktiken sind in einer Zusammenstellung verzeichnet. Die Benutzung von Hähnchen wurde auch auf einen Versuch mit Kaninchen ausgedehnt. Die Kontrolle der Fliegenlarven und -puppen in den Exkrementen wurde mit 1 Hähnchen auf je 5 Kaninchen erreicht. W. Greiner-Petter. 4708.

Stumpel, M. E. M. Beproeving van een vaccin tegen preudo-vogelpest, stam LaSota, onder praktijkomstandigheden. **(Prüfung einer Vaccine gegen atypische Geflügelpest, Stamm LaSota, unter Praxisbedingungen.)** Tijdschr. Diergeneeskunde **87** (1962) Nr. 13. S. 894–907. — 7 Abb., 7 Lit. Zus. in Engl., Franz., Dtsch.

4482 Hühner aus 9 Betrieben wurden im Alter von 8–21 Wochen mit einer im Handel befindlichen Trinkwasservaccine gegen atypische Geflügelpest (Stamm LaSota) geimpft. Bei Infektion der Tiere mit virulentem Virus 3 Mon. nach einmaliger Impfung erwies sich die Immunität als sehr fest. 42 Wochen nach der 2. Impfung wurden 231 Tiere aus 3 Beständen intranasal mit einem virulenten Stamm infiziert. Während 9 der 20 Kontrolltiere innerhalb 9 Tagen nach der Infektion starben, verendeten von den geimpften Tieren nur eines in der 2. Woche und 12 in der 3. Woche, wobei es sich fast ausschließlich um schon vorher geschwächte Tiere handelte. Der Hämagglutinations-Titer stieg nach der Infektion deutlich an. Da der LaSota-Stamm der atypischen Geflügelpest niedrige Virulenz mit starken immunogenen Eigenschaften vereint, ist er als Vaccinestamm geeignet. Impfung zu Beginn der Legezeit gibt Schutz gegen Geflügelpest während der ganzen Legeperiode. W. Wittig. 4710.

Gänse

Hynek, Bohumír und Balcarová, Barbara; Uhříněves. Inseminace hus. **(Künstliche Besamung der Gänse.)** Drůbežnictví **10** (1962) Nr. 9. S. 138–139. 2 Abb.

Die Einführung von Gänse-Großzuchten in der ČSSR hängt in bedeutendem Maße von der praktischen Lösung der KB der Gänse ab. Vff. beschreiben die Besamungsmethode nach Szumowski und ihre Vorteile. Zur Insemination einer Gans soll die Mindestdosis von 0,05 ml unverdünnten Spermas benutzt werden. Das Verdünnungsverhältnis soll 1:10 nicht überschreiten. Die Vitalität des Spermas von Wassergeflügel hält nur 1–3 Std. vor. Diese Zeit ist aber für die praktische Besamung ausreichend. In nativem Eiweiß oder im Schlagdotter von Gänseeiern lassen sich die Spermien 4 Std. lang lebend und beweglich erhalten. Der abgenommene Samen darf dem Sonnenlicht nicht ausgesetzt werden. Die eigentliche Besamung wird mit einer Glaspipette (10 cm lang) durchgeführt, welche in den Eileiter 4–5 cm tief eingeführt wird. F. Svoboda. 4810.

Enten

Kamar, Gamal A. R. Growth of various breeds of ducks under Egyptian conditions. **(Die Wachstumsrate verschiedener Entenrassen unter ägyptischen Bedingungen.)** Poultry Sci. **41** (1962) Nr. 4. S. 1344–1346. — 1 Tab., 9 Lit.

Die Wachstumsrate der Sudan-, Dumyati-, Khaki Campbell-, Rouen- und Peking-Enten und -Erpel wurde 12 Mon. beobachtet. Während der ersten 3 Lebensmonate stellte man die höchste Zuwachsrate fest. Darüber hinaus nahm sie bei allen Rassen beachtlich ab. Die Peking-Enten und -Erpel zeigten unter allen Rassen das schnellste Wachstum, die Sudan-Enten waren unter allen die schwersten im Körpergewicht. Die Rouen- und Campbell hatten mittlere Größe, am leichtesten waren die Dumyati im Alter von mehr als 6 Mon. Angaben über das Lgw. mit 3 Mon. folgen für Enten und Erpel. W. Greiner-Petter. 4965.

Truthühner

Lueddeckens, M.; Merbitz, Inst. für Geflügelwirtsch. **Die Putenhaltung in Bulgarien.** Tierzucht **16** (1962) Nr. 10. S. 447–449. — 3 Abb.

Bis vor 5 Jahren gab es nur individuelle kleinere Bestände, und man versucht seitdem, die übliche bronzefarbene Landrasse durch Importe nordkaukasischer

Puten zu verbessern. Die Kreuzungstiere wiesen nach einiger Zeit eine bessere Legeleistung als die reingezüchteten Tiere auf. Aus Israel wurden Empire White Puten eingeführt, eine ausgesprochen schwere Rasse; die Puter wiegen ⌀ 10 kg. In der Mastzeit werden die Puten vorwiegend gehütet, wodurch die Putenhaltung sehr rentabel wird. Der wichtigste Faktor für das Gelingen der Putenzucht ist das günstige bulgarische Klima, bes. die meist vorhandene Luftfeuchtigkeit von nur 50–60%. Abschließend gibt Vf. Empfehlungen für einen möglichen Aufbau einer umfangreichen Putenzucht in der DDR.
B. Rempel. 5052.

D. KANINCHEN

Kettner, B. **38. Angoraleistungsprüfung.** Garten u. Kleintierzucht, Ausg. D **1** (1962) Nr. 1. S. 4–5. – 1 Abb., 4 Tab.

Die 38. ALP der DDR wurde am 31. 12. 1961 mit 291 (100, 191) Angorakaninchen abgeschlossen. 271 Tiere stammten aus 61 Herdbuchzuchten, 20 (12,8) aus 7 Zuchten der Spezialzuchtgemeinschaft. Während der Prüfungszeit verendeten 18 (4, 14) Tiere. Die Fütterung erfolgte wie üblich. Der durchschnittl. Jahreswollertrag lag bei den Herdbuchtieren bei 695 g mit 30 g über dem der 37. ALP. Die 20 Tiere der Spezialzuchtgemeinschaft Angora erreichten 627 g. Spitzenleistung: bei Rammlern 795 g, bei Häsinnen 925 g. Über 700 g wurden bei den Rammlern von 16 Tieren (= 18,2%) und über 800 g bei den Häsinnen von 25 Tieren (= 13,6%) erreicht. Sämtliche Durchschnitts- und Grenzwerte zeigen höhere Ergebnisse gegenüber der 37. ALP. Auch der Anteil der I. Wollqualität stieg geringfügig an. Alle 3 Schuren (die 4. wurde errechnet) zeigen ein gut ausgeglichenes Ergebnis. Auf Grund der ansteigenden Wolleistungen war es notwendig, die Bewertungsgrundlagen der ALP zu verändern. Während in der 37. ALP fast 54% der Tiere das Werturteil „Vorzüglich" erhielten, erreichten nach der neuen Einstufung nur 17,5% aller Tiere dieses Prädikat. Auch das Körurteil der 38. ALP zeigt eine leichte Verschiebung des Ergebnisses zugunsten der niederen Körklassen. In die Zuchtwertklasse (ZWK) „E" wurden 6,6% aller Herdbuchtiere gegenüber 16,1% im Vorjahr gekört, ZWK I 18,1% gegenüber 26%, ZWK II 28%, gegenüber 20,2%, ZWK III 21,8% gegenüber 17,8% und nicht gekört wurden 24,7% aller Tiere gegenüber 19,9% im Vorjahr. Das Herdbuch verfügt über genügend gutes Tiermaterial, um auf unterdurchschnittliche Leistungen verzichten zu können. Dieser strenge Körmaßstab erfordert eine gute Zusammenarbeit und den Austausch besten Tiermaterials der Züchter innerhalb ihrer Zuchtgemeinschaft, mit dem Ziel, eine weitere Steigerung der Leistungen zu erreichen. K. Steiner. 5261.

Schulz, O. und Völker, H. **Zu Verlauf und Erscheinungsformen der Myxomatose.** Mh. Veterinärmed. **17** (1962) Nr. 11. S. 441–445. – 1 Tab., 23 Lit.

Nach einer einleitenden Literaturübersicht werden die Untersuchungsbefunde an 69 Haus- und 5 Wildkaninchen beschrieben. Die Inkubationszeit beträgt bei der Myxomatose 6 – mindestens 28 Tage. Als Seuchenreservoir sind Wildkaninchen zu betrachten. Der Übertragungsmodus wies keinen einheitlichen Charakter auf. Insekten, Aufnahme infizierten Futters, Tröpfcheninfektionen u. a. dürften in vielen Fällen für die Infektion verantwortlich zu machen sein. Die Myxomatose gehört zu den biozönosen Seuchen mit monophagem Erreger und polyphagem Überträger. Bei der Myxomatose ist eine vorwiegend exsudativ und vorwiegend produktiv verlaufende Form zu unterscheiden. Die exsudative Form hat beim erstmaligen Auftreten, wie im Kreise Neubrandenburg, eine fast 100%ige Mortalität zur Folge. 5–15 Tage nach der Infektion kommt es zum Letalverlauf. 3 an der produktiven Verlaufsform erkrankte Tiere zeigten noch nach 41 bzw. 35 Tagen keine Allgemeinstörungen trotz ständigen Kontaktes zu an der exsudativen

Form erkrankten und verendeten Kaninchen. Im Gegensatz zu der exsudativen Form mit beetartigen Umfangsvermehrungen, die primär auf bestimmte Körperregionen beschränkt waren, treten bei der produktiven Krankheitsform scharf von der Umgebung abgesetzte Knoten auf. Bei 22 natürlich mit Myxomatose infizierten Hauskaninchen wurde der Krankheitsverlauf (Atmung, Temperatur, Art der Sekretion, Verhalten und Blutbild) ausführlich beschrieben. E. Kunter. 5275.

E. PELZTIERE

Häßler, J. **Die Entwicklung der Edelpelztierzucht in der DDR.** Garten u. Kleintierzucht, Ausg. D **1** (1962) Nr. 1. S. 13.

Das Startzeichen für die Entwicklung der Edelpelztierzucht nach 1945 gab der Befehl Nr. 18 der damaligen SMAD. Unerwünschte Begleiterscheinungen, z. B. Spekulationen, gingen schnell vorüber und es blieben nur die passionierten Edelpelztierzüchter. Es entstanden die bekannten Zucht- und Forschungsstätten von internationalem Ruf Plau-Appelburg und Lauer-Leipzig. Nach 1950 entstanden neben den großen volkseigenen Farmen und den kleinen nebenberuflichen Zuchten die ersten genossenschaftlichen Pelztierfarmen. Während die Zucht der Edelfüchse infolge der Fellpreissenkung im Jahre 1957, hervorgerufen durch Absatzschwierigkeiten der Langhaarfelle, zurückgegangen ist, hat sich der Nerz zum Pelztier Nr. 1 entwickelt. Die Nerzbestände wachsen ständig an, wobei der Mutationsnerz immer mehr in den Vordergrund rückt. Ursachen dieser Entwicklung sind die vielseitige Verwendbarkeit des Nerzfelles und die große Nachfrage bei günstigen Preisnotierungen auf dem Weltmarkt. — Die Zucht der Sumpfbiber verlief wechselvoll. Der ausgesprochenen Konjunkturzeit bis 1952 mit einer sinkenden Fellqualität folgte eine gewisse Beruhigung. Seitdem sind die Sumpfbiberbestände im großen und ganzen trotz Abgang vieler werktätiger Einzelzüchter durch Aufstockung im sozialistischen Sektor annähernd gleich geblieben. Die Mehrzahl der Nutriafelle stammt aus den Kleinfarmen der nebenberuflichen Züchter. Die Rentabilität dieser Kleinfarmer geht jedoch zurück, da bei gleichbleibenden Rohfellpreisen die Ausgaben sich ständig erhöhen. Vf. hält die Schaffung eines gewissen Ausgleiches für wünschenswert, damit die Züchter einen Anreiz zur Weiterführung ihrer nebenberuflichen Nutriazuchten erhalten. — Die kleine, aber beständige Züchterschaft des Karakulschafes bringt bei rel. geringem Fellaufkommen und vornehmlich Zuchttierexporten ebenfalls wertvolle Devisen für die Volkswirtschaft. Die restlichen Pelztierarten sind ohne größere Bedeutung. K. Steiner. 5301.

Schmidt. **Über die Nerzzucht in der DDR.** Dtsch. Pelztierzüchter **36** (1962) Nr. 9. S. 162–164.

Von der Saison 1959/60–1961/62 trat eine Steigerung der für die Auktionen bestimmten Standardnerzfelle von 28929 auf 63156 Stck. ein. Zu guten Erfolgen führte das Bestreben, die Größenentwicklung zu verbessern, so daß 1961/62 bereits 65,5% der Rüdenfelle eine Länge von über 59 cm gegenüber 23,9% im Winter 1959/60 aufwiesen. Farblich konnte eine entspr. Verbesserung nicht erreicht werden. 1959/60 konnten 24,9%, 1961/62 27% der Rüdenfelle in die Gruppen dunkel und extradunkel eingeordnet werden. Insgesamt gesehen waren Fortschritte zu erzielen. Die statistischen Werte beziehen sich nur auf Standardnerze, da das Aufkommen an Mutationsfellen nur 12% des Gesamtanfalles ausmacht. Während im sozialistischen Sektor der DDR im Jahre 1958 12 Nerzfarmen mit 13935 Tieren und 26 Sumpfbiberbetriebe mit 9580 Tieren bestanden, gab es am 3. 7. 61 38 Farmen mit 71106 Nerzen und 51 Sumpfbiberzuchten mit 22913 Tieren.

H. Zimmermann. 5302.

Zimmermann, Horst. **Sami-Nerze.** Pelzgewerbe [N. F.] **12** (1961) Nr. 6. S. 256–258. — 4 Abb., 7 Lit.

Vf. geht auf einen neuen Zuchttyp in der Nerzzucht ein, dem Sami-Nerz, dessen Granne 2,5- bis 3mal, die Unterwolle doppelt so lang ist wie die der bekannten Farm- und Wildnerze. Es handelt sich hierbei um eine rezessive Mutation, die das Gensymbol „l“ erhalten hat. Es wird ein Verpaarungsbeispiel für Sami- × Standard-Nerz angeführt und ein Beispiel, wie die Langhaarigkeit in doppelrezessive Farbtypen eingekreuzt werden kann. Bekannt sind bis jetzt Sami-Saphir, Sami-Aleuten, Sami-Platinum und Sami-Palomino-Nerze. Aus Amerika importierte Fähen zeigten in Dänemark einen Wurfdurchschnitt von 2,44 Welpen bei der Geburt und 1,93 am 1. 6. Wie diese Mutation vom Handel aufgenommen wird, ist wegen des geringen Angebots noch nicht zu entscheiden. G. Bendrat. 5302.

Shackelford, Richard M. und Cochrane, Robert L. Reproductive performance of female mink fed stilbestrol. **(Die Fruchtbarkeit der mit „Stilboestrol“ gefütterten Nerzfähen.)** J. Animal Sci. **21** (1962) Nr. 2. S. 226 bis 231. — 6 Tab., 24 Lit.

Nach Shackelford verringert sich die Wurfgröße um 25%, wenn an Nerzfähen mehr als 5 mg Stilboestrol pro Tag und Nerzfähe von Mitte Febr. bis Apr. verfüttert werden. Stilboestrol gelangt mit Schlachtabfällen von Geflügel und Mastvieh in das Nerzfutter. In Versuchen erhielten Nerzfähen zu einer Grundration von 35% Zerealienmischung und 65% Fleisch- und Fischfutter verschiedene Dosen an Stilboestrol. Versuch 1: 4 Gruppen zu 10 Fähen erhielten vom 24. Febr.–31. Mai 0,5–5 mg Stilboestrol je Fähe. Der Versuch 2 sollte Klarheit über die Wirkung langfristiger Stilboestrolfütterung bringen. Wiederum in 4 Gruppen erhielten die Fähen gleiche Dosierungen wie im Versuch 1, jedoch von der ersten Augustwoche bis zum Juni des folgenden Jahres. Versuch 3 gab Antwort auf die Frage, ob Nerzfähen nach langer Fütterung mit hohen Mengen Stilboestrol wieder zur normalen Leistung kommen. Versuch 4 diente der Untersuchung, wie kurzfristig hohe Gaben von Stilboestrol von den Nerzfähen vertragen werden. Ergebnisse: Der Ranzverlauf war am ungünstigsten in der 3-mg-Gruppe. Das Befruchtungsergebnis und die Wurfgröße zwischen den Gruppen im Versuch 1 zeigte keine gesicherten Unterschiede. Als viel wirksamer erwies sich die Verpaarungsmethode. In dem zweiten Versuch stieg der Prozentsatz der leeren Fähen bei der 10-mg-Gruppe an. Auch hier waren die Ergebnisse verschiedener Verpaarungsarten sehr deutlich. Die Zahl der am 10. Lebenstag noch vorhandenen Welpen war in allen Versuchsgruppen höher als in der Kontrollgruppe. Der 3. Versuch ließ erkennen, daß sich Fähen vollständig von der Wirkung des Stilboestrols erholen, wenn die Behandlung 10 Mon. oder länger aussetzt. Kurzfristig hohe Gaben von 100 mg Stilboestrol beeinflußten nicht die Fruchtbarkeit, wenn die Behandlung 4 Mon. vor der Ranz eingestellt wurde (Versuch 4). Die Ergebnisse lassen den Schluß zu, daß der in der Nerzfütterung übliche Einsatz von Abfällen aus der Schlachtung hormonbehandelter Tiere keine Gefahren für Gesundheit und Fruchtbarkeit der Nerze mit sich bringt. G. Bendrat. 5302.

Anonym. Feeding practices during gestation and lactation. **(Die Fütterung während der Trächtigkeit und Säugezeit.)** Amer. Fur Breeder **35** (1962) Nr. 5. S. 10–13.

Eine Umfrage bei nahezu 100 Züchtern ergab folgendes Bild: Während der Trächtigkeit wird in der Mehrzahl einmal gefüttert. Fast alle beginnen in der Wurfzeit mit dem 2maligen Füttern. In einem Welpenalter von 3 Wochen werden in 40% der Betriebe 2mal, in weiteren 40% 3mal und in den restlichen Betrieben noch öfter gefüttert. Industrielle Futtermischungen haben sehr starken Eingang in die Praxis gefunden. Viele Züchter verändern das

Futter während der Trächtigkeit, die Mehrzahl aber nach dem Werfen. Überall wird in dieser Zeit ein Leberanteil von 10% gefordert. Als günstiger Fettgehalt wird ein Anteil von 20–22% angesehen. Die häufigsten Zusätze in der Trächtigkeit sind Hefe, Salz, Ammoniumchlorid, Weizenkeime und Trockenmilch. Einige Futterzusammensetzungen aus erfolgreichen Nerzzuchten werden angeführt. G. Bendrat. 5302.

Travis, Hugh F. und Schaible, Philip J.; East Lansing, Michigan Agric. Exp. Stat., Dep. of Poultry Sci. Effects of diethylstilbestrol fed periodically during gestation of female mink upon reproductive and kit performance. **(Einflüsse eines zeitweiligen Diaethylstilboestrol-Futters während der Trächtigkeit von Nerzfähen auf die Fortpflanzung und Welpenentwicklung.)** Amer. J. veterin. Res. **23** (1962) Nr. 93. S. 359–361. — 2 Tab., 1 Lit.

Da in der Praxis hormonhaltige Futtermittel als Ursache schlechter Wurfergebnisse vermutet werden, wird jeden 3. Tag an eine Versuchsgruppe von 6 Nerzfähen ein 150 μg Stilboestrol und an 5 Fähen ein 300 μg Stilboestrol enthaltendes Futter verfüttert. 6 weitere Standardfähen dienen als Kontrollgruppe. Von den letztgenannten werden 34 Welpen geworfen, von denen nach 2 Wochen noch 31 am Leben sind. Die 6 Versuchsfähen mit 150 μg Stilboestrol im Futter werden 22 Junge und haben nach 14 Tagen noch 9 Welpen. Für die restlichen 5 Versuchsfähen lauten die entspr. Ergebnisse 12 und 6 Welpen. Sektionen von Versuchsfähen, die ihre Welpen verloren haben, zeigen, daß das Stilboestrol zu Störungen der Milchsekretion führt. Es besteht die Möglichkeit einer Schadwirkung auch bei Verfütterung geringerer Mengen dieses Hormonpräparates. H. Zimmermann. 5302.

Schaible, Philip J., Travis, Hugh F. und Shelts, Gordon. Urinary incontinence and „wet belly“ in mink. **(„Urinlassen“ und „Bauchnässen“ beim Nerz.)** Michigan State Univ., agric. Exp. Stat., quart. Bull. **44** (1962) Nr. 3. S. 466–483. — 12 Tab., 11 Lit.

Amer. Forscher unterscheiden das Unvermögen des Urinhaltens der Nerze auf Grund physiol. Ursachen von dem „Bauchnässen“. Das Bauchnässen wird als Fellschaden erkannt, der infolge einer späteren Reifung der Fellpartien um die Harnleiteröffnung herum entsteht. Hierbei handelt es sich um einen Schaden histol. Natur. Beschriebene Fütterungsversuche konnten nicht beweisen, daß das „Urinlassen“ durch zurückgehenden Ca-Anteil im Nerzfutter verursacht wird. Dieser Konzeption wurde nachgegangen, weil heute i. allg. keine Knochen und somit zu wenig Ca im Nerzfutter enthalten sind bzw. das Ca durch Fettsäuren gebunden wird. G. Bendrat. 5302.

Anonym. The National Board statistical report on the 1961 mink crop. **(Statistischer Jahresbericht des National Board über die Nerzernte 1961.)** Amer. Fur Breeder **35** (1962) Nr. 9. S. 20–21. — 8 Tab.

Im Gegensatz zu dem enormen Anstieg der Produktion von 1959 zu 1960 von 12–13% stieg die Ernte von 1961 nur um 4% gegenüber dem Vorjahr. Das ergab eine Gesamternte von 6,727 Mill. Fellen, d. h. nur 282 000 Felle mehr als 1960. Die Entwicklung der letzten 10 Jahre in der gesamten Fellproduktion zeigt einen Anstieg von 300%. 1961 gingen in der Gesamtproduktion die Mutationen Darks, Gunmetal, Pastels zurück. Einen geringeren Anstieg in der Gesamtproduktion zeigten Saphir, Platinum, Pale Brown (einschließlich Palomino und Buff-Typen), Winterblue, Lavender und Hope, Pearl und White. Ein leichter Preisanstieg wurde vom 1. Nov. bis 31. Juli 1962 bei 5,267 Mill. Nerzfellen bemerkt, verglichen mit 5,198 Mill. Nerzfellen, die 1960–61 angeboten wurden. Die Preisdifferenz inländischer und importierter Felle von 1952–62 beträgt ⌀ $ 4, wobei die Importe sämtlich im ungegerbten Zustand angeboten werden. 1961 wurden über 45% mehr Felle von den USA importiert als in den vorangegangenen

Jahren. Für 1962 wird ein nochmaliger Anstieg um 28% angenommen. Skandinavien dominiert dabei: Importe aus Kanada liegen 1961 um 500000 Felle höher als 1960. Die US-Exporte erhöhten sich im Gegensatz dazu nur um 136000 Felle, von denen 92000 nach Kanada gingen. Nur 12345 US-Felle gingen in dieser Zeit in die 4 skandinavischen Länder. Von USA Exporten nach Europa nimmt England die 1. Stelle ein, wird aber allmählich verdrängt durch die Schweiz und Frankreich. Danach folgen Italien und die BRD. G. Bendrat. 5302.

Kostroň, K.; Brno, VŠZ, Ústav pro Chov Kožešinových Zvířat. Vztah mezi zbarvením zubů a stářím u nutrií. **(Über den Zusammenhang von Zahnfärbung und Alter bei Nutrias.)** Sborník Vysoké Školy zemědělské Brně, Řada A **1962** Nr. 1. S. 89–99. – 9 Abb., 1 Tab., 10 Lit. Zus. in Russ., Dtsch.
Untersuchungen an insgesamt 740 Nutrias aus tschechoslowakischen Zuchten ergaben eine direkte Korrelation zwischen dem physischen Alter der Tiere und dem Farbton der Vorderfläche der Nagezähne. Mit zunehmendem Alter bis zur vollen körperlichen Entwicklung im 8. Lebensmonat nimmt die Intensität des gelbrötlichen Farbtones zu. Die Pigmentierung verändert sich von Buttergelb über Strohgelb, Orangegelb bis Mahagonigelbrot. Bei dem allmählichen Dunkeln des Zahnpigmentes drückt sich in starkem Maße die individuelle Variabilität aus. Im 8. Lebensmonat weisen die Nagezähne der Nutrias in der Mehrzahl eine bereits orangerote bis dunkelorangerote Verfärbung auf. Diese Erkenntnisse können in der praktischen Zucht bei der Kontrolle des Alters der Tiere genutzt werden. F. Svoboda. 5310.

Schmidt, Fr. **Chinchillas jetzt auch in der Sowjetunion.** Dtsch. Pelztierzüchter **36** (1962) Nr. 9. S. 166.
Aus Amerika wurden 100 Chinchilla-Paare 1960 in die Sowjetunion eingeführt, von denen eine Gruppe in das Forschungsinstitut für Pelztier- und Kaninchenzucht in Moskau, die andere in das Forschungsinstitut für tierische Rohstoffe und Rauchwaren in Kirow eingestellt wurde. Als Tagesration im Winter erhielten die Tiere 30 g Wiesenheu, 5 g Weizen, 2 g Gerste, 4 g Hafer, 3 g Haferflocken, 8 g Mohrrüben, Zweige von Birken und Apfelbäumen, Mineralzusätze und je einen Tropfen Vit. E und Ascorbinsäure. Das Durchschnittsgewicht der Tiere betrug 580 g (Böcke 360–580 g, Weibchen 410–630 g). Das Sommerfutter wies folgende Zusammensetzung auf: 25 g Wiesengras, 22 g Heu, 6 g Weizen, 6 g Hafer, 3,5 g Gerste und 6 g Mohrrüben. H. Zimmermann. 5318.

Münzing, Johanna. **Ursachen der Unfruchtbarkeit bei den Chinchillas.** Dtsch. Pelztierzüchter **36** (1962) Nr. 9. S. 167–168. – 1 Abb.
Nicht nur Erkrankungen der Geschlechtsorgane führen zu Fortpflanzungsstörungen. Auch Haltungs- und Ernährungsfehler, Ca- und Vit.-Mangel können die Geschlechtsfunktion beeinträchtigen oder zum Erliegen bringen. Weiterhin sind Hormonstörungen in Betracht zu ziehen. Da Vit. und Hormone eng zusammenwirken, können Schädigungen bei zusätzlichen Hormongaben leicht auftreten, weil das Gleichgewicht des Zusammenwirkens dieser Wirkstoffe gestört wird. Eine falsch angewandte Inzucht ist ebenfalls als Unfruchtbarkeitsursache zu erwägen, so daß diese Zuchtmethodik nur von erfahrenen Züchtern betrieben werden sollte.
H. Zimmermann. 5318.

G. BIENEN

Glushkov, N. M.; Rybnoe. La recherche apicole en U.R.S.S. Bref aperçu sur les travaux publiés en 1960. **(Die Bienenforschung in der UdSSR. Übersicht über die 1960 veröffentlichten Arbeiten.)** Ann. Abeille **5** (1962) Nr. 1. S. 75–83. – 44 Lit.

An Hand der Lit. werden unter den Gesichtspunkten der Blütenbestäubung und der Produktivitätssteigerung der Bienenhaltung die Untersuchungs- und Forschungsergebnisse zusammengestellt. — Die Nektar- bzw. Pollenproduktion kann sowohl durch pflanzenzüchterische (Kreuzung bzw. Hybridisation) als auch durch pflegerische Maßnahmen (Behandlung der Pflanzen mit Spurenelementen, z. B. B-Verbindungen) gesteigert werden. — Die Produktivität läßt sich durch geeignete Pflege- und Haltungsmaßnahmen bei den Völkern erhöhen (Kreuzungen, Form und Ausstattung der Beuten, Erforschung der Bedeutung der Umwelteinflüsse, wie Temperatur u. a. Klimafaktoren sowie Schaffung optimaler Mikroklimata). F. Lüpnitz. 5402.

Biedermann, M.; Tälermühle, Lehr- und Versuchsanst. für Bienenzucht. **Seltene Gäste in der Tälermühle.** Leipziger Bienenztg. **76** (1962) Nr. 9. S. 284—286. — 7 Abb.

Im Sommer 1961 waren 2 Völker chinesischer Bienen (*Apis cerana*) in Tälermühle aufgestellt. In bezug auf Wabenbau, Tanzformen etc. besteht eine weitgehende Ähnlichkeit mit *Apis mellifica*. Die Bienen sind kleiner, beim Sammeln wendiger und weniger temperaturempfindlich. Sie sind lebhaft, wenig wabenstetig, stechen aber seltener, weil ihre Stachel schwächer und kleiner sind. Dagegen benutzen sie ihre Mandibeln mehr als Waffe. Das Flugloch wird schlechter bewacht, ihre Duftdrüsen werden stärker in Tätigkeit gesetzt, gefächelt wird mit dem Kopf vom Flugloch weg (umgekehrt wie bei *A. mellifica*). Die chinesische Biene hat 2–3 gelbe Ringe, die Bauchseite ist fast ganz hell. Die hellgrauen schmalen und scharf abgeschnittenen Filzbinden verschmälern sich auf der Rückenmitte. Auch der letzte Hinterleibsring trägt eine Filzbinde. Drohnen und Königinnen sind dunkler. Die Königin ist rel. groß und legt größere Eier. Mittelwände werden nicht gern ausgebaut, sie werden abgeschrotet und davon die Waben gebaut. Die Drohnenzellen sind nur wenig größer als Arbeiterinnenzellen, die Zelldeckel sind dick aus mehreren Schichten und haben in der Mitte ein schornsteinartiges Loch. Die beiden Völker wurden im Herbst von den einheimischen Bienen ausgeraubt und vernichtet. G. Droege. 5410.

Lukoschus, Fritz; Bad Segeberg. **Ausbildungsformen von Kutikula und kutikularen Kleinorganen bei der Honigbiene (Apis mellifica L.)** Z. Morphol. Ökol. Tiere **51** (1962) Nr. 5. S. 547–574. — 40 Abb., 54 Lit.

Die Epidermis der Bienenpuppe setzt sich außer einigen trichogenen Zellen bei den größten Haaren und Borsten aus diploiden Zellen zusammen. Die Epidermis der Imago bildet in einigen Bereichen eine über 10 μ dicke Schicht. Die Menge des von der einzelnen Epidermiszelle erzeugten Chitins ist bei dicht gelagerten und weit auseinandergezogenen Epithelien unterschiedlich. Durch bes. starke Trichome auf dem Stachelrinnenwulst wird ein Aufeinandergleiten von Chitinflächen verhindert. Ein unterschiedlich ausgebildeter Kranz von Nebenzellen ist bei den großen Borsten der Sammelferse und den großen Haaren zu finden, während sie bei den meisten der kleinen sowie mittleren Haare und Borsten fehlen. Es bestehen auch bei der Honigbiene gleiche Beziehungen zwischen Kerngröße und Größendifferenzierung von Haaren und Borsten. Die häufigeren Endomitosen bei der Arbeiterin im Gegensatz zur Königin sind die Ursache für die stärkere Ausbildung ihrer Körperbehaarung. Die kutikularen Kleinorgane, wie Haare, Borsten, Sinnesorgane und teilweise auch die Drüsen sind bei Königin und Arbeiterin vielfach unterschiedlich ausgebildet. Dabei zeigte sich, daß die Arbeiterin nicht nur hinsichtlich der Kastenmerkmale, sondern auch hinsichtlich der Kutikularorgane und Sensillen über das Zellteilungs- und Kernstadium hinaus entwickelt ist, auf dem die Königin dauernd verharrt. H. Kettner. 5425.

Frichot-Riera, Madeleine; Bures-sur-Yvette, Seine-et-Oise, Stat. de Rech. sur l'Abeille et les Insectes Sociaux. Examen histologique des vieux rayons à parois noires et épaissies. **(Histologische Untersuchung der verfärbten und verdickten Wände aus alten Waben.)** Ann. Abeille **5** (1962) Nr. 1. S. 65–67. — 1 Lit.
Die mikroskopische Untersuchung erfordert keine bes. Methodik, es wurde nur beachtet, daß das Material aus den Seitenwänden genommen wurde, da die Böden durch Kokon- und andere Reste meist zu sehr verschmutzt sind. Es genügte, das Material ohne Einbettung (ggf. nach dem Gefrierschnitt) auf den Objektträger auszubreiten. — Nachgewiesen wurde, daß die abgelagerte Substanz nicht einheitlich und auch different strukturiert ist. Sie enthält (gemäß der histochemischen Reaktion) Pektine, Proteine, Phosphate und Glykogen. F. Lüpnitz. 5425.

Ruttner, F.; Lunz am See, Außenstelle der Bundesanst. für Bienenkunde Wien. **Bau und Funktion des peripheren Nervensystems an den Fortpflanzungsorganen der Drohnen.** Ann. Abeille **5** (1962) Nr. 1. S. 5–58. — 52 Abb., 34 Lit.
Die Untersuchung der Nervenelemente erfolgte mit Hilfe vitaler Methylenblaufärbung und nachfolgender Fixierung. — Arbeitsbienen, Königinnen und Drohnen besitzen im Abdomen ein gut entwickeltes Hautnervensystem. Sensillen treten in verschiedenen Formen auf. Haarsensillen (Sensilla trichodea in 2 Typen, mono- und polyneural, letztere nur bei Arbeiterinnen und ganz vereinzelt bei Drohnen und Membransensillen (Sensilla basiplana) sowie freie Nervenendigungen, die von multipolaren Nervenzellen ausgehen. Damit in Verbindung ist ein gut ausgebildeter subdermaler Nervenplexus vorhanden. — Die Drohnen besitzen ein genitales Sinnesfeld, bestehend aus einem Nervenplexus unter der Deckplatte (Aedeagal-Sklerit) und einem Parameralganglion, beide stehen mit zahlreichen Haar- und Membransensillen in Verbindung. An der Lamina parameralis befindet sich keine Duftdrüse. — Die Schleimdrüse (Glandula mucosa) zeigt einen oberflächlichen Nervenplexus und verzweigte motorische Endigungen in der tiefen Muskelschicht, die sich von anderen motorischen Endigungen unterscheiden. Vf. vermutet hier Zusammenhänge mit dem Ejakulationsverlauf im Sinne einer Reizleitungsverzögerung, so daß erst Sperma, dann Schleim ejakuliert wird. Bei der Kontraktion des gut innervierten Musculus tensor glandulae mucosae, der sich zwischen hinterem Schleimdrüsenpol und Aedeagal-Apodem ausspannt, wird das Vas deferens gestreckt und dessen Verschlußmembran zerrissen, dann kann das Sperma abfließen. — Vf. leitet aus Bau und Lage der untersuchten Bildungen Vorstellungen ab über die Funktion des männl. Genitalapparates und den Ablauf der Kopulation. Danach muß sich bei Beginn der Kopulation der Drohn über der Königin befinden. — Betreffs weiterer Einzelheiten muß auf das umfangreiche Orig. verwiesen werden. M. Biedermann. 5425.

Boch, R., Shearer, D. A. und Stone, B. C.; Ottawa, Canada Dep. of Agric., Analytic. Chem. Res. Serv. Identification of iso-amyl acetate as an active component in the sting pheromone of the honey bee. **(Identifizierung von Iso-Amylacetat als einen aktiven Bestandteil des Stachel-Pheromons der Honigbiene.)** Nature [London] **195** (1962) Nr. 4845. S. 1018–1020. — 2 Abb., 1 Tab., 3 Lit.
Der beim Stechen auftretende Geruch reizt andere Bienen ebenfalls zum Stechen. Ein derartiger Geruch tritt aber nur bei Wächter- und Sammelbienen auf, jungen Arbeitsbienen und Königinnen fehlt er. Vff. identifizierten (gaschromatographisch und infrarotspektrographisch) Iso-Amylacetat im Stachel. Nur die Stachel von Wächter- und Sammelbienen enthielten diesen Stoff. Im Versuch am Flugloch reizten mit Iso-Amylacetat präparierte

Baumwollbällchen die Wächterbienen nicht so stark wie solche, die entspr. mit Bienenstacheln versehen waren. Vff. schließen daraus, daß im Stachel noch andere aktive Substanzen vorhanden sind. M. Biedermann. 5425.

Wittekindt, W.; Bonn. **Praktische Imkerei und Tanzforschung.** Rhein. Bienenztg. **113** (1962) Nr. 10. S. 285–292. — 6 Abb., 28 Lit.
Bienen, die gezwungen werden, in nächster Nähe ihres Stockes zu sammeln, zeigen bei ihrem Tanzverhalten viele Übereinstimmungen mit dem Alarmierungssystem der Meliponen und Trigonen. Sehr junge Sammlerinnen — bereits 5 Tage alte Bienen sind in der Lage zu sammeln — lassen bei ihren Tänzen zuerst Teilstücke der bekannten Werbetanzformen erkennen, ehe die bekannten Tanzfiguren auf der Wabe beschrieben werden. Die einzelnen Elemente der Tanzformen werden nicht erlernt, sondern gehören zum arteigenen Verhaltensinventar der Bienen. Viele Sammlerinnen tanzen überhaupt nicht. Das Tanzverhalten ist abhängig von der Tanzbereitschaft der einzelnen Tiere. Dazu gesellen sich tanzfördernde und tanzhemmende Faktoren. Zu jenen gehören konzentrierte Zuckerlösung, ein reiches Angebot an engen Kapillaren, Duftstoffe. Tanzhemmend wirken Überfüllung des Futterplatzes, schwer zu erlangender Nektar, geringe Nektarsekretion, ungünstiges Flugwetter, zu niedrige Stocktemperaturen, keine Verfolgung der Tänzerinnen durch Stockbienen. — Neue Verhaltensweisen beim Tanzen (Zittertanz, Abdominalvibrationen) werden beschrieben.
R. Bährmann. 5425.

Wenner, Adrian M.; Ann Arbor, Univ. of Michigan, Dep. of Zool. Sound production during the waggle dance of the honey bee. **(Schallerzeugung während des Schwänzeltanzes der Honigbiene.)** Animal Behaviour **10** (1962) Nr. 1/2. S. 79–95. — 23 Abb., 2 Tab., 23 Lit.
Vf. untersuchte den beim Schwänzeltanz erzeugten Schall, der mit zur Entfernungsangabe dient. Die beim Tanzen erzeugten Töne nahm er mit dem Mikrophon auf und analysierte sie. Beobachtet wurden auf eine künstliche Futterstelle dressierte Bienen aus Versuchsstöcken unter verschiedenen Bedingungen. Der Schall wird während des geraden Laufes erzeugt und besteht aus einzelnen kurzen Impulsen. Sowohl die Zeit der Schallerzeugung als auch die Zahl der Impulse dienen zur Entfernungsinformation. Die Zahl der Impulse verhält sich zur Zahl der Schwänzelbewegungen etwa wie 2,5:1. Die komplette Laufzeit (Umlaufzeit nach von Frisch & Jander, 1957), Zeit der Schallerzeugung während des geraden Laufes und Zahl der Schallimpulse zeigen engere Beziehungen zur Entfernung der Futterquelle als die Dauer des Kreislaufes (Rücklauf). Wind wirkt stärker auf die Dauer des geraden Laufes als auf die anderen Komponenten. Da die durchschnittl. komplette Laufzeit eine Summe der Zeit des geraden Laufes und des Kreislaufes ist, dient sie wahrscheinlich nicht der Entfernungsmitteilung. Die Zeit des geraden Laufes und die Zahl der Schallimpulse dabei sind die besten Möglichkeiten der Entfernungsübermittlung. Keine der beiden kann direkt mit der Dauer des Schwänzelns und der Zahl der Schwänzelbewegungen in Beziehung gesetzt werden. Die Bienen haben also folgende 4 Komponenten oder Kombinationen davon für die Entfernungsübermittlung: Schwänzelzeit während des geraden Laufes, Zahl der Schwänzelbewegungen, Zeit der Schallerzeugung während des geraden Laufes, Zahl der Schallimpulse. Die Analyse der Windwirkung zeigt noch, daß die Bienen die Flugzeit zur Futterquelle nicht die Rückflugzeit signalisieren. M. Biedermann. 5425.

Schels, J.; Deggendorf. **Von der Luftfeuchtigkeit.** Dtsch. Bienenwirtsch. **13** (1962) Nr. 6. S. 172–174.; Nr. 7. S. 210–212. — 6 Abb.
Vf. erläutert die Begriffe Wasserdampfgehalt der Luft und rel. Feuchte (RF) und ihre Abhängigkeit von der Lufttemperatur; die gebräuchlichen Meßmethoden werden beschrieben. Die verschiedenen Zustände der Luft-

feuchtigkeit wirken sich stark auf die Waldtracht aus. Je geringer die RF, desto schneller trocknet der Honigtau ein und kann dann von den Bienen nicht mehr eingebracht werden. Honigtau wird bei 75% RF zähflüssig, bei 50% RF schon knetbar. Geringe RF führt zur Schließung der Spaltöffnungen und Einschränkung des Siebröhrensaftes, so daß die Honigtauproduktion zum Erliegen kommt. Reichlich Nahrung finden die Honigtauerzeuger nachts, wenn die am Tage produzierten Stoffe abtransportiert werden, vorausgesetzt, daß die Lebensäußerungen der Honigtauerzeuger nicht durch niedrige Temperaturen gehemmt werden. Die nachts meist hohe Luftfeuchtigkeit verhindert das Eintrocknen des gebildeten Honigtaues. Fällt nachts gelinder Regen, so kann das von den Nadeln und dem Geäst zurückgehaltene Regenwasser eingetrockneten Honigtau wieder lösen. Der Trachtflug der Bienen auf Honigtau ist deshalb in den frühen Morgenstunden am günstigsten, wird aber oftmals durch zu kühle Temperatur verhindert.
G. Droege. 5435.

Tomšík, B., Škrobal, D. und Veselý, V.; Katedra Ochrany Rostlin a Včelařství. Individualní výběr v chovu včel a jeho perspektivy. **(Individuelle Auswahl in der Bienenzucht und ihre Perspektiven.)** Sborník Vysoké Školy zemědělské Brně, Řada A **1962** Nr. 1. S. 77–88. – 2 Abb., 5 Tab., 28 Lit. Zus. in Russ., Dtsch.

Aus der kurzen Übersicht neuer Erkenntnisse aus der Biologie der Honigbiene geht das Bedürfnis, bei der Zuchtarbeit auf höherem Niveau die Wirkung der Heterospermie durch KB und zeitweilige Inzucht zu eliminieren, hervor. Diese Forderung wird auch durch Ergebnisse von Kreuzungsversuchen mit Bienenstämmen in Besamungsstationen und ferner durch den Vergleich der Variabilität der Nachkommenschaft der mit Hilfe der KB gepaarten Königinnen bekräftigt. Es ist nötig, die Hybridisationsmethode zu bearbeiten mit Hinsicht auf die großen Erfolge der Hybridisation in der Tier- und Planzenzucht. Von größter Bedeutung dürfte wahrscheinlich die Hybridisation innerhalb der Linien, die organisch an die Massenauslese anknüpft, sein.
F. Svoboda. 5455.

Lindner, K. E.; Leipzig, Karl-Marx-Univ., Inst. für Bodenkunde und Mikrobiol. **Über die Zusammensetzung der Naturhonige.** Wiss. Z. Karl-Marx-Univ. Leipzig, math.-naturwiss. R. **11** (1962) Nr. 3. S. 417–419. – 42 Lit.

Vf. gibt eine Übersicht über die bis jetzt bekannten org. und anorg. Bestandteile des Honigs, die nach Trachtquelle, Jahreszeit, Witterungsbedingungen, geographischer Lage etc. sehr variieren. An Kohlenhydraten finden sich neben Glucose, Fructose, Saccharose und Melezitose noch weitere Zuckerarten, die durch Umsetzung der Mono- und Oligosaccharide entstehen. Die höhermolekularen Honigdextrine sind reichlich in Honigtauhonigen. Der pH-Wert schwankt zwischen 3,4 und 5,1, der Säuregrad übersteigt kaum 4. Bei der Bewertung der Honige spielen die Fermente eine große Rolle. Die wichtigsten sind Amylase, Invertase, Katalase und Phosphatase. Der Gesamtgehalt an Mineralien schwankt stark. Er erreicht nur selten 1%. Blatthonige haben den höchsten, Zuckerfütterungshonige den geringsten Gehalt. Als Vitaminquelle spielt der Honig keine bedeutende Rolle. Vorhanden sind: Vit. B_1, B_2, B_6, B_8, Niazin, Pantothensäure, Vit. T und Folsäure. Über das Vit.-C-Vorkommen herrscht noch keine Klarheit. Es konnten im Honig 17 Aminosäuren in freier Form gefunden werden. Weiter findet man im Honig Acetylcholin, in manchen Honigen flüchtige Stoffe mit östrogener Wirkung, Wachsteilchen, Pentosane, Oxymethylfurfurol und bei manchen Gifthonigen Andromedotoxin. Eine nicht unbedeutende Rolle spielen die Geruchs- und Geschmacksstoffe, das Diacetyl und Methylanthranilat sowie die Ester der Phenylessigsäure. An der heilenden Wirkung des Honigs sind maßgeblich die Inhibine beteiligt, bes. in Waldhonigen. Schließlich gelangen in den Honig verschiedene pflanzliche Gewebeteile, Pollenkörner, Insektenhaare, Ruß, Staub u. a. G. Droege. 5496.

Schweisheimer, W.; Highland Hall. **Duftstoffe im Honig.** Westf. Bienenztg. **75** (1962) Nr. 4. S. 121–122.; Nr. 7. S. 222–224.

Die chem. kaum faßbaren Duftstoffe sind für Geschmack, Geruch und damit auch für die Beliebtheit der Honigarten entscheidend. Honig wird wegen seines Duftes in verschiedenen Industrien und Gewerben, bes. im Back- und Konditorgewerbe verwendet. Zur Tabakherstellung, Pralinenbereitung und für kosmetische Mittel verwendet man schon längere Zeit künstliche Honigduftstoffe. 2 Rezepte von Wiggers de Vries werden angegeben. Es handelt sich um Ester der Phenylessigsäure, bes. der Äthyl- und Propylester sowie das Allylphenylacetat und verschiedenen anderen Zusätzen. Aus Orangenhonig konnte Methyl-Anthranilat und Diacetyl (2,3 Butanedione) isoliert werden. Um den Wünschen der Käufer nach gleichmäßigem Honiggeschmack und -duft nachzukommen, fügten Lothrop und Paine „infusorial earth" dem Honig bei, White und Walton Bentonite. — Vf. gibt zu 32 in- und ausländischen Honigen eine Charakterisierung ihres Aromas nach Zander. G. Droege. 5496.

Aithal, H. N. und Sirsi, M.; Bangalore, Indian Inst. of Sci., Pharmacol. Lab. Stability of vitamin B_{12} in malt extract and honey. **(Beständigkeit des Vitamin B_{12} in Malzextrakt und Honig.)** Current Sci. [Bangalore] **31** (1962) Nr. 6. S. 236–237. — 2 Abb., 1 Tab., 11 Lit.

Einer sterilen Vit.-B_{12}-Lösung wurden Malzextrakt- und Moniglösungen (30%ig) zugesetzt. Die Stabilität des Vit. B_{12} kontrollierten Vff. bei Zimmertemperatur in monatl. Abständen während eines halben Jahres und ½ Std. nach Erhitzen der Lösungen auf 120 °C. In einer Moniglösung ist der Verlust an Vit. B_{12} jedesmal größer als in Malzextrakt. Der Grund dafür liegt in der Vit. B_{12} zerstörenden Wirkung der Glucose und Fructose, die bei Maltose weniger beträchtlich ist. R. Bährmann. 5496.

Hadorn, H., Zürcher, K. und Doevelaar, F. H. **Über Wärme- und Lagerschädigungen von Bienenhonig.** Mitt. Gebiete Lebensmittelunters. Hyg. [Bern] **53** (1962) Nr. 3. S. 191–229. — 21 Abb., 16 Tab., 19 Lit. Zus. in Engl., Franz.

Vf. unterzogen die vorhandenen Methoden zur Beurteilung von Honig und zum Nachweis von Wärme- und Lagerschädigungen einer Prüfung, die als geeignet für die Neuauflage des Schweizerischen Lebensmittelbuches vorgeschlagen werden sollten. Zum Nachweis von Wärmeschädigungen lassen sich die Aktivität der Honigenzyme Saccharase, Amylase und Diastase, die Aktivität der Inhibine (hitzeempfindliche, ultrafiltrierbare Stoffe, die das Wachstum von krankheitserregenden Bakterien hemmen) sowie der Hydroxymethylfurfurolgehalt (HMF) heranziehen. Die Methoden und Ergebnisse werden ausführlich besprochen. Ergebnisse: Nach Untersuchungen von 30 authentischen Schweizer und 31 ausländischen Handelshonigen sind zum Nachweis von Wärme- und Lagerschädigungen bes. der HMF-Gehalt (normal unter 0,5 mg%), die Saccharasezahl (SaZ, normal 8–24) und die Diastasezahl (DZ) geeignet. Eine mehrmonatige Lagerung des Honigs bei Zimmertemperatur läßt eine Zunahme des HMF-Gehaltes und eine Abnahme der SaZ und DZ erkennen. Bei 50 °C sind schon nach 24 Std. dieselben Erscheinungen feststellbar. Die Kurzerhitzung des Honigs auf ca. 90 °C (Pasteurisation) schädigt die Enzyme, die Saccharase stärker als die Diastase. Bei gleicher Lagerung hat der pH-Wert Einfluß auf die Veränderungen des Honigs; ein niedriger pH-Wert (3,0 bis 3,5) läßt die HMF-Bildung und die Enzymschädigung wesentlich rascher als ein höherer pH-Wert (4,5–5) verlaufen. Bei höherem Wassergehalt (20–25%) erfolgt die HMF-Bildung und Enzymschädigung etwas rascher als bei niedrigem Wassergehalt (14–18%). K. Steiner. 5496.

Chauvin, R.; Bures sur Yvette, Seine-et-Oise, Stat. de Rech. sur l'Abeille et les Insectes Sociaux. Sur le noircissement des vieilles cires. **(Über die Verfärbung von altem Wachs.)** Ann. Abeille **5** (1962) Nr. 1. S. 59–63. – 4 Tab., 2 Lit.

Ohne daß endgültig ihre Herkunft bestimmt werden konnte (es wird u. a. der Tarsaldrüsen-Komplex genannt), wurde die Zusammensetzung der Oberflächenschicht auf älterem Wachs untersucht. Sie enthält neben Propolis einen großen Anteil wasser- und alkalilöslicher Substanzen. Im einzelnen wurden Kohlenhydratanteile gefunden, die die Fehling-Lösung reduzieren, P-haltige Polypeptide und Bestandteile, die gewisse Beziehungen zum Melanin aufweisen. Bes. weist die Elementaranalyse auf diese Verwandtschaft hin, während die Elektrophorese beträchtliche Unterschiede zeigt. Ebenso konnte im Gegensatz zum natürlichen Melanin bei dem Wachsbelag eine Fluoreszens beobachtet werden. F. Lüpnitz. 5496.

Kettner, H.; Leipzig, Karl-Marx-Univ., Abt. für Bienenkunde. **Kommt den Honigbienen für die Bestäubung von Beta-Rüben eine Bedeutung zu?** Leipziger Bienenztg. **76** (1962) Nr. 9. S. 290–292. — 12 Lit.

Vf. gibt eine Literaturübersicht über die bisherigen Kenntnisse und kommt zu dem Schluß, daß unter hiesigen Umweltverhältnissen die Bestäubung der Beta-Rüben durch die Honigbienen nicht von wesentlicher Bedeutung ist. Wo die Windbestäubung nicht ausreicht, macht sich eine Duftlenkung notwendig, da die Nektarsekretion der Blüten selten so stark ist, daß die Bienen die Samenträger freiwillig aufsuchen. Auch werden andere Trachtquellen vorgezogen. G. Droege. 5530.

Mommers, J.; Tilburg, Holland. **Die Bestäubung von Erdbeeren unter Glas.** Dtsch. Bienenwirtsch. **13** (1962) Nr. 9. S. 269–271. — 4 Tab.

Vf. untersuchte in 4 Betrieben den Bestäubungsnutzen der Bienen in mit Erdbeeren besetzten Gewächshäusern. Es wurde gegenübergestellt: Eine abs. insektenfreie Abt., eine zweite, die durch die Lüftung allen Insekten frei zugänglich war und eine dritte insektenfreie Abt., in die ein Bienenvolk hineingestellt wurde. An Hand der Tab. ist ersichtlich, daß bei Bienenbestäubung eine Ertragssteigerung festgestellt werden kann. Dabei bleibt auch die Zahl der nicht ausgewachsenen und mißgebildeten Früchte bes. klein, und es wird ein höherer Preis durch die bessere Güteklasse erzielt. G. Droege. 5530.

Lecomte, Jacques; Bures-sur-Yvette, Seine-et-Oise, Stat. de Rech. sur l'Abeille et les Insectes Sociaux. Observations sur la pollinisation du tournesol (Helianthus annuus L.). **(Beobachtungen über die Befruchtung bei der Sonnenblume Helianthus annuus L.)** Ann. Abeille **5** (1962) Nr. 1. S. 69–73. – 2 Tab., 3 Lit.

Ausgehend von den Ergebnissen sowjetischer Versuchsansteller, daß Sonnenblumen an verschiedenen Standorten unterschiedliche Befruchtungsraten zeigen — wobei bes. die Höhenlage eine Rolle spielt — wurden entspr. Untersuchungen in Frankreich durchgeführt. Es wurde festgestellt, daß Bienen den größten Anteil an der Befruchtungsrate haben: Es befinden sich bis zu 100000 Arbeiterinnen auf jedem ha Sonnenblumenkulturen. Daneben spielen auch Hummeln (*Bombus terrestris*) je nach Sonnenblumensorte eine Rolle bei der Bestäubung. F. Lüpnitz. 5530.

Fyg, W. **Beitrag zur Pathologie der Sackbrut.** Z. Bienenforsch. **6** (1962) Nr. 4. S. 93–103.

Die Sackbrut der Honigbiene ist charakterisiert durch eine Verfärbung, Sklerotisierung und wassersackähnliche Veränderung befallener Streckmaden. Ursache ist ein filtrierbares Virus, dessen Übertragung bei der Fütterung durch die Ammenbienen erfolgt. Vf. wies an histol. Präparaten Häutungsstörungen mit überreichlicher Absonderung von Exuvialflüssigkeit unter der Larvenhaut nach. Die Trübung der entstehenden Flüssigkeit wird durch Beimengung zerfallender Fettkörperzellen herbeigeführt, wobei Fermente der Häutungsflüssigkeit die neugebildete Cuticula und Epidermis auflösen. In interessanten Isolierversuchen an Streckmaden, die nach dem Spinnakt der Zelle entnommen waren, stellte Vf. die allmählich cranialcaudal fortschreitende Sklerotisierung und Pigmentierung des Integuments fest. Unter Anwendung der Tatsache, daß die Häutung und der Übergang zur imaginalen Differenzierung hormonal von 3 endokrinen Drüsen (neurosekretorische Drüsen des Gehirns, Corpora allata, Prothoraxdrüsen) gesteuert werden, lassen sich die einzelnen Stadien anormaler Metamorphose pathognostisch verfolgen. Auf diese Weise ist die differential-diagnostische Abgrenzung der Krankheit gegenüber anderen sackbrutähnlichen Krankheiten möglich.
E. Breusch. 5560.

Geissler, Georg und Steche, Wolfgang. **Natürliche Trachten als Ursache für Vergiftungserscheinungen bei Bienen und Hummeln.** Z. Bienenforsch. **6** (1962) Nr. 4. S. 77–92.
An Hand von interessanten, chem. fundierten Vergleichsversuchen konnte der Nachweis erbracht werden, daß eine Reihe von Monosacchariden (Galactose, Mannose, Rhamnose) tödliche Vergiftungen bei Insekten hervorrufen kann. Diese Stoffe lassen sich sowohl in giftig als auch ungiftig wirkenden Lindenblüten nachweisen. Die Monosaccharide reichern sich in Blut und Thoraxmuskulatur an und verdrängen die physiol. vorhandene Glucose und Fructose. Danach wird als Wirkungsmechanismus für die Vergiftungserscheinungen die Möglichkeit fermentativer Störungen im Kohlenhydratstoffwechsel der Biene erörtert. E. Breusch. 5570.

H. SEIDENRAUPEN

Gubicza, A. und Lukacsovics, F. **Untersuchung der biologischen und wirtschaftlichen Kennzeichen der aus der Ukrainischen Sozialistischen Sowjetrepublik stammenden Rassen von Bombyx mori L.** Ann Inst. biol. [Tihany] hung. Acadl Sci. **1961** Nr. 28. S. 11–15. — Aus: Ung. Agrar-Rdsch. **1962** Nr. 4.
Vff. untersuchten die Züchtungsmöglichkeiten der aus der Ukraine nach Ungarn eingeführten Seidenspinner-Rasse USz_1 und der Hybride $USz_1 \times B_2$ unter ungarischen Verhältnissen. Sie führten die Lagerung der Eier, den Schlupf und die Aufzucht der Raupen unter optimalen Bedingungen durch. Als Kontrolle diente die in Ungarn verbreitete, gelbe Kokons spinnende Varo-Rasse. Untersucht wurden: prozentualer Schlupf der Raupen, Relativzahl ihrer Vitalität, Dauer der Larvenentwicklung in Tagen, Kokonertrag von 30 g Eiern in kg-den, Gewicht des lebenden Kokons, prozentualer Seidenertrag, prozentualer Anteil der mit Nosema infizierten Spinner. Vff. stellten fest, daß sich die USz_1 und $USz_1 \times B_2$ in Ungarn gut züchten lassen. Die züchterischen Ergebnisse stimmten größtenteils mit den in der Ukraine erzielten überein. Die Kokons der in Ungarn gezüchteten Rasse USz_1 und die der Hybride $USz_1 \times B_2$ waren wertvoller als die der in der Ukraine erzeugten Kokons. Die Zucht der Raupen der in Ungarn verbreiteten Varo-Rasse und die Verarbeitung ihrer Kokons ist weniger vorteilhaft als die der USz_1 und der $USz_1 \times B_2$. 5654.

Lukacsovics, F. und Gubicza, A. **Die Atmung der verschiedenen Rassen von Bombyx mori L. 2. Mitt. Untersuchung der Atmung der Larven.** Ann.

Inst. biol. [Tihany] hung. Acad. Sci. **1961** Nr. 28. S. 17–27. – Aus: Ung. Agrar-Rdsch. **1962** Nr. 4.

Vff. berichten über den O_2-Verbrauch der Larven der Seidenspinnerrassen Varo, der weißen Italiener und der Chinesischen Nr. 4 sowie der Hybride von Italienern × Chinesen Nr. 4. in verschiedenen Phasen ihrer Entwicklung. Die Atmung der Raupen wurde mit dem Warburgschen Verfahren unmittelbar nach dem Schlupf, nach der 1., 2., 3. und 4. Häutung sowie vor dem Verpuppen gemessen. Zum Vergleich der Atmung der einzelnen Rassen bot sich eine bes. günstige Gelegenheit vor dem Häuten im sog. Schlafzustand, da das Tier dabei in regungslosem Zustand verharrt, sein Verdauungstrakt leer ist, somit das Meßergebnis durch keine Verdauungs- und Resorptionsvorgänge beeinträchtigt werden kann. In biol. und textilmechanischer Hinsicht gelten die Varo- und die Italienische Rasse als „schlechter", die Chinesische Nr. 4 sowie ihre Hybriden mit der Italienischen Rasse als „besser", als wertvoller. Hinsichtlich des O_2-Verbrauches fanden sich die meisten Unterschiede zwischen den Italienern und den Italiener × Chinesen Nr. 4-Hybriden, sodann zwischen den Italienischen und Chinesischen Raupen. Hinsichtlich des biol. und textilmechanischen Wertes rangieren die einzelnen Rassen (bzw. Kreuzungen) wie folgt: Italiener × Chinesen Nr. 4, Chinesen, Italiener, Varo. Die Theorie, daß die Rassen mit einem „besseren" Seidenertrag mehr O_2 verbrauchen, ist bedingt gültig und ist an 2 Bedingungen gebunden: 1. Die Untersuchungen müssen im letzten Raupenstadium durchgeführt werden, wenn sich die physiol. Charakteristika am besten differenzieren, 2. der O_2-Verbrauch muß auf das ganze Tier und nicht auf 1 g seines Lgw. bezogen werden. Verglichen mit den Lebensfunktionen der ausgehungerten Raupen erhöhen Verdauungs- und Resorptionsvorgänge den O_2-Verbrauch bei der Varo-Rasse um 92%, bei den Chinesen um 90%, bei den Italienern um 55%, bei den Italiener × Chinesen Nr. 4-Hybriden jedoch nur um 3%. 5656.

Bounhiol, J. Jacques und Front-Bourgoin, Denise; Bordeaux, Fac. des Sci., S. P. C. N., Lab. de Biol. Animale. Données expérimentales sur le fonctionnement des glandes attractives sexuelles chez Bombyx mori. **(Versuchsergebnisse über das Funktionieren der sexuellen Lockdrüsen bei Bombyx mori.)** C. R. heb. Séances Acad. Sci. **255** (1962) Nr. 4. S. 787–788.

Die sexuellen Lockdrüsen der Weibchen von *Bombyx mori* sind als Schwellpolster um die lateralen und ventralen Bezirke des Ovipositors lokale Differenzierungen der Haut. Ihre Entwicklung ist weitgehend unabhängig vom Genitalapparat, wie aus Kastrations- und Ablationsversuchen hervorgeht. Das kurz nach dem Schlupf des weibl. Falters hervorgestülpte Duftorgan verschwindet bei der Paarung, um nach der Trennung der Geschlechter erneut zu erscheinen. Eiablage und gestraffte Duftdrüse sind miteinander unvereinbar. Zur Ausstülpung des Lockorganes bedarf es nicht der Anwesenheit von Männchen. Tritt keine Paarung ein, wird die Drüse nach 24 bis 36 Std. spontan vorübergehend eingezogen, um einer kurzfristigen Eiablage Platz zu machen. Die Überfüllung des Genitalapparates durch eine ansehnliche Masse zu befruchtender ablagebereiter Eier oder das evtl. „Bedürfnis" zur Paarung sind nicht die auslösenden Faktoren für das attraktive Verhalten des Weibchens. Der von der Drüse abgesonderte, von Butenandt 1959 isolierte und chem. bestimmte Duftstoff soll nicht im Blut vorgebildet werden, da dieses keine Reaktion beim Männchen hervorruft. Verwandte synthetische Produkte (z. B. Hexa$_2$-dienol$_4$) haben im Vergleich zum Duftstoff selbst nur eine schwache Wirkung. H. Rost. 5656.

Sridhara, S. und Bhat, J. V.; Bangalore, Indian Inst. of Sci., Fermentation Technol. Inst. Phospholipids of the silkworm Bombyx mori L. **(Die**

Phospholipide des Seidenspinners Bombyx mori L.) Current Sci. [Bangalore] **31** (1962) Nr. 6. S. 240. — 1 Tab., 11 Lit.

Das pupale Fett des Maulbeerseidenspinners hat einen sehr hohen Prozentsatz an Phospholipid, der zu 18,08% bestimmt wurde. Die Analyse der N-Verbindungen ergibt 62,5% Cholin, 16,1% Sphingosin, 8,1% Serin und 3,67% Äthanolamin. (Die restlichen ca. 10% des N machen nicht identifizierte Aminosäuren aus.) Diese Befunde stehen z. T. im Gegensatz zu den bei anderen Insekten bekannten Werten. Der beim Seidenspinner gefundene Anteil an Cholin entspricht ziemlich genau dem in den Leberlipoiden gefundenen Wert und den Phospholipiden des Serums. Durch chromatographische Analysen werden im Hydrolysat des Lipids Inositol, Glucose und Maltose erkannt, und ein Polysaccharid wird vermutet. H. Rost. 5656.

Kirimura, Jiro, Saito, Mieko und Kobayashi, Masatoshi; Suginami-ku, Tokyo, Sericult Exp. Stat. Steroid hormone in an insect, Bombyx mori. **(Ein Steroidhormon bei einem Insekt, Bombyx mori.)** Nature [London] **195** (1962) Nr. 4842. S. 729–730. — 1 Tab., 5 Lit.

Die kürzlich gelungene Kristallisierung des Gehirnhormons von *Bombyx mori* veranlaßte Vff. zu näherer Untersuchung des chem. Charakters dieser Kristalle. Die Ergebnisse dieser mehrseitigen Untersuchungen: kein UV-Spektrum, Identifizierung des Infrarotspektrums mit dem von reinem Cholesterol, positive Liebermann-Burchard-Reaktion, Gaschromatogramm mit nur einer Spitze, Schmelzpunkt 148 °C führen zu der Erkenntnis, daß das gereinigte Gehirnhormon mit reinem Cholesterol identisch ist. In einem „bioassay", bei welchem „Dauerpuppen" neben reinem Cholersterol (**I**) auch 2 diesem verwandte Sterole, und zwar Cholestanol und 7-dehydrocholesterol (**II**) sowie β-Sitosterol, Stigmasterol und Ergosterol (**III**) injiziert werden, wird nachgewiesen, daß **I** am stärksten die durch die Gehirnextirpation bei den Dauerpuppen induzierte Entwicklungshemmung überwinden kann (je nach Dosierung entwickeln sich 3–5 von 6 Dauerpuppen zu Faltern), daß **II** ebenfalls eine — wenn auch schwächere — Gehirnhormonaktivität besitzen, die auch **III** zugeschrieben werden kann, wenn auch die Ergebnisse der Bioprüfung nicht überzeugend waren. Somit muß das Cholesterol als das wichtigste Sterol auch bei dem Seidenspinner angesehen werden. H. Rost. 5656.

Shigematsu, Hajme und Koyasako, Tomoko; Suginami-ku, Tokyo, Sericult. Exp. Stat. Kinetics of synthesis of fibroin in the posterior division of the silk-gland of the silkworm, Bombyx mori L. **(Die Kinetik der Fibroinsynthese in dem Hinterabschnitt der Seidendrüse der Seidenraupe Bombyx mori L.)** Nature [London] **195** (1962) Nr. 4840. S. 501–502. — 1 Abb., 1 Tab., 2 Lit.

Zum Nachweis, daß die komplexe Reaktion der Fibroinsynthese und -sekretion in dem Hinterabschnitt der Seidendrüse ein Enzymsystem ist, wird ein Stück dieses Organs einer Raupe in der Mitte des 5. Stadiums entnommen und in vitro die Inkorporation von ^{14}C-Glyzin analysiert. Die Beziehung zwischen der Konzentration des Glyzins in dem Medium und der Aktivität der Fibroinsynthese wird dargestellt durch die Errechnung des Wertes der ^{14}C-Glyzin-Einverleibung in das Fibroin bei der entspr. Glyzinkonzentration. Dieser schwankt zwischen 30–500 μg/2 ml. Die Fibroinsynthese in dem Hinterabschnitt der Seidendrüse folgt nahezu dem Michealis-Menten-Gesetz. – Bei gleichzeitigem Vorhandensein von anderen Aminosäuren im Medium ergeben sich folgende Auswirkungen auf die Einverleibung von ^{14}C-Glyzin in das Fibroin: Alanin zeigt keine merkliche Auswirkung, Serin verzögert die Reaktion fühlbar, während Tyrosin offensichtlich eine Reaktionsbeschleunigung bewirkt. Außerdem zeigte sich, daß Glyzyltyrosin die Einverleibung von ^{14}C-Glyzin in das Fibroin durch Abbau des Peptids durch Dipeptidase in den Drüsenzellen beschleunigt, während Glyzylglyzin keine Wirkung auf die Reaktion aufweist. H. Rost. 5656.

Samochvalova, G. V. (Samochwalowa, G. W.); Moskau, Univ., Lehrstuhl für Entomol. Žiznesposobnost' greny nekotorych porod i gibridov tutovogo šelkoprjada pri udlinenii perioda zimnego chranenija. **(Lebensfähigkeit der Eier einiger Rassen und Hybriden des Maulbeerseidenspinners bei verlängerter Winteraufbewahrung.)** Vestnik Moskovskogo universiteta. Serija VI. Biologija, počvovedenie **17** (1962) Nr. 4. S. 37–43. — 3 Tab., 13 Lit.

Vf. berichtet über Versuche von Pokrowskaja und Karlasch, die Eier des Seidenspinners bei verlängerter Winteraufbewahrung zunächst 2 Mon. bei einer Temperatur von 2–4 °C lagerten und danach die Temperatur auf −2 bis −4 °C senkten und die Eier bei dieser Temperatur mehrere Mon. aufbewahrten. 1,5 Mon. vor der Belebung sind die Eier in die frühere Temperatur zurückzuversetzen. Die Lebensfähigkeit der Eier nach verlängerter Winteraufbewahrung ist bei verschiedenen Rassen unterschiedlich. Die besten Ergebnisse zeigten Hybriden der Rasse Skorospelaja × Skorzonernaja.
H. Oschmann. 5656.

Deodikar, G. B., Chowdhary, S. N., Bhuyan, B. N. und Kshirsagar, K. K.; Panchgani, India, Sericult. Res. Stat. Cytogenetic studies in Indian silkworms. II. Chromosome number in Muga silk-worm Antheraea assamensis Westwood. **(Zytogenetische Untersuchungen an indischen Seidenspinnern. 2. Mitt. Die Chromosomenzahl beim Muga-Seidenspinner Antheraea assamensis Westwood.)** Current Sci. [Bangalore] **31** (1962) Nr. 6. S. 247–248. — 3 Abb., 3 Lit. 1. Mitt. vgl. LZ. Abt. III 8 (1963) Nr. 3. S. 550.

An Schnitten von Bouin-fixierten und mit Kristallviolett oder modifiziertem Hämatoxylin gefärbten Hoden verschieden alter Larvenend- und Puppenanfangsstadien des Indischen Tussahspinners (*Antheraea assamensis*) stellen Vff. die für diese Art charakteristische Chromosomenzahl fest und geben diese mit $n = 15$ an. Beim Chinesischen Tussahspinner (*A. pernyi*) beträgt sie $n = 49$ und beim Japanischen Tussahspinner (*A. yamamai*) $n = 31$. Das Vorkommen von *A. assamensis* ist ausschließlich auf die Nordostecke Indiens (Assam) beschränkt. Die in diesem Gebiet ebenfalls endemischen Arten der Gattung *Philosamia* weisen auch sehr niedrige Chromosomenzahlen auf ($n = 13$ und $n = 14$). Assam und die angrenzenden Gebiete Burmas und Südchinas stellen das primäre Zentrum des Ursprungs dieser beiden Seidenspinnergattungen dar. Von hier aus haben sie sich auf natürliche Weise über Teile des indo-malaiischen Gebietes ausgebreitet bzw. sind sie auf anderen Kontinenten eingeführt worden. H. Rost. 5660.

Grigorov, Boris. (Grigorow, Boris.) Sravnitelni opiti s otgleždane na belite paškulni porodi u nas. **(Vergleichende Versuche zur Aufzucht von Weißspinnerrassen in Bulgarien.)** Selskostopanska nauka, Sofija, **1(7)** (1962) Nr. 2. S. 215–224. — 12 Tab. Zus. in Russ., Engl.

In den 1954 und 1960 mit Raupen von 8 Typen des Bagdader Weißspinners und 5 sowjetischen Rassen (SANIIŠ-1, SANIIŠ-2, SANIIŠ-8, SANIIŠ-9 und Sowjetische Rasse 1) durchgeführten vergleichenden Aufzuchtversuchen wurden folgende Ergebnisse erzielt: Raupenstadium der Bagdader Weißspinnerrassen 31–34 Tage, der sowjetischen Rassen 30–31 Tage; Höchstertrag von 1 Unze Brut 94,6 kg (SANIIŠ-9). Die Erträge von SANIIŠ-8 und den Typen des Bagdader Weißspinners schwanken wischen 80 und 90 kg/Unze. Mittleres Rohgewicht der Kokons vom Bagdader Weißspinner 2,850 g, von SANIIŠ-9 und SANIIŠ-8 ca. 2,505 g; mittleres Trockengewicht der Kokons 0,91–1,03 bzw. 0,89–0,91 g. Reihenfolge nach der Kokonqualität (absteigend): SANIIŠ-2, SANIIŠ-9, Bagdader Weißspinner Typ 81, Typ

600; Reihenfolge nach der Seidenausbeute: SANIIŠ-9 (38,92%); SANIIŠ-8 (38,19%), Bagdader Weißspinner Typ 81 (27,6–33,0%). Die hochwertigste Seide liefert SANIIŠ-8, gefolgt von SANIIŠ-9 und Typ 81 des Bagdader Weißspinners. Den niedrigsten Maulbeerblattverbrauch je kg Kokons haben Typ 81 (10,145 kg) und SANIIŠ-9 (11,700 kg). N. Platikanow. 5665.

Hamamura, Yasuji, Hayashiya, Keizo, Naito, Ken-Ichi, Matsuura, Keiko und Nishida, Jun; Kyoto, Japan, Univ. for Ind. Arts and Textile Fibres, Biochem. Lab. Food selection by silkworm larvae. **(Die Nahrungswahl der Seidenraupen.)** Nature [London] **194** (1962) Nr. 4830. S. 754–755. – 1 Abb., 4 Tab., 9 Lit.
Bei der Nahrungswahl der Seidenraupe (*B. mori*) spielt die Anwesenheit von 3 Stimulantia in den Maulbeerblättern eine bedeutsame Rolle; es sind dies: die „attractants" (Anlockungsmittel) (**I**); die „biting factors" (Freßfaktoren) (**II**) und der „swallowing factor" (Schluckfaktor (**III**). **I** und **II** kommen in der methanol- und ätherlöslichen Fraktion von Maulbeerblättern, vor der wasserlösliche Faktor von **II** existiert in der methanol- und wasserlöslichen, jedoch ätherunlöslichen Fraktion, während **III** in dem in diesen Lösungsmitteln nicht lösbaren Rückstand enthalten ist. Citral, einige Terpene und β-Sitosterol, die aus dem Ätherextrakt von Maulbeerblättern isoliert werden konnten, wirken als **II** und können als Substitute der methanol- und ätherlöslichen Fraktion für die Nahrungsannahme durch die Raupen Verwendung finden. Als Hauptglieder in dem Mechanismus der Nahrungswahl ergeben sich aus diesen Untersuchungen: als **I**: Citral, Terpinylazetat, Linalylazetat, Linalol und β-γ-Hexenol; als **II**: β-Sitosterol und Isoquercitrin oder Morin; als **III**: Cellulose; als „Kofaktoren" (die die Nahrungsaufnahme nicht stimulieren, aber mit der Schmackhaftigkeit derselben in Verbindung zu stehen scheinen): Sukrose, Inositol, anorg. Phosphat und Kieselerde. H. Rost. 5670.

Fukuda, T., Suto, M., Kameyama, T. und Kawasugi, S.; Suginami-ku, Tokyo, Sericult. Exp. Stat. Synthetic diet for silkworm raising. **(Synthetische Kost für die Aufzucht von Seidenraupen.)** Nature [London] **196** (1962) Nr. 4849. S. 53-54. – 5 Tab., 6 Lit.
Beim Übergang von der künstlichen Nahrung zur synthetischen Kost für Seidenraupen (hier spez. *B. mori*) werden einige Teile des Zellulosepulvers, das einen großen Teil der Grundkost ausmacht, durch wachstumsnotwendige Nährstoffe, wie Gemische von Aminosäuren, Vit. und Mineralstoffen, ersetzt. Durch Veränderung der Beimischungsmengen werden 3 Testkosten hergestellt (deren Zusammensetzung im Orig. angegen ist), mit denen Seidenraupen ernährt werden. Es zeigt sich, daß eine Kost, in der zusätzlich ein geringer Anteil an Alkoholextrakt von Maulbeerblättern enthalten ist, zu zufriedenstellenderen Ergebnissen führt. Alle 5 Testraupen wurden spinnreif und jede lieferte ⌀ 83 mg Seidenfaden, nachdem ihr Körpergewicht in den letzten 10 Tagen des 5. Stadiums um das 4fache zugenommen hatte. Diese Tatsache scheint anzudeuten, daß in den Alkoholextrakten der Maulbeerblätter außer β-Sitosterol und Sukrose noch einige wichtige Substanzen vorhanden sind, die die Nahrungsaufnahme stimulieren. Weitere Untersuchungen sind im Gange. H. Rost. 5670.

TIERERNÄHRUNG

B. CHEMISCHE BESTANDTEILE DES TIERKÖRPERS UND DER FUTTERMITTEL

Bressani, R., Elías, L. G., Scrimshaw, N. S. und Guzmán, M. A.; Guatemala, Inst. of Nutrit. of Centr. America and Panama (INCAP), Div. fo Agric. and Food Chem. Nutritive value of Central American corns. VI.

Varietal and environmental influence on the nitrogen, essential amino acid, and fat content of ten varieties. **(Nährwert von zentralamerikanischem Mais. 6. Mitt. Varietal- und Umwelteinfluß auf N, essentielle Aminosäure und Fettgehalt von 10 Varietäten.** Cereal Chem. **39** (1962) Nr. 1. S. 59-67. — 6 Tab., 17 Lit.

Es wurden 10 Varietäten aus Mexiko, Guatemala, Nikaragua und Panama aus dem Jahre 1956 untersucht. Im Mittel wurden gefunden: 4,6% Fett, 1,55% N, 618 Leucin, 231 Isoleucin, 236 Valin, 119 Methionin, 172 Lysin, 26 Tryptophan (mg/gN). Die N-Bestimmung erfolgte nach der Kjeldahl-Methode, die Fettbestimmung nach der Standard AOAC-Methode, die Aminosäuren wurden aus sauren und alkalischen Hydrolysaten mikrobiol. (*Leuconostoc mesenteroides*) bestimmt. Bei allen Nährstoffen wurden mit Ausnahme von Valin signifikante Lokalitätsunterschiede gefunden. Signifikante Differenzen zwischen den Varietäten sind nur im Falle des Isoleucins feststellbar. Tryptophan und Lysin sind die am meisten limitierenden Aminosäuren. Sie zeigen bei allen 4 Standorten signifikante Varietaldifferenzen. Die Varietaldifferenzen bei den untersuchten Aminosäuren werden für die 4 verschiedenen Standorte im einzelnen besprochen. Die Korrelation zwischen Gesamt-N und den einzelnen Aminosäuren ist negativ, signifikant jedoch nur mit Isoleucin, Valin und Tryptophan. Valin und Tryptophan korrelieren positiv mit Isoleucin, Lysin, Leucin und Methionin. I. Schröder. 7110.

Thomasson, H. J.; Vlaardingen, Netherlands, Unilever Res. Lab. Essential fatty acids. **(Essentielle Fettsäuren.)** Nature [London] **194** (1962) Nr. 4832. S. 973. — 1 Tab., 4 Lit.

Mit Hilfe einer neuen quantitativen Bioanalyse wurden eine Anzahl ungesättigter Fettsäuren getestet und die Theorie bestätigt, daß die Lage der Doppelbindung (6,9) für essentielle Fettsäuren Voraussetzung ist. Allerdings ist die 6,9-Struktur keine alleinige Bedingung für die Stärke der biol. Aktivität. Die Gegenwart anderer Doppelbindungen und die Kettenlänge der Säuren scheinen ebenfalls von Bedeutung zu sein. Gewöhnliche Linolensäure (18:3,6,9) und 2 C_{19}-Säuren (6,9; 6,9,12) haben sehr niedrige biol. Wirksamkeit. Linolsäure (18:6,9), γ-Linolensäure (C_{18}:6,9,12) und Eikosatriensäure (20:6,9,12) sind etwa gleich stark. Da Arachidonsäure aus Linolsäure gebildet wird, ist verständlich, daß auch die Zwischenglieder etwa die gleiche Biopotenz wie Linolsäure haben. C_{18}(3,6,9), C_{19}(6,9) und C_{20}(6,9) können keine Zwischenstufen sein und sind deshalb auch weniger wirksam. H. Steger. 7170.

Tagawa, Kunio und Shin, Masateru; Osaka, Univ., Fac. of Sci., Dep. of Biol. Hemoproteins of wheat germ. I. Crystallization and properties of peroxidase from wheat germ. **(Hämoproteide von Weizenkeimen. 1. Mitt. Kristallisation und Eigenschaften von Peroxydase aus Weizenkeimen.)** J. Biochemistry [Tokyo] **46** (1959) Nr. 7. S. 865-873. — 6 Abb., 1 Tab., 16 Lit. Orig.: engl.

In der beschriebenen Methode wird die Peroxydase direkt ohne Behandlung mit org. Lösungsmitteln und Essigsäure nur mit 0,1 m Phosphatpuffer, pH 6,5 extrahiert. Zur Reinigung erfolgt eine Absorption an Amberlite CG-50, pH 6,5, und Elution mit pH 7 Puffer und ferner eine Absorption an XE-64 sowie eine Auftrennung in 2 Fraktionen während der Elution. Die kristalline Peroxydase 566 kann aus beiden Fraktionen nach dieser Methode in größerer Menge erhalten werden als nach der älteren. Peroxydase 566 bildet einen sehr stabilen Hydrogenperoxydasekomplex. I. Schröder. 7225.

Tagawa, Kunio und Shin, Masateru; Osaka, Univ., Fac. of Sci., Dep. of Biol. Hemoproteins of wheat germ. II. Particulate electron transporting system of wheat germ and the effect of peroxidase on it. **(Hämoproteide von**

Weizenkeimen. 2. Mitt. Ein besonderes Elektronen transportierendes System von Weizenkeimen und der Einfluß von Peroxydase.) J. Biochemistry [Tokyo] **46** (1959) Nr. 7. S. 875-881. — 8 Abb., 1 Tab., 19 Lit. Orig.: engl. 1. Mitt. vgl. vorst. Ref. 7225.

Shin, Masateru und Nakamura, Wataru; Osaka, Univ., Fac. of Sci., Dep. of Biol. Hemoproteins of wheat germ. III. Further studies on purification of peroxidase and some of their properties. **(Hämoproteide von Weizenkeimen. 3. Mitt. Weitere Untersuchungen über Reinigung der Peroxydase und einige ihrer Eigenschaften.)** J. Biochemistry [Tokyo] **50** (1961) Nr. 6. S. 500 bis 507. — 7 Abb., 5 Tab., 9 Lit. Orig.: engl. 2. Mitt. vgl. vorst. Ref.

Vff. modifizierten das Verfahren von Tagawa und Shin (Nature, **183** (1959) 111; J. Biochem. **46** (1959) 865) und erhielten im Gegensatz zu den beiden Autoren die Peroxydasen 556 und 566 in kristalliner Form. Sie zeigten, daß die Peroxydase 556 nicht aus Peroxydase 566 gebildet wird, sondern beide in Weizenkeimen vorkommen. Die Homogenität der Peroxydasen wurde säulenchromatographisch und mittels der Ultrazentrifugalanalyse bewiesen. In der Peroxydase 566 wurde ein neuer Typ von Peroxydasen gefunden. Das Absorptionsspektrum gleicht dem des b-Cytochroms. Beide Peroxydasen haben Protohäm als prosthetische Gruppe. Auf Grund des Molekulargewichtes und anderer Eigenschaften wird gezeigt, daß sich die Eigenschaften der Proteinanteile deutlich voneinander unterscheiden.
I. Schröder. 7225.

Block, Walter D. und Hubbard, Richard W.; Ann Arbor, Univ. of Michigan, Med. School, Dep. of Dermatol. Amino acid content of rabbit urine and plasma. **(Aminosäuregehalt von Kaninchenharn und Plasma.)** Arch. Biochem. Biophysics **96** (1962) Nr. 3. S. 557-561. — 3 Tab., 13 Lit.

Es wurden 31 Aminosäuren (mit Derivaten und 2 unbekannten Verbindungen) säulenchromatographisch (Spackmann, Stein und Moore) in Harn und Blutplasma von Kaninchen, Katze und Menschen bestimmt. Die Untersuchungen an Kaninchen wurden zusätzlich nach Hungerperioden von 12 und 88 Std. durchgeführt. Ergebnis: Während in Kaninchenharn und -plasma die Aminosäuren gefunden wurden wie auch in den anderen Species, bestehen in Einzelfällen doch quantitative Differenzen. Der Gehalt an Histidin im Kaninchenharn ist niedriger als 1-Methylhistidin oder 3-Methylhistidin im Gegensatz zu Menschenharn, in dem gewöhnlich der Gehalt an Histidin größer ist. Das Plasmaaminosäuremuster unterscheidet sich von dem des Menschen und der Katze dadurch wesentlich, daß der Glycingehalt höher ist als der Alaningehalt. Eine Hungerperiode von 88 Std. verursachte ein Absinken des Gesamtgehalts an Harnaminosäuren von 66%, eine von 12- oder 88 Std. verursachte ein Absinken der Plasmaaminosäuren von 30%. Die Valin,- Isoleucin- und Leucinwerte im Plasma nehmen jedoch zu.
I. Schröder. 7230.

Bishop, D. H. L., Pandya, K. P. und King, H. K.; Liverpool, Univ., Dep. of Biochem. Ubiquinone and vitamin K in bacteria. **(Ubichinon und Vitamin K in Bakterien.)** Biochem. J. **83** (1962) Nr. 3. S. 606-614. — 3 Abb., 3 Tab., 26 Lit.

Mit Hilfe spektroskopischer bzw. papierchromatographischer Methoden wurden 16 Bakterien-Species auf ihren Gehalt an Vit. K und Ubichinon (U) untersucht. *Escherichia coli* und *Proteus vulgaris* enthalten sowohl U als auch Vit. K_2. 7 andere gramnegative Bakterien enthalten U, aber kein Vit. K. Keiner der untersuchten grampositiven Organismen enthielt U. Vit. K_2 wurde in 5 grampositiven Spezies nachgewiesen, jedoch nicht in *Lactobacillus casei, Clostridium sporogenes,* anaerob gezüchtetem *Staphylococcus albus* oder in *Bacillus subtilis*-Sporen. In *E. coli, Pr. vulgaris* oder *Pasteurella pseudotuberculosis* wurden langkettige polyisoprenoide Alkohole nicht aufgefunden; in letztgenanntem jedoch eine als langkettigen gesättigten Alkohol identifizierte Verbindung. J. Wünsche. 7282.

Aldridge, W. N.; Carshalhalton, Surrey, Med. Res. Council Lab., Unit for Res. in Toxicol. Adenosine triphosphatase in the microsomal fraction from rat brain. **(Adenosintriphosphatase in der Mikrosomen-Fraktion von Rattenhirn.)** Biochem. J. 83 (1962) Nr. 3. S. 527-533. — 1 Abb., 7 Tab., 39 Lit.

Rattenhirn wird bei 0 ° in 0.3 m Saccharoselösung homogenisiert und bei 62000 g 5 Min. zentrifugiert. Aus der erhaltenen Lösung wird nach 30 Min. Zentrifugieren bei 145000 g die Mikrosomen-Fraktion erhalten. Die Wirkung verschiedener Bedingungen bei Isolierung der Fraktion wird untersucht. Für max. Aktivität der in dieser Fraktion enthaltenen Adenosintriphosphatase (ATP-ase) sind Na^+- und K^+-Ionen nötig,[1] sie steigern die Aktivität 2.5fach. Bei der Aktivierung des Enzyms in Gegenwart von Na^+ können Li^+, Rb^+, Cs^+ und NH^+_4 K^+ ersetzen, jedoch nicht das Na^+, selbst Gegenwart von K^+. Strophanthin G hemmt die durch Na^+ plus K^+ stimulierte ATP-ase-Aktivität. Cholin kann weder Na^+ noch K^+ ersetzen. Anwachsende Mg^{2+}-Konzentrationen stimulieren die Aktivität bei Abwesenheit und Anwesenheit von Na^+ plus K^+, Ca^{2+} stimuliert bei Abwesenheit und hemmt bei Anwesenheit die Wirkung der ATP-ase. Der mögliche Zusammenhang zwischen ATP-ase und dem Na^+-Transport wird besprochen. F. Kreienbring. 7300.

C. UNTERSUCHUNGS- UND VERSUCHSMETHODIK

Arx, E. von und Neher, R.; Basel, CIBA AG, Pharma-Wiss. Abt. **Einrichtung eines Labors für Papier- und Dünnschicht-Chromatographie.** J. Chromatogr. [Amsterdam] 8 (1962) Nr. 2. S. 145-156. — 16 Abb.

Für die Durchführung einer großen Anzahl analytischer und präparativer chromatographischer Arbeiten erweist sich bei einer Vielzahl verschiedener Stoffklassen die Einrichtung eines zentralen Labors als sehr günstig hinsichtlich einer rationellen Arbeit und reproduzierbarer Resultate. Die bauliche und apparative Einrichtung eines solchen Labors, das bei 22 ° und 45-55% Luftfeuchtigkeit mit 10-12fachem Luftwechsel pro Std. luftkonditioniert ist, wird ausführlich beschrieben. Nach dem org. Ablauf der Arbeitsprozesse richtet sich die Planung der Gesamteinrichtung. Die Teilprozesse werden folgendermaßen zusammengefaßt: 1. Eingang und Verteilung der Aufträge, 2. Vorbereiten der Papiere und Platten sowie Auftragen der Substanzen, 3. Entwicklung der Chromatogramme, 4. Trocknen, 5. Photokopieren oder Registrieren von UV-Absorption bzw. UV-Fluoreszenz, 6. Chemischer bzw. biologischer Nachweis der getrennten Substanzen, 7. Qualitative und quantitative Auswertung., 8. Registrierung. F. Kreienbring 7450.

Ingle, R. B. und Minshall, E. Quantitative estimation of paper chromatograms by direct photometry. I. Relative merits of using transmitted light and reflected light and of using dry and transparent paper. **(Quantitative Bestimmung von Papierchromatogrammen durch direkte Photometrie. 1. Mitt. Relative Vorzüge der Anwendung durchfallenden und reflektierten Lichtes und der Anwendung von trocknem und transparentem Papier.)** J. Chromatogr. [Amsterdam] 8 (1962) Nr. 3. S. 369-385. — 11 Abb., 9 Tab., 41 Lit.

Die 4 Methoden der Anwendung von durchfallendem und reflektiertem Licht bei trocknem und transparentem Papier wurden an Cu-Rubeanatflecken auf Chromatogrammen untersucht. Die Methoden werden vom Standpunkt der Auswertung, der Möglichkeiten für den Einsatz eines entsprechenden

Gerätes und des möglichen Fehlers aus betrachtet. Unter den angegebenen Bedingungen, bei denen ein Lichtstrahl von 3×3 mm Querschnitt benutzt wurde, wird die Messung der Reflexion an trocknem Papier empfohlen, da die Fehler ziemlich gering sind und ein lineares Verhältnis des Meßwertes zur Konzentration besteht. Für die Durchlässigkeitsmessung an trockenem Papier ergibt sich eine mögliche Anwendung, die durch den einfacheren Aufbau eines solchen Gerätes begründet wird. Reflexionsmessungen an transparentem Papier wiesen die geringsten Fehler der 4 Methoden auf, jedoch ist das Verhältnis zur Konzentration nicht linear und zur Herstellung der Transparenz des Papiers kommt ein beträchtlicher Arbeitsaufwand hinzu. Durchlässigkeitsmessung auf transparentem Papier ergab sehr große Fehler und wird deshalb abgelehnt. H. Kreienbring. 7450.

Wolffgang, H. und Opel, H.; Aschersleben, Inst. für Phytopathol. der Biol. Zentralanst. der Dtsch. Akad. der Landwirtsch.-Wiss. zu Berlin. **Schnelle Dialyse kleiner Probemengen.** Naturwissenschaften **49** (1962) Nr. 12. S. 278 bis 279.

Die Dialyse kleiner Probemengen mit einem hohen Gehalt an störenden Stoffen ist schwierig durchführbar. Vff. beschreiben eine geeignete Methode, die mit einer 50%igen Rohrzuckerlösung geprüft wird. Bei den angegebenen Maßen können bis zu 50 μl auf die Dialysemembran aufgetragen werden. Nach 2 Std. konnte papierchromatographisch in 1 μl Probe kein Rohrzucker mehr nachgewiesen werden. Die Konzentration nahm hierbei von 620 μg/μl auf 5 μg/μl, d. h. um über 99% ab. Für die einfach durchführbare Dialyse sind lediglich Petri-Schalen (50 mm ⌀), dünne, wasserabstoßende Plastikfolien und als Dialysemembran Celluloseacetatfolien erforderlich.

I. Schröder. 7480.

Brenner, M., Niederwieser, A., Pataki, G. und Fahmy, A. R.; Basel, Schweiz, Univ., Inst. für Org. Chem. **Zur Reproduzierbarkeit der R_F in der Dünnschicht-Chromatographie.** Experientia [Basel] **18** (1962) Nr. 2. S. 101 bis 104. — 36 Lit.

Qualität des Adsorbens, Aktivierungsgrad der Schicht, Schichtdicke, Qualität des Fließmittels (Reinheitsgrad der Komponenten und Alter der Mischung), Sättigungsgrad der Kammer, verwendete Technik (aufsteigend, horizontal oder absteigend), Laufstrecke und Entfernung des Startpunktes vom Eintauchspiegel („immersion line"), aufgetragene Substanzmenge und Temperatur als Faktoren, die bei einem gegebenen Fließmittel die rel. Wanderungsgeschwindigkeit einer Substanz beeinflussen, werden diskutiert. Nach einer den genannten Umständen Rechnung tragenden, ausführlich wiedergegebenen Arbeitsvorschrift, wurden von insgesamt etwa 850 R_F-Einzelwerten von 42 Substanzen aus verschiedenen Verbindungsklassen (Aminosäuren, Peptide, 3-Phenyl-2-thiohydantoine, 2,4-Dinitrophenylaminosäuren und 2,4-Dinitrophenylamine) Standardabweichungen (S_{RF}) und daraus eine mittlere Standardabweichung (S_{RF}) bestimmt. Die mit den verschiedenen Techniken erhaltenen Werte sind: Dünnschichtchromatographie aufsteigend $\bar{s}_{RF} = 0{,}016$ und horizontal $\bar{s}_{RF} = 0{,}014$. Papierchromatographie absteigend $\bar{s}_{RF} = 0{,}018$ und zirkular $\bar{s}_{RF} = 0{,}014$. Damit ist (nach Ansicht der Vff.) die Reproduzierbarkeit der R_F-Werte in der Dünnschichtchromatographie nicht schlechter als in der Papierchromatographie. Man wird im allgemeinen bei beiden Verfahren mit etwa der gleichen Reproduzierbarkeit rechnen können.

U. Zelck. 7480.

Wardi, A. H. und Stary, Z. P.; Warren, Pennsylvania State Hospital, Dep. of Biochem. Polarographic determination of methyl pentoses. **(Polarographische Bestimmung von Methylpentosen.)** Analyt. Chem. **34** (1962) Nr. 9. S. 1093–1094. — 2 Tab., 6 Lit.

Zu 1 ml einer Lösung mit 0,2-1 mg Methylpentose wird 1 ml 0,5%ige Perjodsäure zugegeben. Nach 1 Std. bei Raumtemperatur wird mit 1 ml 0,1 m LiOH versetzt und die Mischung auf eine Anionenaustauschersäule (IRA-401, 20×1.2 cm) gegeben. Die ersten 10 ml des Eluats mit Wasser werden verworfen, die folgenden 15 ml enthalten den aus den Methylpentosen gebildeten Acetaldehyd. Nach 1 Std. im Wasserbad bei 12 ° wird auf 20 ml mit 0.4 m LiOH verdünnt und in der Polarographiezelle zwischen −1,5 bis −2,0 Volt polarographiert. Die Oxydation der Methylpentosen zu Acetaldehyd mit einem Überschuß an Perjodsäure erfolgt quantitativ. Untersuchungsergebnisse mit Fucose werden mit einem durchschnittlichen Fehler von 1,8% angegeben. Andere Zucker stören nicht. F. Kreienbring. 7485.

Lloyd, A. G.; Cardiff, Univ. of Wales, Dep. of Biochem. Fractionation of the products of the direct sulphation of monosaccharides on anion-exchange resin. **(Fraktionierung der Veresterungsprodukte von Monosacchariden mit Schwefelsäure an Anionen-Austauscherharz.)** Biochem. J. **83** (1962) Nr. 3. S. 455–460. — 3 Abb., 2 Tab., 34 Lit.

Für die Herstellung von 6-0-Schwefelsäureestern werden D-Glucose, D-Galaktose, N-Acetyl-D-glucosamin, N-Acetyl-D-galaktosamin, D- und L-Fucose bei 5 ° in Pyridin mit der äquivalenten Menge Chlorsulfonsäure umgesetzt. Die K-Salze der rohen Schwefelsäureester werden an Säulen von Dowex 1 (OH^--Form, 25×1 cm) anfänglich mit Wasser, dann mit verdünnter Schwefelsäure, die kontinuierlich von 0,01 n auf 0,09 n ansteigt, fraktioniert. Bei der Veresterung von Monosacchariden in Pyridin mit einem Überschuß an Schwefeltrioxyd ist die Fraktionierung an Dowex 1 ein einleitender Schritt zur Abtrennung der Monosulfate vom Ausgangsmaterial und von den Disulfaten. Die nachfolgende Abtrennung der 6-0-Sulfate von den isomeren Monosulfaten erfolgt durch Chromatographie an Cellulosesäulen mit Isobuttersäure — 0.5n Ammoniak (5:3, V:V). Die erhaltenen Verbindungen wurden papierchromatographisch mit authentischen Proben verglichen. F. Kreienbring. 7485.

Neelin, J. M.; Ottawa, Canada, Nat. Res. Council, Div. of Appl. Biol. Identification of k-casein- in zone electrophoresis. **(Identifizierung von k-Casein in der Zonenelektrophorese.)** Canad. J. Biochem. Physiol. **40** (1962) Nr. 5. S. 693–695. — 1 Abb., 9 Lit.

Proteinmischungen können mit Hilfe der Stärkegelelektrophorese aufgetrennt werden, wenn eine spez. Empfindlichkeit der Proteinkomponenten gegenüber bestimmten Agenzien im Gelmedium vorliegt. Es werden Säurecasein und die k-Casein-Fraktion durch 1- und 2 dimensionale Elektrophorese in Stärkegel mit Na-Veronalpuffer in Gegenwart von $CaCl_2$ oder Harnstoff oder in Abwesenheit beider Stoffe untersucht. Vf. beweist die Identität des k-Caseins durch die selektive Wanderung in Gegenwart von $CaCl_2$. Arbeitsbedingungen: A) Na-Veronalpuffer, 4–7 m Harnstoff, pH 8,2–8,6, μ 0,020; B) Na-Veronalpuffer, pH 8,1-8,3, μ 0,020, C) Na-Veronalpuffer, μ 0,010, $CaCl_2$, μ 0,030, pH 8,0–8,1. Für die Elektrophorese wurden 15 g Stärke/100 ml Na-Veronalpuffer verwendet. I. Schröder. 7500.

Barreto, R. C. R. und Mano, D. B.; Rio de Janeiro, Univ. of Brazil, Inst. of Phthisiol. and Pneumol. The use of centrifugally-accellerated ultrafiltration for the concentration of proteins in biological fluids. **(Die Verwendung von zentrifugal beschleunigter Ultrafiltration für die Konzentration von Proteinen in biologischen Flüssigkeiten.)** J. Chromatogr. [Amsterdam] **7** (1962) Nr. 3. S. 346–350. — 3 Abb., 1 Tab., 8 Lit.

Die Konzentration von biologischen Flüssigkeiten mit geringem Proteingehalt wird durch eine beschriebene zentrifugal beschleunigte Ultrafiltration ermöglicht. Die schnelle und zuverlässige Methode arbeitet mit 10 ml Volumina und 6000 Umdrehungen pro Min. Die Probe wird in einem Kollodiumsack im Zentrifugenglas aufgehängt und mit einer Gazehülle umgeben. In 10–12 Min. kann eine 100fache Konzentration erreicht werden. Durch die Ultrafiltration tritt keine Denaturierung des Proteins sowie keine Änderung des elektrophoretischen Verhaltens von Proteinmischungen ein, ferner treten keine Proteinverluste auf. Eine Spezialausrüstung ist nicht erforderlich. Die durch Ultrafiltration konzentrierten biologischen Flüssigkeiten (Urin, Speichel) werden papierelektrophoretisch untersucht (Veronal-Acetat-Puffer, pH 9,0, 300 V, 5 Std.) I. Schröder. 7500.

Smith, Allan K., Nash, Arlo M., Eldridge, A. C. und Wolf, W. J.; Peoria, Ill., Northern Regional Res. Lab. Recovery of soybean whey protein with edible gums and detergents. **(Rückgewinnung von Protein aus Sojabohnen-„Molke" mit verdaulichen Pflanzengummis und oberflächenaktiven Substanzen.)** J. agric. Food Chem. **10** (1962) Nr. 4. S. 302–304. – 1 Abb., 3 Tab., 20 Lit.
Sojabohnen-„Molke" ist eine Lösung, die anfällt, wenn entfettetes Sojamehl zur Gewinnung von Eiweiß mit Wasser (pH 7,5) extrahiert wird und die Proteine nach Fällung mit Mineralsäure bei pH 4,5 abfiltriert werden. Die Proteine in der Lösung, die etwa 12% der Festsubstanz betragen, können in unterschiedlichem Grad (bis zu 100%) bei pH 2,0–4,5 als unlösliche Komplexe durch negativ geladene Kolloide (z. B. Alginsäure, Agar, Irisch-Moos-Extraktivstoffe) und durch anionische oberflächenaktive Substanzen ausgefällt werden. Untersuchungsergebnisse über die enzymatische Aktivität der Komplexe werden mitgeteilt, dabei besitzen die Komplexe der oberflächenaktiven Verbindungen keine Aktivität. Die Entfernung des Proteins aus der Lösung erniedrigte die biologische Sauerstoffanforderung (BOD) um 8–18%. H. Kreienbring. 7500.

Opieńska-Blauth, J., Charęziński, M., Sanecka, M. und Brzuszkiewicz, H.; Lublin, Poland, Med. Acad., Biochem. Dep. Losses of tryptophan during chromatographic analysis. **(Verluste von Tryptophan während der chromatographischen Analyse.)** J. Chromatogr. [Amsterdam] **7** (1962) Nr. 3. S. 321–328. – 3 Abb., 7 Tab., 19 Lit.
Vff. untersuchten die Tryptophanverluste während der sauren (HCl oder H_2SO_4) und der alkalischen Hydrolyse, bei der Entfärbung des Materials an Aktivkohle, bei der Entsalzung an Ionenaustauschern und während der Entwicklung der Chromatogramme in 5 verschiedenen Lösungsmittelsystemen. Die Empfindlichkeit der verschiedenen Tryptophanteste sowie die Fehlergrenze der nach verschiedenen Methoden durchgeführten Bestimmungen werden angegeben. Die Tryptophanverluste bei der Hydrolyse von Fibrin, die nach verschiedenen Zeiten ermittelt wurden, betrugen nach 24 Std. Hydrolyse mit 6n HCl 100%, mit 8n H_2SO_4 und 5n NaOH annähernd 60%. Die Verluste bei der Entfärbung von biologischem Material mit Aktivkohle betrugen 60–100%, die Verluste durch Entsalzung (Kationenaustauscher SDW_3 [USSR]) über 20%. Von den untersuchten chromatographischen Lösungsmitteln bedingen Phenol und n-Butanol-methyläthylketon die größten Verluste, die bei niedriger Tryptophankonzentration bis zu 90% betragen können. I. Schröder. 7505.

Barrett, G. C.; Exeter, Univ., Dep. of Chem. Iodine as a "non-destructive" colour reagent in paper- and thin-layer chromatography. **(Jod als ein „nicht zerstörendes" Farbreagens in Papier- und Dünnschicht-Chromatographie.)** Nature [London] **194** (1962) Nr. 4834. S. 1171–1172. – 7 Lit.
Die Verwendung des J als Farbreagens für Aminosäuren und Derivate, Imidazole, Steroide und andere N-haltige Verbindungen hat Vorteile, da die Technik leicht durchführbar ist und anschließend andere Farbreagenzien auf demselben Chromatogramm angewendet werden können, bzw. nach

chromatographischer Auftrennung von Mischungen eine Isolierung der einzelnen Komponenten und eine weitere Untersuchung erfolgen kann. Das getrocknete Chromatogramm kann entweder mit J-Dampf behandelt (10–30 Sek.) oder mit einer Lösung von J in Tetrachlorkohlenstoff besprüht bzw. in eine gesättigte Lösung von J in Petroläther (60°-80°-Fraktion) getaucht werden. Die Verbindungen erscheinen als braune Flecken. Die Methode ist auch in der Dünnschicht-Chromatographie bei Verwendung der Kieselgel-$CaSO_4$-Mischung („Kieselgel G") auf Glasplatten anwendbar.

I. Schröder. 7505.

Uuspää, Veikko J. und Uuspää, Vappu I.; Helsinki, Univ., Dep. of Pharmacol. Vane's rat fundus strip method in determination of 5-hydroxytryptamine. **(Die Ratten-Fundus-Methode nach Vane zur Bestimmung von 5-Hydroxytryptamin.)** Suomalaisen Tiedeakatemian Toimituksia [Ann. Acad. Sci. fennicae], Sarja A. IV. **1962** Nr. 60. S. 1-17. — 3 Abb., 6 Tab., 39 Lit.

Vff. modifizierten die Ratten-Fundus-Methode nach Vane (vgl. Brit. J. Pharmacol. Chemotherapy **12** [1957] S. 344.) zur biol. Bestimmung von 5-Hydroxytryptamin (5HT) geringfügig und bestimmten nach dieser Methode den 5HT-Gehalt verschiedener Rattenorgane (Gehirn, Lunge, Pylorus, Duodenum, Jejunum, Colon, Milz, Leber, Haut.) Die statistische Auswertung ergab, daß die Methode zuverlässige Werte liefert. Die Fundus-Methode ist spez. als die Uterus-Methoden und stimmt gut mit der spektrofluorometrischen Methode zur 5HT-Bestimmung überein. J. Wünsche. 7510.

Kaufmann, H. P. und Young, Su Ko. **Die Papier-Chromatographie auf dem Fettgebiet. 50. Mitt. Die qualitative und quantitative Bestimmung von Hydroxy- und Ketofettsäuren.** Fette, Seifen, Anstrichmittel **64** (1962) Nr. 5. S. 434–438. — 49. Mitt. vgl. LZ. Abt. III **7** (1962) Nr. 11. S. 2341.

Es wird die qualitative und quantitative pc-Analyse von Gemischen langkettiger Hydroxy- und Ketosäuren auf mit Undecan imprägniertem Papier beschrieben. Das Papier besitzt einen Imprägnierungsgrad von 0.2. Man erreicht dies, indem man das Papier durch Undecan zieht und ½ Std. zwischen Filtrierpapier und 2 Glasplatten, die mit 4 kg beschwert sind, abpreßt. Anschließend läßt man ½-¾ Std. an der Luft hängen. Als Fließmittel dient Essigsäure verschiedener Konzentration. Die Laufzeit beträgt ca. 15 Std. Die Anfärbung erfolgt wie üblich mit Cu-Acetat — Rubeanwasserstoffsäure. Auf gleiche Weise lassen sich auch Ketofettsäuren trennen. So gelang die Trennung von C_{14} bis C_{26} 2-Methyl-4-Keto-Säuren mit 85%iger Essigsäure als Fließmittel. Auch die Trennung von Ketofettsäuren im Gemisch mit nicht substituierten Fettsäuren verlief erfolgreich. Die Ketogruppe erhöht die RF-Werte der Stammfettsäuren, aber im geringeren Umfang als die Hydroxylgruppe. H. Steger. 7520.

Martelli, Hebe L. und Pires, Olympia; Rio de Janeiro, Brasil, Univ., Escola Nac. de Quim. The electrophoretic behaviour of some structural analogues of dicarboxylic acids of the Krebs cycle. **(Das elektrophoretische Verhalten einiger Strukturanaloga von Dicarbonsäuren des Krebs-Cyclus.)** J. Chromatogr. [Amsterdam] 8 (1962) Nr. 2. S. 227–231. — 4 Abb., 1 Tab., 4 Lit.

Ein papierelektrophoretisches Verfahren (400 V, 90 Min., 27°; Papierstreifen 4.9 × 40 cm) zur Trennung der Epoxybernsteinsäure, Mercaptobernsteinsäure und Mercaptoäpfelsäure von Bernsteinsäure, Äpfelsäure, Oxalessigsäure und Fumarsäure wird beschrieben. Epoxybernsteinsäure läßt sich leicht trennen in 0.75 m Ameisensäure, pH 1.9. Für die Trennung von Mercaptobernsteinsäure und Mercaptoäpfelsäure erweisen sich 0.01 m (pH 4.0) und 0.025 m (pH 5.0) Natriumacetat als geeignet. Die Wanderungsstrecken der Verbindungen auf dem Elektropherogramm lassen sich in Beziehung setzen zur Ionenstärke der Elektrolytlösungen und zu dem chemischen Bau der Verbindungen. F. Kreienbring. 7540.

Bayer J.; Budapest, Gedeon Richter AG, Analyt. Lab. **Eine schnelle papierchromatographische Trennung von Vitamin B_{12}.** J. Chromatogr. [Amsterdam] 8 (1962) Nr. 1. S. 123–125. — 1 Abb., 1 Tab., 7 Lit.
Vf. entwickelte eine papierchromatographische Methode, die es gestattet, Vit. B_{12} innerhalb von 1–1½ Std. von Faktor III und anderen Verunreinigungen abzutrennen. Folgende Methode hat sich gut bewährt: Die Papierstreifen (9 × 35 cm, Schleicher-Schüll 2043b) werden durch aqua dest. oder die wässerige Phase des Lösungsmittelgemisches oder durch eine 0,5%ige KCN-Lösung gezogen, zwischen Filterpapier abgetränkt und danach 15 Min. bei Zimmertemperatur getrocknet. Nach Auftragen der zu prüfenden Probe wird in dem Laufmittel Chloroform-Phenol-n-Butanol-Wasser (30:5:12,5 :50) aufsteigend 1–1½ Std. chromatographiert. Die Auswerung erfolgt densitometrisch. Folgende R_F-Werte wurden gefunden: Vit. B_{12} 0,57, Faktor III 0,10, Faktor E 0,84 und Faktor B 0,14. J. Wünsche. 7568.

Pringsheim, E. G.; Göttingen, Univ., Pflanzenphysiol. Inst. Chlamydomonas pallens, a new organism proposed for assays of vitamin B_{12}. **(Chlamydomonas pallens, ein neuer für Vitamin-B_{12}-Bestimmungen vorgeschlagener Organismus.)** Nature [London] **195** (1962) Nr. 4841. S. 604' — 1 Lit.
Der aus südafrikanischen Böden isolierte Flagellat *Chlamydomonas pallens* ist zur Bestimmung von Vit. B_{12} in verschiedenen Flüssigkeiten geeignet. Er spricht nicht auf Pseudovit. B_{12} und Faktor B an, wohl aber auf Cyanocobalamin und Faktor I (B_{12} III). Seine Spezifität entspricht somit der von *Ochromonas malhamensis*. Besondere Vorteile des Bestimmungsverfahrens mit dem neuen Testorganismus sind 1. das einfach zusammengesetzte Testmedium (außer Na-Acetat und Vit. B_{12} werden nur anorg. Salze und Spurenelemente zum Wachstum benötigt) und 2. das schnelle Wachstum (sichtbares Wachstum bei Zimmertemperatur und verringerter Lichteinwirkung nach 2 Tagen, im Dunkeln bei 26 ° schon nach 1 Tag). J. Wünsche. 7568.

Campbell, J. A. und Pelletier, O.; Ottawa, Ontario, Canada, Dep. of Nat. Health and Welfare, Food und Drug Lab. Determination of niacin (niacinamide) in cereal products. **(Bestimmung des Niacin [Nikotinamid] in Getreideprodukten.)** J. Assoc. off. agric. Chemists **45** (1962) Nr. 2. S. 449 bis 454. — 2 Tab., 5 Lit.
Es wird über eine Gruppenuntersuchung (13 Untersuchungsstellen) zur Analytik des Niacin in Brot und Kleie nach einer Modifikation der AOAC-Methode (Bromcyanmethode) berichtet. Die Methodik ist in gleicher Zeitschrift (vgl. J. Assoc. off. agric. Chemists **42** [1959] S. 625.) beschrieben. Nach der modifizierten Methode wurden im Mittel 92,0–102,3% der zugesetzten Niacinmenge wiedergefunden, während es bei der alten AOAC-Methode nur 61,5 bis 91,3% waren. Die mikrobiol. AOAC-Methode liefert keine genaueren Werte (87,5–120%) als die vorgeschlagene Methode. H. Ackermann. 7572.

Smillie, L. B., Mabbott, G. Y. und Neufeld, G. R.; Edmonton, Univ. of Alberta, Med. School, Dep. of Biochem. The purification of trypsinogen by ion-exchange chromatography. **(Die Reinigung von Trypsinogen durch Ionenaustauschchromatographie.)** Canad. J. Biochem. Physiol. **40** (1962) Nr. 5. S. 555–564. — 3 Abb., 1 Tab., 15 Lit.
Einmal umkristallisiertes Trypsinogen (50% $MgSO_4$) wurde nach Dialyse (in der Kälte gegen 0,001 m HCL) und Lyophilisierung zur weiteren Reinigung mehreren chromatographischen Verfahren unterworfen. 1. Die Verwendung von Bio-Rex 70 und Phosphat-Harnstoffpuffer (8 m) führte zur beträchtlichen Inaktivierung des Trypsinogens. 2. Die Chromatographie an Carboxymethylcellulose bei pH 3,2 erbrachte ebenfalls unbefriedigende

Ergebnisse, da keine höhere Aktivität als beim Ausgangstrypsinogen erhalten wurde. 3. Die Chromatographie an Bio-Rex 70 in Gegenwart des Trypsininhibitors der Sojabohne ergab ein Produkt mit der höchsten Reinheit und der niedrigsten freien tryptischen und chymotryptischen Aktivität.
I. Schröder. 7580.

Yone, Yasuo. Improvement of Levine's acid colorimetric method for determination of chlortetracycline. 1. Studies on keeping quality of fish by use of chlortetracycline-I. **(Die Verbesserung von Levin's saurer colorimetrischer Methode zur Bestimmung von Chlortetracyclin. 1. Mitt. Untersuchungen über die Qualitätserhaltung von Fisch durch Verwendung von Chlortetracyclin.)** Sci. Bull. Fac. Agric., Kyushu Univ. **19** (1961) Nr. 1. S. 141–149. — 7 Abb., 7 Tab., 5 Lit. Orig.: jap., Ausz.: engl.
Im Vergleich zur mikrobiol. Bestimmung ergeben die chemischen Methoden nach Upham und nach Sakaguchi zu hohe, die Japan FDA-Methode zu niedrige Chlortetracyclin (CTC)-Werte bei der Analyse von Eis, das außer CTC (5 ppm) noch Carboxymethylcellulose (15. 2 ppm), NaCl (77.9 ppm) und Na-Bisulfit (1.9 ppm) enthält. Gut übereinstimmende Werte wurden dagegen mit einer modifizierten Methode nach Levin erhalten, wenn im Eis das Bisulfit durch Thiosulfat ersetzt war. Die Verbesserungen bestehen im Erhitzen auf 80° und im Messen am Beckman-Spektrophotometer. Es wird wie folgt verfahren: 50 ml Probe und Standardlösung (1 ∼ 8 mcg/ml) werden im 100 ml Meßkölbchen mit 20 ml 20%iger HCl versetzt, 20–30 Min. im Wasserbad bei 80° erhitzt, unter fließendem Wasser abgekühlt und mit destilliertem Wasser bis zur Marke aufgefüllt. Dann wird bei 440 mμ die Extinktion gemessen. Aus dem Vergleich mit der Standardkurve ergibt sich der CTC-Gehalt im Eis.
W. Goldbach. 7600.

Yone, Yasuo. A new fluorometric method for determination of chlortetracycline. 2.(Studies on keeping quality of fish by use of chlortetracycline-I). **(Eine neue fluorometrische Methode zur Bestimmung von Chlortetracyclin. 2. Mitt. [Untersuchungen über die Qualitätserhaltung von Fisch durch Verwendung von Chlortetracyclin-I].)** Sci. Bull. Fac. Agric., Kyushu Univ. **19** (1961) Nr. 1. S. 151–157. — 3 Abb., 3 Tab., 8 Lit. Orig.: jap., Ausz.: engl. 1. Mitt. vgl. vorst. Ref.
Die lineare Beziehung zwischen Chlortetracyclin (CTC)-Konzentration und Fluoreszenzstärke von Al-CTC-chelat ermöglicht die quantitative CTC-Bestimmung in Eis. CTC-Abbauprodukte stören nur geringfügig. Die Werte stimmen gut mit denen der mikrobiol. Methode überein. Zur fluorometrischen Bestimmung werden 10 ml Probe und Standart (1—5) mcg/ml) mit 1 ml einer 1%igen Kaliumalaunlösung $(KAl\ SO_4)_2 \cdot 12\ H_2O)$ in 0.5 ml Acetatpuffer (pH 4.6) versetzt. Nach 20–60 Min. langem Stehen bei Zimmertemperatur wird am Beckman-Spektrophotometer die Fluoreszenz bei 500 mμ gemessen, die durch Licht von 365 oder 436 mμ angeregt wurde. Unter Berücksichtigung des Blindwertes ergibt sich aus der Standardkurve der CTC-Gehalt der Probe. — Es werden weiter 2 vereinfachte fluorometrische Methoden beschrieben, mit denen nach dem gleichen Prinzip, jedoch ohne Spektrophotometer der CTC-Gehalt im Eis ermittelt werden kann (Feldmethoden). Sie lassen sich in der Praxis leichter durchführen, ergeben jedoch nicht sehr genaue Werte. Das Eis enthält außer 5 ppm CTC noch 15.2 ppm Carboxymethylcellulose, 77.9 ppm NaCl und 1.9 ppm $NaHSO_3$.
W. Goldbach. 7600.

Florsheim, H. A., Makineni, S. und Shankman, S.; Los Angeles, Calif., Shankman Lab. The isolation, identification and synthesis of a peptide growth factor for P. cerevisiae. **(Die Isolierung, Identifizierung und Synthese eines Peptid-Wachstumsfaktors für P. cerevisiae.)** Arch. Biochem. Biophysics **97** (1962) Nr. 2. S. 243–249. — 3 Abb., 4 Tab., 28 Lit.

Aus einem „vollständigen“ Casein-Hydrolysat (8–10 Std.Druckhydrolyse mit 4 n HCl bei 126° wurde ein das Wachstum von *Pediococcus cerevisiae* ATCC 8081 förderndes säurestabiles Dipeptid isoliert und als Isoleucylhistidin identifiziert. Verschiedene andere Peptide des Histidins mit α-Aminosäuren hatten ebenfalls eine wachstumsfördernde Wirkung. Synthese und Eigenschaften einiger Dipeptide des Histidins werden mitgeteilt.
J. Wünsche. 7605.

Nangniot, Paul und Martens, Pierre H.; Gembloux, Inst. Agronomique, Lab. de Chim. Analyt. Contribution à l'étude polarographique des cations les plus usuels. II. Dosage polarographique de petites quantités de cuivre, de cobalt, de zinc et de manganèse dans les engrais composés. **(Beitrag zur polarographischen Untersuchung der üblichen Kationen. 2. Mitt. Polarographische Bestimmung von kleinen Mengen Cu, Co, Zn und Mn in zusammengesetztem Dünger.)** Bull. Inst. agronom. Stat. Rech. Gembloux **29** (1961) Nr. 3/4. S. 350–355. — 8 Lit.

Die Arbeit berichtet über eine Bestimmungsmethode der angeführten Elemente mit Hilfe der Polarographie in granuliertem Dünger. Die untere Grenze der Empfindlichkeit liegt bei 0,005% der angeführten Spurenelemente. Das Verfahren erfordert nur eine Elution und eine einzige Fällung.
R. Neseni. 7650.

Morgan, M. E. und Pereira, R. L.; Storrs, Univ. of Connecticut, Storrs Agric. Exp. Stat., Dep. of Animal. Ind. Volatile constituents of grass and corn silage. I. Steam distillates. **(Flüchtige Bestandteile von Gras- und Mais-gärfutter. 1. Mitt. Wasserdampfdestillate.)** J. Dairy Sci. **45** (1962) Nr. 4. S. 457–466. — 1 Abb., 5 Tab., 10 Lit.

Aus 100 lb. Gärfutter jeder der geprüften 7 Gras- (**I**) und 5 Maissilagen (**II**) wurden 15 l Destillat gewonnen und diese zu 6 Fraktionen aufgetrennt. Während Spuren von 3-Methylthiopropionaldehyd nur in **I** gefunden wurden, wurden in **I** und **II** bestimmt: C_2-C_6Fett-, Isobutter-, α- und β-Methylbuttersäure, C_2-C_6Aldehyde, 2- und 3-Methylbutyr-, 2-Methylpropionaldehyd, Aceton Methyläthylketon, Benzaldehyd, Phenylacetaldehyd sowie Furfurol. Die säure- und carbonylfreie neutrale Fraktion von **I** und **II** enthielt die charakteristischen Duftstoffe, sie enthielt 1-wertige C_2-C_5-, 2wertige C_3-C_5-, iso-C_4- und -C_5-Alkohole. Aus **I** konnten noch Hexanol, 2-Hexanol und cis-3-Hexanol bestimmt werden. Die typischen Gärfutteraromastoffe bestehen aus einem Komplex von Alkoholen, Carbonylen und wahrscheinlich Estern der Alkohole und flüchtigen Säuren. H. H. Budzier. 7715.

Morgan, M. E. und Pereira, R. L.; Storrs, Univ. of Connecticut, Storrs Agric. Exp. Stat., Dep. of Animal Ind. Volatile constituents of grass and corn silage. II. Gas-entrained aroma. **(Flüchtige Bestandteile von Gras- und Maisgärfutter. 2. Mitt. Flüchtige Aromastoffe.)** J. Dairy Sci. **45** (1962) Nr. 4. S. 467–471. — 3 Tab., 7 Lit. 1. Mitt. vgl. vorst. Ref.

Die flüchtigen Komponenten zahlreicher Gras- und Maissilagen wurden in Kältefallen kondensiert und gaschromatographisch bestimmt. In Grassilage wurden Gemische gefunden aus: Methylsulfid, Acetaldehyd, Propionaldehyd (**I**), Aceton (**II**), Methyläthylketon (**III**), Methanol, Äthanol, Propanol (**IV**), 2-Butanol (**V**), Essigsäuremethylester sowie Äthyl- und Methylester der Ameisen-, Essig-, Propion- und Buttersäure. Alle genannten waren auch bis auf folgende, nicht regelmäßig nachzuweisende, in Maissilage vorhanden: **I, II, III, IV, V** und andere Ester; Butyrate lagen in der Regel gar nicht vor. Die schnelle Inkorporation dieser flüchtigen Aromastoffe über das Respirationssystem und Weiterleitung ins Euter während der Silageverfütterung macht eine Seite der Geschmacksbeeinflussung der Milch bei Gärfutterverabreichung an Milchvieh verständlich. H. H. Budzier. 7715.

Elliott, R. C. und Fokkema, K. The use of chromic oxide for the estimation of faecal output in grazing ruminants. **(Die Verwendung von Chromoxyd zur Bestimmung der Kotausscheidung bei Weidetieren.)** Rhodesia agric. J. **57** (1960) Nr. 6. S. 439–444. – 2 Abb., 13 Tab., 44 Lit.
In Versuchen mit Schafen (I) und Ochsen(**II**) wurden keine signifikanten Unterschiede in der Cr_2O_3-Ausscheidung im Kot zwischen den Einzeltieren (Standardabweichung bei **I** 2,28%, bei **II** 0,49%) und zwischen den einzelnen Tagen der Versuchsperioden (bei **I** 10 Tage, bei **II** 14 Tage) festgestellt. Große Unterschiede wurden dagegen im Ablauf der Ausscheidungen an einem Tag ermittelt (bei **I** zwischen 72,98 und 122,34% der Einnahme bei 8maliger Probenahme, bei **II** zwischen 73, 83 und 109,78% bei 3maliger Probenahme). Die Zeit der Verabreichung von Cr_2O_3 (3 verschiedene Zeiten am Tag) brachten keine signifikanten Unterschiede. Aus den Ergebnissen werden Schlußfolgerungen für die Versuchsdurchführung gezogen.
M. Hoffmann. 7760.

Elliott, R. C. und Fokkema, K. The estimation of forage consumption of grazing animals. **(Die Bestimmung der Futteraufnahme bei Weidetieren.)** Rhodesia agric. J. **57** (1960) Nr. 6. S. 446–450. – 1 Abb., 5 Tab.
Vff. beschreiben die Kot-Index-Methoden, als deren Vorteil herausgestellt wird, daß alle Fehlermöglichkeiten durch die Bestimmung der Futterzusammensetzung fortfallen. Als sehr sichere Methode wird die Bestimmung des Kot-N (unverdaulicher + Stoffwechsel-N) angesehen. Zur Überprüfung dieser Methode werden die Ergebnisse von 91 Einzelversuchen mit Gras angegeben, die folgende Ergebnisse brachten: 1. Zwischen dem Rohproteingehalt im Futter (in Tr.-Subst.) und der scheinbaren Verdaulichkeit des Rohproteins besteht eine positive Korrelation ($r = 0{,}990$), also auch zwischen Rohproteingehalt im Futter und dem N-Gehalt im Kot. 2. Zwischen dem Rohproteingehalt im Futter und der scheinbaren Verdaulichkeit der org. Subst. besteht eine positive Korrelation ($r = 0{,}851$), also auch zwischen Rohproteingehalt im Futter und dem Gehalt an org. Subst. im Kot und auch zwischen N-Gehalt im Kot und der Verdaulichkeit der org. Subst. 3. Es wird zur Bestimmung des Verhältnisses von Futter/Kot („F") mit Hilfe des N-Gehaltes in der org. Subst. des Kotes (F. N./O. M.) die Regressionsgleichung „F" = 1,042 F. N./O. M. + 0,4765 ($r = 0{,}876$) angegeben. M. Hoffmann. 7760.

Ascarelli, I. und Gestetner, R.; Rehovot, Israel, Hebrew Univ., Dep. of Animal Nutrit. Chemical and biological evaluation of some protein feeds for poultry. **(Chemische und biologische Bewertung einiger Eiweißfutterstoffe für Geflügel.)** J. Sci. Food Agric. **13** (1962) Nr. 8. S. 401–410. – 5 Tab., 43 Lit.
Vff. überprüften mehrere, z. T. für Ratten ausgearbeitete, Methoden auf ihre Brauchbarkeit zur Bewertung von Fischmehlen (I), Sojabohnenextraktionsschrot (II) und Baumwollsaatextraktionsschrot (III) für Küken. Für I erwies sich die vereinfachte Methode nach Bender zur Bestimmung der Nettoproteinverwertunng (NPU) bei Ratten als geeignet, und sie rechneten sie für 14 Tage alte Leghornhähnchen um. Überhitzung ließ sich bei I und II am verfügbaren Lysin (Methode Baliga) sicher nachweisen. Die verschiedenen Erhitzungsgrade von II spiegelten sich im Farbabsorptionstest mit Kresolrot (nach Fröhlich, modifiziert von Olumucki u. Bornstein) am klarsten wider. Diese Methode brachte auch die beste Übereinstimmung mit den Ergebnissen aus Fütterungsversuchen. Auch über die Bestimmung des Antitrypsinfaktors oder der Ureaseaktivität gelang eine zutreffende Bewertung. Bei III traten durch die Aufbereitungsverfahren bei der Herstellung große Unterschiede im Futterwert auf, die sich mit den angewandten Methoden nicht nachweisen ließen. Die Fütterungsversuche bewiesen die Überlegenheit vielseitiger Futtermischungen mit II und III gegenüber solchen mit III als einziger Proteinquelle. C. Engelmann. 7785.

Oslage, Hans Joachim und Fliegel, Heinz; Völkenrode, Inst. für Tierernähr. **Konstruktion und Aufbau der Völkenroder Respirationsanlage.** Landbau-Forsch. Völkenrode **11** (1961) Nr. 3. S. 53–56. — 5 Abb., 8 Lit.
Es wird der Aufbau einer Respirationsapparatur nach dem Pettenkoferprinzip kombiniert mit dem System der kontinuierlichen Gasprobenahme nach Sondén und Tigerstedt beschrieben. Die Apparatur ist für Arbeiten mit Schwein oder Schaf oder Kalb vorgesehen. Die Ausmaße der Respirationskammer sind $2 \times 1{,}6 \times 0{,}9$ m. Die Tiere werden in Stoffwechselkästen in die Kammer gefahren. Angaben über Klimaanlage, Luftführung und Futterschleuse werden gemacht. Die Luftbewegung erfolgt mit einer Super-Pharma-Ölpumpe, die mit einem Gleichstrommotor angetrieben wird, der über einen Netzgleichrichter mit nachgestellter Batterie gespeist wird, zur Sicherung gegen Stromausfall. Der Luftdurchsatz wird mit einer 50 l-Gasuhr nach dem nassen System gemessen, die Entnahme der Gassammelprobe erfolgt über eine 1 l-Gasuhr in eine transportable Gassammelpipette von etwa 1200 cm^3 Inhalt. Die Gasanalyse erfolgt volumetrisch nach dem Prinzip von Sondén und Tigerstedt. Der Einbau von Uras- und Magnosgeräten wird vorgenommen. Die C-Best. erfolgt mit dem Gerät der Fa. Wösthoff. W. Jentsch. 7814.

Wrba, H. und Rabes, H.; München, Univ., Pathol. Inst. **Der Umsatz radioaktiv markierter Verbindungen als Maßstab für die Stoffwechselintensität explantierter Organe.** Naturwissenschaften **49** (1962) Nr. 12. S. 282–283. — 1 Tab., 9 Lit.
Stoffwechseländerungen können durch den unterschiedlichen Einbau markierter Substanzen erkannt werden. Es wird gezeigt, daß bei explantierten Lebern verschiedener biologischer Wachstumszustände 3 angebotene radioaktiv markierte Substanzen in verschiedener Stärke inkorporiert werden. Untersucht wurden explantierte embryonal eLeber, regenerierte Leber und erwachsene Leber mit ^{14}C-markiertem Adenin, ^{14}C-markiertem Valin und $^{32}PO_4$. Die inkorporierte Aktivität wurde im nativen getrockneten Explantat gemessen. Während die embryonale Leber am stärksten inkorporiert, zeigt die regenerierte Leber gegenüber erwachsener Leber eine Steigerung des Substanzeinbaus, der proportional ihrer Regenerationsintensität erfolgt. Von den 3 markierten Verbindungen erfolgt bei Valin der stärkste Einbau, dann folgen Adenin und in wesentlich geringerem Maße Phosphat.
I. Schröder. 7830.

Mamuro, T., Fujita, A., Matsunami, T., Yoshikawa, K. und Azuma, T.; Shincecho, Osaka Prefekture, Sakai, Radiation Centre. Radioactive air-borne dusts in Japan. **(Radioaktiver schwebender Staub in Japan.)** Nature [London] **194** (1962) Nr. 4829. S. 643–644.
Im Herbst 1961 begannen Vff. mit der Überprüfung der Radioaktivität der bodennahen Luftschicht. Ab 12. Sept. 1961 stieg die Radioaktivität der Atmosphäre, es wurden erstmalig frische Kernspaltprodukte gefunden. Am 7., 8. u. 9. Nov. wurden abnorm hohe Konzentrationen von 70–125 $\mu\mu c/m^3$ beobachtet. Vff. konnten feststellen, daß die gemessene Radioaktivität benachbarter Meßstellen oft erheblich voneinander abweicht. Als Ursache hierfür wird das Vorkommen einer geringen Zahl hoch radioaktiver Teilchen angesehen. Der Nachweis solcher Teilchen wurde mit Hilfe der Radioautographie der Staubsammelfilter gebracht. Zur Staubabscheidung aus der Atmosphäre wurde ein Rundfilter mit 18,5 cm Durchmesser und eine Pumpe mit einer Saugleistung von 400 l/Min. verwendet. Um die Haftfestigkeit hoch radioaktiver Teilchen an Pflanzen festzustellen, wurden Radioautographien von wildem Pfeilwurz hergestellt. Es zeigte sich, daß radioaktive Teilchen auf den Blättern vorkommen und zum Teil von der Pflanze über die Oberfläche aufgenommen werden. P. Dahms. 7830.

Sommermeyer, K. und Magnus, H.; Freiburg/Br., Univ., Radiol. Inst.; Karlsruhe, Städt. Krankenanstalt., Röntgeninst. **Die Erzeugung von Substanzen sehr hoher biologischer Wirksamkeit durch Bestrahlung von Agar mit hohen Dosisleistungen.** Z. Naturforsch. **17b** (1962) Nr. 3. S. 173–178. — 4 Abb., 3 Lit.

Bei Bestrahlung von Agar mit Röntgen-(**I**), α- oder UV-Strahlen entstehen stark bakteriell inaktivierende Substanzen (**II**) mittlerer Lebensdauer (Abkling-Halbwertzeit (**III**) 5 –12 Sek.), deren Konzentration bei anhaltender Bestrahlung einem stationären Grenzwert zustrebt. Die Aufbauzeiten für **II** liegen unter **I** 5- bis 80fach höher als **III**, die Bildung von **II** erfolgt in mehreren Stufen(„Mehrtreffer-**II**"). Beim Vergleich von *B. coli*, *Staph. aureus* und *B. subtilis* als Testobjekte ergab sich, daß **II** durch α-oder UV-Strahlen erzeugt nur für *B. coli* wirksam sind, **I–II** wirken dagegen auf alle 3 Bakterienarten. Vermutlich hängt dieser Effekt mit der differenten Zellwandpermeabilität für die durch verschiedene Bestrahlung entstandenen **II** zusammen. Im Agar werden **II** nicht durch einen einzigen Treffer (Elementarakt) gebildet bzw. können „Eintreffer-**II**" die Bakterienzellmembran von *B. coli* nicht durchdringen. H. H. Budzier. 7830.

D. ERNÄHRUNGSPHYSIOLOGIE

Verdauung und Resorption

Slabochová, Z. und Placer, Z.; Prague, Inst. of Human Nutrit. Adaptation of the small intestine to a high-fat diet containing saturated and unsaturated fatty acids. **(Anpassung des Dünndarmes an eine fettreiche Nahrung, die gesättigte und ungesättigte Fettsäuren enthält.)** Nature [London] **195** (1962) Nr. 4839. S. 380–381.

In Versuchen mit Ratten wurde festgestellt, daß es von großer Wichtigkeit ist, ob die Fettkomponente der Nahrung gesättigte oder ungesättigte Fettsäuren enthält. 6 Tage lang genüchterte Ratten, die eine hohe Fettnahrung mit ungesättigten Fettsäuren (**I**) erhielten, reagierten mit optimalen Gewichtszunahmen, während unter gleichen Bedingungen eine fettreiche Nahrung mit gesättigten Fettsäuren (**II**) einen erhöhten Futterverzehr, aber niedrigere Zunahmen bewirkte. Zur weiteren Aufklärung dieser Beobachtung wurden bei **I** und **II** die morphologischen und funktionellen Veränderungen des Dünndarmes untersucht. Nach fettreicher Nahrung nimmt die Länge des Darmes, die Tr.-Subst., der Proteingehalt und die Aktivität der Peptidasen zu. Auch die lipolytische und amylolytische Aktivität verändert sich infolge Anpassung an den hohen Fettgehalt. Bei hoher Fettnahrung mit **I** sind die Veränderungen nicht so ausgeprägt wie mit **II**. H. Steger. 7852.

Faust, Robert G.; Oxford, Univ., Dep. of Biochem. The effect of anoxia and lithium ions on the absorption of D-Glucose by the rat jejunum, in vitro. **(Der Einfluß von Anoxie und Lithium-Ionen auf die Resorption von d-Glucose durch das Jejunum der Ratte in vitro.)** Biochim. biophysica Acta [Amsterdam] **60** (1962) Nr. 3. S. 604–614. — 2 Abb., 4 Tab., 29 Lit.

Die Resorption, Ausnutzung und Akkumulation von Glucose durch präpariertes Jejunumgewebe in vitro wurde unter aeroben und anaeroben Bedingungen in Gegenwart von Na^+ und Li^+ untersucht. Bei 5–7 Min. Inkubationszeit ist die Resorption in Gegenwart von Na^+ unter anaeroben Bedingungen schneller als unter aeroben. Bei Ausdehnung der Inkubation auf 10–30 Min. ging die Resorption unter anaeroben Bedingungen zurück. Die Akkumulation von Glucose bei verschiedenem Glucoseangebot wurde gemessen. Bei Gegenwart von Li^+ wurden die Resorptions-, Ausnutzungs- und Akkumulationsraten von Glucose aber nicht von Pentosen inhibiert.

Die Glucoseresorption erfolgt unter anaeroben Bedingungen ebenfalls schneller als unter aeroben. Die Ergebnisse wurden im Hinblick auf einen möglichen Resorptionsmechanismus des Dünndarmes besprochen. W. Jentsch. 7852.

Balch, C. C. und Campling, R. C.; Shinfield, Reading, Nat. Inst. for Res. in Dairying. Regulation of voluntary food intake in ruminants. **(Die Regulation der freiwilligen Futteraufnahme bei Wiederkäuern.)** Nutrit. Abstr. Rev. **32** (1962) Nr. 3. S. 669–686.

Nachdem die Vff. die Theorien der Regulation der Futteraufnahme bei Säugetieren kurz dargestellt haben, besprechen sie die spez. Verhältnisse beim Wiederkäuer sehr eingehend. Es werden u. a. folgende Gesichtspunkte behandelt: Rolle des ZNS, Auswahl des Futters, oropharyngeale Regulation, die Rolle der Verdauungsorgane (Fassungsvermögen) und der Abbaugeschwindigkeit, die thermische und chemische Regulation sowie die Rolle der Hormone und Häufigkeit der Fütterung. Trotz des umfangreichen Schrifttums, welches hier verarbeitet wurde, bleiben nach Ansicht der Vff. eine ganze Reihe von Fragen bzgl. des Regulationsmechanismus im Verlaufe von Wachstum Trächtigkeit, Laktation und Mast unbeantwortet. B. Piatkowski. 7862.

Holzschuh, W. und Wetterau, H.; Halle/S., Martin-Luther-Univ. Halle-Wittenberg, Inst. für Tierernähr.; Blösien, VEB Leuna-Werke „Walter Ulbricht", Landwirtsch. Versuchsstat. **Untersuchungen über den Abbau von Nicht-Protein-Stickstoff-Verbindungen im Pansen der Wiederkäuer. 1. Mitt.** Arch. Tierernähr. **12** (1962) Nr. 3. S. 161–178. — 12 Abb., 5 Tab., 37 Lit.

An Kühen wurde Harnstoff (**I**) in wäßriger Lösung und in trockner Form (Brikett aus Cellulose, Stärke und Harnstoff) verabreicht. Das Grundfutter bestand aus Futterrüben ad lib. und 4 kg Kraftfutter (Trockenschnitzel-Getreide) pro Tier und Tag. Harnstoff und NH_3 in Pansensaft und Blut wurden ermittelt. 100–150 g **I** (gelöst) waren 1½ Std. nach der Verabreichung weitgehend abgebaut. Bei **I**-Gaben in trockner Form war der Abbau wesentlich verlangsamt. 600 g **I** in 2 Gaben wurden so reaktionslos vertragen. Die Futterurease von 500 g zugelegten Sojaextraktionsschrot hatte keinen Einfluß auf die Toxizität von 150 g Harnstoff (gelöst). Der NH_3-Gehalt des Blutes (*V. jugularis*) gab Hinweise für die Toxizität der Harnstoffgaben (normal 0,05–0,5 mg%, toxisch $> 0,5$ mg% NH_3). H. Bergner. 7862.

Schabalina, A. T.; Bulg. Akad. der Wiss. **Der Einfluß einiger Indexe auf die Verdaulichkeit der Futtermittel bei Hennen.** Arch. Geflügelzucht Kleintierkunde **11** (1962) Nr. 3. S. 205–216. — 1 Abb., 9 Tab., 2 Lit.

An 8–9 Legehennen (Leghorn, Faverolle und deren Kreuzungsprodukten) wurde die Verdaulichkeit der Futterration in Abhängigkeit vom Alter der Legehennen, die Einwirkung der Jahreszeit auf die Verdaulichkeit der Futtermittel und die Abhängigkeit zwischen der Höhe der Legeleistung und der Höhe der Verdaulichkeit der Futtermittel untersucht. Die Versuche führten zu folgenden Ergebnissen: Es besteht eine schwache Tendenz zu verminderter Verdaulichkeit der org. Substanz, des Rohproteins und der Rohfaser der Futterrationen bei 2- bis 3jährigen Hennen im Vergleich zu den einjährigen. Der Einfluß der Jahreszeit auf die Futterrationen und des Alleinfutters äußerte sich in besserer Verdaulichkeit der leichtverdaulichen Rohnährstoffe (Rohfett und zuweilen auch N-fr. E.) im Nov., wenn sich die Hühner mausern. Die legenden Hennen verdauen das Rohprotein besser und die Rohfaser schlechter als die nicht legenden. G. Göbel. 7872.

Ivanov, N. und Ivanov, C.; Sofia, Zootechn. Fak. **Die Eiweißresorption in Hühnerdarm in Abhängigkeit von Wasserstoffionenkonzentration im Darm und dem Kohlendioxydgehalt des Blutes.** Arch. Tierernähr. **12** (1962) Nr. 2. S. 109–118. — 3 Abb., 2 Tab., 23 Lit.

An Hähnen (Plymouth Rocks bzw. Cornish) werden mit Hilfe der Thiry-Vellaschen Darmschlinge Versuche zur Eiweißresorption bei verschiedenen pH-Werten im Dünndarm durchgeführt. Bei pH 6,8 (Normalwert) werden 66% des perfundierten Eiweißhydrolysats resorbiert, bei pH 4,0 = 58,2%, pH 2,6 = 51,6%, pH 8 = 59,0% und pH 10 = 49,2%. Erhöht man die CO_2-Konzentration im Blut von 63,5 Vol% (normal) auf 142,7 Vol% (i. v.-Gaben von 1 g $NaHCO_3$/kg), so sinkt die Eiweißresorption von 66% auf 32,4%. Wird der CO_2-Gehalt auf 32,9 Vol% erniedrigt (1 g NH_4Cl peroral), so sinkt die Resorption auf 55,6% und bei einer Erniedrigung auf 13,5 Vol% (durch 50 ml n/10 HCl/kg i. v.) auf 41,6%. Die Ergebnisse werden diskutiert. H. Bergner. 7872.

Ivanov, N. und Gotev, R.; Sofia, Zootechn. Fak. **Untersuchungen über die außensekretorische Tätigkeit der Bauchspeicheldrüse bei Hühnern.** Arch. Tierernähr. 12 (1962) Nr. 2. S. 65–73. — 6 Abb., 2 Tab., 10 Lit.

Von Plymouth-Rocks bzw. Cornish-Hähnen (10–12 Mon. alt) unter verschiedenen Fütterungsbedingungen gewinnen Vff. mit einer eignen Methodik Pankreassaft (**I**). Je nach der Höhe der aufgenommenen Futtermenge richtet sich die Intensität der **I**-Sekretion. Letztere ist 1 Std. nach der Futteraufnahme am höchsten. Gegenüber der Norm erhöht sich dabei die Proteaseaktivität (**II**) um 28–92%, die Amylaseaktivität (**III**) um 25–50% und die Lipaseaktivität (**IV**) um 19–36%. Eine Fütterung von Eiweißstoffen (50% Casein) führte zu einer Erhöhung von **II**. Kohlenhydratfütterung steigerte **III** und ein Fettanteil von 50% Speiseöl in der Ration erhöhte **IV** etwas. Eine besondere Erhöhung von **I** bewirkte eine Diät mit einem Anteil von 80% Sojabohnen. Das gleiche Ergebnis wurde auch mit einem wäßrigen Sojabohnen-Auszug erhalten. Die Höhe der **I**-Absonderung war nachts niedriger, bei künstlicher Beleuchtung erhöhte sie sich ohne das Tagesniveau zu erreichen. H. Bergner. 7872.

Hallsworth, E. G. und Coates, J. I.; Nottingham, Univ., School of Agric. The growth of the alimentary tract of the fowl and the goose. **(Die Entwicklung des Verdauungstraktus der Hühner und der Gänse.)** J. agric. Sci. 58 (1962) Nr. 2. S. 153–163. — 1 Abb., 5 Tab., 29 Lit.

Es wurde untersucht, welches Volumen die verschiedenen Teile des Verdauungstraktus bei Gänsen und Hühnern aufweisen. Es konnte gezeigt werden, daß trotz des 3- bis 4mal höheren Gewichtes ausgewachsener Gänse gegenüber Hühnern das mittlere Fassungsvermögen des Darmes (Kropf ausgenommen) proportional niedriger lag. Obwohl der Gänsemagen schwerer als der Hühnermagen ist, betrug das Fassungsvermögen im Verhältnis zum Körpergewicht nur die Hälfte des Hühnermagens. Auch die Blinddärme sind relativ kleiner. Das Fassungsvermögen des Kropfes vergrößert sich bei Hühner- und Gänseküken mit Erhöhung der Futteraufnahme und erreicht das Maximum (relativ zum Körpergewicht) 14 Tage nach dem Schlupf. Nach 16 Wochen weist das Verhältnis von Fassungsvermögen zu Körpergewicht die gleiche Relation auf wie beim erwachsenen Tier. Durch Erhöhung des Rohfasergehaltes im Futter (bis 21%) und Ergänzung mit Procain-Penicillin-G konnte das Fassungsvermögen der Verdauungstraktus erhöht werden. Histologische Untersuchungen der Darmwände bei Küken, die verschiedenartiges Futter verabreicht bekommen hatten, zeigten eine erhöhte Beanspruchung der Darmwände bei Verfütterung von rohfaserreichen Futtermischungen und noch dünnere Wände als bei Tieren, denen Antibiotica in den Futtermischungen verabreicht worden waren. G. Göbel. 7872.

Kumanov, St. und Stojanov, Vl. (Kumanow, St. und Stojanow, Wl.) Izsledvane vŭrchu mežduvidovite različija v smilaemostta na dažbi pri kokoški, patici, pujki i gŭski i meždupporodnite i meždupolovite različija pri kokoški. **(Untersuchung der artbedingten Unterschiede in der Verdauung der Rationen bei Hühnern, Enten, Puten und Gänsen sowie der rasse- und geschlechtsbedingten Unterschiede bei Hühnern.)** Naučni trudove. Visš selskostopanski institut „Georgi Dimitrov". Zootechničeski fakultet, Sofija **11** (1962) S. 7–16. — 8 Tab., 4 Lit. Zus. in Russ., Dtsch.

In 4 Versuchen mit Leghornhühnern, Bronzeputen, Pekingenten und Emdener Gänsen, die der Feststellung des Einflusses von 3 und 6% Strohmehl auf die Verdaulichkeit der Ration dienten, wurden folgende VK ermittelt (in obiger Reihenfolge): org. Subst. 75,2, 80,3, 81,3 und 78,6; Rohprotein 81,0, 83,2, 83,7 und 81,4; Rohfaser 4,4, 13,3, 16,5 und 6,1. In weiteren 4 Versuchen zur Feststellung des Einflusses von Runkelrüben und Möhren auf die Verdaulichkeit wurden folgende VK erzielt (in gleicher Reihenfolge): org. Subst. 74,6, 78,5, 81,3 und 79,9; Rohprotein 79,9, 76,8, 83,0 und 81,6; Rohfaser 14,0, 14,5, 27,9 und 29,4. In weiteren 4 Versuchen wurden folgende VK für Mais festgestellt: org. Subst. 87,6, 90,6, 90,4 und 92,2; Rohprotein 83,8, 85,8, 88,4 und 89,8; Rohfaser 30,7, 43,1, 44,5 und 42,7; N-fr. E. 90,9, 93,4, 92,9 und 93,9. In vergleichenden Versuchen zur Bestimmung der Verdaulichkeit einer Ration bei 3 verschiedenen Hühnerrassen (Leghorn, Rhodeländer und Sussex) sowie bei Hähnen und Hennen waren weder rasse- noch geschlechtsbedingte Unterschiede feststellbar. N. Platikanow. 7872.

Paliev, Chr. und Todorov, D. (Paliew, Chr. und Todorow, D.) Prinos kŭm vŭprosa za vlijanieto na porodata vŭrchu smilaemostta na dažbata i balansa na azota, kalcija i fosfora pri teletata. **(Beitrag zur Frage des Einflusses der Rasse auf die Verdaulichkeit der Ration und die Stickstoff-, Calcium- und Phosphorbilanz bei den Kälbern.)** Izvestija na Centralnija naučnoizsledovatelski institut po životnovŭdstvo „Georgi Dimitrov" — Kostinbrod, Sofija **13** (1962) S. 89–97. — 8 Tab., 8 Lit. Zus. in Russ., Dtsch.

In Verdauungsversuchen mit je drei 7- bis 8monatigen ♂Kulaer-, Sofioter Braunvieh- und Iskârkälbern, deren Ration aus 23 kg (für die Iskârkälber 20 kg) frischem Klee, 1 kg Gerste, 25 g Kreide und 25 g Knochenmehl bestand, wurden folgende Ergebnisse erzielt (in der obigen Reihenfolge der Rassen): Verdaulichkeit der org. Subst. 69,6; 71,0 und 72,0%; des Proteins 68,1; 68,1 und 70,9%; der Rohfaser 48,1; 56,0 und 51,8%; N-Bilanz +10,45; +16,44 und +13,03; Ca-Bilanz +6,53; +11,59 und +10,93; P-Bilanz +12,21; +11,44 und +10,09. N. Platikanow. 7884.

Intermediärer Stoffwechsel

Lee, S. D. und Williams, W. F.; College Park, Univ. of Maryland, Dairy Sci. Dep. Acetate turnover rate as determined by two superimposed techniques. **(Umsatzgeschwindigkeit von Acetat, bestimmt durch zwei sich überlagernde Techniken.)** J. Dairy Sci. **45** (1962) Nr. 4. S. 517–521. — 2 Abb., 1 Tab., 21 Lit.

In 2 Versuchen verabreichten Vff. einer Kuh Acetat-1-^{14}C durch Dauerinfusion (Technik I) in die Jugularvene während 100 Min. und untersuchten die spez. Aktivität des Acetats im Blut in Abhängigkeit von der Zeit. Etwa 1 Std. nach Beginn der Dauerinfusion wurde markiertes Acetat einmalig (Technik II) zusätzlich injiziert und das Abklingen der spez. Aktivität im Blut gemessen. Die Umsatzgeschwindigkeit wurde in Versuch 1 zu 2,1 (Technik II) bzw. 1,3 (Technik I) mM/h/kg und in Versuch 2 zu 1,6 bzw. 1,2 mM/h/kg gemessen. Technik I ergab demnach um 38 bzw. 25% niedrigere Umsatzgeschwindigkeiten für Acetat als Technik II. Vff. weisen nach, daß der wahrscheinlichste Wert zwischen den nach den beiden Techniken gefundenen liegt. Für vergleichende Messungen sind beide Techniken geeignet. R. Schiemann. 7905.

Lee, S. D. und Williams, W. F.; College Park, Univ. of Maryland, Dairy Sci. Dep. Acetate turnover rate in the bovine. **(Umsatzgeschwindigkeit von Acetat beim Rind.)** J. Dairy. Sci. **45** (1962) Nr. 7. S. 893–896. – 1 Tab., 18 Lit.
In 2 Versuchen an einem Jerseybullen und 7 Versuchen an 5 Holsteinkühen (trockenstehend, niedrige und hohe Milchleistung) wurde Acetat-1-^{14}C 2–4 Std. nach der Fütterung in die Jugularvene injiziert und in 10–12 Blutproben – in Abständen von jeweils 1 Min. gezogen – die spez. Radioaktivität des chromatographisch isolierten Acetats bestimmt. Die Auswertung der Messungen ergab – getrennt nach Bullen (B) und Kühen (K) – im Mittel: Halbwertzeit 2,8 (B) und 2,2 $\pm$ 0,8 (K) Min.; Umsatzgeschwindigkeit 7,2 (B) und 5,5 $\pm$ 1,3 (K) g/hr/cwt bzw. 2,7 (B) und 2,1 $\pm$ 0,5 (K) mM/hr/kg; Poolgröße 58,1 (B) und 71,2 $\pm$ 20,4 (K) g/hr. Die Ergebnisse stützen nicht die Annahmen, daß die Umsatzgeschwindigkeit konzentrationsabhängig ist. Es wird abgeleitet, daß etwa 25% des umgesetzten Acetats endogenen Ursprungs ist. R. Schiemann. 7910.

Perry, W. F. und Bowen, H. F. Winnipeg Gen. Hospital, Dep. of Biochem. Factors affecting the in vitro production of non-esterified fatty acid from adipose tissue. **(Faktoren, die die in vitro Produktion von nicht veresteter Fettsäure aus Fettgewebe bewirken.)** Canad. J. Biochem. Physiol. **40** (1962) Nr. 6. S. 749–755. – 7 Tab., 7 Lit.
Wird Rattenfettgewebe in Gegenwart von ACTH oder Epinephrin bei 37° in Phosphatpuffer (pH 7,4) mit 2,5%igem Rinderserumalbumin 2,5 Std. in O_2-Atmosphäre inkubiert, so vermehrt sich sein Gehalt an freien Fettsäuren. Bei gleichzeitiger Anwesenheit von Insulin tritt dieser Effekt nicht ein. Beträgt allerdings der Glucosespiegel der Inkubationsflüssigkeit 300 mg%, dann verhindert die Gegenwart von Insulin die Bildung freier Fettsäuren nicht. Auch Fettgewebe von Ratten, die 72 Std. nüchtern gehalten wurden, zeigte vermehrte Bildung freier Fettsäuren. Im Gegensatz zu dem hormonell bewirkten Anwachsen der freien Fettsäuren in inkubiertem Gewebe konnte hier durch Insulin die Bildung nicht beeinflußt werden, wurde aber durch Zufügen von Glucose gehemmt. H. Steger. 7920.

Cowlishaw, B.; Sydney, New South Wales, Australia, Univ. of Sydney, Biochem. Dep. The oxidation of the lipids of the erythrocyte. **(Die Oxydation von Lipoiden der Erythrocyten.)** Biochem. J. **83** (1962) Nr. 3. S. 445–450. – 1 Abb., 2 Tab., 23 Lit.
Aus Erythrocyten von menschlichem Blut wurden die Lipoide nach beschriebener Technik isoliert und in wäßrigen Suspensionen dieser Lipoide bzw. nach Komplexbindung an Albumin wurde der 2-Thiobarbitursäuretest z. T. nach Zugabe von α-Tocopherol (I), Ascorbinsäure (II) bzw. Wasserstoffperoxyd (III) zur Bestimmung des Malonaldehyds als Maß der Lipoidoxydation durchgeführt. II und III steigerten die Malonaldehydbildung. Zugabe von I inhibierte die Produktion des Aldehyds in Gegenwart von II, führte jedoch in Gegenwart von III zur Bildung einer nicht weiter identifizierten Substanz, die einen Farbkomplex mit Thiobarbitursäure mit einem Absorptionsmax. bei 498 mμ ergab. Bei den Fettsäure-Albuminkomplexen war der Einfluß von III auf die Malonaldehydbildung gegenüber den Lipoidsuspensionen erniedrigt. Untersuchungen über die Beständigkeit von Malonaldehyd ergaben eine langsame Zerstörung bei Inkubationen unter den Versuchsbedingungen bei 37°. Diese Zerstörung wurde durch III beschleunigt, ohne daß I als Antioxydans einen Schutz bewirkte. Der Malonaldehyd zeigte auch in höheren Konzentrationen als in den untersuchten Fettsäuresuspensionen keine hämolytischen Eigenschaften. R. Schiemann. 7920.

Waldschmidt, Marianne; München, Univ., Inst. für Physiol. und Ernähr. der Tiere. **Vergleich des Einbaues von ^{35}S-Sulfid und ^{35}S-Sulfat in das Körper-**

eiweiß von Ratten. Biochem. Z. **335** (1962) Nr. 4. S. 400–407. – 1 Abb., 1 Tab., 24 Lit.
Durch in vitro- und in vivo-Versuche zeigt Vf., daß anorg. Phosphat deshalb nicht vom höheren Organismus zur Eiweißsynthese verwendet wird, weil es nicht zu Sulfid reduziert werden kann. Aus Rattenleberhomogenaten mit ^{35}S-Sulfid und ^{35}S-Sulfat gleicher spez. ^{35}S-Aktivität werden das Protein bzw. das aus diesem nach Hydrolyse erhaltene Cystein isoliert. Nach Inkubation mit ^{35}S-Sulfid wird eine 20–50mal höhere ^{35}S-Aktivität erhalten als nach Inkubation mit ^{35}S-Sulfat. Bei entsprechenden in vivo-Versuchen (Ratte) mit verschiedenen Organen nach intrakardialer Zufuhr von ^{35}S-Sulfid und ^{35}S-Sulfat ist die Sulfidinkorporation nur noch 2–5mal so groß wie die Sulfatassimilation. Wie weitere Untersuchungen des Darmlumens zeigen, gelangt schon nach kurzer Zeit eine große Menge radioaktiven S in den Verdauungstrakt und kann von den Darmbakterien zur Synthese verwendet werden, so daß die gegenüber dem in vitro-Versuch vermehrte Sulfatassimilation auf die Tätigkeit der Darmbakterien zurückgeführt werden kann. Der zeitliche Verlauf der ^{35}S-Aktivität der Proteine zeigt bei Leber, Niere, Milz und Serum ein Maximum nach 2 Std., beim Muskel nach 11 Std. I. Schröder. 7930.

Berecz, Anita und Godin, C. The incorporation of Tryptophan analogues into rat plasma proteins. **(Die Inkorporation von Tryptophananalogen in Rattenplasmaproteine.)** Canad. J. Biochem. Physiol. **40** (1962) Nr. 2. S. 153–157. – 2 Abb., 14 Lit.
Es wird über den Einfluß von 7-Azatryptophan und 5-Methyltryptophan in der Ratte berichtet und die Zuwachsrate bei verschiedener Diät sowie die Inkorporation der Tryptophananalogen in die Plasmaproteine bestimmt. Die Diät hatte folgende Zusammensetzung: (I) Zein (270 g), Maisstärke (500 g), Pflanzenöl (130 g), Salzmischung (40 g), B-Komplex-Trockenmischung (50 g), Dorschleberöl (10 g) und L-Lysinhydrochlorid (5,8 g); (II) pro kg von Diät (I) Zugabe von 2,0 g L-Tryptophan; (III) pro kg von Diät (I) Zugabe von 4,0 g 7-Aza-DL-tryptophan; (IV) pro kg von Diät (I) Zugabe von 4,0 g 5-Methyl-DL-tryptophan. Es wurde festgestellt, daß bei Diät (III) und (IV) die Proteinmangeltiere schneller an Gewicht verloren als die Kontrolltiere (I), während bei (II) normale Zuwachsraten zu verzeichnen sind. 7-Azatryptophan wurde in vivo in die Rattenplasmaproteine inkorporiert, während 5-Methyltryptophan nicht inkorporiert wurde. I. Schröder. 7930.

Truman, D. E. S. und Korner, A.; Cambridge, Univ., Dep. of Biochem. Incorporation of amino acids into the protein of isolated mitochondria. A search for optimum conditions and a relationship to oxidative phosphorylation. **(Inkorporation von Aminosäuren in das Protein isolierter Mitochondrien. Eine Untersuchung der optimalen Bedingungen und eine Beziehung zur oxydativen Phosphorylierung.)** Biochem. J. **83** (1962) Nr. 3. S. 588–596. – 6 Abb., 6 Tab., 33 Lit.
Zur Sicherung der Befunde über die Fähigkeit von Mitochondrien zur Proteinsynthese wurden die Bedingungen über den optimalen Einbau von markierten Aminosäuren in Proteine durch Mitochondriensuspensionen von Rattenlebern untersucht. Es konnte weitestgehend gesichert werden, daß die Mitochondriensuspensionen frei von Mikrosomen waren. Für die Proteinsynthese durch Mitochondrien war die Anwesenheit von Adeninnucleotiden, einem energieliefernden Substrat sowie von PO_4^{3-}, Mg^{2+}, K^+ und Na^+ erforderlich. Die optimalen Konzentrationen sind in der Arbeit festgelegt. Ein Zusatz von Zellsaft steigerte nicht den Einbau der markierten Aminosäuren, während eine Vorinkubation der Mitochondrien mit Ribonuclease die Proteinsynthese stimulierte. Die Inkorporation der Aminosäuren in Mitochondrienprotein korrelierte mit der Energieproduktion durch die oxydative Phosphorylierung. R. Schiemann. 7930.

Tanaka, Shigeaki, Suzuka, Iwao und Shimura, Kensuke; Sendai, Tohoku Univ., Dep. of Agric. Chem., Lab. of Biochem. Interaction of ATP with glycine activating enzyme. **(Wechselwirkung zwischen ATP und dem Glycin-aktivierenden Enzym.)** J. Biochemistry [Tokyo] **51** (1962) Nr. 6. S. 447–449. — 2 Abb., 1 Tab., 3 Lit. Orig.: engl.

Inkubation des Glycin-aktivierenden Enzyms mit Adenosintriphosphat (ATP) (markiert mit ^{32}P) ergab eine fast vollständige Lokalisation der Radioaktivität nach chromatographischer bzw. elektrophoretischer Auftrennung des Reaktionsgemisches im Bereich der Eiweißkomponente, unabhängig ob mit oder ohne Glycinzusatz, wodurch die Bildung eines Enzym-ATP-Komplexes wahrscheinlich gemacht ist. Versuche mit dem isolierten Komplex ergaben eine höhere Einbaurate von Glycin in Proteine als ohne Vorinkubation des Enzyms mit ATP. Demnach dürfte die Bildung des Enzym-ATP-Komplexes die erste Stufe der Glycinaktivierung darstellen; dieser Komplex katalysiert dann in zweiter Stufe die Aktivierung des Glycins, möglicherweise durch Bildung eines zweiten Komplexes unter Anlagerung von Glycin.
R. Schiemann. 7930.

Chesbro, William R. und Evans, James B.; Chicago, Univ., Amer. Meat Inst. Foundation, Div. of Bacteriol.; Illinois Inst. of Technol., Dep. of Biol. Uptake and transamination of amino acids by Streptococcus faecium. **(Aminosäurenaufnahme und -transaminierung durch Streptococcus faecium.)** Biochim. biophysica Acta [Amsterdam] **58** (1962) Nr. 3. S. 538–549. — 1 Abb., 4 Tab., 15 Lit.

Nach einer ausführlich beschriebenen Technik wurden gewaschene Zellsuspensionen von *Streptococcus faecium* hergestellt und mit diesen die Aufnahme von 7 Aminosäuren (AS) untersucht. Mit Ausnahme von Arginin benötigten alle untersuchten AS zu ihrer Aufnahme Glucose. Die D-AS wurden genau so wie die L-Isomeren verwertet. Die Aufnahme von exogenen AS war mit einer umfassenden Transaminierung verbunden, sofern sie nicht in der Zellwand aufgefunden wurden. Alanin, Lysin, Glutamin- und Asparaginsäure waren frei extrahierbar, gleichgültig, ob sie zur Suspension zugegeben wurden oder nicht. Daraus geht hervor, daß *S. faecium* offenbar ein hitzestabiles AS-Reservoir enthält. J. Wünsche. 7930.

Marcus, Abraham und Feeley, John; Beltsville, Md., Dep. of Agric., Agrio. Marketing Serv., Market Quality Res. Div., Field Crops and Animal Products Branch. The effect of phenazine methosulfate and pyocyanine on the L-amino acid oxidase reaction. **(Der Einfluß von Phenazinmethosulfat und Pyocyanin auf die L-Aminosäureoxydasereaktion.)** Biochim. biophysica Acta [Amsterdam] **59** (1962) Nr. 2. S. 398–407. — 4 Abb., 7 Tab., 18 Lit.

Neben der üblichen manometrischen Methode zur Bestimmung der L-Aminosäureoxydaseaktivität wird eine neue spektrophotometrischeMethode beschrieben, bei der Phenazinmethosulfat (N-Methylphenazinsulfat) [PMS] als Brücke zwischen dem Flavinenzym und den Elektronenakzeptoren wie Ferricyanid oder 2,6-Dichlorphenolindophenol fungiert. Die Untersuchung des Einflusses von PMS und Pyocyanin auf die L-Aminosäureoxydaseaktivität ergab bei ersterer eine Stimulierung und bei letzterer eine Inhibierung, wobei die Höhe des Einflusses von der zu oxydierenden Aminosäure abhängt. Detailliertere Untersuchungen über den Wirkungsmechanismus führten zu der Auffassung, daß PMS die Reoxydation des reduzierten Flavinenzyms bewirkt, während Pyocyanin eine Reduktion des Flavinenzyms zu einer Form bewirkt, die nur geringfügig mit O_2 reagiert. Die Befunde sind im Hinblick auf den Reaktionsmechanismus der L-Aminosäureoxydase diskutiert. R. Schiemann. 7930.

Suttie, J. W.; Mill Hill, London, Nat. Inst. for Med. Res. The existence of two routes for incorporation of amino acids into protein of isolated rat-liver mitochondria. **(Das Vorhandensein zweier Wege zur Inkorporation von Amino-**

säuren in Protein von isolierten Rattenlebermitochondrien.) Biochem. J. 84 (1962) Nr. 2. S. 382–386. — 5 Tab., 12 Lit.

Wenn isolierte und gewaschene Rattenlebermitochondrien wiederholt in verschiedenen Medien inkubiert werden, verlieren sie die Fähigkeit zum normalen, mit der oxydativen Phosphorylierung gekoppelten Einbau von Aminosäuren in Mitochondrienprotein. Es erfolgt jedoch trotzdem ein Einbau von ^{14}C-markiertem Valin oder markierten Aminosäuren aus *Chlorella*hydrolysaten in Mitochondrienprotein in einer von der oxydativen Phosphorylierung unabhängigen Reaktion. Dieser Einbau wird durch Puromycin oder Chloramphenicol nicht beeinflußt, aber durch Hydroxylamin stark inhibiert. Aus der Untersuchung der radioaktiven Verteilung des Mitochondrienproteins ergibt sich, daß die Markierung vornehmlich an den C-endständigen Gruppen des Proteins erfolgt, und es wird angenommen, daß Transpeptidierungen stattfinden, die durch katheptische Enzyme niedriger Aktivität katalysiert werden. R. Schiemann. 7930.

Pfleger, K. und Seifen, E.; Homburg/Saar, Univ. des Saarlandes, Pharmakol. Inst. **Zur Frage der Stoffwechselabhängigkeit des Phosphatdurchtritts durch die Erythrocytenmembran.** Biochem. Z. **335** (1962) Nr. 6. S. 595–605. — 6 Abb., 1 Tab., 11 Lit. Zus. in Engl.

An Kaninchenerythrocyten wurden Aufnahme und Verteilung von ^{32}P-Phosphat unter Einfluß von Enzyminhibitoren und verschiedener H-Ionenkonz. untersucht. Unter Monojodacetat und Fluorid wird zwar die Glykolyse gehemmt und damit die Überführung von anorg. P in org. Bindung vermindert, trotzdem wird gleich viel P in die Erythrocyten aufgenommen und anorg. abgelagert. Der Einbau von ^{32}P in 3 Hauptfraktionen ist pH-abhängig. Bei pH 8,0 wird die höchste Aktivität in der 2,3-DPGS-, bei 7,4 in der ATP- und bei 6,6 in der anorg. P-Fraktion gefunden. Der von außen in die Erythrocyten eintretende P erscheint zunächst in der anorg. P-Fraktion und wird erst dann in org. Bindung überführt. W. Jentsch. 7960.

Wagner, H., Lissau, Ä., Hölzl, J. und Hörhammer, L. The incorporation of P^{32} into the inositol phosphatides of rat brain. **(Die Inkorporation von ^{32}P in die Inositphosphatide des Rattenhirns.)** J. Lipid Res. **3** (1962) Nr. 2. S. 177–180. — 1 Abb., 2 Tab., 24 Lit.

Injiziert man ♂ Albinoratten, Kgw. 250–290 g, 1 mc ^{32}P als $Na_2H^{32}PO_4$ in physiol. NaCl-Lösung in ein Hinterbein und tötet sie nach 2, 4, 8, 16 oder 32 Std., so kann man aus den schnell entnommenen und in flüssiger Luft gefrorenen Gehirnen durch Extraktion mit Äther, nachdem durch Extraktion mit kaltem Aceton Cholesterin, Neutralfett und freie Fettsäuren entfernt worden sind, einen Extrakt gewinnen, in dem mittels Papierchromatographie (formaldehydbehandeltes Papier) neben Inositmonophosphat 2 andere Inositphosphate nachgewiesen werden können. Gegenüber den anderen Hirnphosphatiden inkorporieren die 3 Inositphosphate signifikant mehr ^{32}P, wobei das Inositmonophosphat die geringste und das Inositphosphat 2, das wahrscheinlich mit dem von Ballou beschriebenen Inosittriphosphat zu vergleichen ist, die größte Aktivität besitzt. Das Inositphosphat 1 stellt dann wahrscheinlich das Inositdiphosphat dar. R. Maune. 7960.

LeBaron, F. N., Hauser, George und Ruiz, E. E.; Belmont, Mass., McLean Hospital, Res. Lab.; Boston, Mass., Harvard Med. School, Dep. of Biol. Chem. The occurrence and metabolism of protein-bound phospoinositides in several lipid-protein complexes from brain. **(Das Auftreten und der Stoffwechsel proteingebundener Phosphoinositide verschiedener Lipoproteide des Gehirns.)** Biochim. biophysica Acta [Amsterdam] **60** (1962) Nr. 2. S. 338–349. — 5 Abb., 3 Tab., 38 Lit.

Es wurde gefunden, daß die proteingebundenen Phosphoinositide des Gehirns nicht nur in phosphathaltigen Peptiden, sondern auch in Lipoproteiden und in der wasserlöslichen viskosen Proteinfraktion vorkommen. In dieser Fraktion verläuft die Inkorporation von ^{32}P rel. schnell. Die Inkorporation von markiertem Phosphat in phosphathaltige Peptide wurde an Ratten verschiedenen Alters und an ausgewachsenen Ratten zu verschiedenen Zeiten nach der Injektion untersucht. Die max. spez. Aktivität ist nach 4 Std. erreicht. Die proteingebundenen Phosphoinositide sind, obwohl sie mehr in der weißen Substanz vorhanden sind, kein fester Bestandteil des Myelins. Es wird vermutet, daß sie als Brücke zwischen Protein und Fett in der Membranstruktur der weißen Substanz des Gehirns fungieren und der P-Stoffwechsel die Membranaktivität bei der Funktion wiedergeben kann.

W. Jentsch. 7960.

Energiewechsel

Alexander, G. Temperature regulation in the new-born lamb. IV. The effect of wind and evaporation of water from the coat on metabolic rate and body temperature. **(Die Temperaturregulierung bei neugeborenen Lämmern. 4. Mitt. Der Einfluß von Wind und Wasserverdunstung im Vließ auf Stoffwechselrate und Körpertemperatur.)** Austral. J. agric. Res. **13** (1962) Nr. 1. S. 82–99. — 9 Abb., 4 Tab., 16 Lit. 3. Mitt. vgl. LZ. Abt. III **7** (1962) Nr. 10. S. 2134.

Die Untersuchungen fanden bei trockenen Lämmern und Windstille bei verschiedenen Umgebungstemperaturen und bei trockenen Lämmern bei einer Luftbewegung von 550 $cm^{sec. -1}$ und bei Lämmern deren Vließ im Abtrocknen war, statt. Bei Wind nahmen die Werte der Wärmebildung im Verhältnis zur Umgebungstemperatur zu. Wind und Wasserverdunstung hatten bei allen Temperaturen anscheinend eine additive Wirkung. Bei den nassen neugeborenen Lämmern, die weniger als 1 Std. alt waren, lag der Wärmeverlust bei Wind höher als bei etwas älteren Lämmern, die man mit Leitungswasser angefeuchtet hatte. Grobwollige Lämmer vermochten den Wärmeverlust besser zu kompensieren als feinwollige. Die Verdunstungskühle am Fell betrug etwa 25%. Der Wärmeanstieg an den Extremitäten nach der Fütterung, der bei geringem Wärmeverlust zunimmt, wird bei starker Wärmeabgabe anscheinend aufgehoben. Bei den Untersuchungen an trockenen Lämmern war bei vielen Tieren der Wärmeverlust größer als die Wärmebildung und die Rektaltemperatur fiel. Die Lämmer von in der Trächtigkeit gering oder mäßig ernährten Muttertieren zeigten eine stärkere Tendenz abzukühlen als die Lämmer gut ernährter Muttertiere. H. Busse. 8012.

Alexander, G. Temperature regulation in the new-born lamb. V. Summit metabolism. **(Die Temperaturregulierung bei neugeborenen Lämmern. 5. Mitt. Der Stoffumsatzhöhepunkt.)** Austral. J. agric. Res. **13** (1962) Nr. 1. S. 100–121. — 9 Abb., 6 Tab., 37 Lit. 4. Mitt. vgl. vorst. Ref.

Nach Giaja (1925) und Gelinea (1934) ist unter dem Stoffwechselhöhepunkt die bei normaler Körpertemperatur meßbare höchste Stoffwechselrate zu verstehen, wobei keine aktive Muskeltätigkeit vorliegt. Es wurde der Gasaustausch innerhalb von 20 Min. bei sinkender Rektaltemperatur gemessen. Der Temperaturabfall betrug etwa 1° je 20 Min., während das Lamm bei verschiedener Windstärke einem beträchtlichen Wärmeverlust ausgesetzt war. Bei fast normaler Körpertemperatur konnte der Stoffwechselhöhepunkt auf Grund der Rektaltemperatur nicht vorausgeschätzt werden. Unter 36° war die Stoffwechselrate proportional der Rektaltemperatur. In Kcal. je Std. ausgedrückt war der Stoffwechselhöchstwert der jungen Lämmer bei jedem Körpergewicht konstant und nahm je Flächeneinheit Körperoberfläche mit steigendem Gewicht aber zu. Daher können schwere Lämmer bei großer Hitze die Homoiothermie besser aufrecht erhalten als leichtere Tiere. Der Stoffwechselhöchstwert betrug eine halbe Std. p.p. 17 Kcal $\times$ $kg^{-1}hr^{-1}$, d. h.,

die Wärmebildung erhöhte sich auf das 15fache des fötalen oder das 5fache des Ausgangswertes. Nach dem Säugen kam es zu keinem Anstieg. Mit zunehmendem Alter trat anscheinend ein langsamer Abfall ein. Bei längerer Kältebelastung und längerer Unterbrechung der Nahrungsaufnahme war besonders bei sehr jungen Lämmern eine Verminderung zu beobachten. Das Ergebnis der Blutanalysen deutet eine Mobilisierung der Fette und Kohlenhydrate für die Zeit an, wo der Stoffwechselhöchstwert provoziert wurde. Die Ergebnisse werden in ihrer praktischen Bedeutung besprochen.
H. Busse. 8012.

Alexander, G. und Williams, D. Temperature regulation in the new-born lamb. VI. Heat exchanges in lambs in a hot environment. **(Die Temperaturregulierung bei neugeborenen Lämmern. 6. Mitt. Der Wärmeaustausch bei Lämmern in heißer Umgebung.)** Austral. J. agric. Res. **13** (1962) Nr. 1. S. 122–143. — 10 Abb., 2 Tab., 50 Lit. 5. Mitt. vgl. vorst. Ref.

Bei Temperaturen unter 30° war bei normalen Lämmern und Lämmern ohne Schweißdrüsen die Verdunstung über Atmung und Haut konstant. Über 30° kam es zu einem steilen Anstieg der Respirationswasserabgabe. Auch der kutane Wärmeverlust nahm zu, aber in geringerem Umfange als über die Atmung und nur bei Lämmern mit Schweißdrüsen. Der Effekt der Verdunstungskühle betrug bei den Jungtieren fast 100%. Die Hautdurchblutung trug im Liegen nur wenig zur Erleichterung der Wasserabgabe bei. Bei geringer Feuchtigkeit lag die Atemverdunstung bei normaler, matter Atemtätigkeit bei 4 mg je Atemzug, beim Durchatmen in der zweiten Phase trat eine Erhöhung auf 12 mg je Atemzug ein und die Gesamtverdunstung über die Respiration veränderte sich nicht. Die Lämmer wurden nicht beeinträchtigt, wenn man sie für die Dauer von 6–12 Std. Lufttemperaturen von 40° und einem Wasserdampfdruck von unter 15 mg Hg aussetzte. Hierbei war im kutanen Wasserverlust ein Rückgang, in der Verdunstung über die Atmung eine Zunahme zu verzeichnen. Bei 43° und unterdrückter Haut- und Atmungsverdunstung lagen die Höchstwerte vor. H. Busse. 8012.

Eiweißstoffwechsel

Piatkowski, B.; Dummerstorf bei Rostock, Inst. für Tierzuchtforsch. der Dtsch. Akad. der Landwirtsch.-Wiss. zu Berlin. **Untersuchungen über den Stoffwechsel an hochleistenden Kühen während der Trockenperiode und Laktation. 1. Mitt. Proteinstoffwechsel.** Arch. Tierernähr. **12** (1962) Nr. 2. S. 75–92. — 2 Abb., 16 Tab., 22 Lit.

In langfristigen Stoffwechselversuchen an hochleistenden schwarzbunten Niederungsrindern wurde für die letzten 60 Tage der Trächtigkeit eine N-Retention in g/Tier u. Tag folgender Funktion gefunden: $10 + 49{,}25 \cdot e^{-1678}x$ (x = Wochen vor dem Kalben). Danach beträgt die tägl. N-Retention von der 8. bis zur letzten Woche vor dem Kalben 23; 25; 28; 31,5; 35; 39,5; 45 und 52 g. Der tägl. Bedarf an Rohprotein zusätzlich zum Erhaltungsbedarf wird mit 254, 276, 309, 374, 386, 436, 496 und 574 g berechnet. Eine stärkere N-Versorgung in der Trockenperiode brachte stets eine negativere N-Bilanz zum Laktationsbeginn. Auch bei hohen Leistungen (38 kg FCM) war gegen Ende des 1. Laktationsmonats der N-Haushalt ausgeglichen. Die Verwertung des für die Produktion verfügbaren N lag in den ersten 100 Laktationstagen bei ausgeglichenem N-Haushalt zwischen 53–59%, späterhin sank die N-Verwertung ab. H. Bergner. 8042.

Miller, E. R., Baltzer, B. V., Stowe, H. D., Ullrey, D. E., Hoefer, J. A. und Luecke, R. W.; East Lansing, Michigan State Univ. Creatine in the diet of the baby pig. **(Kreatin in der Saugferkelration.)** J. Animal Sci. **21** (1962) Nr. 3. S. 458-460. — 3 Tab., 16 Lit.

Mit 24 Saugferkeln wurden 2 Versuche zur Prüfung der Kreatin-Verwertung durchgeführt. Die Ration bestand aus einer 30% Casein enthaltenden homogenisierten synthetischen Milch, der entweder 0,2% Kreatinmonohydrat oder äquimolare Mengen der Kreatinvorstufen Arginin und Glycin zugesetzt waren. Weder das Kreatin noch die Vorstufen konnten die Wachstumsrate der Tiere, die Muskelgröße oder den Kreatingehalt der Muskeln erhöhen. Der größte Teil des resorbierten Nahrungskreatins wurde im Harn in Form von Kreatin oder Kreatinin wieder ausgeschieden. Arginin und Glycin wurden offenbar nicht zur Kreatin-Biosynthese verwendet. J. Wünsche. 8042.

Čečetkin, A. V. Tschetschotkin, A. W.) Charkow, Veterinärmed. Inst. Nukleinovye kisloty v pečeni kur v svjazi s vozrastom i fiziologičeskim sostojaniem organizma. **(Nukleinsäure in der Leber des Huhnes in Abhängigkeit von Entwicklung und physiologischem Zustand des Organismus.)** Sbornik rabot molodych učenych. Doklady na naučnoj konferencii aspirantov. Vsesojuznyj naučno-issledovatel'skij institut pticevodstva, Moskva **1960** Nr. 3. S. 156-165. — 4 Tab., 10 Lit.

Vf. untersuchte bei Russischen Weißen Hühnern, New Hampshire und deren Kreuzungsprodukten den Gehalt der Leber an eiweißartigen N-Verbindungen, organisch und anorganisch gebundenem P, RNS und DNS jeweils in verschiedenen Alters- bzw. Leistungsstufen. Bei allen 3 Rassen ergab sich ein ähnliches Bild der stofflichen Veränderungen im Laufe der Altersentwicklung. Die Intensität der Stoffwechselprozesse war jedoch unterschiedlich. Die Kreuzung zeichnete sich durch besonders intensive Stoffwechselvorgänge aus. Ihren höchsten Stand erreicht die Lebertätigkeit im Höhepunkt der Legeperiode, sie verringert sich während des Federwechsels. W. Sommerfeld. 8042.

Rezničenko, L. P. (Resnitschenko, L. P.); Charkow, Veterinärmed. Inst. Ontogenetičeskie i funkcional'nye izmenenija nekotorych storon belkovogo i mineral'nogo obmena u kur s raznym napravleniem produktivnosti. **(Ontogenetische und funktionelle Veränderungen einiger Seiten des Eiweiß- und Mineralstoffwechsels bei Hühnern unterschiedlicher Produktionsrichtungen.)** Sbornik rabot molodych učenych. Doklady na naučnoj konferencii aspirantov. Vsesojuznyj naučno-issledovatel'skij institut pticevodstva, Moskva **1960** Nr. 3. S. 140-148. — 12 Abb., 1 Tab., 7 Lit.

An Russischen Weißen als Legerasse und New Hampshire als Zweinutzungsrasse führte Vf. Untersuchungen über den Eiweiß- und Mineralstoffwechsel in verschiedenen Alters- und Leistungsstadien durch. Mit zunehmendem Alter erhöht sich der Eiweiß-N im Blutserum als Zeichen der Zunahme der Albumine und der α-, β- und γ-Globuline, der Rest-N verringert sich und damit die nieder- und hochmolekularen N-Verbindungen im Blut. Gleichzeitig steigt der Ca- und P-Gehalt im Brustbein, im Blut nimmt der Anteil org. gebundenen P zu, während der anorg. P-Gehalt zurückgeht. Die Rassenunterschiede im Eiweiß- und Mineralstoffwechsel waren, abgesehen von der Legezeit, sehr gering. Allgemein war der Stoffwechsel bei den Russischen Weißen intensiver als bei New Hampshire. W. Sommerfeld. 8042.

Clegg, R. E. und Malik, S. K.; Manhattan, Kansas State Univ. NH_2-terminal amino acids of component-6 of the blood sera of diethylstilbestrol-treated cockerels. **(NH_2 als terminale Aminosäure der Komponente 6 des Blutserums bei Hähnchen, die mit Diaethylstilboestrol behandelt wurden.)** Poultry Sci. 41 (1962) Nr. 4. S. 1338-1340. — 1 Tab., 7 Lit.

Unter den beiden elektrophoretischen Komponenten im Blutplasma mit Diaethylstilboestrol behandelter Junghähne, die reich an P und Lipoiden sind, Componente 1 (Präalbumin) und 6, wurde letztere a) im ganzen, b) entfettet auf ihre Aminsosäurenstruktur untersucht. Als endständige NH_2-Gruppe wurde bei b) Threonin festgestellt, nicht aber bei a). Die Möglichkeiten, die sich aus diesem Ergebnis in bezug auf die Bindung zwischen Protein- und Lipoidanteil im Serum durch die Aminosäuren Threonin und Serin ergeben, werden erörtert. C. Engelmann. 8042.

Stoffwechsel stickstofffreier Nährstoffe

Mehring jun., Arnon L., Johnson jun., Dewey, Nesbitt, Loyd L. und Titus, Harry W.; Newton, N. J., Limestone Products Corporation of America Lime Crest Res. Lab. Effect of cerelose and three types of corn starch on the moisture content of chick excreta. **(Wirkung von Cerelose und drei Arten von Getreidestärke auf den Feuchtigkeitsgehalt von Kükenexkrementen.)** Poultry Sci. 41 (1962) Nr. 1. S. 249-252. — 2 Tab.
Cerelose und 3 Arten Getreidestärke („Amijel", „Globe Dextrines Gums" und „Peerless Pearl") wurden Kükenfuttermischungen beigemengt, um zu untersuchen, welche Wirkung sie auf die Konsistenz und den Wassergehalt von Kükenexkrementen ausüben. Das trockenste Exkrement fiel an, wenn „Globe Dextrines Gums" in der Futtermischung enthalten war. Wurde für die Beurteilung der Futtermischungen die Gewichtszunahme der Küken, die Futterverwertung und der Gehalt an umsetzbarer Energie zugrunde gelegt, so erwies sich „Peerless Pearl" als überlegen. G. Göbel. 8062.

Machlin, L. J.; St.Louis, Mo., Mosanto Chem. Co., Lab. of Biochem. and Nutrit. Depletion and synthesis of fatty acids in chickens fed a diet low in unsaturated fatty acids. **(Abnahme und Synthese der Fettsäuren bei Küken mit einem an ungesättigten Fettsäuren armen Futter.)** Proc. Soc. exp. Biol. Med. **108** (1961) Nr. 3. S. 819-823. — 4 Abb., 1 Tab., 24 Lit.
Innerhalb von 2 Wochen nach dem Schlupf sinkt der Linolen- und Arachidonsäuregehalt des Herz- und Leberfettes fettarm ernährter Küken (*Nichols*) bis zu Minimalwerten von $^1/_{16}$ des ursprünglichen Gehaltes ab. Wie die essentiellen Fettsäuren abnehmen, nehmen die Monoensäuren und gesättigten Fettsäuren zu. Im Mittel werden in 28 Tagen etwa 24 g Fettsäuren gebildet. Wird am 7. Tag Linolensäure zugelegt, dann nimmt der Gehalt an beiden essentiellen Fettsäuren innerhalb von 4 Tagen signifikant zu. B. Gaßmann. 8066.

Edwards jun., H. M., Marion, J. E. und Driggers, J. C.; Athens, Univ. of Georgia, Poultry Dep. Serum and egg cholesterol levels in mature hens as influenced by dietary protein and fat changes. **(Die Beeinflussung des Serum- und Ei-Cholesterolgehaltes bei Legehennen durch verschiedene Futterprotein- und Fettgaben.)** Poultry Sci. 41 (1962) Nr. 3. S. 713-717. — 1 Abb., 3 Tab., 6 Lit.
Vff. untersuchten an Legehennen den Einfluß verschiedener Futterproteingaben, Kalorien/Rohprotein-Verhältnisse und Futterfettzulagen (Maisöl, Rindertalg, Schweineschmalz) auf den Cholesterolgehalt des Serums, des Ei- und Leberfettes und auf die Jodzahl beider Fette. Außer bei einer Ration (22% Rohprotein, 10% Maisöl) wurden keine signifikanten, fütterungsbedingten Unterschiede im Cholesterolgehalt des Eifettes ermittelt. Maisölzulagen erhöhten in allen Fällen die Jodzahl des Eifettes und bei höheren Rohproteingehalten auch die des Leberfettes. Schweineschmalz steigerte den Fettgehalt der Leber. Des weiteren wurden das Lgw. je Henne, die Eierleistung, das Eigewicht, der Tr.-Subst.-Gehalt der Leber und der Cholesterolgehalt des Leberfettes durch die unterschiedliche Fütterung nicht beeinflußt. H. Jeroch. 8066.

Machlin, L. J., Gordon, R. S., Marr, J. und Pope, C. W.; St.Louis, Mo., Mosanto Chem. Co. Effect of dietary fat on the fatty acid composition of eggs and tissues of the hen. **(Der Einfluß von Fetten im Futter auf die Fettsäurenzusammensetzung des Eies und der Gewebe bei Hennen.)** Poultry Sci. **41** (1962) Nr. 4. S. 1340-1343. — 3 Tab., 10 Lit.

Ein- und anderthalbjährige Hennen dienten 12 Wochen lang zu den Versuchen. Nach Fütterung mit einer gereinigten Mischung aus 25% isoliertem Sojabohnenprotein und 15% Safloröl (I) oder hydrogenisiertem Kokosnußöl (II) u. a. wurden das Bauchfett, Leber, Herz und Eileiter gaschromatographisch auf ihren Gehalt an Fettsäuren (die nicht adiposen Gewebe zum ersten Male) untersucht. Die Eier der Hennen aus Gruppe **II**, die linolensäurefrei ernährt war, enthielten beträchtliche Mengen von Laurin- und Myristin- und Myristolensäure aber weit weniger Arachidonsäure (20:4) als die Eier der Hennen aus Gruppe **I**. Die untersuchten Organe und Gewebe der Gruppe **II** wiesen einen höheren Anteil an Laurin- und Myristinsäure auf und weniger Linolensäure als die der Hennengruppe **I**. Danach verfügen erwachsene Hennen über ausreichende Reserven an essentiellen Fettsäuren, so daß fettsäurefreie Fütterung den Vorrat nur langsam abbaut. Gesättigte wie ungesättigte Fettsäuren im Futter wirken sich auf den Fettgehalt von Ei und Körpergewebe aus.

C. Engelmann. 8066.

Mineralstoffwechsel

Brown, Mildred M. und Parsons, D. S.; Oxford, Univ., Dep. of Biochem. Observations on the changes in the potassium content of rat jejunal mucosa during absorption. **(Beobachtungen über die Änderungen des Kaliumgehaltes während der Resorption in der Jejunal-Mucosa von Ratten.)** Biochim. biophysica Acta [Amsterdam] **59** (1962) Nr. 1. S. 249-251. — 2 Tab., 6 Lit.

Abschnitte von 10-15 cm Jejunum von 200-300 g schweren Albinoratten wurden 30 Min. in verschiedenen Substraten inkubiert. Die Mucosaschicht wurde dann abpräpariert und ihr K- und Tr.-Subst.-Gehalt bestimmt. Die Abnahme des K-Gehaltes (bezogen auf das frische Gewebe) war bei anaerober Inkubation stets größer als bei aerober. Unter aeroben Bedingungen und einem Zusatz von 27,5 mM Glucose stieg der K-Gehalt sogar über den Wert des Frischgewebes. Acetat, Adenosin, L-Sorbose und L-Glutamat waren ohne Einfluß. Galaktose, 3-0-Methylglucose und D-Xylose verminderten den K-Gehalt. Höhere K-Konzentration in der Lösung bedingte auch eine höhere im Gewebe, 10 mM Mg verringerte die K-Anreicherung. G-Strophantin bzw. Phloridzin (beide 0,1 mM) waren ohne signifikanten Einfluß. Die Ergebnisse werden diskutiert.

H. Bergner. 8122.

Skou, Jens Chr.; Aarhus, Denmark, Univ. of Aarhus, Inst. of Physiol. Preparation from mammalian brain and kidney of the enzyme system involved in active transport of Na^+ and K^+. **(Bereitung eines Enzymsystems, das am aktiven Na- und K-Transport beteiligt ist, aus Gehirn und Nieren von Säugetieren.)** Biochim. biophysica Acta [Amsterdam] **58** (1962) Nr. 2. S. 314-325. — 11 Abb., 5 Tab., 6 Lit.

Aus Gehirn und Nieren von Kaninchen und Meerschweinchen werden nach unterschiedlicher Zentrifugation (10000-250000 g) der Homogenate verschiedene Fraktionen gewonnen. In ihnen ist ein Enzymsystem enthalten, das ATP zu ADP hydrolysiert, wenn neben Mg^{2+} auch Na^+ und K^+ es aktivieren. Es werden Untersuchungsergebnisse über die $Mg^{2+} + Na^+ + K^+/Mg^{2+}$ Verhältnisse (I) in den verschiedenen Fraktionen aus unterschiedlichen Homogenatbereitungen mitgeteilt. Die Präparation aus Gehirn mit dem höchsten **I**-Wert von 8,1 (Sediment bei 85000 g) zeigte auch die höchste Fermentaktivität (ATP-Hydrolyse/mg N). Diese Tendenz war auch im Falle der Nierenhomogenate festzustellen. Weiterhin werden Zugaben von Na^+, K^+, DOC, NH_4^+, Rb^+, Cs^+, Li^+ und G-Strophantin in ihrem Einfluß auf die Enzymaktivität untersucht und in Abhängigkeit von ihrer jeweiligen Konzentration kurvenmäßig dargestellt. Es wird angenommen, daß das gefundene Enzymsystem am aktiven Transport von Na^+ und K^+ durch die Zellmembran beteiligt ist.

H. Bergner. 8122.

Bachelard, H. S., Campbell, W. J. und McIlwain, H.; London, Maudesley Hospital, Inst. of Psychiatry, Dep. of Biochem. The sodium and other ions of mammalian cerebral tissues, maintained and electrically stimulated in vitro. **(Natrium und andere Ionen in Säugetier-Cerebralgewebe, das in vitro erhalten und elektrisch gereizt wurde.)** Biochem. J. **84** (1962) Nr. 2. S. 225-232. — 5 Abb., 4 Tab., 21 Lit.

Cerebralgewebe von Meerschweinchen, das in O_2-gesättigtem Glucose-Bicarbonat-Medium inkubiert wurde, nahm schnell Na und auch Cl auf und gab K ab. Versuche zur Erniedrigung des Na/K-Austausches mit verschiedenen Zusätzen zum Inkubationsmedium (Kreatinin, Guanosin, verschiedene Basen u. a.) blieben ohne Wirkung. Eine schnelle Präparation des Gewebes (Schnitte in situ hergestellt) ergab einen niedrigen Na-Gehalt nach der Inkubation. Elektrische Reizung erhöhte den Na-Anteil und erniedrigte den K-Gehalt des inkubierten Materials. Nach Aufhören der Stimulation wurde das zusätzlich aufgenommene Na wieder gegen K ausgetauscht. Der Austausch war immer ungefähr äquivalent. Gewebe, das in einem Medium mit niedrigem Na-Gehalt (0,0-75 mM) inkubiert wurde, hatte sowohl einen niedrigen Na- als auch K-Gehalt. Die Atmungsintensität von elektrisch gereiztem Gewebe erhöhte sich mit steigender Na-Konzentration des Mediums. Die Ergebnisse werden diskutiert. H. Bergner. 8122.

Peirce, A. W.; Adelaide, Univ., C.S.I.R.O., Div. of Biochem. and Gen. Nutrit. Studies on salt tolerance of sheep. IV. The tolerance of sheep for mixtures of sodium chloride and calcium chloride in the drinking water. **(Untersuchungen zur Salz-Toleranz der Schafe. 4. Mitt. Die Toleranz der Schafe für Mischungen von Kochsalz und Calciumchlorid im Tränkwasser.)** Austral. J. agric. Res. **13** (1962) Nr. 3. S. 479-486. — 2 Abb., 1 Tab., 6 Lit. 3. Mitt. vgl. LZ. Abt. III **7** (1962) Nr. 2. S. 348.

Die Versuche wurden in gleicher Weise und mit ähnlichen Salzkonzentrationen (1,3%) wie die vorangegangenen durchgeführt. Die Aufnahme von salzhaltigem Tränkwasser war höher als bei Regenwasser. Der Salzgehalt des Tränkwassers hatte keinen Einfluß auf die Konzentration von K, Mg und Cl im Blutplasma. Die Na-Konzentration war niedriger und die Ca-Konzentration höher im Vergleich zu den mit Regenwasser getränkten Tieren. Ein Einfluß auf Gesundheit, Futterverzehr, Gewichtsentwicklung und Wolleistung war nicht feststellbar. G. Leisner. 8122.

Sibbald, I. R., Pepper, W. F. und Slinger, S. J.; Guelph, Ontario Agric. Coll., Dep. of Nutrit. and Poultry Sci. Sodium chloride in the feed and drinking water of chicks. **(Natriumchlorid im Futter und Tränkwasser von Küken.)** Poultry Sci. **41** (1962) Nr. 2. S. 541-545. — 4 Tab., 5 Lit.

In 3 Versuchen mit je 4 Wiederholungen wurde die Salztoleranz der Küken geprüft. Als Kriterien dienten die Gewichtszunahmen der Tiere, die Futterverwertung (Zunahme je 100 g Futter) und die Sterblichkeit. Blieb das Futter ohne Salzzusatz, war bis zum Alter von 4 Wochen eine 0,25 bis 0,5%ige, und im Alter von 5-7 Wochen eine 0,2%ige NaCl-Lösung erforderlich. Die Küken vertrugen 0,5% NaCl im Tränkwasser, auch wenn das Futter einen 0,5%igen NaCl-Zusatz enthielt. Blieb das Tränkwasser NaCl-frei, so wurden mit 0,25 bis 2% Salz im Futter gute Leistungen erzielt. Bei 4%, 8% oder 16% Salz in den Rationen traten Ödeme, hohe Sterblichkeit und verringerte Gewichtszunahmen auf. Individuelle Unterschiede in der Salzverträglichkeit wurden beobachtet. J. Wünsche. 8122.

Formica, S. D., Smidt, M. J., Bacharach, M. M., Davin, W. F. und Fritz, J. C.; Chicago, Ill., Dawes Lab., Inc. Calcium and phosphorus requirements of growing turkeys and chickens. **(Der Calcium- und Phosphorbedarf wachsender Puten und Küken.)** Poultry Sci. **41** (1962) Nr. 3. S. 771-776. — 8 Tab., 19 Lit.

Folgende Bedarfswerte wurden unter günstigen Haltungsbedingungen ermittelt: Mastküken 0,60% Ca und 0,60% P, Putenküken (1.-8. Woche) 0,81% Ca und 0,65% P, Jungputen 0,83% Ca und 0,56% P in der Ration. – Das Auftreten von Rachitis bei Jungputen wurde durch erhöhte Antibioticagaben (120 mg Procain-Penicillin und 280 mg Bacitracin) bei verminderten Ca- und P-Gehalten der Ration (0,36% Ca und 0,37% P) nicht begünstigt. Das Wachstum der Tiere wurde bei diesen geringen Ca- und P-Gaben reduziert. H. Jeroch. 8123.

Ibsen, Kenneth H. und Urist, Marshall R. (unter Mitarb. von Uyeno, Satsuki); Los Angeles, Univ. of California, Med. Center, Dep. of Surgery, Div. of Orthopedics. Complexes of calcium and magnesium with oxytetracline. **(Komplexe von Calcium und Magnesium mit Oxytetracydin.)** Proc. Soc. exp. Biol. Med. **109** (1962) Nr. 4. S. 797-801. – 2 Abb., 4 Tab., 15 Lit.
Um Aufschlüsse über den Mechanismus der Oxytetracyclin-Einlagerung in Knochen zu gewinnen, werden Komplexe von Oxytetracyclin (Terramycin, Pfizer) mit Ca u. Mg dargestellt und ihre stöchiometrische Zusammensetzung spektrophotometrisch untersucht, wobei pH, Ionenstärke und Oxytetracyclinkonzentration in physiol. Grenzen gehalten werden. Danach dürften in vivo vor allem Komplexe mit einem Verhältnis Liganden: Oxytetracyclin wie 1:1 und 2:1 auftreten. B. Gaßmann. 8123.

Thompson, Alan und Noble, R. C.; Newastle upon Tyne, England, King's Coll. A study of the effects of gonadal hormones on the phosphorus balance of the domestic fowl. **(Untersuchung über die Wirkung von Keimdrüsenhormonen auf das Phosphorgleichgewicht des Hausgeflügels.)** Poultry Sci. **41** (1962) Nr. 2. S. 347-353. – 1 Abb., 3 Tab., 15 Lit.
9 Tage lang wurden 1,0 mg Oestradioldipropionat (**I**), 0,5 mg Testosteronpropionat (**II**) oder gleichzeitig **I** und **II** (**III**) an Küken verabreicht. Gegenüber den Kontrollen ergab sich in allen Fällen eine bessere Gewichtsentwicklung (nicht signifikant). In der Zeit vom 7.-9. Versuchstag bewirkten **I** und **III** eine Erhöhung, **II** eine Erniedrigung des Tr.-Subst.- und Proteingehalts des Plasmas. **II** und **III** bewirkten verminderte Gesamt-P-Ausscheidung und vermehrte Retention (nur bei **III** signifikant). **III** bewirkte einen signifikanten Anstieg in der P-Resorption. In der Zeit vom 1.-9. Versuchstag zeigte sich, daß alle Behandlungen eine Verminderung der P-Ausscheidung und somit eine erhöhte Retention bewirkten (**I** und **III** signifikant). B. Busch. 8124.

Anonym. Prolonged fluoride ingestion and calcified tissue concentrations. **(Verlängerte Fluoridaufnahme und die Gehaltswerte im calcifizierten Gewebe.)** Nutrit. Rev. **20** (1962) Nr. 6. S. 180-183.
Bei Ratten wurde die Aufnahme von Fluoriden in einer Menge von 12 ppm im Trinkwasser und 90 ppm im Futter hinsichtlich der Speicherung im Knochen- und Zahngewebe untersucht. Anscheinend muß dabei die Relation der getrunkenen Wassermengen zu der verzehrten Futtermenge Berücksichtigung finden. Die im Wasser enthaltene F-Menge hatte die doppelte F-Ablagerung im Gewebe zur Folge als die gleiche F-Konzentration im Futter. Mit zunehmendem Alter stieg der F-Gehalt der Knochen und Zähne infolge der im Wasser und Futter enthaltenen Mengen an. Der F-Gehalt der Tr.-Subst. zeigte zu Beginn der Behandlung die stärkste Zunahme, nahm aber auch während der gesamten Versuchsperiode ununterbrochen zu. H. Busse. 8127.

Kernkamp, H. C. H., Clawson, A. J. und Ferneyhough, R. H.; Raleigh, North Carolina Agric. Exp. Stat. Preventing iron-deficiency anemia in baby pigs. **(Verhütung der Eisenmangel-Anämie bei Saugferkeln.)** J. Animal Sci. **21** (1962) Nr. 3. S. 527–532. – 1 Abb., 3 Tab., 15 Lit.
Bei Saugferkeln wurde die Wirksamkeit von 3 Fe-haltigen Verbindungen (Eisen-Dextran [I], Eisen-Dextrin [II] und Eisenammoniumcitrat + Vit. B_{12}

[**III**]) im Hinblick auf den optimalen Injektionszeitpunkt zur Verhütung von Fe-Mangel und zur Förderung des Wachstums untersucht. Injektionen von **I** oder **II** bei 3 Tage alten Saugferkeln führten zu einer deutlichen Erhöhung des Hämoglobin-Gehaltes und zur Beschleunigung des Wachstums der Tiere. Die **III**-Injektionen waren dagegen sehr viel weniger wirksam. Eine einzige Injektion von 150 mg **I** im Alter von 7, 14 oder 21 Tagen genügte zur Vermeidung von Fe-Mangelsymptomen. Der Anwendungszeitpunkt hatte keinen Einfluß auf die Hämoglobin-Bildung oder das 8-Wochengewicht der Ferkel.
J. Wünsche. 8127.

Linkenheimer, W. H.; Pearl River, N. Y., Cyanamid Co., Agric. Div. **Eisen – sein Stoffwechsel und seine Anwendung bei der Ferkelanämie.** Mitt. Tierhalt. **1962** Nr. 79. S. 19–22. – 1 Tab., 10 Lit.

Nach einer Übersicht über Vorkommen des Fe im Tierkörper wird über die Anwendung eines neu entwickelten injizierbaren Fe-Präparates zur Bekämpfung der Ferkelanämie berichtet. Das neue Präparat (Pigdex 100) ist eine kolloidale Aufschwemmung von nicht ionisierbarem Fe, das durch einen Dextrinüberzug am Ausflocken gehindert wird. Versuche mit ^{59}Fe ergaben eine gute Resorbierbarkeit des Fe aus Pigdex 100 von der Injektionsstelle. Der Gehalt an ^{59}Fe in Plasma, Erythrocyten, Milz, Leber und übrigem Körper wird mitgeteilt. Innerhalb 8 Tagen nach der Injektion konnte kein markiertes Fe im Harn und Kot nachgewiesen werden. A. Hennig. 8127.

Smith, W. H., Plumlee, M. P. und Beeson, W. M.; Lafayette, Ind., Purdue Univ. Agric. Exp. Stat. Effect of source of protein on zinc requirement of the growing pig. **(Einfluß der Proteinquelle auf den Zinkbedarf des wachsenden Schweins.)** J. Animal Sci. **21** (1962) Nr. 3. S. 399–405. – 7 Tab., 14 Lit.

In Fütterungsversuchen mit 70 Duroc-Schweinen wurde der Einfluß verschiedener Proteine und Kohlenhydrate (mit und ohne zusätzliche Zn-Gaben) auf den Zn-Bedarf untersucht. Bei den mit Milchproteinen (Zn-Gehalt 6–18 ppm) ohne zusätzliches Zn gefütterten Schweinen zeigte sich bestes Wachstum ohne jede Zn-Mangelerscheinung. In den mit Sojaprotein (16–22 ppm Zn) versorgten Gruppen traten typische Zn-Mangelsymptome auf. Zugabe von 50 ppm Zn zur Sojaprotein-Ration führte zum Rückgang der Parakeratose; beim Milchprotein bewirkte die Zn-Zugabe jedoch keine Leistungssteigerung. Durch Zusatz von 30% Lactose zur Sojaprotein-Ration oder durch Autoklavieren des Sojaproteins wurden die Gewichtszunahmen nicht signifikant erhöht. Parakeratose trat ebenfalls auf, jedoch weniger akut als in der Kontrollgruppe. Wurde an parakeratosekranke Schweine 50 ppm Zn oder 450 ppm Äthylendinitrilotetraessigsäure oder autoklaviertes Sojaschrot verfüttert, erhöhten sich die Gewichtszunahmen und die Parakeratose ging zurück.
J. Wünsche. 8127.

Stoffwechsel der Vitamine und anderer Wirkstoffe

Roberts, W. K. und Stringam, E. W.; Winnipeg, Manitoba, Univ., Dep. of Animal Sci. Note on liver vitamin A stores and weight gains in beef cattle following intraruminal injection or oral administration of vitamin A. **(Untersuchungen zur Vitamin-A-Leberspeicherung und Gewichtsentwicklung bei Rindern nach intraruminaler Injektion und oraler Verabreichung von Vitamin A.)** Canad. J. Animal Sci. **42** (1962) Nr. 1. S. 110–111. – 1 Abb., 2 Lit.

Es wurde die Vit. A-Leberspeicherung bei je 3 Färsen und 2 Stierkälbern nach einer 103 Tage dauernden Vit.-A- u. Carotin-freien Fütterung und einer anschließenden Zufütterung von tägl. 10000 IE Vit. A oral (**I**) bzw. einer einmaligen intraruminalen Gabe zu Versuchsbeginn von 1000000 IE (**II**) bestimmt. Die Leberproben wurden nach 0, 3, 7, 21, 51 und 84 Tagen mit

Hilfe der Leberbiopsietechnik von jedem Tier entnommen und nach Gallup und Hoefer bestimmt. Zwischen dem 7. und 21. Tag wird bei beiden Gruppen ein Maximum erreicht; die absolute Speicherung ist jedoch bei **II** stark erhöht. Nach 84 Tagen liegen die Werte beider Gruppen wieder annähernd in Höhe der Ausgangswerte. Die mittlere tägl. Gewichtszunahme betrug bei **I** 1,73 und bei **II** 1,95 lb., die Differenz ist jedoch nicht statistisch gesichert.
H. Ackermann. 8152.

Biely, J., Wood, J. D. und Topliff, J. E.; Vancouver, Univ. of Brit. Columbia, Dep. of Poultry Sci.; Fisheries Res. Board of Canada, Technol. Stat. The effect of excessive amounts of dietary vitamin A on egg production in White Leghorn hens. **(Die Wirkung übermäßiger Mengen von Vitamin A im Futter auf die Eiproduktion bei Weißen Leghorn-Hennen.)** Poultry Sci. **41** (1962) Nr. 4. S. 1175–1177. — 2 Tab., 3 Lit.

In einer Versuchsperiode von 5 Wochen wurde die Eiproduktion Weißer Leghorn-Hennen unter der Wirkung sehr hoher Mengen von Vit. A geprüft, das entweder als solches in Form von Acetat, gelöst in Maisöl, oder Bestandteil des Leberöles vom Langfisch im all mash-Futter verabreicht wurde. Vit.-A-Acetat hatte erst bei Gaben von 440000 IE je lb. Futter eine deutliche Verringerung der Eiproduktion zur Folge, während das Vit. A im Langfisch-Leberöl schon in halb so hoher Menge etwa die gleiche schmälernde Wirkung auf die Eiproduktion hatte. Die Annahme, daß die ungünstigere Wirkung des Leberöles auf die darin enthaltenen ungesättigten Fettsäuren zurückzuführen sei, wurde durch die Verfütterung von Lachsöl mit niederem Vit.-A-Gehalt ausgeschlossen, das die Eiproduktion nicht verringerte. Die Versuche zeigen, daß Vit. A in den rationsüblichen Mengen die Eiproduktion nicht erniedrigt.
L. Sperling. 8152.

Christensen, N. O., Engelund, A., Handler, J. A. und Terp, P.; Copenhagen, Roy. Veterin. and Agric. Coll., Ambulatory Clin.; Danmarks Apotekerforening, Lab. Studies on the absorption of vitamin A. IV. The absorption and distribution of tritium labelled vitamin A in rats. **(Untersuchungen über die Resorption von Vitamin A. 4. Mitt. Die Resorption und Verteilung von tritiummarkiertem Vitamin A bei Ratten.)** Nord. Veterinärmed. **14** (1962) Nr. 4. S. 270–279. — 13 Lit. 3. Mitt. vgl. LZ. Abt. III 4 (1959) Nr. 5. S. 1091.

In diesen Versuchen wurde Vit. A entweder in öliger oder wäßriger Dispersion oral oder i.m. appliziert. Die Resorption von i.m. injiziertem Vit. A in öliger Suspension erwies sich als gering. In öliger bzw. wäßriger Dispersion waren die Vit.-A-Präparate bei oraler Gabe in bezug auf den Grad der Vitaminspeicherung in der Leber und der Ausscheidung durch die Faeces gleichwertig. Die i.m. Applikation von Vit. A in wäßriger Dispersion ergibt ebenfalls ein bedeutendes Depot in der Leber, das binnen kurzem Rückgang zeigte; das Muskeldepot verschwand im Laufe von einigen Tagen. E. Lehnert. 8152.

Pulliam, Robert P., Dannenburg, Warren N., Burt, Richard L. und Leake, Norman H.; Winston-Salem, N. C., Bowman Gray School of Med.; North Carolina Baptist Hospital, Dep. of Obstetrics and Gynecol. Carotene and vitamin A in pregnancy and the early puerperium. **(Carotin und Vitamin A in Schwangerschaft und frühem Puerperium.)** Proc. Soc. exp. Biol. Med. **109** (1962) Nr. 4. S. 913–916. — 1 Tab., 14 Lit.

An insgesamt 59 untersuchten Patientinnen zeigt sich, daß der Carotinspiegel des Serums im Puerperium gegenüber der Schwangerschaft und dem Normalzustand erniedrigt ist. Desgleichen scheint der mittlere Vit.-A-Gehalt des Serums gegenüber dem von Normalpersonen erniedrigt und gegenüber der Schwangerschaft erhöht zu sein. Die Unterschiede sind nicht nahrungsbedingt. Die Serumwerte unterliegen allerdings generell erheblichen Schwankungen. Wegen des gegenläufigen Verhaltens von Carotin und Vit. A wird vorgeschlagen, das Verhältnis beider als Parameter zur Feststellung von Stoffwechseländerungen zu verwenden. B. Gaßmann. 8152.

Grigorov, Ch., Šaličev, Ja. und Goranov, N. (Grigorow, Ch., Schalitschew, Ja. und Goranow, N.) Sŭdŭržanie na vitamin A, karotin i vitamin C v krave, bivolsko, ovče i koze mljako (prinos). **(Gehalt an Vitamin A, Carotin und Vitamin C in der Kuh-, Büffel-, Schaf- und Ziegenmilch [Beitrag].)** Izvestija na Centralnija naučnoizsledovatelski institut po životnovŭdstvo „Georgi Dimitrov" – Kostinbrod, Sofija **13** (1962) S. 71–82. – 3 Abb., 3 Tab., 12 Lit. Zus. in Russ., Dtsch.
Die Bestimmung des Vit.-A-, Carotin- und Vit.-C-Gehalts erfolgte zweimal monatlich in der Sammelmilch: 1. einer Sofioter Braunviehherde im Verlaufe von 2 Jahren, 2. einer Herde von 113 Büffelkühen im Verlaufe eines Jahres, 3. einer Gruppe Ostfriesischer Milchschafe während der ganzen Laktationsperiode, 4. einer mittelfeinwolligen Schafherde während einer Melkperiode (nach dem Absetzen der Lämmer) und 5. einer Ziegenherde (Landziege × Saanenschlag) während einer Melkperiode. Die Vit.-A-, Carotin- und Vit.-C-Gehalte betrugen: in der Kuhmilch 0,221 (0,024–0,458) mg/l, 0,126 (0,060 bis 0,228) mg/l und 9,904 (7,683–11,935) mg/l, in der Büffelmilch 0,354 (0,125 bis 0,551) mg/l, 0,038 (0,017–0,073) mg/l und 13,505 (11,231–15,705) mg/l, in der Schafmilch, und zwar bei den Ostfriesischen Milchschafen 0,304 (0,112 bis 0,508) mg/l, 0,081 (0,048–0,116) mg/l und 14,524 (8,827–19,878) mg/l und bei den mittelfeinwolligen Schafen 0,457 (0,240–0,650) mg/l, 0,017 (0,012–0,021) mg/l und 12,350 (10,000–14,613) mg/l, in der Ziegenmilch 0,197 (0,100–0,355) mg/l, 0,077 (0,046–0,117) mg/l und 11,311 (8,627–15,054) mg/l.
N. Platikanow. 8152.

Dardžonov, T. (Dardshonow, T.) Danni za sŭdŭržanieto na vitamin A i karotin v krave mljako, proizveždano v uslovijata na stopanstvo „Vrana". **(Angaben über den Vitamin-A- und Carotingehalt in der auf dem VE Versuchsgut „Wrana" gewonnenen Kuhmilch.)** Izvestija na Centralnija naučnoizsledovatelski institut po životnovŭdstvo „Georgi Dimitrov" – Kostinbrod, Sofija **13** (1962) S. 83–87. – 1 Tab., 12 Lit. Zus. in Russ., Dtsch.
Die von Nov. 1957 bis Juli 1958 durchgeführte periodische (in Zeitabständen von jeweils 15 Tagen) Untersuchung der Sammelmilch einer Sofioter Braunviehherde vom volkseigenen Versuchsgut „Wrana" ergab: Carotingehalt 0,062 mg/kg (im Apr.) – 0,230 mg/kg (im Juni); Vit.-A-Gehalt 363 IE/l (im März) – 945 IE/l (im Mai und Juli); höchste Vit.-A-Aktivität 1327 IE/l (im Juli), niedrigste 619 OE/l (im Febr.). N. Platikanow. 8152.

Merk, W. und Crasemann. **Über die Wirkung einer Tocopherolanreicherung im Kraftfutter von Milchkühen auf Menge und Beschaffenheit der erzeugten Milch.** Z. Tierphysiol., Tierernähr. Futtermittelkunde **16** (1961) Nr. 4. S. 197–213. – 9 Abb., 7 Tab., 30 Lit.
In Fütterungsversuchen mit 42 Kühen, denen je Tier und Tag 4 bzw. 5 g DL-α-Tocopherol-Acetat bzw. DL-α-Tocopherolphosphorsaures Na verabreicht wurden, konnte nachgewiesen werden, daß die Tocopherolzulage keinen signifikanten Einfluß auf Milch- und Fettmenge ausübt. Möglicherweise liegt die Ursache darin, daß die Tiere mit dem Gesamtfutter reichlich Vit. E (rund 2 g je Tier und Tag) aufgenommen haben, was in einem zusätzlichen Bilanzversuch ermittelt wurde. Der Vit.-E-Gehalt des Blutplasmas und der Milch wurde durch die Tocopherolzulage um 57 bzw. 55% erhöht. Der Vit.-E-Gehalt der Kot-Tr.-Subst. stieg um das 2,5fache. Es scheint, daß DL-α-Tocopherol besser ausgenutzt wurde als das im Futter vorhandene Vit. E. Ein Tastversuch ergab, daß der oxydative Abbau des Milchfettes gehemmt wurde, wenn die Milch je 100 ml etwa 200 mcg Vit. E enthielt.
G. Rubach. 8156.

Koszalka, Thomas R., Mason, Karl E. und Krol, George; Rochester, N. Y., Univ. of Biochem. and Anatomy; Div. of Exp. Radiol. Relation of vitamin E to proteolytic and autolytic activity of skeletal muscle. **(Beziehung von Vitamin E zur proteolytischen und autolytischen Aktivität des Skelettmuskels.)** J. of Nutrit. **73** (1961) Nr. 1. S. 78–84. — 2 Tab., 10 Lit.

Sowohl Goldhamster als auch Albinoratten werden bis zu 1 Jahr mit Vit. -E-Mangel-Futter ernährt. Als Kontrollen dienen einmal Tiere mit Normalfutter und zum anderen solche mit Mangelfutter und tägl. oralen Verabfolgungen von 12 mg α-Tocopherylacetat oder α-Tocopherylhydrochinon. Zu verschiedenen Zeiten werden Muskelhomogenate in 0,067 mol. Glycin-Puffer pH 9,0 oder in 0,1 mol. Acetatpuffer pH 3,5 (Hamster) bzw. 3,8 (Ratte) mit 2% denaturiertem Hämoglobin 30 Min. bei 37 °C inkubiert. Die Extinktionszunahme bei 280 mμ/mg Muskelprotein · 10^4 wird im ersten Falle als Maß der autolytischen und im zweiten als Maß der proteolytischen Aktivität gewertet. Bei den E-Mangel-Tieren ist die Aktivität je nach der Dauer des Mangelzustandes gegenüber den Kontrollen um das 2- bis 10fache gesteigert. Frischgewicht und Proteingehalt der Muskel sind überdies vermindert. Die orale Applikation der antidystrophisch wirksamen Vit.-E-Präparate hebt die Dystrophie im frühen Zustand (3 Mon.) wieder auf. B. Gaßmann. 8156.

Vaughan, David A. und Vaughan, Lucile N.; Seattle, Wash., Arctic Aeromed. Lab. The effect of a pyridoxine deficiency on cold-adjusted rats. **(Der Einfluß eines Pyridoxinmangels auf kälteeingestellte Ratten.)** J. of Nutrit. **73** (1961) Nr. 1. S. 53–56. — 2 Tab.

49 ♂ *Sprague-Dawley*-Ratten werden bei 25 °C und 42 bei 5 °C Vit.-B_6-frei ernährt, bis Wachstumsstillstand eintritt. Anschließend werden 4 Wochen lang pro kg Futter 0,2; 0,4; 0,6; 0,8; 1,0 oder 5,0 mg Pyridoxinhydrochlorid zugelegt und die Gewichtszunahme festgestellt. Aus der geringeren Reaktion der Kältetiere könnte auf einen höheren Vit.-B_6-Bedarf geschlossen werden (1,4 μg/g Futter gegenüber 1,3 μg/g Futter). Wachstumsrate und Bedarf scheinen jedoch mehr von der Freßlust als von der Futterverwertung abzuhängen. In der Kälte setzt Vit.-B_6-Mangel die Freßlust herab, während die niedrigere Temperatur sonst zu vermehrter Futteraufnahme anregt.
B. Gaßmann. 8158.

Sibbald, I. R., Slinger, S. J. und Pepper, W. F.; Guelph, Ontario, Canada, Dep. of Nutrit. and Poultry Sci. Interrelationships between riboflavin, niacin, vitamin B_{12} and methionine measured in terms of chick weight gains and dietary metabolizable energy values. **(Beziehungen zwischen Riboflavin, Niacin, Vitamin B_{12} und Methionin bei Küken, gemessen an in bestimmten Zeiteinheiten erreichten Gewichtszunahmen und den Werten der umsetzbaren Energie im Futter.)** Poultry Sci. **41** (1962) Nr. 2. S. 380–386. — 3 Tab., 15 Lit.

Eine Mais-Sojaschrot-Grundfuttermischung, die einen Mangel an Riboflavin, Niacin, Vit. B_{12} und Methionin aufwies, wurde entweder allein oder nach Ergänzung mit einem der limitierenden Nähr- oder Wirkstoffe an Küken verfüttert. Neben der Gewichtszunahme der Tiere wurde der Gehalt an umsetzbarer Energie der jeweilig verfütterten Futtermischung ermittelt. Nach den durchgeführten Untersuchungen erhöht Vit. B_{12} nur bei völligem Mangel an Riboflavin die Gewichtszunahme. Niacin verbessert ebenfalls die Gewichtszunahme, wenn Riboflavin im Futter fehlt. Im allgemeinen ergab sich in diesen Versuchen, daß die Futterwirkung in stärkerem Maß von der Kombination der untersuchten Nähr- und Wirkstoffe als von individuellen Faktoren abhängt. G. Göbel. 8158.

Okuda, Kunio; Ube, Japan, Yamaguchi Med. Coll., Dep. of Med. Starvation and renal uptake of vitamin B_{12}. **(Hunger und Aufnahme von Vitamin B_{12}**

durch die Nieren.) Nature [London] **195** (1962) Nr. 4838. S. 292–293. – 1 Abb., 1 Tab., 11 Lit.

Vf. weist nach, daß die bei Kaninchen nach einer Hungerperiode beobachteten hohen Vit.-B_{12}-Gehalte in den Nieren auf Coprophagie zurückzuführen sind. Die Tiere der Versuchsgruppe, die mittels Halskragentechnik an der Aufnahme des in der Nacht ausgeschiedenen Kotes gehindert wurden und nach der Vit.-B_{12}-Verabreichung 3 Tage hungern mußten, hatten keine abnorm hohen Vit.-B_{12}-Gehalte in den Nieren. Daß die Anreicherung von Vit. B_{12} in den Nieren nur von der Vit.-B_{12}-Aufnahme, nicht aber von der Futteraufnahme abhängt, wurde auch experimentell bei Ratten bewiesen. J. Wünsche. 8158.

Arnstein, H. R. V. und White, A. M.; Mill Hill, London, Nat. Inst. for Med. Res. The function of vitamin B_{12} in the metabolism of propionate by the protozoan Ochromonas malhamensis. **(Die Funktion des Vitamin B_{12} im Propionatstoffwechsel der Protozoe Ochromonas malhamensis.)** Biochem. J. **83** (1962) Nr. 2. S. 264–270. – 3 Abb., 7 Tab., 25 Lit.

Mit Vit.-B_{12}-verarmten Suspensionen von *Ochromonas malhamensis* wurde der Einfluß des Vit. B_{12} auf die Oxydation von ^{14}C-Glucose (**I**), ^{14}C-Formiat (**II**), ^{14}C-Acetat (**III**) und ^{14}C-Propionat (**IV**) untersucht. Die Oxydation von **I**, **II** und **III** wird durch Vit. B_{12} wenig oder gar nicht beeinflußt, die von **IV** in Abwesenheit von Vit. B_{12} jedoch vollständig blockiert. Verschiedene Cyanocobalamin-Derivate wurden ebenfalls getestet. Bei den meisten dieser Verbindungen waren die Wirkungen auf die **IV**-Oxydation und auf das Wachstum des Testorganismus gleichgerichtet. Das Methylamid-Analog förderte jedoch die **IV**-Oxydation, hemmte aber das Wachstum und 5-Hydroxybenzimidazolylcobamid (Vit. $B_{12\,III}$) verhielt sich umgekehrt. Daraus wird geschlossen, daß das Vit. B_{12} neben seiner Funktion im Propionat – Methylmalonat – Succinat – Stoffwechsel auch an einer anderen für das Wachstum des Testorganismus und möglicherweise auch der Tiere wichtigen Reaktion beteiligt ist. J. Wünsche. 8158.

Perek, M. und Bedrak, E.; Jerusalem, Hebrew Univ., Dep. of Animal Hyg. and Poultry Sci.; Rehovot, Israel, Fac. of Agric. The effect of cold and debeaking upon the adrenal ascorbic acid concentration of chickens fed aureomycin supplement. **(Die Wirkung von Kälte und des Schnabelstutzens auf die Ascorbinsäurekonzentration der Nebenniere bei Küken, die mit Aureomycinzusätzen gefüttert wurden.)** Poultry Sci. **41** (1962) Nr. 4. S. 1149–1156. – 2 Abb., 5 Tab., 25 Lit.

An bursektomierten 6–7 Wochen alten Hähnchenküken wurde die durch Kältebehandlung (Eintauchen der Tiere für 5 Min. in ein Wasserbad von 15 °C) und Schnabelstutzen hervorgerufene Streßwirkung untersucht. Gemessen an der Ascorbinsäurekonzentration wurde die Aktivität der Nebenniere bei mit und ohne Aureomycin gefütterten Tieren getestet. – Eine 7 tägige Aureomycingabe (bis zu 500 ppm Chlortetracyclin (CTC) im Futter) vor der Kältebehandlung und anschließende Testung verursachten keine signifikanten Unterschiede zwischen Versuchs- und Kontrollgruppe. Eine 6 wöchige kontinuierliche Aureomycinfütterung führte dagegen zu einer mit $P = < 0{,}01$ gesicherten Abnahme des Ascorbinsäuregehaltes der Nebennieren. – Die Aureomycingabe vor und nach dem Schnabelstutzen verursachte eine Ascorbinsäureverminderung bei der Kontroll- und Versuchsgruppe. Bei den Tieren mit Aureomycin (Versuchsgruppe) war jedoch die Ascorbinsäureverminderung 24 Std. nach der Operation signifikant höher. – Die Supplementierung des Futters mit 1000 ppm CTC führte zu einer teilweisen Blockierung der Nebennierenaktivität (Senkung des Ascorbinsäuregehaltes bei gleichartiger Erhöhung des Cholesteringehaltes). Es wird gefolgert, daß die Supplementierung des Futters bis zu 500 ppm CTC bei Hühnergeflügel nach dem Schnabelstutzen und bei Kältestreß zu einer Aktivierung der Nebennierenrinde führt. P. Matthies. 8160.

Fabianek, J. und Herp, A.; Paris, Centre Nat. de la Rech. Sci., Lab. de Chim. Biol. et Agric.; Conservatoire Nat. des Arts et Metiers. Effects of vit-amin-free diet on the ascorbic acid metabolism in the guinea pig. **(Einflüsse einer vitaminfreien Kost auf den Ascorbinsäurestoffwechsel des Meerschweinchens.)** Int. Z. Vitaminforsch. [Bern] **32** (1962) Nr. 3. S. 262–269. — 2 Abb., 1 Tab., 14 Lit. Zus. in Franz., Dtsch.

Werden 1 bis 2 Mon. alte Meerschweinchen 2 bis 3 Mon. lang mit einem halbsynthetischen Futter ernährt, das einmal wie üblich mit und einmal ohne Vitamine angeboten wird, so ergibt sich bei einer Versorgung mit 20 mg Ascorbinsäure/Tag und Tier hinsichtlich der Vit.-C-Konzentration in Leber, Milz und Nebennieren kein Unterschied. Eine völlig vitaminfreie Kost hat eine Abnahme der Hb-Konzentration zur Folge; diese wird durch Vit.-C-Gaben aufgehoben. B. Gaßmann. 8160.

Feldheim, W.; Potsdamf-Rehbrücke, Inst. für Ernähr. der Dtsch. Akad. der Wiss. zu Berlin. **Vergleichende Untersuchungen über die antiskorbutische Wirksamkeit von L- und D-Ascorbinsäure an Meerschweinchen.** Int. Z. Vitaminforsch. [Bern] **32** (1962) Nr. 3. S. 278–283. — 1 Tab. Zus. in Engl., Franz.

Im Gegensatz zu Meerschweinchen mit gleicher Vit.-C-Mangelkost, bei denen vom 11. Tage an Veränderungen der Odontoblasten sichtbar werden, zeigen solche, die tägl. 25 mg D Ascorbinsäure verabreicht bekommen, erst vom 30. Versuchstage an eine Beeinflusung der Odontoblastenentwicklung. Bis zum 44. Tage werden Degenerationserscheinungen beobachtet, vom 58. Tage an sind die Odontoblastenzellen nicht mehr meßbar. Bei Zufuhr von L-Ascorbinsäure (1,2 mg/Tier u. Tag) hingegen sind die Odontoblasten stets geordnet und normal ausgebildet anzutreffen. Das Gewichtsverhalten der Tiere, die D- oder L-Ascorbinsäure erhalten, zeigt bis zur 12. Woche nur geringe Unterschiede. Nach diesen Ergebnissen kann die D-Ascorbinsäure einen Teil der Funktionen der L-Ascorbinsäure. übernehmen. B. Gaßmann. 8160.

Feldheim, Walter und Procházka, Zelimir; Potsdam-Rehbrücke, Inst. für Ernähr. der Dtsch. Akad. der Wiss. zu Berlin; Praha, Tschechoslow. Akad. der Wiss., Inst. für Org. Chem. und Biochem. **Zur antiskorbutischen Wirksamkeit von synthetischem Ascorbigen. Untersuchungen über den Ascorbigen-Metabolismus bei Menschen und bei Meerschweinchen.** Int. Z. Vitaminforsch. [Bern] **32** (1962) Nr. 3. S. 251–257. — 1 Abb. Zus. in Engl., Franz.

Vff. stellen aus Ascorbinsäure und 3-Hydroxymethylindol Ascorbigen dar und prüfen es auf antiskorbutische Wirksamkeit. Im Odontoblastentest am Meerschweinchen vermögen Dosen bis zu 10 mg/Tag Vit.-C-Mangelerscheinungen nicht zu verhindern. 70–90% des Ascorbigens werden unverändert mit dem Harn ausgeschieden. Die Aufnahme von natürlichem (frischer Wirsingkohl, 2,6 g/kg Lgw.) und künstlichem Ascorbigen (200 mg) führt wegen der schnellen Elimination nur zu einem geringen Ascorbigenanstieg im Blut. Im Harn werden papierchromatographisch neben Ascorbigen 5-Hydroxy-3-indolylessigsäure, 3-Indolylessigsäure und ein weiteres, unbekanntes Indolderivat nachgewiesen. Vff. folgern, daß Ascorbigen weder beim Tier noch beim Menschen Vit.-C-Wirkung entfaltet. B. Gaßmann. 8160.

McDaniel, Lois S. und Dempsey, Helen A.; Orono, Univ. of Maine, Dep. of Animal Pathol. The effects of fasting upon plasma enzyme levels in chickens. **(Die Wirkung des Fastens auf den Plasma-Enzym-Gehalt von Küken.)** Poultry Sci. **41** (1962) Nr. 3. S. 994–998. — 3 Tab., 11 Lit.

Bei Futterentzug für 24 Std. veränderten sich die Werte der Malondehydrogedase (**I**), Glutamin-Oxalessigsäure-Transaminase (**II**) und Aldolase (**III**) nicht, ner Gehalt an alkalischer Phosphatase (**IV**) wurde geringgradig gesenkt. Nach 48stündigem Futterentzug stieg der Gehalt an Milchsäuredehydrogenase (**V**),

I und III und sank der an **IV**. **II** stieg nur in einem der 4 Versuche an. Wasserentzug für 24 Std. bewirkte einen Anstieg der I-Aktivität, die jedoch schon nach 48–72 Std. zur Norm zurückging. Wassermangel bewirkte einen Abfall von **V** und Anstieg von **III** . Bei Wasserentzug für 48 Std. sanken die Werte von **IV** und stiegen die von **II**. Bei gleichzeitigem Futter- und Wasserentzug für 48 Std. änderten sich die Werte von **V**, **I** und **II** nicht, die von **III** erhöhten sich, die von **IV** erniedrigten sich. Bei anschließender Futter- und Wasserverabreichung stiegen **V**, **I** und **II** und **III** und **IV** kehrten zur Norm zurück. Zwischen den Geschlechtern bestanden keine signifikanten Differenzen.
B. Busch. 8170.

Easley, J. F., Shirley, R. L. und Davis, G. K.; Gainesville, Univ. of Florida, Dep. of Animal Husbandry and Nutrit. Effect of dietary fat and biotin on the oxalacetic carboxylase activity of several rat tissues. **(Einfluß von Nahrungsfett und -biotin auf die Oxalessigsäure-Carboxylase-Aktivität verschiedener Rattengewebe.)** J. of Nutrit. **73** (1961) Nr. 1. S. 43–46. — 2 Abb., 11 Lit.
28 *Long-Evans*-Ratten (21 Tage alt, ♂ und ♀) werden etwa 5 Wochen mit einem Trockeneiweiß enthaltenden Futter unterschiedlichen Fettgehalts (0,2 und 20% Maiskeimöl) gefüttert, wobei die Hälfte der Tiere in 2 wöchigen Intervallen tägl. s.c. 3 μg Biotin injiziert erhält. Das Wachstum wird sowohl durch Fettzulagen als auch durch Biotingaben gesteigert. Biotinversorgung hat weiterhin eine Steigerung der Oxalessigsäure-Carboxylase-Aktivität (μl CO_2/mg N u. 10 Min.) von Herz, Leber und Niere zur Folge. Dabei wirkt sich der Fettgehalt je nach Geschlecht und Organ unterschiedlich aus.
B. Gaßmann. 8170.

Nicholson, H. H., Hoffman, E. N., Mason, R. W. und Bogart, Ralph; Corvallis, Oregon State Univ. Effect of dietary factors upon the thyrotropic hormone content of the anterior pituitary. **(Die Wirkung von Ernährungsfaktoren auf den Gehalt des Hypophysenvorderlappens an thyreotropem Hormon.)** J. Animal Sci. **21** (1962) Nr. 3. S. 549–552. — 3 Tab., 11 Lit.
Bullen wurden 125 Tage lang mit Rationen von unterschiedlichem Protein- und Carotingehalt gefüttert. Dies hatte ebenso wie Verabreichung von 10 mg Diaethylstilboestrol/Tag und Tier keinen Einfluß auf den Gehalt des Hypophysenvorderlappens an thyreotropem Hormon, wie aus der Gewichtsentwicklung von Küken zu ersehen war, denen ein Substrat aus der Drüse der geschlachteten Bullen injiziert worden war. Als Gründe werden angenommen, daß die Fütterungsperiode zu kurz oder die Ration zur Bildung des thyreotropen Hormons noch ausreichend war, oder daß die Hypophyse mehr vom Stoffwechsel als von der Futterration abhängig ist. B. Busch. 8175.

Futonaka, Hiroshi, Mochizuki, Akira, Takahashi, Tsunekazu, Araki, Joji und Miyamoto, Sho; Tokyo, Japan, Red Cross, Centr. Hospital; Med. and Dental Univ., Dep. of Biochem. Studies on the iodine incorporation to thyroid hormones by high voltage paper electrophoresis. **(Untersuchungen über den Jodeinbau in Schilddrüsenhormone durch Hochspannungs-Papierelektrophorese.)** J. Biochemistry [Tokyo] **51** (1962) Nr. 6. S. 422–425. — 2 Abb., 2 Tab., 2 Lit. Orig.: engl.
Vff. verwenden eine Hochspannungselektrophorese (pH 10,8, 4 kV) zur Auftrennung von Schilddrüsenhomogenaten. Durch Radioautographie werden die getrennten Banden gekennzeichnet. In in vivo-Versuchen an Kaninchen haben sie nach i.v.-Injektion von $Na^{131}J$ den ^{131}J-Einbau in 13 getrennte Fraktionen nach verschiedenen Zeitabständen untersucht. J^-, Dijodtyrosin (**I**), Dijodthyronin (**II**) und Thyroxin (**III**) wurden identifiziert. ^{131}J wurde in **I** und **III** bereits nach 15 Min., in **II** erst nach 60 Min. eingebaut. In vitro-Versuche über den ^{131}J-Einbau in die verschiedenen J-haltigen organischen Kom-

ponenten wurden weiterhin an Schilddrüsenschnitten von Hunden durchgeführt. Hier wurde in **III** erst nach 4 Std. ^{131}J eingebaut, obwohl in **I** und **II** dies schon nach 2 Std. der Fall war. H. Bergner. 8175.

Serif, George S.; Vermillion, State Univ. of South Dakota, School of Med., Dep. of Biochem. Acetylcholine and iodine metabolism in thyroid slices. **(Acetylcholin und Jodstoffwechsel in Schilddrüsenschnitten.)** Proc. Soc. exp. Biol. Med. **110** (1962) Nr. 2. S. 356–359. — 1 Abb., 2 Tab., 9 Lit.
Es wurde die Wirkung von Acetylcholin (I) auf den ^{131}J-Stoffwechsel in Schilddrüsenschnitten (II) des Hundes untersucht. In Gegenwart von **I** wurde der ^{131}J-Einbau in **II** stark erhöht, jedoch nicht, wenn auch Thioharnstoff zugegen war. Das zusätzlich aufgenommene J wurde hauptsächlich in eiweißgebundenem Monojodtyrosin und Dijodtyrosin ermittelt (Radioautographie von Chromatogrammen). Der beobachtete Effekt von I ähnelt der Wirkung des thyreotropen Hormons. H. Bergner. 8175.

Rosenthal, Harold L. und O'Brien, Gloria; St. Louis, Mo., Washington Univ., School of Dentistry, Dep. of Physiol. Chem. Influence of thyroid function on Co^{60} cyanocobalamin metabolism in various animals. **(Einfluß der Schilddrüsen-Funktion auf den ^{60}Co-Cyanocobalaminstoffwechsel bei verschiedenen Tieren.)** Proc. Soc. exp. Biol. Med. **109** (1962) Nr. 4. S. 976–978. — 2 Tab., 8 Lit.
Werden Kaninchen (♀, 2–3 kg) mit Thiouracil (0,5%) gefüttert, so inkorporieren sie von einer i.m. injizierten Dosis ^{60}Co-Cyanocobalamin (0,05 μc) mehr in der Leber (nicht in der Niere) als paargefütterte Kontrolltiere. Sie scheiden auch mehr ^{60}Co mit dem Harn aus. Bei Ratten und Meerschweinchen tritt dieser Effekt nicht auf. Thyreoidektomie, $KClO_4$-Verabfolgung oder Verfütterung von Schilddrüsenpulver verändert weder den ^{60}Co-Einbau in Leber und Niere noch die Harnausscheidung. Wird außer Schilddrüsenpulver (0,25%) noch Thiouracil (0,5%) gefüttert, dann kommt es wieder zu einem Anstieg der Radioaktivität von Leber und Harn. Der Thiouracil-Effekt scheint demnach extrathyreoidaler Natur zu sein. B. Gaßmann. 8175.

Lee, Melvin, Debro, Joseph R. und Lucia, S. P.; San Francisco, Univ. of California, School of Med., Dep. of Preventive Med. Effects of thyroxine and the pattern of food intake on the activities of glucose-6-phosphate dehydrogenase and 6-phosphogluconate dehydrogenase. **(Die Beeinflussung der Aktivität von Glucose-6-phosphat-dehydrogenase und 6-Phosphogluconsäuredehydrogenase durch Thyroxin und die Art der Fütterung.)** Arch. Biochem. Biophysics **98** (1962) Nr. 1. S. 49–55. — 2 Abb., 5 Tab., 19 Lit.
An ♂Ratten wurde die Stimulierung von Glucose-6-phosphat-dehydrogenase (I) und 6-Phosphogluconsäure-dehydrogenase (II) durch Thyroxin und Veränderung der Art der Futteraufnahme untersucht. Der Thyroxineffekt konnte bereits nach 6 Std. festgestellt werden und war reversibel. Durch Ektomie der Hypophyse wurde die Aktivität von **I** und **II** vermindert. Cortison oder Wachstumshormon beeinflußten die Aktivität von **I** und **II** weniger als Thyroxin. Weiterhin wurde der Einfluß des Hungerns und verschiedener Fütterungsniveaus, von Dinitrophenol und Thyroxin in Verbindung mit verschiedenen Fütterungsbedingungen an normalen Ratten untersucht. W. Jentsch. 8175.

Tata, Jamshed R., Ernster, Lars und Suranyi, Eva M.; Stockholm, Sweden, Univ., Wenner-Gren Inst. Interaction between thyroid hormones and cellular constituents. I. Binding to isolated sub-cellular particles and sub-particulate fractions. **(Beziehungen zwischen Schilddrüsenhormonen und Zellbestandteilen. 1. Mitt. Bindung an subzelluläre Partikel und subpartikuläre Fraktionen.)** Biochim. biophysica Acta [Amsterdam] **60** (1962) Nr. 3. S. 461–479. — 9 Abb., 4 Tab., 38 Lit.

Vff. isolieren Mitochondrien (I) und Mikrosomen (II) aus Lebern und Skelettmuskeln von Ratten. Unter verschiedenen Bedingungen wird die Bindung von ^{131}J-markiertem L-Thyroxin, D-Thyroxin, 3,5,3'-Trijodthyronin, 3,5,3',5'-Tetrajodthyreoessigsäure, 3,5,3'-Trijodthyreoessigsäure, 3,5-Dijodtyrosin, 3-Jodtyrosin und Jodid untersucht. Die Bindung an I und II war intensiver als an Kernfraktionen. Die jodierten Tyrosine sowie Jodid wurden weniger gebunden als die Thyronine. Unterfraktionen von I und II zeigten, daß die Membranfraktionen eine intensivere Thyroxinbindung als die nicht fraktionierten Partikel aufzuweisen hatten. Pro mg Protein zeigte die II-Membran die höchste Thyroxinbindung, während die Ribonukleoproteid-Teilchen eine relativ schwächere Bindung erkennen ließen. Von allen untersuchten Faktoren hatten der pH-Wert der Suspension und das Waschmedium(zum Auswaschen der locker gebundenen ^{131}J-Komponenten) den größten Effekt, der für alle Verbindungen und Zellfraktionen ähnlich war. I- und II-Fraktionen von hyper- sowie hypothyreotischen Ratten zeigten hinsichtlich der Thyroxinbindung keine markanten Unterschiede im Vergleich zu I und II von normalen Ratten. Vff. schlußfolgern, daß die Wechselwirkungen zwischen den Schilddrüsenhormonen und den subzellulären Partikeln von ihrem strukturell gebundenen Lipoidreichtum in großem Umfang bestimmt werden. H. Bergner. 8175.

Tata, Jamshed R., Ernster, Lars und Suranyi, Eva M.; Stockholm, Sweden, Univ., Wenner-Gren Inst. Interaction between thyroid hormones and cellular constituents. II. Intracellular distribution and the cell-sap effect. **(Beziehungen zwischen Schilddrüsenhormonen und Zellbestandteilen. 2. Mitt. Die intrazelluläre Verteilung und der Zellsafteffekt.)** Biochim. biophysica Acta [Amsterdam] **60** (1962) Nr. 3. S. 480–491. — 6 Abb., 3 Tab., 21 Lit. 1. Mitt. vgl. vorst. Ref.

Vff. verabreichen an Ratten je 40 μc ^{131}J. In den Lebern (I) fanden sie 76–83% des ^{131}J in Thyroxin und Trijodthyronin, in den Muskeln (II) sogar über 85% gebunden wieder. Die ^{131}J-Verteilung in I hatte folgende Werte (in % des gesamten ^{131}J im Homogenat): Zellkerne, Bruchstücke usw. (A) = 22,3, Mitochondrien (B) = 19,3, Mikrosomen (C) = 15,8, Zellsaft (D) = 39,5; in II: A = 30, B = 10,5, C = 11,8, D = 43,9. (Zellsaft = Überstehendes aus mitochondrienfreien Homogenaten nach 60 Min. Zentrifugation bei 105000 g). Eine ähnliche Verteilung wurde nach Zugabe von ^{131}J-markiertem Thyroxin zu I- und II-Homogenaten beobachtet. Nach Waschen der verschiedenen Fraktionen mit 0,25 m Saccharoselösung war ein starker Abfall der ^{131}J-Aktivität bei A und B, dagegen nicht bei C zu verzeichnen. Die Gegenwart von Zellsaft in der Suspension oder im Waschwasser verringerte die ^{131}J-Thyroxinbindung sowohl an B als auch an C. Der Einfluß der Zellsaftkonzentration in der Suspension auf die Bindung von L-Thyroxin, Trijodthyrosin sowie Tetra- und Trijodthyreoessigsäure an I B und C und II B und C werden untersucht. Weiterhin werden Ergebnisse über die Wirkung von I-Zellsaft und löslichen B-Extrakten auf die Thyroxin- und Trijodthyroninbindung von I B und submitochondrialen Partikeln mitgeteilt. Die Zellsaftwirkungen auf die Thyroxinbindung von B und C unter Bezugnahme auf den Stoffwechsel und die biol. Wirkung der Schildrüsenhormone werden diskutiert. H. Bergner. 8175.

Tong, Winton, Kerkof, Paul und Chaikoff, I. L.; Berkeley, Univ. of California, Dep. of Physiol. Iodine metabolism of dispersed thyroid cells obtained by trypsinization of sheep thyroid glands. **(Jodstoffwechsel von dispergierten Schilddrüsenzellen, die nach Trypsinbehandlung von Schafschilddrüsen erhalten worden waren.)** Biochim. biophysica Acta [Amsterdam] **60** (1962) Nr. 1. S. 1–19. — 6 Abb., 4 Tab., 25 Lit.

Vff. gewinnen aus Schilddrüsen von Schafen durch Trypsinbehandlung (37°, 4–5 Std.), Filtration und Zentrifugation Schilddrüsenzellen (S.). Frisch isolierte S. wurden mit trägerfreiem ^{131}J inkubiert. Innerhalb von 2 Std. waren bereits 20–40% des hinzugefügten ^{131}J in S. eingebaut. Nach $NaClO_4$-Zugabe zeigten Proben, die im Inkubationsmedium Tapazol (1-Methyl-2-Mercaptoimidazol) enthielten, einen bedeutend stärkeren Abfall des ^{131}J-Einbaus als die Vergleichsproben. Chromatographische Auftrennung nichthydrolysierter sowie mit Pankreatin hydrolysierter S. nach der ^{131}J-Inkubation zeigte (radioautographisch) einen ^{131}J-Einbau in Monojodtyrosin (**I**), Dijodtyrosin (**II**), Trijodthyronin und Thyroxin. Wurde zu S. reines **I** zugegeben, so waren davon nach 3 Std. 34% (von Schilddrüsenschnitten 72%) dejodiert, im Falle einer **II**-Zugabe 37% (von Schilddrüsenschnitten 19%). Thyroxin wurde weder von Schnitten noch von Zellen signifikant dejodiert. Vff. schlußfolgern, daß das Kolloid und die Follikelstruktur der Schilddrüse für die Jodkonzentration und Hormonsynthese nicht erforderlich sind. H. Bergner. 8175.

Miller, Byron F., Sanford, Paul E. und Clegg, Robert E.; Manhattan, Kansas Agric. Exp. Stat. The effect of thyroxine on egg production and egg quality of normal and radio-thyroidecrecticized hens. **(Die Wirkung von Thyroxin auf die Legeleistung und Eiqualität normaler und durch Strahlen thyreoidectomierter Hennen.)** Poultry Sci. **41** (1962) Nr. 3. S. 989–994. — 3 Tab.

Die durch radioaktives Jod thyreoidectomierten Tiere waren zur Zeit der Geschlechtsreife etwas leichter als die Kontrollen. Mit steigenden Dosen der Thyroxininjektionen sank das Lgw. von unbehandelten Tieren. Bei hohen Thyroxindosen sank das Lgw. rapide, legende Hennen hörten auf zu legen und mauserten, es wurde eine Mortalität von 47% beobachtet. Auf das Eigewicht hatten Thyroxininjektionen nur geringen Einfluß. Die thyroidectomierten Tiere legten etwas kleinere Eier; wenn bei ihnen die Thyroxininjektionen eingestellt wurden, stellten sie das Legen ein. Die Eiqualität wurde nicht wesentlich durch Thyroxingaben beeinflußt. B. Busch. 8175.

Jacobson, Eugene D. und Kallal, Thomas J. (unter Mitarb. von Clark, George); Natick, Mass., U.S. Army Res. Inst. of Environmental Med. 17 hydroxycorticosteroids in the stomach. **(17-Hydroxycorticosteroide im Magen.)** Proc. Soc. exp. Biol. Med. **109** (1962) Nr. 4. S. 884–886. — 1 Tab., 9 Lit.

6 normale und 3 teilhypophysektomierte (Vorderlappen) Hunde sezernieren nach Histamininjektion (0,36 mg, s.c.) mit dem Magensaft in gleicher Weise $7 \pm 2\ \mu g$ 17-Hydrocorticosteroide/100 ml. Die Konzentrationen im Blut und im Harn betragen im Mittel $19 \pm 6\ \mu g$/100 ml und $23 \pm 9\ \mu g$/100 ml. Verabfolgung von Corticotropin (90 Einheiten) führt zu einem schmalen Anstieg des Steroidspiegels im Magensaft und einem beträchtlich größeren in Blut und Harn. Bei Applikation von Cortison (100 mg Acetat) wird ein ähnlicher Effekt beobachtet. Ein Unterschied zwischen hypophysektomierten und normalen Tieren wird lediglich in 2 von 3 Fällen festgestellt, wo auf Corticotropinverabfolgung eine Stimulierung der Harnausscheidung nicht auftritt. Vff. betrachten den Magen als ergänzendes Auscheidungsorgan für 17-Hydroxycorticosteroid-Kataboliten. B. Gaßmann. 8175.

Spurlock, G. M. und Clegg, M. T.; Davis, Univ. of California. Effect of cortisone acetate on carcass composition and wool characteristics on weaned lambs. **(Wirkung von Cortison auf die Schlachtkörperzusammensetzung und die Wollcharakteristica von Absatzlämmern.)** J. Animal Sci. **21** (1962) Nr. 3. S. 494–500. — 4 Tab., 24 Lit.

Normal gefütterten ♂ und ♀ Absatzlämmern (ca. 5 Monate alt) wurden 3 mal wöchentlich 25, 100 oder 300 mg Cortison s.c. injiziert. Die Cortison-Injektionen über insgesamt 103 Tage verbesserten statistisch gesichert die Gewichtszunahmen, den Futterverzehr und den Fett- und Caloriengehalt der Schlachtkörper. Der „grade score" der Schlachtkörper korrelierte direkt, das spez.

Gew. als Maß für die Schlachtkörperzusammensetzung korrelierte indirekt mit der Behandlung. Die Schlachtausbeute wurde nicht signifikant erhöht. Der Proteingehalt im Schlachtkörper, die Wollproduktion je cm^2 Hautoberfläche, die Faserlänge, die Faserstärke und die Hautdicke wurden signifikant verringert. Die Behandlung mit Cortison ist für die Schlachtvorbereitung von Lämmern vorteilhaft, vorausgesetzt, daß die Muskelentwicklung vor Behandlungsbeginn mindestens zu 75% abgeschlossen ist. J. Wünsche. 8175.

Bourdel, Geneviève, Champigny, Odette und Jacquot, Raymond; Bellevue, Seine-et-Oise, C. N. R. S., Centre de Rech. sur la Nutrit. Rôles nutritionnels de la prolactine, de la progestérone et du benzoate d'oestradiol administrés seuls ou en association à la ratte castrée. Étude de la composition corporelle. **(Die Ernährungswirkung des Prolactins, des Progesterons und Oestradiolbenzoats, allein oder in Verbindung an kastrierte Ratten verabreicht. Untersuchungen über die Körper-Zusammensetzung.)** C. R. hebd. Séances Acad. Sci. **255** (1962) Nr. 4. S. 778–780. — 3 Tab., 5 Lit.

Die Wirkung des Progesterons auf die Zusammensetzung der Milch ist viel intensiver als die von Prolactin. Die Stimulierung der Proteinbildung ist nicht aufgehoben und der Lipid-Katabolismus ist verstärkt durch die Verwendung von Oestradiol und Progesteron. R. Neseni. 8175.

Bourdel, Geneviève, Champigny, Odette und Jacquot, Raymond; Bellevue, Seine-et-Oise, C. N. R. S., Centre de Rech. sur la Nutrit. Rôles nutritionnels de la prolactine, de la progestérone et du benzoate d'oestradiol administrés seuls ou en association à la ratte castrée. Étude des bilans azotés. **(Die Ernährungswirkung des Prolactins, des Progesterons und Oestradiolbenzoats, allein oder in Verbindung an kastrierte Ratten verabreicht. Untersuchungen über die N-Bilanz.)** C. R. hebd. Séances Acad. Sci. **255** (1962) Nr. 3. S. 575–577. — 2 Tab., 3 Lit.

Das Progesteron, erwachsenen kastrierten Ratten injiziert, unterstützt die N-Retention, Oestradiolbenzoat vermindert dieselbe, während Prolactin ohne Wirkung ist. Vom Stande der Ernährung und für die verwendeten Mengen scheint es keine Synergie unter den 3 Hormonen zu geben. R. Neseni. 8175.

Wada, Masahuto. Effects of synthetic estrogens on chicks. (I). Effect of diethylstilbestrol injections on growth and fat deposition in chicks. **(Die Wirkung synthetischer Oestrogene bei Küken. 1. Mitt. Der Einfluß einer Diaethylstilboestrolinjektion auf das Wachstum und die Fettablagerung bei Küken.)** Sci. Bull. Fac. Agric., Kyushu Univ. **19** (1962) Nr. 3. S. 279–298. — 11 Tab., 39 Lit. Orig.: jap., Ausz.: engl.

Das Präparat wurde in 2tägigen Abständen in Dosen von 0,1, 0,5 und 1,0 mg in 0,25 ml Olivenöl in verschiedenen Perioden bei Hahnenküken in die Brustmuskeln injiziert. 3 Versuche wurden durchgeführt. 60 Tage alte Küken wurden behandelt, und nach 20 Tagen (Gruppe A) oder nach 60 Tagen (Gruppe B 2 geschlachtet. 90 Tage alte Tiere wurden 30 Tage lang behandelt (Gruppe B 1) Einige Tiere der Gruppen B 1 und B 2 wurden 80 Tage injiziert. Die Wachstumsbeeinflussung, die Topographie der Fettablagerungen, die Fragen einer Lipaemie und der Einfluß der Dosis, des Alters, der Behandlungsdauer auf die Fettablagerung im Körper werden besprochen. H. Busse. 8175.

Wada, Masahuto. Effects of synthetic estrogens on chicks. (II). Effect of diethylstilbestrol injections on enzyme activities, serum PBI, blood sugar, acetone bodies and vitamin content in chicks. **(Der Einfluß synthetischer Oestrogene bei Küken. 2. Mitt. Die Wirkung einer Diaethylstilboestrolinjektion auf die Enzymaktivität, das an das Serumeiweiß gebundene Jod, den Blutzucker, die Acetonkörper und den Vitamingehalt bei Küken.)** Sci. Bull.

Fac. Agric., Kyushu Univ. **19** (1962) Nr. 3. S. 299–307. – 4 Tab., 48 Lit. Orig.: jap., Ausz.: engl. 1. Mitt. vgl. vorst. Ref.
Weißen Leghornhahnenküken wurden im Alter von 60–90 Tagen in 2tägigen Abständen 0,1, 0,5, 1,0 mg Diaethylstilboestrol (DES) i.m. injiziert. Die biochemischen Wirkungen des DES in der Leber und im Blute wurden untersucht und folgende Ergebnisse erzielt: 1. Die Succinoxydase, Succinohydrogenase, die Thyraminoxydase, die Cholinoxydase, die Esterasen in der Leber und die Blutphosphatase waren durch die Behandlung nicht wesentlich verändert. In der Aktivität der Alkaliphosphatase der Leber war eine rückläufige Tendenz zu vermerken. 2. Das proteingebundene Jod erfuhr keine deutlichen Veränderungen. 3. Der Glucosegehalt des Blutes blieb unverändert, die Acetonkörper im Serum der behandelten Tiere zeigten ein unterschiedliches Verhalten. 4. Der Vit.-A- und B_2-Gehalt in der Leber, den Nieren und der Muskulatur variierte geringfügig. In den Geweben der behandelten Tiere kam es anscheinend zu einer beträchtlichen Ansammlung des Hormons.
H. Busse. 8175.

Wada, Masahuto. Effects of synthetic estrogens on chicks. (III). Effect of administration of diethylstilboestrol in combination with thiouracil and thyroprotein on chicks. **(Die Wirkung synthetischer Oestrogene bei Küken. 3. Mitt. Die Wirkung einer kombinierten Anwendung von Diaethylstilboestrol mit Thiouracil und Thyreoprotein bei Küken.)** Sci. Bull. Fac. Agric., Kyushu Univ. **19** (1962) Nr. 3. S. 309–317. – 3 Tab., 32 Lit. Orig.: jap., Ausz.: engl. 2. Mitt. vgl. vorst. Ref.
Die Hormonbehandlung 3 Mon. alter Leghornhähne erhöhte in allen 3 Gruppen das Wachstum um etwa 20%. Das Gewicht des HVL zeigte bei den mit Thiouracil (0,01%) und Thyreoprotein (0,01%) bei gleichzeitiger Hormoninjektion gefütterten Tieren eine geringfügige Verminderung. Das Nebennierengewicht war wenig verändert. Das Schilddrüsengewicht blieb in der Thyreoproteingruppe ebenfalls gleich, in den beiden anderen Gruppen nahm es jedoch zu. Die Leber wurde hypertrophisch, die abdominalen Fettdepots nahmen beträchtlich zu, am meisten in der DES-Gruppe, darauf folgte die Thyreoproteingruppe, am geringsten war die Steigerung in der Thiouracilgruppe, deren Fettgewicht das sechsfache der Kontrollgruppe betrug. Der Leberfettgehalt nahm in der Reihenfolge: DES-, Thiouracil- und Thyreoprotein-Gruppe zu. Er betrug in der DES-Gruppe das doppelte des Wertes der Kontrollgruppe. In der Beinmuskulatur war das Fett in der DES-Gruppe stärker abgelagert, in den anderen Gruppen lagen keine Veränderungen vor. Nach der DES-Behandlung trat eine deutliche Lipaemie auf. Der Serum-Lipidgehalt erreichte 5–7%, während er in der Kontrollgruppe 0,4% betrug. Die Phospholipide Cholin- und Äthernolamin enthaltende Gruppe nahm beträchtlich, die Cholesterinester nahmen etwas zu. Am stärksten war die Wirkung in der Thiouracilgruppe. Vermutlich kommt der Schilddrüsenfunktion für die vermehrte Fettablagerung durch die Hormonbehandlung eine sekundäre Bedeutung zu.
H. Busse. 8175.

Potsubay, J. und Duduk, V. A szintesztrin hatása ivaréretlen kakasok N-retentiójára különböző mennyiségű fehérje etetésekor. **(Wirkung des Syntestrins auf die N-Retention von geschlechtlich unreifen Hähnen bei Verfütterung verschiedener Eiweißmengen.)** Állattenyésztés [Tierzucht] **11** (1962) Nr. 1. S. 79–84. – Aus: Ung. Agrar-Rdsch. **1962** Nr. 4.
Vff. führten ihren 26tägigen Versuch an 40 in Einzelkäfigen gehaltenen, 0,9 bis 1 kg schweren, 9 Wochen alten Junghähnchen durch. Der Darmkot und der Harn wurde in Polyäthylensäckchen aufgefangen, die am Rumpf der Tiere befestigt waren. Die Fütterung erfolgte mit zweierlei Futtergemischen; 20 Tiere erhielten ein Gemisch, das je 100 g 1,80 g N, 20 andere Tiere ein solches das 4,49 g N enthielt. In beiden Gruppen erhielten je 10 Tiere (Gruppe 1 und 2)

wöchentlich steigende Dosen von 10; 15 und 20 mg Syntestrin i.m. Aus den Versuchsergebnissen kann man darauf schließen, daß die gewichtserhöhende Wirkung des Syntestrins bei einer stickstoffärmeren Fütterung besser zur Geltung kommt; ein höherer Eiweißgehalt des Futters schwächt die zu einer größeren Futteraufnahme und Gewichtszunahme anregende Wirkung des Syntestrins. Sowohl bei der eiweißreich als auch bei der eiweißarm gefütterten Gruppe bewirkte das Syntestrin einen signifikant geringeren Körpereiweißgehalt und einen höheren -fettgehalt der Tiere. DerReihe nach betrug der Körpereiweißgehalt der einzelnen Gruppen: 17,6; 20,5; 20,5; 22,5g%; der Körperfettgehalt: 21,4; 7,7; 11,6; 4,5g%. 8175.

Slinger, S. J., Pepper, W. F. und Sibbald, I. R.; Guelph, Ontario, Agric. Coll., Dep. of Poultry Sci. and Nutrit. Interrelationships between antibiotics and terepthalic acid in diets for laying hens. **(Beziehungen zwischen Antibiotica und Terephthalsäure in Diäten für Legehennen.)** Poultry Sci. **41** (1962) Nr. 4. S. 1241-1247. — 6 Tab., 14 Lit.

An 6 Doppelgruppen von je 56 Weiße Leghorn-Junghennen einer Stammkreuzung wurde die Wirkung einer gesonderten Zugabe von je 50 g Oxytetracyclin bzw. Chlortetracyclin je Tonne oder 0,35% Terepththalsäure (TPS) zu einer rein vegetabilen Ration wie auch der Einfluß von Kombinationen der einzelnen Antibiotica mit TPS geprüft. Der Test erstreckte sich über 10 Perioden von je 28 Tagen. Alle Zusätze hatten eine Erhöhung der Eierleistung im Vergleich zur Kontrollgruppe zur Folge, die jedoch nur bei TPS-Zugabe ohne Antibioticum signifikant war. Desgleichen bestand Signifikanz für die durch TPS bewirkte Erniedrigung der für die Erzeugung von einem Dutzend Eier erforderlichen Futtermenge. TPS als alleiniger Zusatz bewirkte auch eine geringe Erhöhung des Eigewichtes, während die Antibiotica es erniedrigten. Das weiterhin geprüfte Lgw., das spez. Gew. der Eier und die umsetzbare Energie der Diäten wurden durch die Zusätze nicht signifikant beeinflußt. Auch bestanden zwischen den Antibioticis einerseits und der TPS andererseits keine signifikanten Wechselwirkungen. L. Sperling. 8185.

Eoff, Herbert J., Davies, R.E., Ferguson, T.M. und Couch, J. R.; College Station, Tex., A&M Coll., Dep. of Poultry Sci. The effect of feeding various levels of calcium and phosphorus on the performance and absorption of chlortetracycline of caged layers. **(Die Wirkung verschieden hoher Calcium- und Phosphorgaben auf die Resorption von Chlortetracyclin und die Leistung von Käfighennen.)** Poultry Sci. **41** (1962) Nr. 4. S. 1071-1078. — 5 Tab., 14 Lit.

Die Reduzierung des Ca- und P-Anteils einer Ration ermöglicht eine Wirkungsverstärkung der Breitspektrum-Antibiotica, kann aber bei Legehennen die Leistung mindern. Zu diesem Problem wurden nach folgendem Plan verschieden hohe Ca- und P-Zusätze zu einer Futtermischung geprüft: I/1 Grunddiät (2,47% Ca + 1,06% P), 84 Tage kontinuierlich verabreicht. I/2 Diät ohne Ca- und P-Supplement (0,45% Ca + 0,46% P), 9 Tage verabreicht; anschließend Grunddiät, 75 Tage. I/3 Diät ohne $CaCO_3$ (1,35% Ca + 0,99% P), 28 Tage verabreicht, anschließend Grunddiät, 56 Tage. I/4 Grunddiät + Diät I/2, 28 Tage, jeweils 3tägig abwechselnd; anschließend 56 Tage Grunddiät. — II/1 wie bei I/1. II/2 Diät wie bei I/2, aber nur 3 Tage ohne Supplementierung; anschließend 81 Tage Grunddiät. II/3 „Breakfast feeding program" (0,45% Ca + 0,46% P + 500 mg/lb. CTC), 25 g je Tier und Tag vormittags 7-10 a.m.; anschießend täglich Grunddiät. — In allen Fällen ergab sich bei verringerter Ca-Gabe ein Leistungsabfall, der nach 84tägiger Versuchszeit bei I/3 am größten war. (Legeleistung in %: 68,3 gegenüber 79,5 bei I/1). Bei I/2 kam es zu erhöhter „Käfigmüdigkeit" und zu einer Mortalität von 7,4%. Nach 8 Tagen war die Leistung um 18% reduziert, die überlebenden Tiere hatten aber am Versuchsende wieder annähernd normale Leistung. I/4 hatte nur

nach 28 Tagen eine merkliche Leistungsminderung. Bei II/1 bis II/3 gab es nach 84 Tagen keine signfikanten Unterschiede. Die Tiere der Gruppe II/3 zeigten eine dreimal so hohe „Käfigmüdigkeit" als bei II/1. Nach 3stündiger CTC-Verabreichung wurden im Blutserum 0,623 mcg/ml ermittelt, wovon nach 9 Std. noch 33,3% und nach 21 Std. noch 21,4% vorhanden waren.
P. Matthies. 8185.

Eoff, Herbert J., Davies, R. E., Ferguson, T. M. und Couch, J. R.; College Station, Tex., A&M Coll., Dep. of Poultry Sci. Effect of source of calcium and phosphorus on antibiotic potentiation and egg production of caged layers. **(Die Wirkung verschiedener Calcium- und Phosphorquellen auf die Legeleistung und Antibioticapotenzierung bei Käfighennen.)** Poultry Sci. 41 (1962) Nr. 4. S. 1065-1070. — 4 Tab., 12 Lit.

In einem Versuch mit 6 Gruppen erhielten Käfighennen als Mineralstoffergänzung $CaCO_3$ oder $CaSO_4$ in Verbindung mit entweder defluoriertem Steinphosphat (DSP), kolloidalem Phosphat (KP) oder einbasischem Natriumphosphat (ENaP). Das Futter der Hennen enthielt 200 g/t Chlortetracyclin und annähernd 2,54% Ca und 0,76 %P, wovon etwa 1% des Ca und 0,27% des P durch die genannten Mineralstofformen substituiert wurde. Der Einfluß der Mineralstoffkombinationen wurde in Bezug auf Legeleistung, Futter- und Wasseraufnahme, Futterverwertung, Käfigmüdigkeit und den Serum-Antibiotica-Spiegel (SAS) untersucht. Dabei senkte $CaSO_4$ in Verbindung mit KP die Legeleistung um 17,8-22,5% ($P < 0,01$), erniedrigte das Eigewicht um 3,6-6,4 g ($P < 0,01$) und die tägl. Futteraufnahme um 9,1-11,7 g. Die Futterverwertung wurde herabgesetzt. $CaSO_4$ erhöhte im allgemeinen, aber besonders stark mit KP verabreicht, die Wasseraufnahme und die Feuchtigkeit des Kotes. — Nach einer 4stündigen Fütterung am 57. Versuchstag wurde bei $CaSO_4$ in Verbindung mit DP und ENaP eine leichte Senkung des SAS festgestellt. $CaSO_4$ zusammen mit KP ergab einen höheren SAS. Nach kontinuierlicher Fütterung am Ende des Versuches (184. Tag) wurden die höchsten SAS-Werte bei $CaSO_4$ im Verein mit allen 3 P-Formen ermittelt. An den verwendeten P-Quellen gemessen hatte das KP die höchste potenzierende Wirkung, führte aber in Verbindung mit $CaSO_4$ zu den erwähnten ungünstigen Folgeerscheinungen. P. Matthies. 8185.

Donovan, G. A., Price, K. E., Sherman, W. C. und Zolli jun., Z.; Terre Haute, Ind., Chas. Pfizer and Co., Inc. Antibiotic potentiation. I. Influence of anions and fatty substances in lowering calcium inhibition of intestinal antibiotic absorption by chickens. **(Antibiotische Potenzierung. 1. Mitt. Der Einfluß von Anionen und Fettsubstanzen auf die Erniedrigung der Calciumhemmung der intestinalen Antibioticaresorption von Küken.)** Poultry Sci. 41 (1962) Nr. 2. S. 546-555. — 6 Tab., 18 Lit.

Wurde das Nahrungs-Ca von 1 auf 0,65% gesenkt, so hatte dies keine Wirkung auf das Wachstum, jedoch bei 0,30% hatte dies eine depressive Wirkung und gleichzeitig eine signifikant schlechtere Futterverwertung sowie erniedrigten Knochenaschegehalt zur Folge. Ca-Sulfat hemmte die Resorption des Oxytetracylins weniger als Ca-Carbonat, -Gluconat, -Chlorid, -Lactat, -Citrat oder -Oxyd. Von den untersuchen Fettsäuren hatte Stearinsäure (5-10% der Futtermischung) die beste Antibiotica-potenzierende Wirkung, nicht jedoch Neutralfette mit hohem Gehalt an Stearinsäure. B. Busch 8185.

Tangl, H.; A mész mint a terramicin hatóképességét scökkentőtényező. **(Calcium als Hemmungsfaktor des Terramycins.)** Állattenyésztés [Tierzucht] 11 (1962) Nr. 1. S. 75-78. — Aus: Ung. Agrar-Rdsch. **1962** Nr. 4.

In 2 an Leghorn-Eintagsküken unternommenen Versuchen prüfte Vf. — bei gleichbleibender Antibioticaverabreichung — die Wirkung verschiedener Futter-Ca-Gaben auf die Entwicklung der Tiere. Aus den Versuchsergebnissen zieht er den Schluß, daß die verminderte Wirkung des Antibioticums nicht dem ungünstigeren Ca/P-Verhältnis zuzuschreiben war, sondern dem Umstand, daß größere vorhandene Futter-Ca-Mengen das Antibioticum im Darmtrakt chemisch binden, so daß es seine Wirkung nicht entfalten kann. 8185.

Querner, H. und Becker, K.; Krefeld-Großhüttendorf, Lehr- und Versuchsanst. für Geflügel und Kleintierzucht. **Über den Einsatz von Oleandomycin in der Junggeflügelmast.** Arch. Geflügelkunde **26** (1962) Nr. 4. S. 333–339. – 11 Tab., 4 Lit. Zus. in Engl.

Zur Überprüfung der Wirksamkeit des neuen Antibioticums führten Vff. mit 934 HNL-Mastküken von der 1.–8. Lebenswoche Versuche (mit je 2 Parallelgruppen) durch: a) Geflügelalleinfutter ohne Antibioticum, b) wie a mit 10 g Tetracyclin/to, c) wie a mit 2 g Oleandomycin/to. Die c-Gruppen erreichten mit 1204,7 und 1189, g den besten Zuwachs (Kontrolle: 1079,3 u. 1192,2 g), hatten etwas höheren Futterverzehr (rel. a:b:c = 100:101,8:102,1 und die günstigste Rohverwertung (2,58:2,56:2,49 g). Die Kükenverluste an Blinddarm-Coccidiose und Encephalomalacie waren bei c mit 5,5% etwas höher als bei a und b mit je 4,2%. C. Engelmann. 8185.

Friend, D. W., Cunnigham, H. M. und Nicholson, J. W. G.; Nappan, Nova Scotia, Canada Dep. of Agric. Effect ofan enzyme inhibitor on weight gain, feed consumption and carcass characteristics of pigs. **(Wirkung eines Enzyminhibitors auf Gewichtszunahme, Futterverzehr und Schlachtkörpercharakteristica von Schweinen.)** J. Animal Sci. **21** (1962) Nr. 3. S. 643-646.– 4 Tab., 8 Lit.

Um festzustellen, welchen Einfluß das Enzymhemmstoff-Präparat „Vetamox“ (28% Acetazolamid in Saccharose) auf die Entwicklung von Marktschweinen hat, wurden 2 Fütterungsversuche durchgeführt. Im 1. Versuch (67 g „Vetamox“ je 100 lb. Grundfutter) zeigte sich eine geschlechtlich differenzierte Wirkung des Präparats: die Gewichtszunahmen der ♀ Tiere wurden stärker beeinträchtigt als die der ♂. Das Präparat bewirkte einen geringeren Futterverzehr und eine deutliche Verminderung der Zunahmen. Die Futterverwertung wurde nicht signifikant beeinflußt. In bezug auf die Schlachtqualität zeigte sich eine signifikant geringere Tiefe des Lendenfetts. Im 2. Versuch mit nur ♀ Schweinen und nur 16 bzw. 33 g Acetazolamid-Präparat je 100 lb. Futter wurden der Zuwachs und die Mastdauer weniger stark beeinträchtigt. J. Wünsche. 8195.

Polin, Donald, Porter, Curt C., Wynosky, Elizabeth R. und Cobb, Walter R.; Rahway, N. J., Merck Inst. for Therapeutical Res. Amprolium. IV. The effect of amprolium on reproduction in chickens. **(Amprolium. 4. Mitt. Die Wirkung von Amprolium auf die Fortpflanzung bei Hühnern.)** Poultry Sci. **41** (1962) Nr. 2. S. 372–380. – 2 Abb., 8 Tab., 7 Lit.

Amprolium, ein Picolinderivat, das als Coccidiostaticum bei Hühnern verwendet wird, wurde zur Prüfung seiner Wirkung auf die Fortpflanzungsfähigkeit 3 Wochen lang an Legehennen und Hähne in Konzentrationen von 62,5 bis 800 mg je kg Futter verfüttert. Die höchste Konzentration, die von den Hühnern ohne schädliche Wirkungen vertragen wurde, waren 700 mg/kg oder 0,07% der Diät. Bei Gaben von 1000 mg/kg Futter an die Hennen war die Zahl der schwachen und toten Küken beim Schlüpfen signifikant erhöht. 1400 mg Droge je kg Futter übersteigende Mengen verringerten die Futteraufnahme, die Schlupffähigkeit und Fruchtbarkeit der Tiere signifikant, während die Eiproduktion und Eiqualität bei Gaben von 2000 und 4000 mg/kg nicht geschädigt wurden. Das Amprolium ließ sich bei allen geprüften Konzentrationen im Eidotter nachweisen. L. Sperling. 8195.

E. VERWERTUNG DER NÄHRSTOFFE UND FUTTERMITTEL

Kuryvial, M. S., Bowland, J. P. und Berg, R. T.; Edmonton, Univ. of Alberta. Supplemental fat as an energy source in the diets of swine and rats. I. Food and energy utilization. **(Zusätzliches Fett als Energiequelle im Futter von Schweinen und Ratten. 1. Mitt. Futter- und Energieverwertung.)** Canad. J. Animal Sci. **42** (1962) Nr. 1 S. 23–32. — 5 Tab., 15 Lit.

Die Auswirkung beigemengten Talges auf Futteraufnahme, Futter- und Energieverwertung bei Schweinen und Ratten wurde überprüft. Dabei wurde zwischen zugesetzten Fettmengen von 0, 15 und 30% unterschieden, wobei jeweils noch eine Abstufung im Rohproteingehalt erfolgte (14, 18 bzw. 22%). Diese Mischungen erhielten die Tiere (9 Gruppen) von 15 bis 195 lb. — Mit dem Ansteigen der Fettbeimengung von 0 auf 30% nahm bei den 18%-Rohproteinmischungen die Futteraufnahme von 3,94 auf 2,69 lb. ab, wobei die Futterverwertung von 2,78 auf 1,82 anstieg und der Bedarf an verdaul. Energie je kg Zunahme von 9,89 auf 8,66 megacal. sank. Ein höherer Fett- oder Proteingehalt führte zu höheren Tageszunahmen. Die einzigen gesicherten Auswirkungen der Fettbeimengung auf die Schlachtleistung waren eine höhere Schlachtausbeute sowie ein Ansteigen der Speckdicke von 1,72 auf 2,03 in. H. Jung. 8215.

Kuryvial, M. S. und Bowland, J. P.; Edmonton, Univ. of Alberta. Supplemental fat as an energy source in the diets of swine and rats. II. Energy and nitrogen digestibility, nitrogen retention and carcass fat composition. **(Zusätzliches Fett als Energiequelle im Futter von Schweinen und Ratten. 2. Mitt. Die Verdaulichkeit von Energie und Stickstoff, der Stickstoffansatz und die Fettbeschaffenheit der Schlachtkörper.)** Canad. J. Animal Sci. **42** (1962) Nr. 1. S. 33–40. — 4 Tab., 11 Lit. 1. Mitt. vgl. vorst. Ref.

Talg wurde in einer Höhe von 0;15 bis 30% den Rationen zugesetzt, wobei jeweils noch eine Abstufung im Rohproteingehalt erfolgte (14, 18 und 22%), so daß insgesamt 9 Mischungen verfüttert wurden. — Die verdaul. Energie ist bei den Schweinen durch die verschiedenen Fett- und Proteinabstufungen nicht signifikant beeinflußt worden, während bei Ratten ein Abfallen bei erhöhter Proteinzufuhr zu beobachten war. Die Verdaulichkeit des N wurde bei den 7 kg-Schweinen weder durch den Fett- noch Proteingehalt beeinflußt, jedoch erhöhte sie sich durch höhere Proteingaben bei den 45-kg-Schweinen. Höhere Fettgehalte der Mischungen beeinflußten die N-Retention der Schweine nicht. Die Jodzahl des Rückenspecks stieg an, obwohl das beigefütterte Fett eine niedrigere Jodzahl aufwies. H. Jung. 8215.

Manners, M. J. und McCrea, M. R.; Bristol, Univ., School of Veterin. Sci., Dep. of Animal Husbandry. Protein requirement of baby pigs on low-fat diets. **(Proteinbedarf von Saugferkeln bei fettarmer Nahrung.)** Brit. J. Nutrit. **16** (1962) Nr. 3. S. 475–482. — 2 Abb., 5 Tab., 5 Lit.

In 3 Versuchen ist der Proteingehalt des Futters in weiten Grenzen variiert worden, um den optimalen Proteingehalt bei fettarmer Ernährung zu bestimmen. Insgesamt 83 Ferkel wurden im Alter von 3 bis 28 Tagen geprüft. Im Exp. I war der Proteingehalt von 20 über 25, 30 bis 35% gestaffelt, im Exp. II von 25 über 32, 38 bis 45%. Der Fettgehalt dieser Mischungen betrug 3,5 bis 4%. Im Exp. III war der Proteingehalt wie bei Exp. I gestaffelt, jedoch betrug der Fettgehalt nur 0,25 bis 0,43%. — Ein Rohproteinminimum von 25% erwies sich als notwendig, um bei Ferkeln, die vom Absetzen (3. Tag) bis zum 28. Tage mit fettarmen Mischungen gefüttert werden, befriedigende Zunahmen und Futterverwertung zu erzielen. H. Jung. 8265.

Dudley, W. A., Becker, D. E., Jensen, A. H., Terrill, S. W. und Norton, H. W.; Urbana, Illinois Agric. Exp. Stat. Crystalline amino acid mixtures as the sole source of nitrogen for the baby pig. **(Kristalline Aminosäure-**

mischungen als einzige Stickstoffquelle für das Saugferkel.) J. Animal Sci. **21** (1962) Nr. 3. S. 639–642. – 5 Tab., 7 Lit.
In 3 Versuchen mit 17 bis 26 Tage alten Ferkeln wurden 5 verschiedene der Literatur entnommene Mischungen essentieller Aminosäuren (AS) hinsichtlich Futteraufnahme, Gewichtszunahme und Futterverwertung geprüft und mit einer Casein-Kontrollration verglichen. Die Kontrollration war stets signifikant besser als irgendeine der AS-Mischungen. Die AS-Mischungen „Ratte“ und „berechneter Bedarf von Saugferkeln“ waren den AS-Mischungen „Absatzferkel“, „Küken“ und „Schweinekörper“ überlegen. Veränderung des essentiellen und nichtessentiellen N-Gehalts in Rationen mit einer offenbar wenig angepaßten AS-Mischung hatte nur einen geringen Einfluß auf die Leistung der Ferkel. Durch die Zugabe von 3% Protein (in Form von Rohcasein) zu einer AS-Ration wurde in erster Linie die Futterverwertung verbessert.
J. Wünsche. 8265.

Baker, J. P., Berry, T. H., Becker, D. E., Jensen, A. H. und Norton, H. W.; Urbana, Illinois Agric. Exp. Stat. Effect of amino acid additions in a fortified casein-lactose diet for early-weaned pigs. **(Wirkung von Aminosäure-Zusätzen in einer aufgebesserten Casein-Lactose-Ration für früh abgesetzte Ferkel.)** J. Animal Sci. **21** (1962) Nr. 3. S. 516–519. – 5 Tab., 14 Lit.
Um zu untersuchen, ob die bei der Harnstoffbildung im Körper wichtigen Aminosäuren Arginin und Glykokoll auch mitwirken können, überschüssigen Amino-N aus dem Körper zu entfernen wurden, mit 102 früh abgesetzten Ferkeln 2 entsprechende Versuche durchgeführt. Bei Verfütterung einer Casein-Lactose-Ration mit überschüssigem Proteingehalt wurden, bedingt durch eine verringerte Futteraufnahme, signifikante Wachstumsdepressionen festgestellt. Durch die Zugabe von 1% L-Arginin·HCl zur Ration konnten keine Änderungen erreicht werden. Bei überschüssigem Methioningehalt in der Ration (Zusatz von 2,6% DL-Methionin) konnten durch Arginin- oder Arginin-Glykokollzusätze die Wachstumsdepressionen ebenfalls nicht behoben werden.
J. Wünsche. 8265.

Summers, J. D. und Fisher, Hans; New Brunswick, N. J., Rutgers State Univ., Dep. of Poultry Sci. Net protein values for the growing chicken from carcass analysis with special reference to animal protein sources. **(Netto-Proteinwerte aus der Gesamtkörperanalyse für heranwachsende Küken, unter besonderer Berücksichtigung tierischer Eiweißquellen.)** J. Sci. Food Agric. **13** (1962) Nr. 9. S. 496–500. – 4 Tab., 14 Lit.
Eine Reihe tierischer Eiweißfutterstoffe wurde nach der Gesamtkörperanalyse überprüft und die N-Retention bestimmt. Die Küken wurden im Alter von 1 Woche zu je 5 auf die einzelnen Gruppen bei 4 Wiederholungen verteilt. Sie erhielten 2 Wochen lang ein Futtergemisch aus Maistärke (28%), -dextrin (5%) und -öl (3%), Cellulose (3%), Mineralstoffgemisch, Vitaminen und Glucose (Rest) mit 13% Rohprotein. Die besten N-Werte (78,7 und 66,1%) brachten Vollei und Eiereiweiß, wobei hitzegetrocknete Handelsware an selbst gewonnenes Eiweiß (71,4%) nicht heranreichte. Casein blieb an Wirksamkeit (41,8%) hinter isoliertem Sojaprotein (67%) mit 0,17% Methionin zurück, selbst nach Ergänzung mit Arginin, Glykokoll und etwas Methionin (59,9%). Maiskleberprotein (40,4) übertraf das Zein (19,4) um das Doppelte und kam dem bloßen Casein – ohne Ergänzungen – gleich. Gelatine (22,4%) wurde durch Zugabe essentieller Aminosäure nur wenig aufgebessert (40,3%) und brachte mit Zein die niedrigsten NP-Werte. Ein überhitztes Menhaden-Fischmehl fiel stark ab (46,3), ein einwandfreies war dem ergänzten Sojaprotein gleichwertig (63,2). Nur geringen N-Ansatz brachten 4 verschiedene Fleischmehle (31,1–36,2%),vielleicht auf Grund ihres hohen Collagen- oder Gelatinegehaltes (46–56,5%). Die Lgw. im 3-Wochenalter gingen der N-Retention parallel und lagen zwischen 66 g (Gelatinegruppe) und 276 g (Vollei).
C. Engelmann. 8265.

Brüggemann, Johs., Drepper, K. und Zucker, H.; München, Univ., Inst. für Physiol. und Ernähr. der Tiere. **Quantitative Bestimmung der Verwertung von D-, L-, DL-Methionin und Ca-DL-2-Hydroxy-4-methylthiobutyrat durch das Hühnerküken.** Naturwissenschaften **49** (1962) Nr. 14. S. 334. — 2 Abb., 5 Lit.

In Wachstumsversuchen an Küken wurden einer Methionin-armen Diät in 2 Dosierungen äquimolekulare Mengen von L-, D-, DL-Methionin bzw. Hydroxymethylthiobuttersäure zugelegt und die Gewichtszunahmen der Tiere bestimmt. Bei gleicher Bewertung beider Dosierungen (0,08 und 0,16% Zulage zur Diät entsprechend $^1/_6$ bzw. $^1/_3$ des optimalen Methioninergänzungsbedarfs wurden folgende relative Wirksamkeiten (L-Methionin = 100%) gefunden: D-Methionin 82%, DL-Methionin 97%, DL-Hydroxymethylthiobuttersäure 98%. Die Ergebnisse werden mit Literaturangaben verglichen.
R. Schiemann. 8265.

F. ERNÄHRUNGSSTÖRUNGEN UND MANGELKRANKHEITEN

McCance, R. A., Dickerson, J. W. T., Bell, G. H., Dunbar, Olive und Gibb, A. Cambridge, Univ., Med. Res. Council, Dep. of Exp. Med. Severe undernutrition in growing and adult animals. IX. The effect of undernutrition and its relief on the mechanical properties of bone. **(Schwere Unterernährung bei wachsenden und ausgewachsenen Tieren. 9. Mitt. Der Einfluß von Unterernährung und ihrer Behebung auf die mechanischen Knocheneigenschaften.)** Brit. J. Nutrit. **16** (1962) Nr. 1. S. 1–12. — 2 Abb., 5 Tab., 14 Lit. 8. Mitt. vgl. LZ. Abt. III. 7 (1962) Nr. 12. S. 2601.

Während des Wachstums bei normaler Ernährung nehmen die zum Knochenbruch (Femur) führenden Grenzbelastungswerte (kg/mm²) wohl bei Hähnen, nicht aber bei Schweinen zu. Die Spannungswerte an der Elastizitätsgrenze (Definition siehe Orginal!) gehen dabei für Schweine zurück, während sie sich für Hähne nicht ändern. Die Elastizitätsmessung nach Joung (kg/mm²) ergibt für Schweine einen größeren Anstieg der Werte als für Hähne. Bei beiden Spezies steigen der prozentuale Ascheanteil im wasserfreien Knochen und die Aschemenge je Volumeneinheit an. Bei unterernährten Tieren zeigt die Brechkraftmessung für Hähne und nicht für Schweine eine Zunahme der Werte. Bei beiden Spezies erhöhen sich dieWerte von Elastizität, Asche-% und Asche je Volumeneinheit, während sie sich für die Spannung an der Elastizitätsgrenze und den prozentualenWassergehalt erniedrigen. Rehabilitation bewirkt hinsichtlich der meisten Knocheneigenschaften eine Rückkehr zu Zuständen, wie sie bei viel jüngeren Tieren charakteristisch sind. B. Gaßmann. 8320.

Ashford, A. und Michael, S. E.; London, Crookes Lab., Ltd. Parenteral copper in copper-deficiency diseases of animals. **(Parenterales Kupfer bei Kupfermangelkrankheiten von Tieren.)** Nature [London] **195** (1962) Nr. 4844. S. 867–869. — 1 Abb., 3 Tab., 5 Lit.

Vff. bereiten das Cu-Salz des dl-Methionins nach Mueller (I), suspendieren es in verschiedenen Medien (Wasser, Kochsalzlösung, Schweineblutserum und 2%ige Lösung von Serumalbumin). Die Mischungen werden dann 24 Std. geschüttelt, die Flüssigkeit abfiltriert und dann der Cu-Gehalt bestimmt. Die Löslichkeit von Cu-I betrug in Wasser oder Salzlösung nur 1:100000, stieg jedoch in Gegenwart von Serum oder Serumalbumin auf das 10–15fache. Weiterhin wurden an Albinoratten verschiedene Cu-Lösungen oder Suspensionen i. m. injiziert. Es resultierten folgende LD_{50}-Werte (Angaben in mg Cu^{++}/kg Lgw.): $CuSO_4$ in Wasser = 24–42, Cu-Salz des Glycins in Wasser = 10, Cu-Salz des Glycins in 30% Gelatine = 24, Cu-Glutamat in wäßriger Suspension > 60, Cu-I in wäßriger Suspension > 120. Nach Injektionen von 1,5 bzw. 60 mg/kg Cu-I oder Cu-Glutamat werden Cu-Bestimmungen im injizierten Bein und in der Leber (nach 7 Tagen) durchgeführt. (Einzelwerte werden mitgeteilt). Injektionen von 1,5 und 3 mg/kg Cu-I verursachten eine Schwellung am Injektionsort, die am 2. Tag vollständig zurückging, dagegen bei gleicher $CuSO_4$-Menge erst nach 3–4 Tagen. 5 mg Cu-I ließen die Schwellung 10 Tage andauern. Vff. schlußfolgern, daß Cu-I für die Behandlung von Cu-Mangel bei Kühen und Schafen empfohlen werden kann.

H. Bergner. 8350.

Marinov, Marin. Slučai na masovo i težko otravjane na kravi s fonition. **(Fälle einer schweren Massenvergiftung bei Kühen mit Phonithion.)** Veterinarna sbirka, Sofija 59 (1962) Nr. 3. S. 19–20.

Vf. hat bei Kühen eine Vergiftung mit der organischen Phosphorverbindung Phonitithion, ein Schildlausbekämpfungsmittel, beobachtet.

N. Iwanow. 8360.

Ibrišimov, Nikola und Čardakliev, Vasil. (Ibrischimow, Nikola und Tschardakliew, Wassil.) Masovo zaboljavane na ovcete, predizvikano ot priemane na pšenični klasove. **(Eine Massenvergiftung der Schafe nach Aufnahme von Weizenähren.)** Veterinarna sbirka, Sofija 59 (1962) Nr. 3. S. 21–22.

Ursache für diese Erkrankung an 250 Schafen war das übermäßige Aufnehmen von frischen Weizenkörnern, die die Schafe von den auf den abgemähten Feldern verstreuten und liegengebliebenen Weizenähren gefressen hatten.

G. Radew. 8360.

G. BEWERTUNG DER FUTTERSTOFFE

Nehring, Kurt. **Die Problematik der Bewertung der Futterstoffe.** Ber. Vortr. dtsch. Akad. Landwirtsch.-Wiss. Berlin 5 (1961) S. 171–186. — 4 Tab.

Eingehend wird das Problem der energetischen Bewertung und im Zusammenhang damit die Schaffung einer neuen, einheitlichen energetischen Futtereinheit besprochen. Dazu wird hervorgehoben: 1. Grundlage einer gemeinsamen Futtereinheit ist die energet. Leistung (Nettoenergie), 2. die Nettoenergie ist unter der Bedingung der Fettmast ausgewachsener Tiere, getrennt nach Tierarten, zu bestimmen. Vf. macht abschließend Angaben über Gesamtstoffwechselversuche, die zur Ermittlung des Nettoenergiegehaltes von reinen Nährstoffen und Futterstoffen an den Tierarten Rind, Schaf, Schwein, Kaninchen und Ratte im Oskar-Kellner-Institut für Tierernährung, Rostock, ausgeführt wurden. Folgende wichtige Ergebnisse werden herausgestellt: 1. Zwischen Schwein und Ratte besteht eine weitgehende Übereinstimmung in der energetischen Ansatzleistung. 2. Die von Kellner gemessenen Ansatzwerte für Stärke und Protein konnten bestätigt werden.

L. Hoffmann. 8410.

Crampton, E. W., Donefer, E. und Lloyd, L. E.; Quebec, Canada, McGill Univ., Macdonald Coll. Caloric equivalent of the nutritive value index. **(Calorisches Äquivalent des Nahrungswert-Index.)** J. Animal Sci. 21 (1962) Nr. 3. S. 628–632. — 3 Tab., 10 Lit.

Aus 450 Analysendaten von Rauhfutterstoffen bestimmten Vff. einen mittleren Bruttobrennwert von 4,37 kcal/g mit einer Streuung $\pm$ 0,55 kcal/g und berechneten die Korrelations- und Regressionskoeffizienten zwischen den Nährstoffen sowie zwischen Nährstoff- und Energiegehalt. Für die maximale tägliche. Einnahme an verd. Energie (y) durch einen Futterstoff wird für Rinder und Schafe folgende Gleichung abgeleitet: $y = k \times W^{0,75} \times \text{NVI}$. Die Konstante k ist abhängig von der Tierart, in ihr geht der mittlere Bruttobrennwert von 4,4 kcal ein. Ist der Nahrungswert-Index (NVI) für ein Futtermittel nicht in vivo bestimmt, so kann er für Schafe aus mitgeteilten Regressionsgleichungen für gehäckseltes Material durch Ermittlung der in vitro-Verdaulichkeit der Cellulose berechnet werden. Für Rinder und Schafe werden Berechnungsbeispiele angeführt.

L. Hoffmann. 8440.

H. FÜTTERUNG DER LANDWIRTSCHAFTLICHEN NUTZTIERE

Young, L. G., Branaman, G. A. und Deans, R. J.; East Lansing, Mich., State Univ. Influence of rate of grain feeding on gain and carcass characteristics of calves. **(Der Einfluß der Rate der Getreidefütterung auf Zuwachs und Schlachtkörpercharakteristiken bei Kälbern.)** J. Animal Sci. **21** (1962) Nr. 3. S. 621–624. – 2 Tab., 11 Lit.

♂ und ♀ Jungrinder (Lgw. bei Versuchsbeginn 380–400 lb.) erhielten in ihren Rationen während einer Versuchszeit von ⌀ 260 Tagen unterschiedliche Mengen an Maisschrot pro Tag. Eine Versuchsgruppe erhielt während der ganzen Versuchszeit 1,25 lb. Maisschrot je cwt. Lgw., die 2. Gruppe in den ersten 98 Versuchstagen kein Maisschrot und daran anschließend bis zur Schlachtung in freier Aufnahme. Die insgesamt aufgenommenen Futtermengen waren in den Versuchsgruppen (getrennt nach ♂ und ♀ Tieren) etwa gleich groß. Die unterschiedliche Fütterungsweise hatte für genannten Versuchszeitraum keinen signifikanten Einfluß auf Zuwachs, Futterverwertung und Ertrag sowie Qualität der Schlachtkörper. Zwischen Dichte und Fettgehalt von Schlachtkörperteilen bestanden korrelative Beziehungen.

L. Hoffmann. 8458.

Röder, R. **Untersuchungen zu Problemen der Kälbermast. 1. Mitt. Vergleich von Vollmilch-, Trockenmagermilch- und Frischmagermilchmast.** Z. Tierpsychol., Tierernähr. Futtermittelkunde **15** (1960) Nr. 5. S. 291–305.

8458.

Mičev, Mičo. (Mitschew, Mitscho.) Ugojavane na kastrirani teleta prez zimata sŭs zacharno cveklo. **(Wintermast kastrierter Bullenkälber mit Zuckerrüben.)** Selskostopanska nauka, Sofija **1(7)** (1962) Nr. 2. S. 199–206. – 1 Abb., 10 Tab., 4 Lit. Zus. in Russ., Engl.

3 Gruppen zu je 6 kastrierten 8monatigen Bullenkälbern (hochblütige Rotviehkreuzungen) von 203 kg mittlerem Lgw. wurden mit Rationen folgender Zusammensetzung (in der Reihenfolge der Gruppen angegeben.) gemästet: Heu 28,3, 29,3 und 25,6%, Maissilage 17,1, 20,0 und 25,0%, Runkelrüben 22,7 ,0,0 und 0,0%, Zuckerrüben 0,0, 29,1 und 43,9%, Gerstenstroh 0,0, 0,0 und 5,5%, Kraftfuttergemisch 31,9, 21,6 und 0,0%. Ergebnisse der 105tägigen Versuchsdauer (ebenfalls in der Reihenfolge der Gruppen angegeben): tägl. Gewichtszuwachs 676, 632 und 509 g; Futteraufwand je kg Zuwachs 6,91, 7,55 und 8,34 FE; Schlachtausbeute 54,5, 55,6 und 53,0%; Nierenfett 2,73, 3,07 und 1,17% kg; Futterkosten je kg Zuwachs 5,27, 4,93 und 5,84 Leva.

N. Platikanow. 8458.

Marcussen, N. R.; Husum, Lehr- und Versuchsanst. für Grünlandwirtsch., Futterbau und Landeskult. **Zum Problem der Rinderweidemast.** Wirtschaftseigene Futter **8** (1962) Nr. 2. S. 113–126. – 6 Tab.

Die Fettweidemast der alten Form ist heute unrentabel. Die Änderung der Verbraucheransprüche hat bereits eine Verjüngung der Weidetiere erzwungen. Diese Tendenz geht mit den betriebswirtschaftlichen Forderungen des Erzeugers konform und muß sich weiter durchsetzen. Die Jungrindermast auf der Weide ermöglicht den Auftrieb von mehr Tieren, wodurch sich die Zuwachsleistung pro ha erheblich verbessert. Fleisch ist billiger zu mästen als Fett. Dafür eignen sich wüchsige Tiere der Rassen im Zweinutzungstyp besser als die eigentlichen Mastrassen. Die Intensivierung der Weidenutzung durch Düngung und Umtrieb ist bei Auftrieb von Tieren im Alter von 1½–2 Jahren wirksamer als bei solchen mit 2–3 Jahren. Jüngere Tiere vertragen eine größere negative Preisavance als ältere. F. Weißbach. 8458.

Calder, Alec; Cheshire, N.A.A.S. Almost by grass alone. **(Nahezu durch Gras allein.)** Agriculture [London] **69** (1962) Nr. 3. S. 119–121. – 2 Tab.

In einem Betrieb mit 202 acre Nutzfläche, in dem 110 Milchkühe und 40 Stück Nachzucht gehalten wurden, sind Futteraufwand und Milchleistung festgestellt worden. Vom 6. 3.–26. 10. wurde mit dem Schlegelhäcksler geerntetes Gras gefüttert. Der mittlere Tagesverzehr an StE betrug 15,2 lb. je Kuh aus dem Gras und 2,8 lb. je Kuh aus dem Kraftfutter. Tägl. wurden 3,29 gallons Milch pro Kuh produziert. Die StE-Aufnahme lag über dem theoretischen Bedarf (15,2), allerdings sind Veränderungen des Lgw. und Kälbergeburten nicht in den Bedarf einbezogen. Die Jahresverkaufsleistung betrug 1 060 gallons Milch. G. Weiland. 8460.

Pasečnik, G. I. (Passetschnik, G. I.); Charkow, Forsch.-Inst. für Tierzucht des Waldsteppen- und Polessje-Gebietes der Ukrain.SSR. Kukuruznyj silos v letnem kormlenii korov. **(Die Maissilage in der Sommerfütterung der Kühe.)** Životnovodstvo, Moskva **24** (1962) Nr. 5. S. 25–29. — 4 Tab.
Vom 17.5.–6.10. 61 erhielten Simmentaler Kühe Maissilage als Grundfutter (39–42 kg/Tier/Tag) (I), Grünfutter und Maissilage zu gleichen Teilen (II) und gewöhnliches Grünfutter (III) sowie zusätzlich ein Gemisch von Kraftfutter, Salz und Tricalciumphosphat. Pro Tier und Tag wurden 10,06, 11,73 und 12,53 kg Tr.-Subst. und 9,37, 10,95 bzw. 12,24 FE verbraucht. Die durchschnittl. Tagesmilchleistung pro Kuh betrug während des Versuchs 10,47, 10,64 bzw. 10,15 l; der Milchfettgehalt sank zeitweilig um 6 (I) und 2,8% (II) gegenüber III. Der Vitamingehalt der Milch und der Ca-, P- und Carotingehalt des Blutes waren in allen Gruppen gleich, es gab keinerlei Anzeichen für Acidose, und die Kälber aller Gruppen entwickelten sich normal. II wies die größte Menge und das beste Verhältnis der flüchtigen Fettsäuren im Pansen auf. F. Schenk. 8460.

Orth, A. und Kaufmann, W. **Über die Wirkung erhöhter Eiweißgaben auf den Eiweißgehalt der Milch.** VIII. int. Tierzuchtkongr. Hamburg **1961** Diskuss.-Beitr. S. 48–49. — Zus. in Engl., Franz.
Zusammenfassung eines Diskussionsbeitrages der Vff. zum Hauptbericht IIa. Nutritional physiology of the rumen. 8460.

Friede, H. J., Rieger, H. J. und Gütte, J. O. **Steigerung des Milchfettgehaltes nach Futterabzug bei 2 Milchkühen.** VIII. int. Tierzuchtkongr. Hamburg **1961** Diskuss.-Beitr. S. 66. — Zus. in Engl., Franz.
Zusammenfassung eines Diskussionsbeitrages der Vff. zum Hauptbericht IIa. Nutritional physiology of the rumen. 8460.

Kniga, M. I. und Buzun, I. A. (Kniga, M. I. und Busun, I. A.); Moskau, Lenin-Akad. der Landwirtsch.-Wiss.; Charkow, Zootechn. und Veterinärmed. Inst. O sootnešenii v razionach korov kukuruznogo silosa i sacharnoj svekly v zonach syrovarenija. **(Über das Verhältnis der Maissilage zu Zuckerrüben in den Rationen der Kühe in den Käsereigebieten.)** Vestnik sel'skochozjajstvennoj nauki, Moskva **7** (1962) Nr. 7. S. 85–90. — 7 Tab., 6 Lit. Zus. in Engl., Franz., Dtsch.
Tägl. Gaben von 40 kg Maissilage (52% des Nährwertes der Ration) bis zur Sättigung verabfolgt, üben einen nur unwesentlichen Einfluß auf Milchertrag und Zusammensetzung der Milch aus. Der Gehalt an Casein erhöhte sich um 0,12%, wobei jedoch eine Veränderung im Verhältnis der 3 Formen des Casein-Ca-Komplexes eintrat, denn die 1. und 2. Fraktion des Caseins, das durch das Labferment ausgefällt wird, gingen um 1,4% zurück, während die P-arme Gamma-Form um 14,7% (im Laufe eines 60tägigen Versuches) anstieg. Ferner ging der Gehalt an Asche um 30 mg%, davon P um 9,1% zurück. — Höchste Leistungen und beste Milchqualität erzielte man bei Rationen, in denen Maissilage 35% und Zuckerrüben 17% des Saftfutters (52%) ausmachten. Für die Käsereigebiete werden somit je 1 FE Silage 0,5 FE Zuckerrüben empfohlen. E. Kahn. 8460.

Solomonov, Ch. (Solomonow, Ch.) Prinos za ustanovjavane na podchodjašti dažbi za polutŭnkorunni agneta za planinskite rajoni na Zapadna Stara planina. **(Beitrag zur Feststellung geeigneter Rationen für mittelfeinwollige Lämmer im Hochland des Westbalkans.)** Izvestija na Centralnija naučnoizsledovatelski institut po zivotnovŭdstvo „Georgi Dimitrov" — Kostinbrod, Sofija **13** (1962) S. 147–159. — 9 Tab., 3 Lit. Zus. in Russ., Engl. 8474.

Coombe, J. B. und Tribe, D. E.; Victoria, Univ. of Melbourne, School of Agric. The feeding of urea supplements to sheep and cattle: the results of penned feeding and grazing experiments. **(Die Fütterung von Harnstoffergänzungen an Schafe und Rinder: Die Ergebnisse von Pferchfütterungs- und Weideversuchen.)** J. agric. Sci. **55** (1962) Nr. 1. S. 125–141. — 3 Abb., 13 Tab., 27 Lit.

In einer Reihe von Pferchfütterungs- und Weideversuchen wurden an Schafe und Rinder neben Rauhfutter niedriger Qualität Harnstoff/Melasse- oder Harnstoff/Stärke-Zusätze verabfolgt. Stärke war als Kohlenhydratquelle ungeeignet. Im allgemeinen bewirkten die Harnstoff- und Melasse-Zusätze zu Rauhfutter niedriger Qualität sowohl bei den Fütterungs- als auch bei den Weideversuchen eine Verbesserung von Futteraufnahme und Wollwachstum und eine Reduzierung der Lgw.-Verluste. Unter den Versuchsbedingungen konnten in keinem Falle durch die Harnstoff- und Melasse-Zusätze Gewichtszunahmen erzielt werden. Der Hauptwert der Zusätze zu minderwertigem Rauhfutter besteht darin, die Tiere während längerer Trockenperioden am Leben zu erhalten. Die Vor- und Nachteile der Weidesprühtechnik und die Möglichkeiten einer anderweitigen Fütterung von Harnstoff an Weidetiere werden diskutiert. J. Wünsche. 8478.

Oltjen, R. R., Sirny, R. J. und Tillman, A. D.; Stillwater, Oklahoma, Agric. Exp. Stat., Dep. of Animal Husbandry and Biochem. Effect of three levels of minerals and three levels of cellulose on the performance of sheep fed purified rations. **(Wirkung von drei verschieden hohen Mineral- und drei verschieden hohen Cellulosegehalten in halbsynthetischen Rationen auf die Leistung von Schafen.)** J. Animal Sci. **21** (1962) Nr. 2. S. 302–305. — 3 Abb., 2 Tab., 15 Lit.

In einem 3 × 3-Faktorenversuch wurde an insgesamt 36 Schafen der Einfluß von 3 verschieden hohen Mineralstoffgaben (3,5; 5,0 und 6,5% der Ration) und 3 verschieden hohen Cellulosegaben (30, 40 und 50% der Ration) auf Futterverwertung und Gewichtszunahmen geprüft. Schafe, die die 30% Cellulose-Ration oder die 6,5% Mineralstoff-Ration erhielten, zeigten die besten Leistungen. Zwischen den verschiedenen Cellulose- und Mineralstoffgaben und den Gewichtszunahmen bestand eine lineare Abhängigkeit. J. Wünsche. 8482.

Altenkirch, W. und Kupatz, B.; Dummerstorf bei Rostock, Inst. für Tierzuchtforsch. **Fütterungsversuch mit Maissilage an Hammeln. 1. Teil.** Tierzucht **13** (1959) Nr. 12. S. 551–553.

In einem an 60 Merinofleischschafhammeln durchgeführten Fütterungsversuch bei unterschiedlichen Maissilagegaben wird festgestellt, daß Maissilage in der Schafhaltung verfüttert werden kann. Pro Schaf und Tag werden auf die Dauer nicht mehr als 3,5 kg Maissilage aufgenommen. Dabei muß genügend Rauhfutter und Eiweiß im Futter zur Verfügung stehen. Ferner wird empfohlen, die Verfütterung von Maissilage mit dem Wintersaatenhüten abzustimmen und während der Winterfütterung möglichst Maissilage und Rübenblattsilagegemische zu verabreichen. S. Mertins. 8482.

Altenkirch, W., Otto, E. und Kupatz, B.; Dummerstorf bei Rostock, Inst. für Tierzuchtforsch. **Fütterungsversuch mit Maissilage an Hammeln. 2. Teil.** Tierzucht **14** (1960) Nr. 11. S. 502–504. — 1. Teil vgl. vorst. Ref.

Vff. weisen nach, daß bei verschiedenen Maissilagegaben kein abweichender Unterschied von dem Schlachtwert und inneren Organen bei Merinofleischschafhammeln besteht. Es werden die Ergebnisse von 4 Versuchsgruppen hinsichtlich Schlachtverlust, Kühlverlust, Durchschnitts-Fettgehalt, Feuchtigkeitsverhältnis beim *M. Long. dorsi* sowie Farbverhältnis und Bratversuch beschrieben. Außerdem konnten beim Nieren- und Netzfett weder durch die Schmelzpunktbestimmung noch durch die Jodzahl Einflüsse der Verfütterung verschiedener Silagearten festgestellt werden. S. Mertins. 8482.

Faliu. L'alimentation de la brebis laitière. **(Die Ernährung laktierender Mutterschafe.)** Mouton **17** (1962) Nr. 3. S. 27–29.

Es wird der Nährstoffbedarf der Mutterschafe in den verschiedenen Entwicklungsstadien besprochen. Bei der Gestaltung der Ernährung laktierender Schafe hat man zu berücksichtigen, daß die Schafmilch die doppelte Menge an Tr.-Subst., Protein und Ca sowie die 1,5fache P-Menge im Vergleich zur Kuhmilch enthält. Dabei betragen die Milchmengenleistungen: beim Ostfriesischem Milchschaf 668 kg, in Einzelfällen bis 1341 kg in 9 Mon., bei dem Awassis in Israel (einer Kreuzung mit der Friesenrasse) 350 kg, vereinzelt bis 890 kg, bei der Lacaune-Rasse 90–250 l, zuzüglich der 30–50 l, die von einem Lamm aufgenommen werden. H. Busse. 8490.

Slen, S. B. und Whiting, F. Protein requirement of ewes for lamb and wool production. **(Eiweißbedarf von Mutterschafen im Hinblick auf Lammung und Wolleistung.)** VIII. int. Tierzuchtkongr. Hamburg **1961** Diskuss.-Beitr. S. 86–88. — Zus. in Franz., Dtsch.

Zusammenfassung eines Diskussionsbeitrages der Vff. zum Hauptbericht IIb. Mode d'action des antibiotiques sur la croissance. Données récentes sur l'efficacité des lipides selon les modalitées de leur emploi dans la ration des vollailles. 8490.

Kacarov, Ja., Minev, P. und Dobreva, Iv. (Kazarow, Ja., Minew, P. und Dobrewa, Iw.) Vlijanie na obogaten s karbamid carevičen silaž vŭrchu produktivnostta na ovcete. **(Einfluß der harnstoffangereicherten Maissilage auf die Leistung der Mutterschafe.)** Izvestija na Centralnija naučnoizsledovatelski institut po životnovŭdstvo „Georgi Dimitrov“ — Kostinbrod, Sofija **13** (1962) S. 99–108. — 10 Tab., 7 Lit. Zus. in Russ., Dtsch. 8490.

Teague, Howard S.; Wooster, O., Agric. Exp. Stat. What's new in pig nutrition. **(Neues in der Schweinefütterung.)** Pig Farming **10** (1962) Nr. 5. S. 59. — 1 Abb.

Im ersten Beifutter der Saugferkel sollen 100, im Beifutter der 4 bis 5 Wochen alten Saugferkel 50 und in den Futterrationen wachsender Mastschweine ungefähr 10 g Antibiotica pro Tonne Futter enthalten sein. Die Verabreichung von Eiweißergänzungsfutter aus Futterautomaten nach freier Wahl in Verbindung mit Mais an über 60 lb. schwere Mastschweine ist gegenwärtig aktuell. In solchen Eiweißergänzungsfuttermischungen sind 35–40% Sojamehl enthalten, außerdem Garnelenschrot, Tierkörper- und Fischmehl. Bei dieser Mastmethode werden 1,5–1,7 lb.tägl. Zuwachs und Futterverwertungszahlen von 3,0 bis 3,6 erreicht. Bezüglich der Zuchtsauenfütterung wird dargelegt, daß der fortwährende Antibiotica-Einsatz nicht zu empfehlen sei. Üblich ist es, die Zuchtsauenherde in Gruppen aufzuteilen und mit Hand zu füttern. In der Praxis wird pro tragende Sau und Tag 1 lb. Eiweißergänzungsfutter, das 35–40% Protein enthält, verfüttert, dazu Mais entsprechend der Kondition des Tieres. Während der Trächtigkeitsperiode sollen die Zuchtsauen 70–80 lb. Lgw. zunehmen. Mineralstoffmischungen sind diesen Tieren zur freien Aufnahme bereitzustellen. R. Kürbs. 8532.

Ruszczyc, Zygmunt. Zastosowanie różnych poziomów dawki w tuczu trzody chlewnej. 2. Wpływ na jakość tuszy. **(Die Anwendung von unterschiedlichem Fütterungsniveau in der Schweinemast. 2. Mitt. Auswirkung auf die Qualität des Schlachtkörpers.)** Zeszyty problemowe postępów Nauk rolniczych **1961** Nr. 28. S. 23–40. — 2 Tab., 137 Lit. 1. Mitt. vgl. LZ. Abt. III 8 (1963) Nr. 2. S. 376.
Die Auswirkung einer unterschiedlichen Fütterung auf die Qualität des Schlachtkörpers war geringer als auf die Zunahme und Futterverwertung. Im 1. Versuch waren die Unterschiede zwischen den Gruppen im allgemeinen nicht signifikant. Die Herabsetzung der Futtergaben im 2. Maststadium (60–90 kg) ergab magerere Schlachtkörper, die Zugabe von tierischem Eiweiß erhöhte den Fleischanteil. Es wurde festgestellt, daß die Schlachtkörper von Jungsauen weniger Fett, schwerere Schinken und Mittelstücke, einen leichteren Vorderteil und größere Bauchdicke aufwiesen als die Schlachtkörper von Kastraten, dabei aber ebenfalls schwerere Knochen und Schwarten.
Z. Osińska. 8536.

Troelsen, J. E. und Bell, J. M.; Saskatoon, Univ. of Saskatchewan. Ingredient and processing interrelationships in swine feeds. IV. Effect of various levels and kinds of fibrous diluents in finisher rations, feed as meal or pellets, on performance and carcass quality of swine. **(Beziehungen zwischen Bestandteilen und Verarbeitung von Futtermitteln für Schweine. 4. Mitt. Die Auswirkungen verschiedener Gehalte und Arten rohfaserreicher Streckungsmittel in Endmastrationen, die in loser oder pelletierter Form verfüttert werden, auf die Entwicklung und Schlachtkörperqualität von Schweinen.)** Canad. J. Animal Sci. **42** (1962) Nr. 1. S. 63–74. — 1 Abb., 5 Tab., 34 Lit. 3. Mitt. vgl. LZ. Abt. III 7 (1962) Nr. 4. S. 850.
5 stark rohfaserhaltige Streckungsmittel wurden in der Endmast (100–200 lb.) eingesetzt: Haferschalen, Alfalfa-Mehl, Weizenkleie, Cellulose und gemahlene Maiskolben. Die TDN-Anteile von 62, 65 oder 68% sollten jeweils durch Zugabe eines dieser 5 Streckungsmittel erhalten werden. — Die Futteraufnahme hing von der Art des Zusatzes ab. Unabhängig von Energiegehalt des Futters und Futteraufnahme waren die Zunahmen unterschiedlich. Haferschalen und Maiskolben wirkten sich am günstigsten aus. Ein höherer Gehalt an Streckungszusätzen bewirkte niedrigere Schlachtausbeuten, dünneren Rückenspeck und insgesamt eine höhere Bewertung der Schlachtkörper. Je Mehreinnahme von 0,5 lb. TDN/Tag sank die Bewertung der Schlachtkörper um 2,6%.
H. Jung. 8536.

Zacharčenko, I. M., Kalenič, E. S. und Ivanova, A. F. (Sachartschenko, I. M., Kalenitsch, Je. S. und Iwanowa, A. F.); Lugangsk, Ukrain.SSR, Landwirtsch. Inst. Povyšenie mjasnoj produktivnosti svinej pri otkorme suchim zernom kukuruzy. **(Steigerung der Fleischleistung der Schweine bei Maisschrotmast.)** Kukuruza, Moskva **7** (1962) Nr. 1. S. 53–55. — 5 Tab.
In einem Versuch mit der Großen Weißen und der Nordkaukasischen Rasse im Alter von 3 ½ Mon. und einer Lebendmasse von 34–35 kg wurde in 5 Gruppen die Mast mit Maisschrot als Grundfutter bis zur Schlachtendmasse von 108,6 kg durchgeführt. Die Verfütterung von Mais in der Schweinemast mit Zusatz von vitaminreichem Luzernemehl und Brauereirückständen, die mit vollwertigem Protein, Vitaminen, Mikroelementen und Futterbiomycin angereichert sind, verbesserte wesentlich die Fleischqualität und erniedrigte den Fettgehalt.
W. Strack. 8536.

Salmon-Legagneur, Emmanuel und Jacquot, Raymond. Influence du niveau alimentaire sur le comportement nutritionnel et la truie gestante. **(Einfluß des Ernährungsniveaus auf den Ernährungszustand der tragenden Sauen.)** C.R. hebd. Séances Acad. Sci. **253** (1961) Nr. 14. S. 1497–1499. — 6 Lit.

42 Sauen der Rasse Yorkshire Large-White mit einem mittleren Gewicht von 32 kg wurden in 4 Gruppen eingeteilt. 2 Gruppen davon waren trächtig. Je eine Gruppe trächtiger und nichtträchtiger Sauen erhielten eine ausgeglichene Ration mit hohem Niveau, die übrigen 2 Gruppen eine Ration mit niedrigem Niveau (etwa 50%). Die beschränkten Rationen waren so kalkuliert, daß sie bei der nichtträchtigen Kontrollgruppe gerade das Lgw. zu halten vermochten. Es wurden die Lgw. und die Dicke des subcutanen Fettgewebes festgestellt. Die tragenden Sauen hatten unter gleichen Bedingungen bedeutend mehr zugenommen als die Tiere der Kontrollgruppen. Später ergab sich, daß bei niedrigem und bei hohem Niveau fast gleiche Abferkelergebnisse erzielt wurden. Die Ergebnisse waren bei hohem und niedrigem Niveau: Zahl der lebend geborenen Ferkel 10,1 bzw. 11,8; Gewicht der lebend geborenen Ferkel 1,24 bzw. 1,20 kg. Die Sauen mit niedrigem Niveau ferkelten leichter und schneller ab als die mit hohem Niveau. Die Messung der Dicke des subcutanen Fettgewebes ergab bei den Sauen mit höherem Niveau eine Zunahme um 18%, bei den Sauen mit niedrigem Niveau eine Abnahme um 8%. Der anabole Stoffwechsel ist also ein bedeutendes Charakteristikum der trächtigen Sau, das selbst bei eingeschränkten Futterrationen vorherrscht. Diese Erscheinung kann nur durch eine Verbesserung der Verwertung und durch Mobilisierung der Reservegewebe zur Energiegewinnung bei trächtigen Sauen erklärt werden. W. Holzschuh. 8538.

Kare, Morley R. und Scott, M. L.; Ithaca, Cornell Univ., New York State Veterin. Coll.; Coll. of Agric. Nutritional value and feed acceptability. **(Nährwert und Futteraufnahme.)** Poultry Sci. **41** (1962) Nr. 1. S. 276–278. — 2 Tab., 4 Lit.

Buchweizen, Gerste oder Roggen in Kombinationen mit Sojabohnenmehl, Leinsamenkuchen oder Bohnen verminderten die Futteraufnahme gegenüber einer Standardkükenration, die Mais und Sojabohnenmehl enthielt. Obgleich Gerste nicht so gern aufgenommen wurde, konnte annähernd das gleiche Ergebnis wie mit Mais erzielt werden, wenn die Tiere keine Auswahl hatten. Dagegen führte Roggen zu starker Verminderung der Futteraufnahme und zur Wachstumshemmung. Die Schmackhaftigkeit korreliert nicht mit dem Futterwert einer Ration. W. Jentsch. 8544.

Pepper, W. F., Slinger, S. J. und Sibbald, I. R.; Guelph, Ontario, Canada, Agric. Coll., Dep. of Poultry Sci. A comparison of feed grade tallow and a mixture of tallow and acidulated soapstocks in practical chicken roaster rations. **(Ein Vergleich zwischen Futtertalg und einem Gemisch aus Talg und angesäuertem Seifenstock in üblichen Mastfuttermischungen.)** Poultry Sci. **41** (1962) Nr. 4. S. 1163–1168. — 3 Tab., 10 Lit.

An die sehr mastfähigen Weißen Plymouth Rock-Küken wurden vom 1. Lebenstag bis zur 15. Lebenswoche übliche Mastmischungen mit 4,8 und 12% Talg bzw. eines Gemisches Talg-Seifenstock im Verhältnis 1:3 als Zusatz gefüttert. Das Kalorien-Eiweiß-Verhältnis und das Kalorien-Methionin-Verhältnis wurden konstant gehalten. Die Gewichtszunahmen waren bei allen gewählten Aufwandmengen praktisch gleich, so daß der Zusatz in Höhe von 4% vollauf genügt. In der Futterverwertung erwies sich der Talg von der 6.–15. Woche überlegen. C. Engelmann. 8544.

Sibbald, I. R., Pepper, W. F. und Slinger, S. J.; Guelph, Ontario, Canada, Dep. of Nutrit. and Poultry Sci. A comparison of feed grade tallow and acidulated soapstocks in practical chick starter rations. **(Ein Vergleich von praktischen Küken-Starterfuttermischungen mit verschieden hohem Gehalt an Talg und an angesäuertem Seifenstock.)** Poultry Sci. **41** (1962) Nr. 1. S. 120–124. — 4 Tab., 10 Lit.

Es wurde ein Versuch durchgeführt, in dem Futtermischungen mit verschieden hohen Fettzusätzen (2%, 4% und 6%) 4 Wochen lang an wachsenden Küken geprüft wurden. In den Futtermischungen wurde jeweils Energie- und Rohproteingehalt bestimmt. Futtermischungen mit gleichen Anteilen verschiedener Fettarten führten nicht zu unterschiedlicher Gewichtsentwicklung, so daß beide Fettzusätze als gleichwertig anzusehen sind. Eine Verbesserung der Gewichtszunahme bei Verabreichung von Futtermischungen mit Fettzusätzen gegenüber solchen ohne Fettzusätzen konnte beobachtet werden. Als Vergleichswert kann nicht allein der Gehalt an umsetzbarer Energie der jeweiligen Fettart gelten. G. Göbel. 8544.

McIntosh, J. I., Slinger, S. J., Sibbald, I. R. und Ashton, G. C.; Guelph, Ontario, Canada, Dep. of Poultry Sci. The effects of three physical forms of wheat on the weight gains and feed efficiencies of pullets from hatching to fifteen weeks of age. **(Die Wirkung von 3 physikalischen Formen des Weizens auf die Gewichtszunahme und die Futterverwertung bei Hennenküken vom Schlupf bis zur 15. Lebenswoche.)** Poultry Sci. **41** (1962) Nr. 2. S. 438–445. — 4 Tab., 11 Lit.

In einem Versuch sollte geprüft werden, welchen Einfluß verschiedene Zerkleinerungs- und Zubereitungsformen des Weizens (z. B. unzerkleinert, gemahlen, gepreßt) auf die Gewichtszunahme bei Küken und die Futterverwertung sowie den Gehalt an umsetzbarer Energie der Futtermischungen ausüben. Der Versuch erstreckte sich über 3 Fünf-Wochen-Perioden. Die Ergebnisse zeigten, daß es gleichgültig ist, in welcher Zerkleinerungsform bzw. Korngröße (wobei als Maximum Weizenkorngröße gilt) der Weizen verabreicht wird. Es zeigte sich auch kein Unterschied im Gehalt an umsetzbarer Energie für die einzelnen Futtermischungen mit verschieden hohem Weizenkornanteil. Weiterhin wurde festgestellt, daß nach der 10. Lebenswoche die Gritaufnahme und die Aufnahme an pelletiertem Weizen gegenüber unzerkleinertem und gemahlenem Weizen absank. Diese Tatsache wird von Vff. als nicht allgemein bekannt angesehen und könnte zu wichtigen praktischen Schlußfolgerungen führen. G. Göbel. 8544.

O'Neil, J. B., Biely, J., Hodgson, G. C., Aitken, J. R. und Robblee, A. R.; Saskatoon, Univ. of Saskatchewan, Poultry Dep. Protein energy relationships in the diet of the chick. **(Eiweiß/Energie-Verhältnisse im Kükenfutter.)** Poultry Sci. **41** (1962) Nr. 3. S. 739–745. — 2 Abb., 3 Tab., 12 Lit.

In einer Gemeinschaftsarbeit mehrerer Institute wurden Versuche an unsortierten Küken von Mast (**I**)- und Legerassen (**II**) mit Rationen von unterschiedlichen Energie- und Eiweißgehalten durchgeführt. Die größten Zunahmen und die günstigste Futterverwertung erzielten Vf. bei Gehalten von 28% Rohprotein und 950 produktiven Kalorien je lb. der Ration (prod. Kalorien/Rohprotein-Verhältnis 34:1). Die Zunahmen und die Futterverwertung wurden durch Rationen mit hohen produktiven Kalorien- und geringen Rohprotein-Gehalten ungünstig beeinflußt. Ein Überschuß an Rohprotein im Verhältnis zur Energie wirkte sich nicht nachteilig auf die Leistungen der Tiere aus, bedeutete aber eine Vergeudung von Eiweiß. — Die Wachstumsreaktionen von **I** und **II** auf die unterschiedlichen Rationen waren gleich. Die Zunahmen von **II** betrugen 62–69% der von **I**; die Futterverwertung von **II** war um 17–29% schlechter gegenüber **I**. H. Jeroch. 8544.

Sibbald, I. R., Slinger, S. J. und Pepper, W. F.; Guelph, Ontario, Canada, Agric. Coll., Dep. of Nutrit. The responses of chicks to the dietary inclu sion of materials which might be assumed to possess beneficial extracaloric properties. **(Die Reaktion von Küken auf Futterbestandteile, die fördernde, vom Kaloriengehalt unabhängige Eigenschaften besitzen.)** Poultry Sci. **41** (1962) Nr. 4. S. 1254–1261. — 5 Tab., 18 Lit.

Tierische und pflanzliche Fette scheinen nicht allein auf Grund ihres Kaloriengehaltes das Wachstum zu fördern. 3 Kükengruppen Weißer Leghorn wurden verglichen, von denen die eine bis zur 4. Woche ein übliches Aufzuchtfutter mit 4% Talg (**I**) bekam, eine andere statt des Talges einen Destillationssatz erhielt („still bottom"), der beim Destillieren von Fettsäuren aus hydrolysierten Fetten zurückbleibt (SB = **II**) und die letzte beide Zusätze **I** und **II** im Verhältnis 80:20 (**III**). Gruppe **I** und **II** nahmen übereinstimmend zu, **III** fiel – vermutlich wegen des ungünstigeren Energie-Proteinverhältnisses – stark ab. In einem 2. Versuch mit 4 Wiederholungen, in dem 5 Fette und SB als 2- und 4%iger Zusatz geprüft wurden (Sojaöl, Pflanzenfett, Fettgemisch, Seifenstock, Talg und Mineralöl), steigerten alle Fette das Wachstum bis auf die Mineralöle (diese Gruppe blieb unter der Zunahme der Kontrolle),; die SB-Gruppen erreichten genau das Gewicht der Kontrollen. Die stimulierende Wirkung der Fette ließ sich nicht mit ihrem Energiegehalt oder dem Kalorien/Eiweiß-Verhältnis erklären. Die von den Kalorien unabhängige Wirkung nahm mit der Aufwandmenge zu und ließ sich auch in der Futterverwertung erkennen. C. Engelmann. 8544.

Siegel, P. B. und Wisman, E. L.; Blacksburg, Va., Polytechn. Inst. Protein and energy requirements of chicks selected for high and low body weight. **(Der Protein- und Energiebedarf von Küken, die nach hohem und niedrigem Körpergewicht selektiert sind.)** Poultry Sci. **41** (1962) Nr. 4. S. 1225–1232. – 6 Tab., 12 Lit.

Die Beobachtungen führten Vff. an 720 Weißen Plymouth-Rock-Küken aus 2 Linien durch, die 3 Generationen lang auf hohes bzw. geringes Lgw. selektiert waren und vom gleichen Ausgangsmaterial abstammten. Versuch I mit 4 Futtermischungen (17,7 – 20,8 – 23,7 -- 22,2% Rohprotein und 694, 816, 929 und 1040 PE/lb.), die an beiden Geschlechtern erprobt wurden, Versuch II ähnlich, aber nur mit Hähnchen bis zum 8-Wochenalter. Im 0–4 Wochenalter unterscheiden sich die Küken beider Linien signifikant; dabei wuchsen die Hähnchen stets um so besser, je höher die PE war, die Hennen bei der 2.–4. Mischung unterschiedslos besser als bei der ersten. Versuch II bestätigte die Ergebnisse von I bis zum 8-Wochenalter. Die Futterverwertung entsprach annähernd der Gewichtsentwicklung. Die wüchsigeren Küken nutzten zugleich ihr Futter besser aus. C. Engelmann. 8544.

Göbel, G. **Untersuchungen über Nährstoffbedarf, Futterverwertung und Legeleistung nach Versuchen an Legehennen bei Auslauf- und Batterienhaltung.** Jb. Arbeitsgemeinsch. Fütterungsberat. **3** (1960/61) S. 257–264. – 1 Abb., 9 Tab., 10 Lit.

Weiße Leghorn-Junghennen wurden in einem einjährigen Fütterungsversuch mit eingeschalteten N-Bilanz-Perioden hinsichtlich Futteraufnahme, Legeleistung und Futterverwertung geprüft, dabei wurden Batteriehaltung und Stallhaltung mit Wiesenauslauf verglichen. Hinsichtlich der Legeleistung ergaben sich keine Unterschiede. Die Verwertungszahlen betrugen bei Stallhaltung mit Wiesenauslauf 269,5 und bei Batteriehaltung 229,2, die BW des Eiweißes der gesamten Futterration lag zwischen 46 und 55%. Bei der Käfighaltung kann durch verbesserte Haltung und Fütterungstechnik eine Futtereinsparung von 10 bis 15% erzielt werden, außerdem zeigt sich ein gleichmäßigerer Eieranfall. U. Hofmann. 8548.

Lansbury, T. J.; Univ. of Ghana. Protein for egg production in Ghana. II. Vegetable protein for growers. **(Protein zur Eierproduktion in Ghana. 2. Mitt. Pflanzliches Eiweiß für wachsende Küken.)** Trop. Agric. **39** (1962) Nr. 1. S. 65–66. – 2 Tab., 3 Lit. 1. Mitt. vgl. LZ. Abt. III 7 (1962) Nr. 2. S. 367.

108 Eintagsküken (Braune Leghorn × Helle Sussex) wurden bei Berücksichtigung von 2 Wiederholungen in 3 Gruppen eingeteilt. Folgende Futtermischungen gelangten zur Verfütterung: Gruppe A: ein übliches Küken-

aufzuchtfutter mit einem gebräuchlichen Anteil an tierischem Eiweiß, das vom Schlupf bis zur Legereife verabreicht wurde; Gruppe B: eine Futtermischung mit ausschließlich pflanzlichem Eiweiß, die einen Mangel an Lysin und schwefelhaltigen Aminosäuren aufwies; Gruppe A 8: die Futtermischung der Gruppe A bis zur Vollendung der 8. Lebenswoche, danach die Futtermischung der Gruppe B. Nach 12 Wochen betrug das Lgw.: 1766 g (Gr. A), 1495 g (Gr. B) und 1617 g (Gr. A 8). Von jeweils 10 Hühnern jeder Gruppe wurde die Legeleistung eines Jahres (365 Tage) ermittelt. Sie betrug 210 Eier (Gr. A), 200 Eier (Gr. B) und 203 Eier (Gr. A 8). Es kann somit auf eine eiweißreiche Fütterung zwischen der 12. und 24. Lebenswoche verzichtet werden. Sie sollte in erster Linie als Starterfuttermischungen in der Kükenaufzucht dienen. G. Göbel. 8548.

Hattenhauer, H. und Lehmann, I.; Merbitz, Saalkreis, Inst. für Geflügelwirtsch. **Die Höhe des tierischen Eiweißanteils im Mischfutter für Legehennen.** Arch. Geflügelzucht Kleintierkunde **11** (1962) Nr. 3. S. 188–204. — 28 Tab., 5 Lit.

In 2 Versuchsreihen mit insgesamt 8 Gruppen wurden Legemehle mit gleichhohem Gehalt an Rohprotein von ca. 19%, aber unterschiedlichem Gehalt an Fischmehl (10; 7,5; 5% bzw. 17; 10; 5 und 2,5%) als alleinige tierische Eiweißfutterkomponente verglichen. Die verminderten Fischmehlgaben wurden durch entsprechende Mengen von ungetoastetem Sojaextraktionsschrot ersetzt, wobei der Rohproteingehalt in gleicher Höhe gehalten wurde. Durch die unterschiedlichen Fischmehlmengen wurde die Legeleistung der Tiere nicht beeinträchtigt, hingegen wurden die Legemehle mit einem Fischmehlanteil von 5% und 2,5% schlechter verwertet als die übrigen. In 4 Versuchsreihen mit insgesamt 12 Gruppen konnte ermittelt werden, daß Legehennenalleinfutter mit gleichem Rohproteingehalt, aber unterschiedlichem Fischmehlanteil (3; 6; 9%) keine Veränderung der Legeleistung bewirken. Mit abfallendem Fischmehlanteil verschlechterte sich jedoch die Futterverwertung. Rassenbedingte Unterschiede ergaben sich nicht. G. Göbel. 8548.

Rudolph, W. und Fritzsche, H.; Merbitz, Saalkreis, Inst. für Geflügelwirtsch. **Untersuchungen zur Frage des Schlachtwertes von Geflügel. 2. Mitt. Der Einfluß verschiedener Maisanteile im Futter auf Mastergebnisse, Fleisch- und Fettbeschaffenheit bei Pekingenten.)** Arch. Geflügelzucht Kleintierkunde **11** (1962) Nr. 3. S. 179–187. — 1 Abb., 3 Tab., 8 Lit. 1. Mitt. vgl. LZ. Abt. III 7 (1962) Nr. 4. S. 729.

In einem Fütterungsversuch an Pekingenten wurde der Einfluß verschiedener Anteile von Maisschrot (0; 2,5; 37,5; 50%) im Mischfutter auf das Mastergebnis untersucht. Es ergaben sich hochsignifikante Beziehungen zwischen Höhe des Maisanteils im Mischfutter und dem Lgw. im Alter von 61 Tagen. Außerdem wurde für Erpel und Enten getrennt die wöchentl. Gewichtsentwicklung ermittelt. Die Rohnährstoffbestimmung des Fleisches (Keulen) von 38 Erpeln, die Futter verabreicht bekommen hatten, das kein oder 50% Maisschrot enthielt, wies schwache Unterschiede im Gehalt an Tr.-Subst. und Rohfett auf, während der Gehalt an Rohprotein und Rohasche nicht beeinflußt wurden. Die Zusammensetzung des Abdominalfettes änderte sich bei Einsatz von 50% Maisschrot, was durch hochsignifikante Differenz der Jodzahlen belegt werden konnte. G. Göbel. 8552.

Sheets, E. W. and *Jackson, William.* **A handbook for better feeding of livestock.** Washington: Gov. Pr. Off. o.J. (48 S.) 8° = Miscellaneous circular. 12. (SR 1474, 12)

Turek, F. **Grundlagen der Fütterung.** 2. Aufl. Wien: Österr. Agrarverlag. 1962. (164 S. m. 60 Abb.) 15 × 21 cm.

Fröhlich, Allan. **Some nutritional effects on chick growth.** Diss. landw. Fak. Uppsala. 1962. (92 S.) 8°. (Diss 8161)

FUTTERMITTELKUNDE

A. FUTTERSTOFFE, IHRE BEEINFLUSSUNG, KONSERVIERUNG UND ZUBEREITUNG

Groß, Friedrich; Grub, Landesanst. für Tierzucht. **Einfluß der Düngung auf Pflanzenbestand, Futterwert und Ertrag einer Goldhaferwiese.** Bayer. landwirtsch. Jb. **37** (1960) Nr. 4. S. 421–465. — 21 Tab., 103 Lit.

Düngungsversuche auf einer oberbayrischen Goldhaferwiese dienten zur Untersuchung über den Einfluß der Düngung auf den Pflanzenbestand, den Futterwert und den Ertrag. Die N-Düngung führte zur Verdrängung des Kleeanteils und Erhöhung des Gräser- und Kräuteranteils. Durch die PK-Düngung wurden die Kleearten gefördert, und auch der Grasanteil nahm zu. Bei NPK wurden die Gräser durch hochwüchsige Kräuter zurückgedrängt. Kali allein fördert den Kleeanteil auf Kosten der Gräser, während sich die Kräuter indifferent verhalten. Durch die Düngung wurden in erster Linie die wertvollen Arten gefördert. Durch die N-Düngung wurden der Rohfasergehalt erhöht, die K- und Ca-Werte verringert und der Rohproteingehalt unterschiedlich beeinflußt. Auch die PK-Düngung erhöhte den Rohproteingehalt nicht, dagegen wurden der Rohfasergehalt, die P- und K-Gehalte deutlich erhöht, während Ca nicht beeinflußt wurde. Der Futterwert wurde durch die N-Düngung verringert, durch die PK-Düngung erhöht.

W. Lampeter. 8630.

Čižek, J. Utjecaj gnojenja na prirod, botanički sastav i hranidbenu vrijednost livadne zajednice rdobrade. **(Der Düngungseinfluß auf den Ertrag, botanische Zusammensetzung und den Futterwert der Wiesengemeinschaft Chrysopogonetum grylli, Horv.-Hić.)** Stočarstvo [Zagreb] **15** (1961) Nr. 7/8. S. 421–428. — 6 Tab., 6 Lit. Zus. in Engl.

Die Wiesenassoziation *Chrysopogonetum* (*grylli*) erstreckt sich über das ganze Küstenkarstgebiet im Adriabereich und dringt auch tief in das Innere der jugoslawischen Karstweidengebiete, bes. nach Serbien und Mazedonien, ein. Sehr spärliche Erträge (etwa 1161 kg-StW je ha) konnten durch die NPK-Volldüngung beträchtlich gesteigert werden (auf 1894 kg-StW/ha), und dabei wurde auch die bot. Zusammensetzung verbessert (Leguminosenanteil stieg von 2 auf 15–17%, Gramineenanteil von 41 auf 48%, und der Unkräuteranteil verminderte sich von 53 auf 28%). I. Šmalcelj. 8630.

Mellor, J.D.; North Ryde, New South Wales, Australia, C.S.I.R.O., Div. of Food Preservation. Accelerated freeze-drying of foodstuffs. **(Beschleunigte Gefriertrocknung von Lebensmitteln.)** Food Preservat. Quart. **22** (1962) Nr. 2. S. 41–48. — 6 Abb., 10 Lit.

Es werden nach Behandlung der Vorteile der Gefriertrocknung Aufbau und Kosten einer Anlage zur beschleunigten Gefriertrocknung beschrieben, die sich von einer normalen Gefriertrocknungsanlage dadurch unterscheidet, daß die Wärmezufuhr zum Trocknungsgut nicht durch Strahlung, sondern durch Konvektion über Metallbleche erfolgt. Es wird nachgewiesen, daß die Trocknungstemperatur im Inneren des Trocknungsgutes während des eigentlichen Trocknungsvorganges bei 0 °F liegt und erst gegen Ende bis auf 50 °F ansteigt. Die Anlagekosten einer Anlage mit einer Tageskapazität von $1^1/_4$ ton Frischgut betragen 15500 Pfund, die laufenden Kosten pro Jahr bei 6000 Einsatzstunden 7860 Pfund. W. Laube. 8720.

Villalon, Francisco und Suarez, Andres; Salamanca-León, Centro de Edafol. y Biol. Apl., Secc. de Praticult. Aspectos quimicos y microbianos del ensilado de alfalfa con el empleo de diversos conservadores. **(Chemische und mikrobiologische Gesichtspunkte bei der Einsäuerung von Luzerne unter Verwendung verschiedener Konservierungsmittel.)** An. Edafol. Agrobiol. **20** (1961) Nr. 7/8. S. 387–419. — 4 Abb., 5 Tab., 90 Lit. Zus. in Engl.

Es werden Silierversuche mit Luzerne unter Laborbedingungen bei einer Zeitdauer von 30 Tagen zwischen Füllen und Öffnen der Mikrosilos durchgeführt. Als Zusätze wurden 4–6 g Na-Metabisulfit oder 0,13 g Glykol-Acetat-Halogenid pro kg Grünfutter verwendet. In einigen Fällen wurden auch das AIV-Verfahren oder Melasse- sowie Milchsäurebakterien-Zusätze angewandt. Der Silierertolg wurde nach dem Gehalt der Silage an Rohnährstoffen, Mineralstoffen und Milchsäure sowie ihrem pH-Wert festgestellt. Silierverluste wurden nicht ermittelt. Das beste Resultat wurde beim AIV-Verfahren erzielt. Der Melassezusatz brachte stets den höchsten Milchsäuregehalt. Das Na-Metabisulfit war dem Glykol-Acetat-Halogenid leicht überlegen. Darüber hinaus angestellte mikrobiologische Untersuchungen zeigten eine bakteriostatische Wirkung dieser beiden Zusätze auf milchsäurebildende Bakterien. W. Laube. 8730.

Chižnjak, V. (Chishnjak, W.); Krasnodar, Forsch.-Inst. für Landwirtsch. Kurgannyj sposob silosovanija. **(Silierung nach dem „Hügelverfahren".)** Kolchoznoe proizvodstvo, Moskva 21 (1961) Nr. 5. S. 29–30. — 4 Abb.

Anwendung des „Hügelverfahrens" erfolgt seit 1960 im Kubangebiet. Die Kosten liegen bei diesem Einsäuerungsverfahren um 6% niedriger als die Silierkosten nach dem Erdgrubenverfahren. Der Aufwand an Arbeitskräften (alle Arbeitsgänge sind völlig mechanisiert) und die Gärverluste werden herabgesetzt. Die zu silierende Masse wird radial und konusförmig aufgesetzt. Die Neigungswinkel betragen 17–22°, dadurch ist ein Festfahren mit Traktoren möglich. Bei Mais unter 25% Tr.-Subst. wird auf dem Boden eine 60 cm starke Strohschicht ausgelegt. Die Hügel werden mit einer 30–40 cm starken Schicht aus nassem Stroh abgedeckt. Ein Hügel für 500 t Silage hat am Boden einen Radius von 11 m und eine Höhe (in der Mitte) von 5 m, für 1000 t betragen die entsprechenden Angaben 16 und 6 m, für 1500 t 18 und 6,5 m, für 2300 t 23 m und 7 m. M. Hoffmann. 8730.

Elpat'evskij, D. V. (Jelpatjewski, D. W.); Saratow, Zootechn. und Veterinärmed. Inst. Chimičeskaja obrabotka solomy. **(Chemischer Strohaufschluß.)** Vestnik sel'skochozjajstvennoj nauki, Moskva 7 (1962) Nr. 2. S. 89–94. — 1 Tab. Zus. in Engl., Franz., Dtsch.

Es wird eine neue Methode des Strohaufschlusses beschrieben. Nach der Laugebehandlung, bei der zu 1 dt Stroh 3–5 kg Lauge und 100–120 l Wasser hinzugegeben werden, erfolgt nach 2–3 Tagen eine 7–8tägige anaerobe Gärung des aufgeschlossenen Strohs bei einer Temperatur von ca. 50–55 °C . Dabei werden von anaeroben Bakterien organische Säuren gebildet, die eine schwach saure Reaktion (pH 4,4–6,4) der Strohmasse bewirken. Das so behandelte Stroh wird anschließend in Grabensilos oder Mieten gegeben und kann 10 Monate und länger gelagert werden. 1 dt Trockenstroh enthält 75–87 FE (entspricht 45–52 Stärkewert). H.-D. Bock. 8845.

Dinusson, W. E., Erickson, D. O., Buchanan, M. L. und Bolin, D. W. Progress report: Pelleted hay, chopped hay, long hay are compared for winter feeding of steers. **(Ein Vergleich von pelletiertem, gehäckseltem und langem Heu als Winterfutter für Ochsen.)** North Dakota Farm Res., biomonthly Bull. 21 (1960) Nr. 8. S. 31–32. — 1 Tab.

In einem 128tägigem Versuch im Winter mit 36 Hereford-Ochsen wurden verschiedene Formen eines Luzerneheus verglichen, das unter gleichen Vegetations- und Erntebedingungen erzeugt worden ist. Es wurde pelletiertes (**I**), gehäckseltes (**II**) und langes Heu (**III**) in 6 Versuchsgruppen jeweils mit einem Anfangsgewicht von 425 lb. (1. Versuch) und 355 lb. (2. Versuch) verglichen. Das Heu wurde ad.lib. verabreicht und in allen Gruppen mit Mineralien supplementiert, die Gruppen **II** und **III** bekamen im Durchschnitt der Versuchsperiode 4 lb. Haferschrot pro Tier und Tag. Die durchschnittlichen tägl.

Zunahmen waren folgende: **I**: 1–1,63; 2–1,56; **II**: 1–1,30; 2–1,35; **III**: 1 – 1,32; 2 – 1,44 lb./Tier. Die tägl. Aufnahme an Heu betrug im Durchschnitt beider Gruppe bei **I** 15,37, bei **II** 9,13 und bei **III** 8,82 lb. M. Hoffmann. 8860.

Pecht, G.; Hamburg. **Das Pressen von Mischfutter.** Kraftfutter **45** (1962) Nr. 7. S. 304–306. – 1 Schema.
Die Herstellung von Mischfutter-Preßlingen sowohl für die Geflügel- und Schweinefütterung als auch für die Rinderfütterung erfährt in den USA eine immer stärkere Verbreitung. Die Hauptvorteile werden in der Eignung zu vollautomatischer Fütterung und der Verlustminderung bei Transport und Lagerung gesehen. Durch das Pressen kann auch die Futterverwertung verbessert werden, z. B. infolge Stärkeaufschluß durch die Bedampfung des Futters. Die Preßkapazität ist von der Zusammensetzung der Mischung, der Mahlfeinheit, der Art und Menge der Dampfzufuhr, der Beimengung flüssiger Zusätze und der Art der Matrizen abhängig. Von den Getreidearten eignet sich Mais am besten, Sorghum am wenigsten. Größere Mahlfeinheit verbessert die Qualität der Pellets. Je trockener der verwendete Dampf, um so besser ist der Schmiereffekt an den Matrizen. Die Höhe des Flüssigkeitszusatzes muß empirisch ermittelt werden. Als beste Matrizenstärke wurden 6,35 cm ermittelt. Die optimale Größe der Pellets liegt für Schweine zwischen 1–1,2 cm Länge und 0,6 cm Dicke, für Geflügel bei etwa 0,5 cm Länge und Dicke.
F. Weißbach. 8860.

Carew jun., L. B. und Nesheim, M. C.; Thaca, N. Y., Dep. of Poultry Husbandry. The effect of pelleting on the nutritional value of ground soybeans for the chick. **(Die Wirkung des Pressens auf den Nährwert von gemahlenen Sojabohnen für Küken.)** Poultry Sci. **41** (1962) Nr. 1. S. 161–168. – 6 Tab., 10 Lit.
3 Versuche hatten zum Ziel, die Verwertung von gepreßtem und ungepreßtem Sojabohnenmehl zu untersuchen. Nach den durchgeführten Untersuchungen übt das Pressen des Futters keinen Einfluß auf die Gewichtszunahmen der Küken aus. Die für die Pelletierung nötige Hitzebehandlung bzw. das Erhitzen der Futtermischung beim Preßvorgang war nicht ausreichend, um die Sojabohnen in für Küken erforderlichem Maß aufzuwerten (evtl. ähnlich dem Toasten). G. Göbel. 8860.

Olsson, Nils und Lagervall, Mats. **Versuche mit Preßlingen bei der Junghühnermast.** Arch. Geflügelkunde **26** (1962) Nr. 3. S. 202–224. – 3 Abb., 5 Tab., 31 Lit.
Küken, die mit einem Futter (aus Hafer, Gerste, Mais und Weizenkleie als Getreideanteile) entweder in Form von Preßkorn oder geschrotet aufgezogen wurden, sprachen nur während der ersten 4 Wochen auf beide Futterformen ungleich an: Die Preßkorngruppen I und II wuchsen beträchtlich schneller und wogen mit 4 Wochen 518 und 530 g gegenüber den 386 und 388 g schweren Schrotgruppen (III und IV). I und II erreichten mit 9 Wochen 1392 und 1308 g und verbrauchten 10% weniger Futter als III und IV, die erst eine Woche später auf 1402 und 1330 g kamen. Die bessere Anfangsentwicklung der Gruppe I und II ist a) auf die größere Beliebtheit des Preßlingfutters zurückzuführen, b) auf dessen bessere diätetische Wirkung; mit der Wärme- und Wasserbehandlung geht eine gewisse Desinfektion einher, die sich günstig auswirkt, solange die Küken noch nicht gegen Mikroorganismen des Futters immun sind; c) schließlich wird der Futterwert einzelner Futterbestandteile (Gerste) durch das Erwärmen verbessert. C. Engelmann. 8860.

Klein, Dietrich; Meißen, Hochschule für LPG, Inst. für Acker- und Pflanzenbau. **Untersuchungen über die Maissilierung in LPG des MTS-Bereiches Taubenheim.** Wiss. Z. Hochschule LPG Meißen **5** (1962) Nr. 1. S. 93–103. – 2 Abb., 3 Tab., 27 Lit. Zus. in Russ., Engl.

Vf. prüfte in 14 LPG Maissilos und -silagen. Betonierte Durchfahrtsilos und Erdwallgruben ergaben Silagen von befriedigender Qualität. Über die Hälfte aller Futterstöcke war zu niedrig (unter 2 m). Die Erdbedeckung kann durch eine 30 cm starke Spreuschicht ersetzt werden (?). Die Entnahme läßt sich mit Frontladern und Kränen mechanisieren. Silagebeurteilungen durch die Sinnenprüfung ergaben schlechtere Werte als die chemische Qualitätsuntersuchung. Silageschauen und -wettbewerbe können gute Erfahrungen verallgemeinern und sollten deshalb überall durchgeführt werden.
W. Schmidt. 8730.

B. DIE EINZELNEN FUTTERSTOFFE

Smith, C. A.; Mazabuka, North Rhodesia, Centr. Res. Stat. The utilization of Hyparrhenia veld for the nutrition of cattle in the dry season. III. Studies on the digestibility of the produce of mature veld and veld hay, and the effect of feeding supplementary protein and urea. **(Die Ausnutzung von Hyparrhenia-Steppe für die Ernährung von Rindern in der Trockenperiode. 3. Mitt. Untersuchungen über die Verdaulichkeit des reifen Steppengrases und des Steppengrasheues sowie die Wirkung zusätzlicher Protein- und Harnstoffgaben.)** J. Agric. Sci. **58** (1962) Nr. 2. S. 173–178. — 1 Abb., 3 Tab., 20 Lit.
Mit 5 ausgewachsenen ostafrikanischen Zebu-Ochsen wurden Futteraufnahme- und Verdauungsversuche mit Steppengras durchgeführt. Das untersuchte Steppengras enthielt gegen Ende der Regenperiode in Tr.-Subst. etwa 50% verd. organ. Subst. und 0,6% verd. Rohprotein. Bis zur Mitte der Trockenperiode fielen diese Gehalte auf 38 und 0%. Die Aufnahme dieses Futters fiel in der gleichen Periode von 12 auf 8 lb. Tr.-Subst. pro 1000 lb. Lgw. und Tag. Die Beifütterung von Erdnußmehl oder Harnstoff steigerte die Futteraufnahme um 40–60% und verbesserte damit sowohl die Eiweiß- als auch die Energieversorgung der Tiere. W. Laube. 8910.

Zezula, Maria. Seasonal variations in protein and sugar content of six species of grasses, alfalfa and red clover under conditions in Central Poland. **(Jahreszeitliche Schwankungen im Eiweiß- und Zuckergehalt von 6 Arten von Gras sowie von Luzerne und Rotklee in Mittelpolen.)** VIII. int. Tierzuchtkongr. Hamburg **1961** Diskuss.-Beitr. S. 64–65. — Zus. in Franz., Dtsch.
Zusammenfassung eines Diskussionsbeitrages des Vf. zum Hauptbericht IIa. Nutritional physiology of the rumen. 8910.

Anke, M., Sasum, K., Oll, U. und Graupe, B.; Jena, Friedrich-Schiller-Univ., Inst. für Tierernähr.; Inst. für Acker- und Pflanzenbau. **Die Zusammensetzung der Luzerne auf Böden verschiedener geologischer Herkunft.** Arch. Tierernähr. **12** (1962) Nr. 2. S. 93–108. — 6 Abb., 10 Tab., 50 Lit.
Von nachstehenden geologischen Formationen: Zechstein (**I**), Keuper (**II**), Buntsandstein (**III**), Tonschiefer (**IV**), Muschelkalk (**V**), oberer Muschelkalk (**VI**), Löß (**VII**), Gips (**VIII**) und Granit (**IX**) wurden insgesamt 80 Luzerneproben analysiert. Die auf **II, V** und **VII** gewachsene Luzerne enthält infolge Mo-Mangel signifikant weniger Rohprotein. Mo-Düngung beseitigte die Mangelsymptome, erhöhte den Ertrag und steigerte den Rohproteingehalt. Im Durchschnitt aller Proben wurden 18,9 g Ca, 3,32 g Mg, 2,68 g P, 31,3 g K und 0,41 g Na/kg Tr.-Subst. ermittelt. Luzerne von **I** enthielt am meisten und solche von **III** bzw. **V** am wenigsten Mg. Die schlechteste P-Versorgung zeigte **II** (2,3 g/kg). Folgende Spurenelemente wurden im Durchschnitt analysiert (in ppm): 168 Fe, 33 Mn, 36 Zn, 34 B, 9,3 Cu, 0,69 Mo, und 0,15 Co. Luzerne von **V** enthält besonders wenig Mn. Zn wurde im Material von **I, V** und **IV** am höchsten und in **IX** am niedigsten gefunden. Wenig Cu enthielt die Luzerne von **III, IV** und **IX**. Negative Korrelationen bestanden zwischen dem P- und B-Gehalt sowie dem Mo- und Fe-Gehalt der Luzerne. Cu und B waren positiv korreliert. H. Bergner. 8910.

Anke, M. und Gruhn, K.; Jena, Friedrich-Schiller-Univ., Inst. für Tierernähr. **Der Einfluß des Molybdäns auf die Zusammensetzung der Pflanzen.** Z. landwirtsch. Versuchs- u. Untersuchungswes. 8 (1962) Nr. 4. S. 321–330. — 5 Tab., 35 Lit. Zus. in Russ., Engl.

Auf oberem Muschelkalk gewachsene sichtbar Mo-mangelkranke (**I**), normal aussehende (**II**) und mit 2 kg/ha Na_2MoO_4 gedüngte (**III**) Schwedenklee-, Rotklee- und Huflattichpflanzen wurden auf den Gehalt an Rohnährstoffen, Reineiweiß, Amiden, Aminosäuren, Mengen- und Spurenelementen untersucht. Der Rohfett- und N-fr.E-Anteil war in **I** größer als in **III**. Der Gesamt-N- und Reineiweißgehalt war in **III** am höchsten. In **III** wurde ein geringerer Anteil an Amid-N und sauren Aminosäuren sowie höhere Gesamtmengen an Arginin, Threonin, Methionin, Gesamtleucin und Phenylalanin als in **I** und **II** ermittelt. Der Ca-, Mg-, P-, Fe- und Zn-Gehalt lag in **I** höher als in **III**. Der Mo-Gehalt betrug in **I** 0,03 ppm, in **II** 0,05 –0,06 ppm und schwankte in **III** zwischen 0,37–3,23 ppm. O. Knabe. 8910.

Arnold, G. W.; Canberra, C.S.I.R.O., Div. of Plant Ind. Effects of pasture maturity on the diet of sheep. **(Wirkungen des Reifegrades von Weidefutter auf die Futterverwertung bei Schafen.)** Austral. J. agric. Res. **13** (1962) Nr. 4. S. 701–706.

Ein Kleegrasbestand (*Trifolium subterraneum* + *Phalaris tuberosa*) wurde teils geschnitten und an eingepferchte Schafe frisch verfüttert, teils abgeweidet. Der Zeitraum umfaßte Frühling und Vorsommer (10.9–23.12. 1958). Das Futter war im Dez. nahezu trocken auf dem Halm. — Die Verdaulichkeit des geschnittenen Futters war über den gesamten Zeitraum geringer als bei Weidegang. Sie nahm bei Weidegang bis Ende Okt. nur von 79 auf 76% ab, bis Ende Nov. auf 60% und bis zum Versuchsende auf 53%. Die höhere Verdaulichkeit des abgeweideten Futters wird auf die Selektion junger Triebe durch die Schafe zurückgeführt. H. Pätzold. 8910.

Dimitrov, Stefan. (Dimitrow, Stefan.) Vreme za izpolzuvane furažite kulturi v zelenija konvejer. **(Nutzungszeiten der Futterpflanzen im grünen Fließband.)** Životnovŭdstvo, Sofija **16** (1962) Nr. 2. S. 35–40. — 3 Tab.

In Feldversuchen und durch Beobachtungen bei der Fütterung der Haustiere stellte Vf. die Erträge und Vegetationszeiten der einzelnen Futterpflanzen im grünen Fließband sowie die vorteilhaftesten Termine zu ihrer Nutzung fest. N. Platikanow. 8910.

Moran, T. und Pace, J.; St.Albans, Cereals Res. Stat., Res. Assoc. of Brit. Flour Millers. A note on the amino acid composition of the protein in heather shoots. **(Eine Bemerkung über die Aminosäure-Zusammensetzung des Proteins in jungen Heidekrauttrieben.)** J. agric. Sci. **59** (1962) Nr. 1. S. 93–94. — 2 Tab., 9 Lit.

Um einen Einblick in die Qualität des Heidekrautproteins zu bekommen, untersuchten Vff. junges Heidekraut von 2 schottischen Heideländern säulenchromatographisch auf ihren Gehalt an Aminosäuren (AS). Probe A stammte von einem Heideland, das eine gute Waldhuhnpopulation unterhielt, Probe B aus einem weniger guten Waldhuhngebiet. Folgende Analysenergebnisse für die Proben A/B wurden erhalten: Rohprotein 9,6/8,9% der Tr.-Subst., Alanin 4,3/5,4, Arginin 4,1/4,7, Asparaginsäure 14,7/9,2, Cystin 1,2/1,3, Glutaminsäure 9,4/10,4, Glykokoll 3,8/5,3, Histidin 2,2/1,8, Isoleucin 3,2/4,0, Leucin 6,1/8,0, Lysin 4,6/5,4, Methionin 1,7/1,7, Phenylalanin 3,8/4,8, Prolin 3,9/4,0, Serin 3,4/4,6, Threonin 3,6/4,4, Tyrosin 2,6/3,3, Valin 4,6/5,4 g/16 g N. In bezug auf die essentiellen AS entspricht das Heidekrautprotein etwa der Qualität von Heu und hat einen höheren Lysingehalt als das Weizenkorn. J. Wünsche. 8910.

FISCHEREI

A. ALLGEMEINES

Sakovec, I. O. (Sakowez, I. O.); Kertsch. Azovo-černomorskij naučno-issledovatel'skij institut morskogo rybnogo chozjajstva i okeanografii (Azčer NIRO). **(Das Forschungsinstitut für Hochseefischerei und Ozeanographie des Asow-Schwarzmeergebietes.)** Rybnoe chozjajstvo, Moskva **36** (1960) Nr. 7. S. 35–39. — 5 Abb. 6010.

Yashouv, A.; Dor, Israel, Fish Cult. Res. Stat. The Fish Culture Research Station, Dor — general report for the year 1961. **(Die Forschungsstation für Fischzucht, Dor — allgemeiner Bericht für das Jahr 1961.)** Bamidgeh, Bull. Fish Cult. Israel **14** (1962) Nr. 1. S. 3–16. — 2 Abb., 10 Tab.
Die Station verfügte über 128 Teiche mit einer Wasserfläche von 16,615 ha. Ein Lagerhaus für Futter und Dünger wurde errichtet, das Laboratorium vergrößert und u. a. die thermostatische Einrichtung des Aquarienraumes verbessert. Neben 5 Wissenschaftlern und 8 technischen Angestellten waren 10 weitere Arbeitskräfte beschäftigt. Ferner waren 2 Wissenschaftler der Hebräischen Universität mit Spezialaufgaben betraut. Vf. nennt Erfolge und Arbeiten der chem. Abt., die sich auf Düngungsprobleme konzentrierten. Die biol. Abt. befaßte sich hauptsächlich mit der *Lernaea*-Entwicklung, der Physiologie des Laichens der Fische sowie u. a. den Problemen der Mischkulturen, dem Fischwachstum und -stoffwechsel, der Selektion und Genetik. G. Merla. 6020.

Wunder, W.; Erlangen, Univ., Zool. Inst., Teichwirtsch. Untersuchungsstelle. **Die Fische auf der DLG-Ausstellung in München vom 20.–27. Mai 1962.** Fischwirt **12** (1962) Nr. 7. S. 202–210. — 3 Abb.
In 96 Aquarien und 1 Rundbecken wurden lebende Fische vorgeführt. Neben einer Geräteschau wurden Ergebnisse von Fischleistungsprüfungen mitgeteilt und u. a. Einblicke in die Technik der künstlichen Befruchtung bei *Cyprinus carpio* sowie in die Züchtung und Kreuzung der Beschuppungstypen vermittelt. Durch Auslese hochwertigen Karpfenmaterials ist es möglich, die Leistungen um 25–33% ohne Mehraufwand zu steigern. Die meisten Aquarien dienten Wettbewerbssammlungen der Züchter. Bei der Vorprüfung wurden u. a. untersucht: Körperform, erbliche Fehler, Haut, Leber, Niere, Darm und Blut. Preisrichter bewerteten ferner Ernährungszustand, Beschuppung bzw. Bepunktung und Ausgeglichenheit der einzelnen Jahrgänge. Preise wurden vergeben für *Salmo trutta fario, S. gairdneri, Salvelinus fontinalis, Thymallus thymallus, Cyprinus carpio* und *Tinca tinca.* G. Merla. 6020.

B. BIOLOGIE DER FISCHEREILICHEN NUTZTIERE

Biologie der Fische

Gundrizer, A. N. (Gundriser, A. N.); Tomsk, RSFSR, Univ. K biologii siga Prawdina iz Teleckogo ozera i reki Bii. **(Zur Biologie der Prawdin-Maräne des Telezker Sees und des Flusses Bija.)** Izvestija Sibirskogo otdelenija Akademii nauk SSSR, Novosibirsk **1962** Nr. 3. S. 111–119. — 3 Abb., 4 Tab., 9 Lit.
Die weitgehende Isolierung der Fische des Telezker Sees von den Bewohnern anderer nahegelegener Gewässer führte im See zur Bildung eigener Formen, darunter auch einer vor kurzem erst entdeckten Maränenart — *Coregonus lavaretus pravdinellus.* Die Prawdin-Maräne ist der kleinste Vertreter der bisher in den Gewässern der UdSSR angetroffenen Salmonidenarten. Die Körperlänge der 2 bzw. 3 Jahre alten geschlechtsreifen Fische beträgt beim Männchen 13–15 cm und beim Weibchen 10–12 cm. Die Laichablage dieser Maränen beginnt vermutlich Ende Sept. und verläuft bis Anfang Okt. in den Mündungen der Nebenflüsse der Bija und in der Bija selbst. Die Anzahl der abgelegten

Eier beträgt im Durchschnitt 470 pro Weibchen. Über die wirtschaftl. Bedeutung der Prawdin-Maräne sollen weitere Untersuchungen Aufschluß geben. A. Kozianowski. 6080.

Mišarin, K. I. (Mischarin, K. I.); Irkutsk, Univ. Rybovodno-biologičeskaja ocenka čivyrkujskogo omulja na Bajkale. **(Der fischereiliche Nutzen des Tschiwyrkuisker Omuls [Coregonus autumnalis] aus dem Baikalsee.)** Rybnoe chozjajstvo, Moskva **36** (1960) Nr. 12. S. 25–26. 6080.

Einsele, W. **Zur Fischereibiologie der Äsche: Beobachtungen, Versuche, Fragen.** Österreichs Fischerei **15** (1962) Nr. 9. S. 109.
Die Äsche (*Thymallus thymallus*) findet sich nicht nur in fließenden, sondern auch in stehenden Gewässern. Im Almsee lebt eine bedeutende Population, in den Attersee wurden vor einigen Jahren Setzlinge ausgesetzt und bereits gut abgewachsene Fische gefangen. 1962 war der Erbrütungserfolg sehr schlecht. Das wird darauf zurückgeführt, daß die Äschen infolge der niedrigen Frühjahrstemperaturen erst sehr spät auf den Laichplätzen erschienen und der Laich überaltert war. W. Steffens. 6080.

Kazanova, I. I. (Kasanowa, I. I.) Biologija i promysel kil'ki v severnoj časti Baltijskogo morja. **(Biologie und Fang der Sprotte im nördlichen Teil der Ostsee.)** Trudy. Vsesojuznyj naučno-issledovatel'skij institut morskogo rybnogo chozjajstva i okeanografii (VNIRO), Moskva **42** (1960) S. 84–98. — 9 Abb., 8 Tab., 22 Lit.
Der Sprottenfang (*Sprattus sprattus*) in der UdSSR hat erst in den letzten Jahren (ab 1955) an Bedeutung gewonnen. Er wird vor allem an den Küsten der Estnischen und Lettischen SSR betrieben. Jahreszeitlich liegt der Hauptfang im Frühjahr (Mai–Juli). Die Verbreitung der Sprotte in der nördlichen Ostsee wurde während des Winters 1954/55 und des Frühjahres 1955 untersucht. Im Winter konnten keine oder nur unbedeutende Mengen Sprotten erbeutet werden. Erst im Mai/Juni waren befriedigende Fänge zu verzeichnen. Im Frühjahr hält sich die Sprotte tagsüber am Grunde in einer Tiefe von 70–80 m auf, um nachts in die oberflächlichen Wasserschichten aufzusteigen. Der 70–80 m-Abstand wird auch bei tieferem oder unebenerem Grund ziemlich streng eingehalten. Im Sommer bewohnt die Sprotte nur die oberflächlichen Schichten, um sich zu ernähren, zu laichen und danach wieder Fett anzusetzen. In dieser Zeit kann die Sprotte im Gegensatz zum Frühjahr nicht mit dem Grundschleppnetz gefangen werden. Jetzt muß der Fang mit pelagischen Netzen erfolgen. Größenmäßig unterscheiden sich die im Frühjahr gefangenen Sprotten kaum (Länge ⌀ 11,7 cm; Gewicht ⌀ 13,3 g). Altersmäßig überwiegen die zwei- und dreijährigen Sprotten bei weitem, während ein- und vierjährige nur einen unbedeutenden Anteil am Fang stellen. Der Reifegrad der Gonaden der gefangenen Sprotten ist verschieden. In den nördlichen Bezirken ist die Reifung weiter zurück als in den südlichen des Untersuchungsgebietes. Entsprechend ist auch die Laichzeit verschoben: Mitte Mai — Ende Aug. bzw. Juni — 2. Hälfte Aug. Die Eizahl bewegt sich zwischen 5867 und 34290/Tier. Eine Steigerung des Sprottenfanges in der freien See wird für möglich gehalten. A. Kosler. 6080.

Miller, Robert Rush; Ann Arbor, Mich., Univ., Museum of Zool. Variation, distribution, and ecology of Anchoviella analis, an engraulid fish from the Pacific slope of Mexico. **(Variation, Verbreitung und Ökologie von Anchoviella analis, einem Engrauliden von der Pazifikküste Mexikos.)** Copeia [Philadelphia] **1960** Nr. 3. S. 250–253. — 1 Abb., 5 Lit. 6080.

Saxena, Ram Shanker; Aligarh, India, Dharma Samaj Coll., Geol. Dep. A fossil fish from the Rajmahal Hills, India. **(Ein fossiler Fisch von den Rajmahal-Bergen, Indien.)** Sci. and Cult. [Calcutta] **28** (1962) Nr. 1. S. 38–39. — 1 Abb.

Bei dem beschriebenen Exemplar handelt es sich um das erste Fossil eines Wirbeltieres aus diesem an Pflanzenfossilien sehr reichen Gebiet. Der das Fossil enthaltende verkieselte Block wurde gespalten, so daß jede Hälfte einen Längsschnitt dieses Fisches zeigt. Das Fossil ist 130 mm lang, seine Wirbelsäule und Caudalflosse sind gut erhalten. Die Dorsalflosse besitzt 9 verzweigte Strahlen. Während die Hämalbögen, Rippen und Kiemenbögen deutlich zu erkennen sind, ist die Erhaltung der Schädelpartie nicht sehr befriedigend. Die Caudalregion enthält einige, allerdings nicht sehr deutliche Schuppen. G. Seifert. 6082.

Witt jun., Arthur; Columbia, Mo., Univ., Dep. of Zool. Length and weight of ancient freshwater drum, Aplodinotus grunniens, calculated from otoliths found in Indian middens. **(Länge und Gewicht vorzeitlicher Aplodinotus grunniens, bestimmt nach Otolithen aus indianischen Siedlungsresten.)** Copeia [Philadelphia] **1960** Nr. 3. S. 181–185. — 2 Abb., 1 Tab., 9 Lit. 6082.

Crossman, E. J.; Toronto, Ontario, Roy. Ontario Museum, Dep. of Fishes. Variation in number and asymmetry in branchiostegal rays in the family Esocidae. **(Zahlenmäßige Veränderungen und Asymmetrie der Radii branchiostegi bei der Familie der Esocidae.)** Canad. J. Zool. **38** (1960) Nr. 2. S. 363–375. — 2 Abb., 7 Tab., 2 Lit. 6085.

Picciolo, Anthony; College Park, Md., Univ., Dep. of Zool. The development of the anterior interhaemal cone of Eucinostomus argenteus Baird and Girard. **(Die Entwicklung des vorderen Interhämalzapfens von Eucinostomus argenteus.)** Copeia [Philadelphia] **1960** Nr. 1. S. 70–71. — 2 Abb., 7 Lit. 6085.

Bhattacharyya, B. N.; Calcutta, Univ., Coll. of Sci., Dep. of Zool. Observations on cranial and girdle musculature of some hill-stream fishes of Eastern and North Eastern India. **(Beobachtungen an der Muskulatur des Schädels und des Beckengürtels bei einigen Fischen der Gebirgsflüsse Ost- und Nordost-Indiens.)** Sci. and Cult. [Calcutta] **28** (1962) Nr. 1. S. 25–27. — 3 Abb., 5 Lit.

Die in hohem Grade der stark rheophilen Lebensweise angepaßte Schädel- und Gürtelmuskulatur von *Garra annandalei*, *G. gotyla*, *Pseudecheneis sulcatus*, *Glyptothorax striatum*, *Barbus putitora*, *Nemachilus shebbearie* und *N. rubicola* var. *inglisi* wurde untersucht und einer vergleichenden Betrachtung unterzogen. Die Ventralpartie ist bei allen untersuchten Species stark abgeflacht und zu einem Saugorgan umgebildet. Muskulatur und Flossen sind infolge der Fortbewegung in der starken Störmung sehr kräftig ausgebildet. *Pseudecheneis* und *Glyptothorax* besitzen neben dem Musculus retractor mesio ventralis pectoralis beiderseits einen von diesem getrennten Muskelstreifen. Er erhält den Namen Musculus retractor mesio ventralis basipterygiale. Ursprung, Verlauf und Insertion dieses neuen Muskels werden dargestellt und beschrieben. G. Seifert. 6085.

Saxena, Subhash Chandra; Delhi, Univ., Zool. Dep. The cranial musculature of a hill-stream cyprinid fish Garra mullya (Sykes). **(Die Schädelmuskulatur von Garra mullya.)** Proc. nat. Inst. Sci. India, Part B **26** (1960) Nr. 4. S. 176–188. — 6 Abb., 16 Lit. 6085.

Rosen, Donn Eric und Mendelson, Joan R.; Gainesville, Fla., Univ., Florida State Museum, Dep. of Biol.; Bloomington, Ind., Univ. The sensory canals of the head in poecillid fishes (Cyprinodontiformes), with reference to dentitional types. **(Die Sinneskanäle des Kopfes von Poeciliiden (Cyprinodontiformes), mit Berücksichtigung der Zahntypen.)** Copeia [Philadelphia] **1960** Nr. 3. S. 203–210. — 4 Abb., 3 Lit. 6085.

Matty, A. J.; Nottingham, Univ., Dep. of Zool. The pituitary of Myxine glutinosa. **(Die Hypophyse von Myxine glutinosa.)** Nature [London] **185** (1960) Nr. 4707. S. 180–181. 6085.

Al-Gauhari, A. E. I.; Cairo, Ain Schams Univ., Fac. of Sci., Dep. of Zool. The morphology of the pancreas in teleostei with special reference to the nile-fish Clarias lazera (C. & V.). **(Die Morphologie des Pankreas der Teleostei mit besonderer Berücksichtigung von Clarias lazera.)** Zool. Anz. **165** (1960) Nr. 1/2. S. 63-70. — 7 Abb., 17 Lit. 6085.

Stolk, A.; Amsterdam, Free Univ., Dep. of Histol. Visceral and vascular transposition in the viviparous toothcarp Xiphophorus maculatus (Wagtail strain). **(Viscerale und vasculäre Umkehrung beim lebendgebärenden Zahnkarpfen Xiphophorus maculatus [Wagtail-Rasse].)** Experientia [Basel] **18** (1962) Nr. 6. S. 284. — 1 Lit.
Von der Wagtail-Rasse des *X. maculatus* hatten 45% der untersuchten Tiere einen Situs inversus viscerum, eine spiegelbildliche Umkehrung der Lage der Eingeweide, gegenüber 37% bei der von Baker-Cohen geprüften Fury-Rasse der gleichen Fischart. Eine Umkehrung der Asymmetrie der unpaaren Vena jugularis inf. ist bei 10–25% der Fische nahezu aller Rassen der Arten *X. helleri*, *X. pygmaeus* und *X. maculatus* in Verbindung mit dem S. i.v. vorhanden. M. Hegemann. 6085.

Holmgren, Uno; Uppsala, Univ., Zool. Inst.; Cambridge, Mass., Harvard-Univ., Biol. Lab. On the Urophysis spinalis and the caudal neurosecretory system of teleost fishes. **(Über die Urophysis spinalis und das kaudale neurosekretorische System der Teleosteer.)** Zool. Anz. **165** (1960) Nr. 3/4. S. 77–83. — 5 Abb., 22 Lit. 6085.

Holt, Ramona Denton; Lolo, Mont., Montana State Coll., Dep. of Zool. and Entomol. Comparative morphometry of the mountain whitefish, Prosopium williamsoni. **(Vergleichende Morphometrie von Prosopium williamsoni.)** Copeia [Philadelphia] **1960** Nr. 3. S. 192–200. — 1 Abb., 2 Tab., 8 Lit. 6085.

Kuličenko, N. I. (Kulitschenko, N. I.); Moskau, Sewerzow-Inst. für Tiermorphol. der Akad. der Wiss. der UdSSR. Količestvo krovi i gemoglobina u pelagičeskich i donnych morskich ryb. **(Blut- und Hämoglobinmenge bei pelagischen und Grundfischen.)** Žurnal obščej biologii, Moskva **21** (1960) Nr. 1. S. 64–66. — 1 Tab., 4 Lit. Zus. in Engl.
Die Blutzusammensetzung ist bei Fischen gleicher Lebensweise ähnlich und unterscheidet sich bei Arten, die unter verschiedenen Bedingungen leben. So haben pelagische Fische mit großer Beweglichkeit (*Scomber scombrus*, *Trachurus trachurus*) einen höheren Hb-Gehalt und eine größere Erythrocytenzahl als Grundfische (*Rhombus maeoticus*, *Pleuronectes flesus*, *Mesogobius batrachocephalus*, *Neogobius melanostomus*, *Trigla lucerna*). W. Strack. 6085.

Rybak, B.; Caen, Univ., Lab. of Zoophysiol. A pale hag-fish. **(Ein Exemplar von Myxine glutinosa mit Hämoglobinmangel.)** Nature [London] **185** (1960) Nr. 4715. S. 777–778. — 3 Lit. 6085.

Follenius, Ernest und Porte, Almé. Étude du noyau préoptique de la perche (Perca fluviatilis L.) au microscope électronique. **(Elektronenmikroskopische Studien am Nucleus praeopticus des Flußbarsches [Perca fluviatilis].)** C. R. hebd. Séances Acad. Sci. **254** (1962) Nr. 5. S. 930–932. — 4 Abb., 11 Lit.
Die Regulation der neurosekretorischen Aktivität in Abhängigkeit von äußeren Stimuli, wie sie bei höheren, aber auch bei niederen Wirbeltieren anschaulich gemacht wurde, wirft die Frage nach dem Vorhandensein axoneuraler Verbindungen im Nucleus praeopticus auf. In den Neuronen des Nucleus praeopticus des Flußbarsches zeigt das Cytoplasma zwei distinkte konzen-

trische Zonen. Die periphere Zone enthält zahlreiche ergastoplasmatische Zisternen, die einen schwach osmiophilen Inhalt haben. Sie entsprechen den Nissl'schen Schollen. Das Ergastoplasma ist bes. stark an dem dem Abgang des Axons entgegengesetzten Zellpol angehäuft.. Die Konfluenz ergastoplasmatischer Zisternen führt zur Bildung der in der klassischen Mikroskopie beschriebenen Vakuolen. Die Zentralzone weist kleinere Ergastoplasmasäcke auf, deren Form mehr tubulär und oft blasig wirkt. Das stark granulierte Cytoplasma enthält längliche Mitochondrien. Die neurosekretiven Granula entstehen in der Zentralzone des Cytoplasmas. Sie sind im Zellzentrum an den Golgiapparat angelagert, der netzförmig organisiert ist und als Ort der Sekretbildung angesehen werden kann. Die Sekretkörnchen sind im Mittel 1150 Å groß. Sie erfahren während ihrer intraxonalen Wanderung keinerlei Größenzunahme. Das Vorhandensein zahlreicher axoneuraler Synapsen zeigt, daß die neurosekretorischen Neurone in Verbindung mit anderen Teilen des Nervensystems stehen und daß äußere Stimuli entweder auf die Regulation der Neurosekretion wirken oder weiter nach der Hypophyse geleitet werden.
E. Amlacher. 6085.

Mahon, Elizabeth F., Hoar, W. S. und Tabata, Sachiko; Vancouver, Brit. Columbia, Univ., Dep. of Zool. Histophysiological studies of the adrenal tissues of the goldfish. **(Histophysiologische Studien am Nebennierengewebe des Goldfisches.)** Canad. J. Zool. **40** (1962) Nr. 3. S. 449–464. — 28 Abb., 2 Tab., 36 Lit.
Nach der Behandlung von Goldfischen (*Carassius auratus*) mit hoher Letaltemperatur (34°–36 °C), nach scharfer Abkühlung auf 1°–2 °C und nach Injektion von ACTH und physiol. Kochsalzlösung sind Veränderungen in der Cytologie der Nebenniere beobachtet worden. Zwischen den interrenalen (kortikalen) und chromaffinen (medullaren) Zellen deutet sich ein Zusammenhang an. Histochem. Tests zeigen sudanophile und -phobe Granula, Golginetz und Ascorbinsäure in den interrenalen Zellen an. Verschiedene Funktionsstadien der interrenalen Zellen haben unterscheidbare Kerntypen. ACTH verändert die Granulation der interrenalen Zellen nicht, hat jedoch eine Verdichtung des Cytoplasmas im Gefolge. Die chromaffinen Zellen der ACTH-Fische lassen ebenfalls merkliche Veränderungen erkennen. Die NaCl-Injektionen hatten nur geringe Wirkung. Hohe Temperaturen bewirken ein Verschwinden der Granula in großen Gebieten der Interrenalzellen und Veränderungen an den Chromzellen. Vff. nehmen an, daß plötzliche Hitzeeinwirkung zur Sekretausschüttung führt und daß der Tod eintritt, ehe sich die Zellen anpassen können. Die Kältewirkung ist weniger extrem. Wahrscheinlich ist hier aber nur die Zeit bis zur Aktivierung länger. M. Hegemann. 6085.

Ali, M. A.; Montréal, Quebec, Univ., Dep. de Biol. Histophysiological studies on the juvenile Atlantic salmon (Salmo salar) retina. II. Responses to light intensities, wavelengths, temperatures, and continuous light or dark. **(Histophysiologische Untersuchungen an der Retina juveniler Atlantischer Lachse [Salmo salar]. 2. Mitt. Reaktionen auf Lichtintensitäten, Wellenlängen, Temperaturen und dauernde Beleuchtung oder Dunkelheit.)** Canad. J. Zool. **39** (1961) Nr. 4. S. 511–526. — 4 Abb., 22 Lit. 1. Mitt. vgl. LZ. Abt. III 7 (1962) Nr. 4. S. 867.
Die Veränderungen des Retina-Pigments und der Zapfenschicht von einjährigen Lachsen wurden untersucht, nachdem die Fische unterschiedlicher Lichtintensität bei verschiedener Wellenlänge und unterschiedlicher Temperatur oder dauernder Dunkelheit bzw. dauernder Helligkeit ausgesetzt waren. Das sichtbare Spektrum reicht beim einjährigen Lachs von 3640 Å-6900 Å. Die Adaptionszustände, gemessen an der Stärke der fixierten Schichten der Retina unter den verschiedenen Versuchsbedingungen, werden angegeben.
G. Seifert. 6085.

Kuindži, N. N. (Kuindshi, N. N.); Moskau, Erisman-Inst. für Hyg., Abt. für Ernährungshyg. Soderžanie askorbinovoj kisloty v nekotorych vidach ryb Obskogo bassejna. **(Gehalt an Ascorbinsäure in einigen Fischarten des Ob-Bassins.)** Voprosy pitanija, Moskva **21** (1962) Nr. 3. S. 83–84.

Da die eingeborene Bevölkerung der Jamal-Halbinsel sich vorwiegend von Renntier- und Fischfleisch ernährt, wurde im Jahre 1960 die Muskulatur zweier nördlicher Fischarten des Ob-Beckens chem. untersucht und ihr Ascorbinsäuregehalt bestimmt. Beim Muksun (*Coregonus muksun*) konnte in 13 Proben ein mittlerer Ascorbinsäuregehalt von 3,54 und beim Tschokur (*C. nasu*) in 9 Proben ein solcher von 3,84 mg% nachgewiesen werden.
A. Kozianowski. 6085.

Ėpštejn, Ja. A., Avetikjan, B. G., Lavrovskaja, N. F., Rogožnikova, V. M. und Artemova, A. G. (Epstein, Ja. A., Awetikjan, B. G., Lawrowskaja, N. F., Rogoshnikowa, W. M. und Artjomowa, A. G.); Leningrad, Forsch.-Inst. für Binnenfischerei der Staatl. Plankommiss. der RSFSR; Inst. für Exp. Med. der Akad. der Med. Wiss. der UdSSR. Biochimičeskie sdvigi v organizme karpa, vyzvannye vvedeniem antigenov. **(Die biochemischen Veränderungen im Karpfenorganismus, die durch Einführung von Antigenen bewirkt werden.)** Biochimija, Moskva **25** (1960) Nr. 3. S. 427–435. – 3 Abb., 7 Tab., 23 Lit. Zus. in Engl.

Die parenterale Einführung von Pferdeserum oder Schaferythrozyten hatte beim Karpfen (*Cyprinus carpio*) keine spez. immunologische Reaktion zur Folge. Einige biochem. Veränderungen, z. B. in der Funktion der Leber und im Blutserum, wurden jedoch registriert. Die Fraktion II des Leberproteins und die Lipoalbuminfraktion des Blutserums erhöht sich z. B.
H.-W. Hattop. 6085.

Altuchov, Ju. P. (Altuchow, Ju. P.); Karadag, Aserbaidshan.SSR, Biol. Stat. der Akad. der Wiss. der Ukrain.SSR. Issledovanie teploustojčivosti izolirovannych myšc „krupnoj" i „melkoj" stavridy Černogo morja. **(Untersuchung der Wärmebeständigkeit isolierter Muskeln der „großen" und der „kleinen" Schwarzmeerstöcker.)** Citologija, Moskva **4** (1962) Nr. 1. S. 72–73. – 1 Abb., 7 Lit.

Es wurde das Verhalten des Musculus ventralis posterior gegenüber hohen Temperaturen nach der von Uschakow, Kussakina und Altuchow, beschriebenen Methode untersucht. Die Arbeit diente der Klärung der Frage, in welchem Maße sich die kleinen und großen Stöcker (*Trachurus spec.*) des Schwarzen Meeres voneinander unterscheiden. Es zeigte sich, daß die Wärmebeständigkeit der großen Stöcker größer war (11,6 Min. bei 36°) als die der kleinen Stöcker (6,0 bis 6,1 Min. bei 36°). Entstprechend den von anderen poikilothermen Organismen vorliegenden Angaben gestatten die bei den Stöckern ermittelten Unterschiede die Auslegung, daß es sich bei den beiden Fischen um systematisch verwandte, aber doch 2 verschiedene Arten handelt.
G. Predel. 6085.

Kamšilov, M. M. (Kamschilow, M. M.) O „sistemnom" i „kletočnom" prisposoblenii. **(Über die „systemische" und „zelluläre" Anpassung.)** Trudy Murmanskogo morskogo biologičeskogo instituta, Moskva – Leningrad **2(6)** (1960) S. 226–235. – 9 Abb., 1 Tab., 13 Lit.

Auf Grund von Untersuchungen der Thermostabilität des Gewebes poikilothermer Organismen kam Uschakow zu der Ansicht, daß es grundsätzlich 2 verschiedene Wege bei der Herausbildung der Arten gibt: Einmal durch Veränderung des Eiweißsubstrates der Zellen und zum anderen durch Reaktion des gesamten Organismus. Vf. setzt sich mit dieser Meinung kritisch auseinander und kommt zu der Ansicht, daß die Vorstellungen Uschakows nicht richtig sind, weil sie nicht durch biologische Fakten bestätigt werden.

Veränderungen in der Thermostabilität können nicht auf Teile des Organismus beschränkt bleiben, sondern beeinflussen ihn auch insgesamt.
G. Predel. 6085.

Whittam, R. und Guinnebault, M.; New York, Columbia Univ., Coll. of Physicians and Surgeons, Dep. of Neurol. The efflux of potassium from electroplaques of electric eels. **(Die Abgabe von Kalium aus den elektrischen Platten von Zitteraalen.)** J. gen. Physiol. **43** (1960) Nr. 6. S. 1171–1191. — 8 Abb., 3 Tab., 27 Lit.
An isolierten, elektrischen Platten von *Electrophorus electricus* wurde die Wanderung markierten Kaliums durch die innervierte Seite der Platten beobachtet. Die Entladung der elektrischen Platten ist mit einer schwachen K-Abgabe verbunden. Wahrscheinlich ist diese K-Abgabe eine allg. Begleiterscheinung von bioelektrischen Strömen. D. Barthelmes. 6085.

Ryžkov, L. P. (Ryshkow, L. P.); Sewan, Hydrobiol. Stat. der Akad. der Wiss. der Armen.SSR. Sutočnyj ritm intensivnosti potreblenija kisloroda u ličinok i mal'kov sevanskich forelej. **(Der Tagesrhythmus der Intensität des Sauerstoffverbrauches bei Larven und Brut der Sewan-Forelle.)** Isvestija Akademii nauk Armjanskoj SSR, Erevan **13** (1960) Nr. 12. S. 3–12. — 7 Abb., 13 Lit. Orig.: russ., Ausz.: armen. 6085.

Botsch, Dieter; Münster, Univ., Zool. Inst. **Dressur- und Transpositionsversuche bei Karauschen (Carassius, Teleostei) nach partieller Exstirpation des Tectum opticum.** Z. vergleich. Physiol. **43** (1960) Nr. 2. S. 173–230. — 27 Abb., 9 Tab., 66 Lit. 6085.

Whitmore, Cecil M., Warren, Charles E. und Doudoroff, Peter; Corvallis, Oreg., Oregon State Coll., Pacific Cooperative Water Pollution and Fisheries Res. Lab. Avoidance reactions of salmonid and centrarchid fishes to low oxygen concentrations. **(Meidereaktionen von Salmoniden und Centrarchiden gegenüber niedrigen Sauerstoffkonzentrationen.)** Trans. Amer. Fisheries Soc. **89** (1960) Nr. 1. S. 17–26. — 1 Abb., 3 Tab., 10 Lit. 6085.

Barsukov, V. V. (Barsukow, W. W.); Leningrad, Zool. Inst. der Akad. der Wiss. der UdSSR. Sposobny li ryby k aktivnomu poletu ? **(Sind Fische fähig, aktiv zu fliegen ?)** Priroda, Moskva **51** (1962) Nr. 6. S. 101–102. — 2 Abb.
In südamer. Binnengewässern leben Fische der Gattung *Carnegiella, Gasteropelecus* und *Thoracocharax*, die die Fähigkeit besitzen, aktiv in der Luft zu fliegen. Allerdings können sie während des Flieges keine Korrektur der Flugrichtung vornehmen. Die Fische sind 9–10 cm groß, die Flugstrecke beträgt etwa 3 bis 5 m. Als spez. Anpassung besitzen die Fische vergrößerte und verknöcherte Brustflossen und einen bes. für die Flugfähigkeit umgebildeten Schultergürtel. Zum Antrieb der „Flügel“ dient ein erheblicher Teil der Muskulatur, die 25% des gesamten Körpergewichtes beträgt. Auch in südafrik. Binnengewässern lebt ein Fisch, *Pantodon buchholzi*, der anatomisch den vorher beschriebenen ähnlich ist und ebenfalls die Fähigkeit zum aktiven Flug hat. G. Predel. 6085.

McAllister, D. E.; Ottawa, Nat. Museum. A simple clamp to aid in counting fin rays. **(Eine einfache Klammer als Hilfe beim Zählen von Flossenstrahlen.)** Copeia [Philadelphia] **1960** Nr. 3. S. 250. — 1 Abb. 6085.

Hitz, Charles R.; Seattle, Wash., U.S. Bureau of Commercial Fisheries, Branch of Exploratory Fishing. Seasons of birth of rockfish (Sebastodes spp.) in Oregon coastal waters. **(Laichzeiten der Sebastodes-Arten in Küstengewässern von Oregon.)** Trans. Amer. Fisheries Soc. **91** (1962) Nr. 2. S. 231–233. — 1 Abb., 12 Lit.
Die pazifischen *Sebastodes*-Arten sind ovovivipar, über den Zeitpunkt der Freilassung der Embryonen durch die reifen Weibchen ist bisher wenig bekannt.

Zwischen dem 24. Apr. und dem 16. Mai 1961 wurden durch systematische Fänge 13 *Sebastodes*-Arten vor Newport, Oregon, gefangen und auf ihren Reifezustand untersucht. 4 Arten waren selten, unter ihnen enthielten die Weibchen von *S. ruberrimus* und *S. zacentrus* Embryonen, *S. paucispinus* und *S. pinniger* befanden sich im Übergangsstadium. Von den häufigen Arten enthielten *S. brevispinus*, *S. diploproa*, *S. eleongatus* und *S. rubrivinctus* Embryonen, wobei *S. rubrivinctus* zur Untersuchungszeit im Ablaichen war und die Laichzeit der anderen Arten im späten Frühjahr bzw. Sommer zu liegen schienen. *S. alatus*, *S. crameri*, *S. entomelas*, *S. flavidus* und *S. saxicola* hatten wahrscheinlich im Winter gelaicht und befanden sich im Übergangsstadium. J. Waldmann. 6090.

Botros, Guirgis A.; Kiel, Univ., Inst. für Meereskunde. **Die Fruchtbarkeit des Dorsches (Gadus morhua L.) in der westlichen Ostsee und den westnorwegischen Gewässern.** Kieler Meeresforsch. 18 (1962) Nr. 1. S. 67–80. — 6 Abb., 3 Tab., 19 Lit.

Vf. führte Eizählungen an Dorsch bzw. Kabeljau aus der Kieler Bucht (71 Stck., 40–95 cm Länge) und aus den Gewässerun bei Bergen (49 Stck., 61–100 cm) durch. Beim Ostseedorsch wurden Eizahlen von 0,2–7 Mill., beim norwegischen Kabeljau von 0,9–8,5 Mill. gefunden. Die Fruchtbarkeit kann bei gleicher Länge und gleichem Gewicht um das 2–3fache variieren. Als bester Ausdruck der Fruchtbarkeit wurde die Relation Eizahl/Gewicht gefunden. Norwegische See: Die Eiproduktion fängt bei den Erstlaichern (4 Jahre alt) mit 728000/kg an und steigt bei zunehmendem Alter und zunehmender Größe auf 850000/kg. Westliche Ostsee: Erstlaicher (mit 3 Jahren) 512000/kg, Erhöhung auf 790000/kg. Ein Kapitel beschäfitgt sich bes. mit den Berechnungsmethoden. F.-K. Löwe. 6090.

Petrova, E. G. (Petrowa, Je. G.) O plodovitosti i sozrevanii Baltijskogo šprota. **(Über Fruchtbarkeit und Reifung der Ostseesprotte.)** Trudy. Vsesojuznyj naučno-issledovatel'skij institut morskogo rybnogo chozjajstva i okeanografii (VNIRO), Moskva **42** (1960) S. 99–108. — 3 Abb., 5 Tab., 14 Lit.

Die Laichperiode der Sprotte (*Sprattus sprattus*) dauert im Mittel 3–3,5 Mon. (Mai – Anfang Aug.). Sie kann je nach Umweltbedingungen und Witterung verlängert bzw. verkürzt sein. Im Herbst und Winter befinden sich die Gonaden im II. Reifestadium. Im Frühjahr beginnt in Abhängigkeit von Temperatur und Nahrungsbedingungen das Wachstum der Oozyten. Dabei bilden sich einzelne „Portionen" verschiedenen Reifegrades aus. Nach dem Ablaichen der einen Portion reifer Oozyten geht das Heranreifen der nächsten vor sich. In den südlicheren Meeresteilen geht die Erwärmung des Wassers und die Entwicklung des Planktons schneller vor sich, entsprechend entwickeln sich die Oozyten. Für das portionsweise Laichen der Sprotte sprechen: die mikroskopische Untersuchung der Gonaden, die verschiedene Gruppen von Oozyten erkennen läßt, die Variationskurven, die das Wachstum der Oozyten bei der Eireifung veranschaulichen und die Größe der Reifekoeffizienten im Verlauf der Laichperiode. Von der Größe des Wohnbezirkes, den Umweltbedingungen und der Größe des Fisches hängt die Fruchtbarkeit der Ostseesprotte nach Meinung des Vf. ab., denn in den südlicheren Bezirken ist die Oozytenzahl etwas größer als in den nördlichen. Statistische Berechnungen wurden nicht angewandt. A. Kosler. 6090.

Krivobok, M. N. und Tarkovskaja, O. I. (Kriwobok, M. N. und Tarkowskaja, O. I.) Opredelenie srokov nerestovych migracij salaki na osnovanii izučenija ee žirovogo obmena. **(Die Bestimmung der Zeitpunkte der Laichwanderungen des Strömlings auf Grund des Studiums seines Fettstoffwechsels.)** Trudy. Vsesojuznyj naučno-issledovatel'skij institut morskogo rybnogo

chozjajstva i okeanografii (VNIRO), Moskva **42** (1960) S. 171–188. — 3 Abb., 12 Tab., 27 Lit.
Im Juni, Sept. und Dez. 1956 und Apr. und Juni 1957 wurden aus der Rigaer Bucht und den angrenzenden Teilen der Ostsee verschiedene Proben von Strömlingen (*Clupea harengus membras*) auf ihren Fettgehalt untersucht. Gleichzeitig wurden Wasser-, Eiweiß-, Glykogen- und Aschegehalt der Tiere bestimmt. Zunächst konnte eine umgekehrte Proportionalität zwischen Fettgehalt und Wachstumstätigkeit festgestellt werden: je besser der Fisch abwächst, desto geringer ist der prozentuale Fettgehalt des ganzen Tieres. Dies gilt sowohl jahreszeitlich als auch regional gesehen, denn die Strömlinge des Finnischen Meerbusens und der Rigaer Bucht sind i. allg. fetter und kleiner als ihre Verwandten in den südlicheren Bezirken der Ostsee. Enge Beziehungen bestehen auch zwischen Fettgehalt und Reifegrad der Gonaden und der Geschlechtsreife der Tiere. Zu Beginn des Reifeprozesses steigt der Fettgehalt schnell, um ab V. Reifestadium wieder abzusinken und nach dem Ablaichen ein Minimum zu erreichen. Zwischen den ökol. Gruppen bestehen auch hier Unterschiede. Strömlinge der freien Ostsee haben immer einen durchschnittl. niedrigeren Fettgehalt als die einheimischen Tiere der Rigaer Bucht. Diese Tatsache kann zur Trennung der einzelnen Gruppen benutzt werden. Der Fettgehalt ist eine Kraftreserve für den Laichvorgang, der erhebliche Energien erfordert. Unabhängig von der Größe des Fisches ist der Fettgehalt/g Eier gleichen Reifestadiums immer gleich. Die festgestellten Veränderungen des Fettstoffwechsels während der Reifung der Geschlechtsprodukte sind nicht nur auf die Gonaden beschränkt, sondern der ganze Körper nimmt daran teil, was aus getrennten Untersuchungen von Eingeweiden, Gonaden und dem ausgeweidetem Tier hervorgeht. Unreife Strömlinge gleicher Größe wie reife Tiere weisen einen niedrigeren Fettgehalt auf. Für den Beginn des Wachstums der Geschlechtsorgane scheint also ein gewisser Fettgehalt erforderlich zu sein. A. Kosler. 6090.

Bogdanov, G. A. (Bogdanow, G. A.); Moskau, Sewerzow-Inst. für Tiermorphol. der Akad. der Wiss. der UdSSR. Izmenenija faktora žirnosti belomorskoj sel'di v svjazi s sostojaniem polovych produktov. **(Veränderung des Fettgehaltes der Weißmeerheringe in Abhängigkeit vom Zustand der Geschlechtsprodukte.)** Doklady Akademii nauk SSSR, Moskva **144(30)** (1962) Nr. 3. S. 652–655. — 3 Abb., 4 Tab., 11 Lit.
Von der Fettakkumulation hängt auch die Entwicklung der Geschlechtsprodukte bis zum Stadium IV ab. Fettanreicherung und Reifung erfolgen bei den männl. Heringen (*Clupea harengus*) schneller als bei den weibl., jedoch wurde kein Zusammenhang zwischen Reifegrad und Fettgehalt bei Vorlaichheringen festgestellt. Die Entwicklung der Gonaden wird durch den Fettgehalt beeinflußt. Die Unterschiede in der Geschwindigkeit der Fettakkumulation bei Männchen und Weibchen führen dazu, daß bei guten Nahrungsbedingungen meistens alle Weibchen laichreif werden, bei schlechten Nahrungsbedingungen ein bedeutender Teil der Weibchen bis zur Laichzeit nicht reif wird und dementsprechend in den Populationen auf den Laichplätzen rel. weniger Weibchen vorhanden sind als auf den Nahrungsgründen.
G. Predel. 6090.

Bonham, Kelshaw; Seattle, Wash., Univ., Lab. of Radiation Biol. Note on sharks from Rongelap Atoll, Marshall Islands. **(Bemerkung über Haie des Rongelap-Atolls, Marshall-Inseln.)** Copeia [Philadelphia] **1960** Nr. 3. S. 257. — 1 Lit. 6090.

Petrenko, I. N. und Karasikova, A. A. (Petrenko, I. N. und Karassikowa, A. A.) Ispol'zovanie pokazatelej aminokislotnogo kompleksa salaki pri sostavlenii kratkosročnych prognozov ee ulovov. **(Die Ausnutzung der Merkmale des Aminosäurekomplexes des Strömlings für die Aufstellung kurzfristiger**

Fangprognosen.) Trudy. Vsesojuznyj naučno-issledovatel'skij institut morskogo rybnogo chozjajstva i okeanografii (VNIRO), Moskva **42** (1960) S. 189–194. – 4 Abb., 2 Tab., 13 Lit.

Vff. untersuchten bei Strömlingen (*Clupea harengus membras*) aus der Rigaer Bucht den Gehalt an verschiedenen Aminosäuren in Muskulatur und Gonaden und die Veränderungen während der einzelnen Reifungsstadien, getrennt nach Geschlechtern. Bei beiden Geschlechtern werden zum Aufbau der Geschlechtsprodukte vor allem die Aminosäuren der Muskulatur verwendet, denn einer Erhöhung des Gehaltes einer bestimmten Aminosäure in den Gonaden entspricht eine Erniedrigung in der Muskulatur. Die Milchner enthalten im II. Reifestadium in ihren Gonaden nur einige unersetzbare Aminosäuren: Lysin, Histidin, Arginin, Methionin und Tryptophan. Die Rogner enthalten außerdem noch Threonin. Im IV. und V. Stadium der Reife sind nahezu alle Aminosäuren (ersetzbare und unersetzbare) nachzuweisen. Für das bevorstehende Laichen ist die schnelle Abnahme des Arginins in der Muskulatur der Rogner und des Tyrosins in den Gonaden der Milchner im IV. und V. Reifestadium charakteristisch und könnte zur Fangprognose benutzt werden.
A. Kosler. 6090.

Hubbs, Clark und Delco jun., Exalton A.; Austin, Tex., Univ. Mate preference in males of four species of gambusiine fishes. **(Gattenwahl bei Männchen von vier Gambusia-Arten.)** Evolution [Lancaster] **14** (1960) Nr. 2. S. 145–152. – 5 Tab., 13 Lit. 6090.

Winn, Howard E. und Picciolo, Anthony R.; College Park, Md., Univ., Dep. of Zool. Communal spawning of the glassy darter Etheostoma vitreum (Cope). **(Gemeinschaftliches Laichen von Etheostoma vitreum.)** Copeia [Philadelphia] **1960** Nr. 3. S. 186–192. – 3 Abb., 2 Lit. 6090.

Kramer, Robert H. und Smith jun., Lloyd L.; St.Paul, Minn., Univ., Dep. of Entomol. and Econ. Zool. Utilization of nests of largemouth bass, Micropterus salmoides, by golden shiners, Notemigonus crysoleucas. **(Benutzung der Nester von Micropterus salmoides durch Notemigonus crysoleucas.)** Copeia [Philadelphia] **1960** Nr. 1. S. 73–74. – 1 Lit. 6090.

Hubbs, Clark; Austin, Tex., Univ., Dep. of Zool. Duration of sperm function in the percid fishes Etheostoma lepidum and E. spectabile, associated with sympatry of the parental populations. **(Dauer der Spermafunktion bei den Perciden Etheostoma lepidum und E. spectabile verbunden mit der Sympatrie der Elternpopulationen.)** Copeia [Philadelphia] **1960** Nr. 1. S. 1–8. – 2 Abb., 36 Lit. Vgl. LZ. Abt. III **4** (1959) Nr. 6. S. 1247. 6090.

Volodin, V. M. (Wolodin, W. M.) Vlijanie temperatury i pH na embrional'noe razvitie nalima. **(Der Einfluß von Temperatur und pH-Wert auf die Embryonalentwicklung von Lota lota.)** Bjulleteń Instituta biologii vodochranilišč. Akademija nauk SSSR, Moskva **1960** Nr. 7. S. 26–30. 6090.

Volodin, V. M. (Wolodin, W. M.) Vlijanie temperatury i rastvorennoj uglekisloty na ėmbrional'noe razvitie lešča. **(Der Einfluß von Temperatur und Sauerstoffgehalt auf die Embryonalentwicklung von Abramis brama.)** Bjulleteń Instituta biologii vodochranilišč. Akademija nauk SSSR, Moskva **1960** Nr. 7. S. 31–34. 6090.

Pozdnjakov, Ju. F. (Posdnjakow, Ju. F.) Materialy o razvitii mojvy Barenceva morja. **(Beiträge zur Entwicklung der Lodde der Barents-See.)** Trudy Murmanskogo morskogo biologičeskogo instituta, Moskva – Leningrad **2(6)** (1960) S. 211–225. – 6 Abb., 6 Tab., 25 Lit.

Untersucht wurden Ei-, Embryonal- und Larvenentwicklung der Lodde (*Mallotus villosus villosus*) aus der Barents-See, weil bisher hierüber nur spärliches Material vorlag. Zu diesem Zweck wurden Eier künstlich befruchtet und unter Laboratoriumsbedingungen aufgezogen. Die Aufzucht erfolgte in Gläsern bei diffusem Licht in schwach strömendem Meerwasser. Temperatur-, Salzgehalts- und O_2-Gehaltswerte sind angeführt. Es gelang, die einzelnen Entwicklungsstadien zu beobachten, und zwar einschließlich der Larvenentwicklung. Die weitere Aufzucht scheiterte daran, daß keine geeignete Nahrung gefunden werden konnte. G. Predel. 6090.

Balon, Eugeniusz K.; Bratislava, Pobočka Československej Akad. Pôdohospodárských Vied, Lab. Rybářstva. Opis vývoja vajičok lieňa oplodnených spermiou karasa obyčajného (Tinca tinca L. × Carassius carassius L.). **(Beschreibung der Ei-Entwicklung der Schleie [Tinca tinca], befruchtet mit Sperma der Karausche [Carassius carassius].)** Pol'nohospodárstvo 8 (1961) Nr. 9. S. 685–689. — 2 Abb., 7 Lit. Zus. in Russ., Engl.

Die Eier des Arthybriden Schleie ♀ × Karausche ♂ aus der Donau entwickelten sich nur zu Beginn der Organogenese. In Untersuchungen der sowjet. Forscher Kasanski und Nikoljukin wurde eine nur geringe Lebensfähigkeit dieses Hybriden, d. h. ein nur wenige Tage dauerndes Überleben der Brut, festgestellt. F. Svoboda. 6090.

Abakumov, V. A. (Abakumow, W. A.) Lokal'noe narušenie reproduktivnoj izoljacii meždu lososem i kumžej. **(Die lokale Durchbrechung der Trennung in der reproduktiven Phase zwischen Lachs und Meerforelle.)** Trudy. Vsesojuznyj naučno-issledovatel'skij institut morskogo rybnogo chozjajstva i okeanografii (VNIRO), Moskva **42** (1960) S. 167–170. — 2 Tab., 6 Lit.

Vf. beschreibt Hybriden zwischen Lachs (*Salmo salar*)und Meerforelle (*Salmo trutta*) in Gegenüberstellung zu den Stammarten. Derartige Hybriden sind im Ostseegebiet häufiger anzutreffen, da in vielen Flüssen sowohl Lachs als auch Meerforelle laichen. Es werden nur meristische Merkmale verglichen, da eine eingehendere Untersuchung der Biologie der Bastarde fehlt. Danach nehmen die Bastarde eine Mittelstellung zwischen beiden Arten ein. Ein eingehendes Studium der Hybriden ist erforderlich. A. Kosler. 6090.

Patten, Benjamin G.; Seattle, Wash., U.S. Bureau of Commercial Fisheries, Biol. Lab. A high incidence of the hybrid Acrocheilus alutaceum × Ptychocheilus oregonense. **(Häufiges Auftreten des Hybriden Acrocheilus alutaceum × Ptychocheilus oregonense.)** Copeia [Philadelphia] **1960** Nr. 1. S. 71–73. — 1 Abb., 1 Tab., 3 Lit. 6090.

Duyvené de Wit, J. J.; Univ. of the Orange Free State, Dep. of Zool. Hybridization experiments in acheilognathine fishes (Cyprinidae, Teleostei). The interspecific hybrids between Acheilognathus lanceolatus and Acheilognathus tabira. **(Kreuzungsversuche bei Fischen der Gattung Acheilognathus. Die Zwischenartbastarde von A. lanceolatus × A. tabira.)** Canad. J. Zool. **40** (1962) Nr. 3. S. 421–424. — 10 Abb., 2 Tab., 12 Lit.

Aus beiden möglichen (künstlichen) Kreuzungskombinationen wurden sterile Bastarde erhalten. Hochzeitsfärbung und Laichausschlag traten bei den 2jährigen Bastarden nicht auf, es konnte ferner keine Milch abgestreift werden. Die Körpergestalt zeigte Merkmale beider Eltern-Arten. Einige Bastarde hatten abnorme Schwanzflossen. Obgleich praktisch von einer vollständigen Verträglichkeit der Gameten gesprochen werden kann, ist das anscheinend von der Übereinstimmung des Erbgutes nicht zu sagen. G. Merla. 6090.

Duyvené de Wit, J. J.; Univ. of the Orange Free State, Dep. of Zool. Hybridization experiments in acheilognathine fishes (Cyprinidae, Teleostei). Fertile intrageneric hybrids between female Acheilognathus lanceolatus and male Acheilognathus limbatus from Japan. **(Kreuzungsversuche bei Fischen der Gattung Acheilognathus. Fruchtbare Bastarde von A. lanceolatus ♀ × A.**

limbatus ♂ aus Japan.) Canad. J. Zool. **40** (1962) Nr. 3. S. 425–430. – 4 Abb., 2 Tab., 5 Lit. Vgl. vorst. Ref.
Die Verträglichkeit der Gameten und des Erbgutes von *A. lanceolatus* ♀ und *A. limbatus* ♂ (japanischen Ursprungs) wurde experimentell nachgewiesen. F_1-Hybriden dieser Kreuzung waren meist fruchtbar, Inzucht bei diesen Hybriden ergab lebensfähige Larven. Die Rückkreuzung der F_1-Hybriden (♀ und ♂) mit *A. lanceolatus* ergab wiederum meist fruchtbare Nachkommen. Obwohl beide Ausgangsarten in Japan vorkommen, wurde bisher von natürlichen Hybriden noch nicht berichtet. Mögliche Gründe hierfür werden diskutiert. G. Merla. 6090.

Dzwillo, Michael; Hamburg, Zool. Staatsinst. und Museum. **Domestikation bei Fischen.** Z. Tierzücht. Züchtungsbiol. **77** (1962) Nr. 2. S. 172–185. – 6 Abb., 32 Lit.
Vf. gibt vom genetischen Standpunkt einen Überblick über verschiedene Domestikationsmerkmale vor allem bei Zierfischen. Es werden unterschieden: 1. Abweichungen von der Wildform durch Mutationen einzelner Gene (Farb- und Beschuppungsanomalien, Flossenstrahlenverlängerungen); 2. Kombinationen verschiedener Faktoren einer Art zu neuen phänotypischen Erscheinungsformen, deren Ausprägungsgrad z. T. durch polygene Modifikatoren bestimmt wird (z. B. Fächerguppy); 3. Veränderter phänotypischer Effekt von Genen der einen Art durch introgressive Hybridisation in eine andere Art (z. B. rote Platies, Wagtail-Formen); 4. Neukombinationen nach Artkreuzungen in späteren Generationen, die sich hinsichtlich einiger Merkmale phänotypisch intermediär zeigen. W. Steffens. 6090.

Dobkowitz, Lothar; Kiel, Univ., Inst. für Haustierkunde. **Vom Wandel der Karausche (Giebel) zum Goldfisch.** Z. Tierzücht. Züchtungsbiol. **77** (1962) Nr. 2. S. 234–237. – 5 Abb., 11 Lit.
Vf. schildet Schädelbesonderheiten des Goldfisches (*Carassius auratus*) im Vergleich zur Stammform, dem Giebel (*C. auratus gibelio*). Der Schädel des Goldfisches erfährt grundsätzlich ähnliche Umgestaltungen im Hausstand wie der Schädel anderer Haustiere. Insbesondere zeigt sich eine deutliche Verbreiterung des neuralen Craniums. Im extremen Fall treten Verkürzung und Verbreiterung des neuralen Endocraniums (in Verbindung mit Ramsköpfigkeit), Verkürzung und Verkleinerung des hyopalatinen Bogens und Verkürzung des Unterkiefers auf. W. Steffens. 6090.

Fryer, Geoffrey; Jinja, Uganda, East African Fisheries Res. Organization. Some aspects of evolution in Lake Nyasa. **(Einige Aspekte der Evolution im Njassa-See.)** Evolution [Lancaster] **13** (1959) Nr. 4. S. 440–451. 6095.

Myers, George Sprague; Stanford Univ. Fish evolution in Lake Nyasa. **(Fischevolution im Njassa-See.)** Evolution [Lancaster] **14** (1960) Nr. 3. S. 394–396. – 7 Lit. Vgl. vorst. Ref. 6095.

Fryer, Geoffrey; Jinja, Uganda, East African Fisheries Res. Organization. Evolution of fishes in Lake Nyasa. **(Evolution der Fische im Njassa-See.)** Evolution [Lancaster] **14** (1960) Nr. 3. S. 396–400. – 16 Lit. Vgl. vorst. Ref. 6095.

Letičeskij, M. A. (Letitscheski, M. A.); Astrachan, Forsch.-Inst. für Hochseefischerei und Ozeanogr. des Kasp. Meeres. Sostav molody ryb v nekotorych vodoemach del'ty Volgi. **(Die Zusammensetzung der Jungfische in den Gewässern des Wolgadeltas.)** Rybnoe chozjajstvo, Moskva **36** (1960) Nr. 12. S. 10–13. – 1 Abb., 3 Tab. 6095.

Pajusova, A. N. (Pajussowa, A. N.); Moskau, Univ., Lehrstuhl für Darwinismus. Ėlementarnye populjacii molodi lešča v avandel'te Volgi. **(Die Elementarpopulationen der Bleibrut im Wolgadelta.)** Vestnik Moskovskogo universiteta, Serija VI. Biologija, počvovedenie **15** (1960) Nr. 3. S. 22-32. — 4 Abb., 2 Tab., 10 Lit.

Vf. stellt fest, daß die Brut des Bleies (*Abramis bramx*) im Wolgadelta eine Reihe von Elementarpopulationen ausbildet, die sich durch ihr Verhalten sowie durch äußere Merkmale voneinander unterscheiden. Die Unterschiede bestehen z. B. in der größenmäßigen Zusammensetzung der Populationen, in ihrer Bewegungsrichtung und ihrem Befall mit Metacercarien. Die Feststellung der Besonderheiten der einzelnen Populationen ermöglichte es, die Populationen über längere Zeiträume zu beobachten.

H.-W. Hattop. 6095.

Radovich, John. Effects of sardine spawning stock size and environment on year-class production. **(Die Auswirkungen von Laichfischbestandsgröße und Umwelt auf die Bildung der Jahrgänge bei der Sardine.)** Calif. Fish and Game **48** (1962) Nr. 2. S. 123–140. — 9 Abb., 2 Tab., 18 Lit.

Vf. entwickelt ein Modell, das den Einfluß von Laichfischbestandsgröße und Umwelt auf die zukünftige Jahrgangsstärke schildert. Beispiele von Hirschherden in Kalifornien, *Bairdiella* in der Salton Sea und Guppies im Experiment werden herangezogen. Andere Beispiele, in denen die Adulten die Jungen fressen, fanden ebenfalls Beachtung. Der Vergleich der Laichbestandsgröße mit der Jahrgangsstärke von *Sardinops caerulea* stimmte mit dem Modell überein. Es wird angenommen, daß ein bes. Sardinenbestand bis zur Mitte der vierziger Jahre nördlich des jetzigen Verbreitungsgebietes existiert hat. Die Sardinenfischerei ging zu der Zeit in einer Weise zurück, weswegen die Hypothese bestätigt wird, daß ein entfernter nördlicher Bestand durch ungünstige Umwelteinflüsse und arme Jahrgänge dezimiert wurde.

J. Waldmann. 6095.

Lisivnenko, L. N. (Lissiwnenko, L. N.) Vlijanie faktorov sredy na vyživanie ličinok salaki. **(Der Einfluß von Umweltfaktoren auf die Überlebensrate der Larven des Strömlings.)** Trudy. Vsesojuznyj naučno-issledovatel'skij institut morskogo rybnogo chozjajstva i okeanografii (VNIRO), Moskva **42** (1960) S. 152–166. — 2 Abb., 11 Tab., 20 Lit.

Am Südufer der Rigaer Bucht wurden 1955–1957 und in der Pärnu-Bucht 1953–1956 Untersuchungen über den Einfluß von Umweltfaktoren (Zooplanktonproduktion, Wassertemperatur, Sonnenscheindauer, Süßwasserzufluß, Schlüpfzeit der Larven) auf die Größe der einzelnen Jahrgänge des Strömlings (*Clupea harengus membras*) angestellt. Die tatsächliche Größe der Schwärme erwachsener Strömlinge stimmt mit den Angaben über die Ergiebigkeit der einzelnen Generationen auf Grund der festgestellten Überlebensrate der Larven gut überein. Die Umwelteinflüsse, vor allem die Menge des Zooplanktons, wirken am stärksten in der Zeit des Überganges zur aktiven Ernährung auf die Strömlingslarven ein. Die Planktonproduktion wird von der Zuführung org. Stoffe durch den Süßwasserzufluß und durch die Erwärmung des Wassers beeinflußt. Dafür ist wiederum die Zeitdauer des Maximums des Frühlingshochwassers maßgebend. Vf. stellt eine Abhängigkeit zwischen dem Ausmaß des (Frühjahrs-) Hochwassers und der Fruchtbarkeit des Strömlings fest. A. Kosler. 6095.

Chaldinova, N. A. (Chaldinowa, N. A.) Nekotorye osobennosti biologii Baltijskoj treski. **(Einige Besonderheiten der Biologie des Ostseedorsches.)** Trudy. Vsesojuznyj naučno-issledovatel'skij institut morskogo rybnogo chozjajstva i okeanografii (VNIRO), Moskva **42** (1960) S. 109–120. — 4 Abb., 6 Tab., 27 Lit.

Auf Grund einer Analyse von Trawl-Fängen aus verschiedenen Arealen der Ostsee und zu verschiedenen Zeiten der Jahre 1954–55 nimmt Vf. an, daß in den nördlichen Bezirken der Ostsee, nordwestlich der Inseln Sarema und Chiuma, der Dorsch (*Gadus morhua*) nur bis zur Laichreife heranwächst, um dann zum Laichen in die südlicheren Gewässer (Gotlandmulde) zu wandern und dort zu verbleiben. In den nördlichen Bezirken halten sich zwar viele Altersgruppen auf, aber nur wenige junge Jahrgänge kommen zur Vermehrung. Die Population dieses Gebietes rekrutiert sich vorwiegend aus Larven und Jungfischen, die mit der während der Laichzeit vorherrschenden NE-Strömung aus der Gotlandmulde nach hier verfrachtet werden. Kommen bes. starke Jahrgänge zum Ablaichen, können auch größere Tiere in den nördlichen Gewässern auftauchen und den Fang verbessern. A. Kosler. 6095.

Briggs, John C.; Vancouver, Brit. Columbia, Univ., Inst. of Fisheries. Fishes of worldwide (circumtropical) distribution. **(Fische mit weltweiter [circumtropischer] Verbreitung.)** Copeia [Philadelphia] **1960** Nr. 3. S. 171–180. — 45 Lit. 6100.

Berger, T. S., Popov, B. A. und Čeremisina, R. A. (Berger, T. S., Popow, B. A. und Tscheremissina, R. A.); Murmansk, Knipowitsch-Forsch.- und Projektier.-Inst. für Hochseefischerei und Ozeanogr. des Polargebietes. Novye dannye o severnoj granice rasprostranenija molodi treski, pikši, okunja i sel'di v Barencevom more. **(Neue Angaben über die Verbreitungsgrenze der Kabeljau-, Schellfisch-, Rotbarsch- und Heringsbrut in der Barents-See.)** Doklady Akademii nauk SSSR, Moskva **143(30)** (1962) Nr. 4. S. 965–967. — 1 Abb., 3 Tab., 5 Lit.
Bei Untersuchungen des sowjet. Schiffes "Tunez" im Jahre 1960 wurden bei 80° 30'N und 15° 20'E große Mengen von einsömmrigem Kabeljau (*Gadus morhua*) gefangen. Nördlich dieses Gebietes konnten dann nur noch größere Fische festgestellt werden. Die größten Mengen einsömmriger Kabeljaue fanden sich in einer Tiefe von 100 bis 200 m bei Wassertemperaturen von 2,6 bis 5°. Auch jugendliche Exemplare von Schellfisch (*G. aeglefinus*), Rotbarsch (*Sebastes* spec.) und Hering (*Clupea harengus*) konnten bei den Untersuchungen in diesen weit nördlich gelegenen Gewässern festgestellt werden. G. Predel. 6100.

Rothschild, Brian J. und Deubler jun., Earl E.; Ithaca, N. Y., Cornell Univ., Dep. of Conserv.; Morehead City, N. C., Univ., Inst. of Fisheries Res. Paralichthys squamilentus Jordan and Gilbert from North Carolina. **(Paralichthys squamilentus aus Nord-Carolina.)** Copeia [Philadelphia] **1960** Nr. 3. S. 254–255. — 1 Tab., 7 Lit. 6100.

Kipnick, Siegfried; Itzehoe. **Meerneunaugen in der Stör.** Fischwirt **12** (1962) Nr. 2. S. 43–45. — 1 Tab.
In der Stör, einem Nebenfluß der unteren Elbe, wurden im Sommer 1961 19 weibliche Meerneunaugen (*Petromyzon marinus*) gefangen, die teilweise im Juli noch Laich enthielten. Die sonst nur vereinzelt in der Stör vorkommenden Lampreten hatten eine Länge von 68–90 cm, das größte Exemplar wog 1,5 kg, die übrigen im Durchschnitt 1 kg. Sie waren in Pärchen-Aalreusen aus Perlon-Draht in der Uferzone gefangen worden. Es wird vermutet, daß 1961 ein größerer Schwarm der Neunaugen in diesen Fluß eingewandert ist. G. Seifert. 6100.

Bonham, Kelshaw; Seattle, Wash., Univ., Lab. of Radiation Biol. Carapus homei (Richardson) in a sea cucumber from the Marshall Islands. **(Carapus homei in einer Seegurke von den Marshall-Inseln.)** Copeia [Philadelphia] **1960** Nr. 3. S. 255–257. — 3 Abb., 1 Tab., 7 Lit. 6100.

Branson, Branley A., McCoy jun., Clarence J. und Sisk, Morgan E.; Stillwater, Okla., Univ., Dep. of Zool. Notes on the freshwater fishes of Sonora with an addition to the known fauna. **(Bemerkungen über die Süßwasserfische von Sonora mit einem Zusatz zur bekannten Fauna.)** Copeia [Philadelphia] **1960** Nr. 3. S. 217–220. — 7 Lit. 6100.

Walters, Vladimir; New York, Amer. Museum of Nat. History. Synopsis of the lampridiform suborder Veliferoidei. **(Übersicht über die lampridiforme Unterordnung Veliferoidei.)** Copeia [Philadelphia] **1960** Nr. 3. S. 245–247. — 10 Lit. 6100.

Backus, Richard H.; Woods Hole, Mass., Woods Hole Oceanographic Instn. Notes on Western North Atlantic sharks. **(Bemerkungen über Haie des westlichen Nordatlantiks.)** Copeia [Philadelphia] **1960** Nr. 3. S. 243–245. — 1 Tab., 10 Lit. 6100.

Gibbs jun., Robert H.; Boston, Mass., Univ., Dep. of Biol. The stomiatoid fish genera Eustomias and Melanostomias in the Pacific, with descriptions of two new species. **(Die Stomiatiden-Gattungen Eustomias und Melanostomias im Pazifik, mit Beschreibungen zweier neuer Arten.)** Copeia [Philadelphia] **1960** Nr. 3. S. 200–203. — 1 Abb., 3 Lit. 6100.

Grey, Marion; Chicago, Ill., Nat. History Museum. Description of a Western Atlantic specimen of Scombrolabrax heterolepis Roule and notes on fishes of the family Gempylidae. **(Beschreibung eines westatlantischen Exemplars von Scombrolabrax heterolepis und Bemerkungen über Fische der Familie der Gempylidae.)** Copeia [Philadelphia] **1960** Nr. 3. S. 210–215. — 2 Abb., 1 Tab., 11 Lit. 6100.

Briggs, John C.; Vancouver, Brit. Columbia, Univ., Inst. of Fisheries. A new clingfish of the genus Gobiesox from the Tres Marias Islands. **(Eine neue Art der Gattung Gobiesox von den Tres-Marias-Inseln.)** Copeia [Philadelphia] **1960** Nr. 3. S. 215–217. — 1 Abb., 3 Lit. 6100.

Böhlke, James E. und Grant jun., Harold J.; Philadelphia, Pa., Acad. of Natural Sci. Studies on fishes of the family Characidae. 17. Moralesia Fowler, the proper generic name for Anacyrtus tectifer Cope. **(Untersuchungen an Characidae. 17. Mitt. Moralesia Fowler, der richtige Gattungsname für Anacyrtus tectifer.)** Copeia [Philadelphia] **1960** Nr. 3. S. 255. — 6 Lit. 6100.

McPhail, J. D.; Vancouver, Brit. Columbia, Univ., Inst. of Fisheries. Micropogon ectenes Jordan and Gilbert a synonym for Micropogon altipinnis Günther. **(Micropogon ectenes, ein Synonym für M. altipinnis.)** Copeia [Philadelphia] **1960** Nr. 3. S. 262–263. — 1 Tab., 2 Lit. 6100.

Crossman, E. J.; Toronto, Roy. Ontario Museum. Notes on the original description of Malacosteus niger Ayres and subsequent references to it. **(Bemerkungen zur Originalbeschreibung von Malacosteus niger und spätere Verweise darauf.)** Copeia [Philadelphia] **1960** Nr. 3. S. 261–262. — 13 Lit. 6100.

Smith, Philip W. und Bridges, David W.; Urbana, Illinois Nat. History Survey. Ichthyological type specimens extant from the old Illinois State Laboratory of Natural History. **(Ichthyologische Typenexemplare, die noch aus dem alten Staatslaboratorium für Naturgeschichte von Illinois vorhanden sind.)** Copeia [Philadelphia] **1960** Nr. 3. S. 253–254. — 15 Lit. 6100.

Falk, U.; Rostock-Marienehe, Inst. für Hochseefischerei und Fischverarb., Abt. Fischereibiol. **Wie schnell schwimmen marine Nutzfische?** Fischereiforschung **5** (1962) Nr. 3. S. 9–10. — 2 Tab., 3 Lit.
Untersuchungen kanadischer Wissenschaftler über die maximale Schwimmgeschwindigkeit von *Clupea harengus* von 12—30 cm Länge ergaben Werte von 85–143 cm/s (1,6–2,8 kn). Schottische Untersuchungen geben für einen 25 cm langen Hering 3,3 kn an. In der Nordsee kann man also mit einer Fluchtbewegung vor dem Netz von reichlich 3 kn rechnen. Andere Beobachtungen ergeben für *Salmo trutta* und *Scomber scombrus* (20–24 cm) 4,9 kn, Meerforelle (36 cm) knapp 6 kn, *Gadus morhua* (32 cm) 2,8 kn und Kabeljau (55 cm)

3,8 kn. Die von sowjet. Seite auf Grund der hydrodynamischen Eigenschaften ermittelten Werte lassen eine Übereinstimmung erkennen.
F.-K. Löwe. 6105.

Filek, Werner v.; Wien, Univ., II. Zool. Inst. **Vergleichende Verhaltensstudien an Grundfischen. Beiträge zum Verhalten von Noemacheilus barbatula L.** Z. Tierpsychol. **17** (1960) Nr. 4. S. 420–426. — 2 Abb., 8 Lit. 6105.

Wahlert, Gerd von und Wahlert, Heidi von. **Beobachtungen am Trompetenfisch in der Caribischen See.** Z. Tierpsychol. **17** (1960) Nr. 4. S. 417–419. — 4 Lit. 6105.

Randall, John E. und Brock, Vernon E.; Miami, Fla., Univ., Marine Lab.; Honolulu, Hawaii, U.S. Fish and Wildlife Serv., Pacific Oceanic Fishery Investigations. Observations on the ecology of epinepheline and lutjanid fishes of the Society Islands, with emphasis on food habits. **(Beobachtungen über die Ökologie von Epinephelinen und Lutjaniden von den Gesellschaftsinseln mit Betonung der Nahrungsgewohnheiten.)** Trans. Amer. Fisheries Soc. **89** (1960) Nr. 1. S. 9–16. — 7 Lit. 6110.

Tandon, K. K.; Mandapam Camp, Centr. Marine Fisheries Res. Stat. The food and feeding habits of Selaroides leptolepis (Cuvier and Valenciennes). **(Nahrung und Ernährungsweise von Selaraides leptolepis.)** Current Sci. [Bangalore] **29** (1960) Nr. 2. S. 62–63. — 5 Lit. 6110.

Abdurachmanov, Ju. A. und Kasymov, A. G. (Abdurachmanow, Ju. A. und Kassymow, A. G.); Baku, Zool. Inst. der Akad. der Wiss. der Aserbaidshan.SSR. Piščevye otnošenija ryb bassejna reki Kury. **(Die Nahrungsbeziehungen der Fische des Kura-Beckens.)** Zoologičeskij žurnal, Moskva **41** (1962) Nr. 6. S. 901–904. — 4 Lit. Zus. in Engl.

Die Fischfauna der Kura ist rel. artenarm. Diese Tatsache ist vor allem darauf zurückzuführen, daß das Gewässer außerordentlich arm an Phyto- und Zooplankton ist. Deshalb fehlen auch die Planktonfresser unter den Fischen und die Nahrungsbasis wird vom Benthos gebildet. Vff. teilen die Fische des Gebietes nach der jeweils bevorzugten Nahrung in verschiedene Gruppen ein. Die Mehrzahl der Fische hat ein weitgehend ähnliches Nahrungsspektrum. Eine starke Nahrungskonkurrenz ist vorhanden. Das untersuchte Gewässer besiedelt auch ein pflanzenfressender Fisch: *Varicorninus capoeta.*
G. Predel. 6110.

Ivanova, M. N. (Iwanowa, M. N.) Materialy po pitaniju ryb Kamskogo vodochranilišča. **(Beiträge zur Ernährung der Fische der Kama-Talsperre.)** Bjulleteń Instituta biologii vodochranilišč. Akademija nauk SSSR, Moskva **1960** Nr. 7. S. 20–25. 6110.

Barsukov, V. V. und Nizovcev, G. P. (Barsukow, W. W. und Nisowzew, G. P.) O pitanii barencevomorskich zubatok (Anarhichas latifrons Steenstrup et Hallgrimson, A. minor Olafsen, A. lupus L.). **(Über die Ernährung der Katfische der Barents-See [Anarhichas latifrons, A. minor, A. lupus].)** Trudy Murmanskogo morskogo biologičeskogo instituta, Moskva — Leningrad **2(6)** (1960) S. 203–206. — 3 Tab., 6 Lit.

Nahrungsuntersuchungen bei den 3 Katfischarten ergaben deutliche Unterschiede in der jeweils bevorzugten Nahrung. Bei *A. latifrons* waren Fische, bei *A. minor* Stachelhäuter und bei *A. lupus* Mollusken und Einsiedlerkrebse die Hauptnahrung. Es zeigten sich Beziehungen zwischen der Bezahnung der Fische und der Größe und Härte der Nährtiere. Bei *A. latifrons* und *A. minor* konnten außerdem auch Veränderungen in der Hauptnahrung im Laufe des Jahres festgestellt werden. G. Predel. 6110.

Cook jun., Sherburne F.; Lakeport, Calif., Lake County Mosquito Abatement District. Feeding studies of the aeneus catfish, Corydoras aeneus, on aquatic midges. **(Untersuchungen zur Ernährung mit Wassermücken bei Corydoras aeneus.)** J. econ. Entomol. **55** (1962) Nr. 2. S. 155–157. – 2 Tab., 10 Lit.

Es wurde ein geeigneter Verzehrer von *Chaoborus astictopus* gesucht. Durch Haltung von Fischen in Aquarien mit Seenschlamm, der Tiere in bekannter Zahl enthielt, war es möglich, die Tierzahlen verschiedener Arten zu bestimmen, die nach einer gewissen Zeit durch die Fische aufgenommen wurden. Bei weitem der erfolgreichste Verzehrer von Bodentieren war *Corydoras aeneus*. Dieser Fisch nahm in 5–6 Tagen fast 100% der eingebrachten Chironomiden, 80–98% der Chaoboriden und 85–92% der Oligochaeten auf. Die Schlammdicke betrug ca. 2,5 cm, die Fische waren ca. 2,5–7,5 cm lang bei einem Stückbesatz von ca. 15, 30 und 180 pro m². G. Merla. 6110.

Pavlov, D. S. (Pawlow, D. S.); Moskau, Sewerzow-Inst. für Tiermorphol. der Akad. der Wiss. der UdSSR. O dostupnosti molodi aterin dlja smarid v raznych uslovijach osveščennosti. **(Über die Aufnahme junger Ährenfische durch Spicara smaris bei verschiedener Belichtung.)** Zoologičeskij žurnal, Moskva **41** (1962) Nr. 6. S. 948–950. – 1 Abb., 1 Tab., 5 Lit. Zus. in Engl.

5 Exemplare von *Spicara smaris* (Länge 8,5–9 cm) wurden in einem Aquarium gehalten und junge Exemplare von *Atherina mochon pontica* (Länge 18–20 mm) hinzugesetzt. Bei verschiedenen Beleuchtungsverhältnissen wurde untersucht, in welchem Maße die Smariden die jungen Ährenfische fraßen. Es zeigte sich, daß der Hauptfaktor für das Gefressenwerden die Schwarmbildung der Ährenfische war, die bei geringer Beleuchtungsintensität schnell eintrat und bei starker Beleuchtung nicht mehr stattfand. Entsprechend werden in der Dunkelheit die jungen Ährenfische weniger gefressen als bei Helligkeit. G. Predel. 6110.

Ceeb, R. Ja. (Zejeb, R. Ja.) K voprosu o ežegonych kolebanijach pitanija pikši Murmanskogo poberež'ja. **(Zur Frage der jährlichen Schwankungen der Ernährung des Schellfisches an der Murman-Küste.)** Trudy Murmanskogo morskogo biologičeskogo instituta, Moskva – Leningrad **2(6)** (1960) S. 186–202. – 7 Abb., 2 Tab., 51 Lit.

Vf. veröffentlicht die Ergebnisse von 5jährigen Beobachtungen über die Ernährung des Schellfisches (*Melanogrammus aeglefinus*) an der Murman-Küste. Ungeachtet der Tatsache, daß das vorliegende Material keinen Anspruch auf Vollständigkeit erheben kann, kommt Vf. zu folgender Ansicht: Die besten Nahrungsbedingungen im Gebiet findet der Schellfisch im Frühjahr und Sommer, wobei die Bedeutung der beiden Jahreszeiten unterschiedlich sein kann. 1953/1954 war die Frühjahrsperiode und 1957 die Sommerperiode günstiger. Jedoch können auch beide Perioden ungünstig sein. Im Herbst dürften allg. schlechte Nahrungsbedingungen für Schellfische an der Murman-Küste vorhanden sein, weil dann der Nährwert der Tiere gering ist. G. Predel. 6110.

Želtenkova, M. V. (Sheltenkowa, M. W.) O piščevych vzaimootnošenijach plotvy i lešča v Kurskom zalive. **(Über die Nahrungskonkurrenz zwischen Plötze und Blei im Kurischen Haff.)** Trudy. Vsesojuznyj naučno-issledovatel'skij institut morskogo rybnogo chozjajstva i okeanografii (VNIRO), Moskva **42** (1960) S. 145–151. – 3 Tab., 21 Lit.

Neben Stint (*Osmerus eperlanus*) und Zander (*Lucioperca lucioperca*) stellt der Blei (*Abramis brama*) im Kurischen Haff zur Zeit einen wichtigen Wirtschaftsfisch dar, während die Plötze (*Rutilus rutilus*) von geringerer Bedeutung ist. An Hand von Untersuchungen aus dem Jahre 1948 wird festgestellt, daß der erwachsene Blei im Kurischen Haff sich vorwiegend von Chironomidenlarven und Cladoceren (*Daphnia, Alona, Bosmina*) ernährt. Das Nahrungsspektrum der Plötze ist größer und umfaßt außer den Nahrungstieren des Bleis auch größere Mollusken (*Dreissena*, Gastropoda), die vom Blei nicht gefressen werden. Das schlechte Wachstum beider Arten im Kurischen Haff ist auf mangelndes Nahrungsangebot zurückzuführen, wie aus vergleichenden Betrachtungen mit anderen Gewässern (Kaspi-See, Asowsches Meer, Ilmen-See) hervorgeht, und nicht auf die geographische Lage. Durch Akklimatisation der zur Bodenfauna gehörenden Krebse *Pterocuma pectinata* und *Schizorhynchus bilamellatus* wird nach Ansicht des Vf. das Nahrungsangebot vergrößert und das Wachstum des Bleis verbessert werden können. Ein Einbringen von Mysidaceen (*Limnomysis benedeni* und *Mesomysis kowalevskyi*) dürfte keinen unmittelbaren Erfolg bringen, da der Blei auf diese nicht eingestellt ist. Der Plötze muß in Zukunft in fischereilicher Hinsicht mehr Beachtung geschenkt werden. A. Kosler. 6110.

Balon, Eugeniusz K.; Bratislava, Lab. Rybářstva; Pobočka Českoslov. Akad. Pôdohospordárských Vied. Vývoj rýb v nepriaznivých potravných podmienkách. **(Entwicklung der Fische unter ungünstigen Ernährungsbedingungen.)** Pol'nohospodárstvo 8 (1961) Nr. 12. S. 887–896. — 5 Abb., 12 Lit. Zus. in Russ., Engl.
Untersuchungen an Donau-Wildkarpfen (*Cyprinus carpio*), Zopen (*Abramis ballerus*) und der Donauplötze (*Rutilus pigus virgo*) ergaben, daß die Larven in der Übergangsperiode von der endogenen zur exogenen Ernährung genügend Kleinnahrung zur Verfügung haben müssen. Bei Mangel an geeigneter Nahrung in dieser Zeit sterben sie massenweise ab. In den späteren Entwicklungsetappen dagegen schadet Hunger bedeutend weniger. Verabreichung von Nahrung an hungernde Larven hat eine nachträgliche Kompensation der verzögerten Entwicklung zur Folge. Das betrifft auch Fische, die durch Hungern bereits stark erschöpft sind. F. Svoboda. 6110.

Lange, N. O. Ėtapy razvitija plotvy v različnych ėkologičeskich uslovijach. **(Entwicklungsetappen der Plötze in verschiedenen ökologischen Verhältnissen.)** Trudy Instituta morfologii životnych im. A. N. Severcova. Akademija nauk SSSR, Moskva **28** (1960) S. 5–40. — 8 Abb., 9 Tab., 24 Lit.
Die Plötze (*Rutilus rutilus*) durchläuft während ihrer embryonalen und postembryonalen Entwicklung mehrere Etappen (A, B, C_1, C_2, D_1, D_2, E, F, G), die sich im wesentlichen durch morphol. Merkmale und durch das Verhalten der Fische gegenüber der Umwelt voneinander unterscheiden. Der Schlupfprozeß der Larven verläuft nicht parallel der Grenze der Etappe A. Er kann, abhängig von der Wassertemperatur in der 1. oder 2. Etappe erfolgen. Auf der Etappe B verzehren die Larven den Inhalt ihrer Dottersäcke und füllen die Schwimmblasen mit Luft. Die übrigen Etappen werden von der Größe der aufgenommenen Nährtiere bestimmt. Anfangs steigt die Größe der erbeuteten Nährtiere von 0,5–2% (Etappe C_1) bis auf 4–5% (Etappe C_2, D_1 und D_2) der Körperlänge der Brut an, um später (Etappe E), durch den Beginn der Filtriertätigkeit der jungen Plötze, bis auf 1–2% auf der Etappe G abzusinken. Die Dauer der einzelnen Etappen und die Körperlänge, bei der die Plötze von einer Etappe zur anderen überwechselt, schwanken in bestimmten Grenzen und sind in hohem Maße von den Umweltbedingungen abhängig. A. Kozianowski. 6110.

Eremeeva, E. F. (Jeremejewa, Je. F.) Perechody ot odnogo ėtapa razvitija k drugomu na primere kubanskoj tarani Rutilus rutilus heckeli (Nordmann). **(Übergänge von einer Entwicklungsetappe zur anderen am Beispiel des Taran [Rutilus rutilus heckeli] des Kuban.)** Trudy Instituta morfologii životnych im. A. N. Severcova. Akademija nauk SSSR, Moskva **25** (1960) S. 10-24. — 2 Abb., 1 Tab., 15 Lit.
Um die anatomischen und morphol. Prozesse, die bei den Fischen während des Überganges von einer Entwicklungsetappe zur anderen stattfinden, ver-

folgen zu können, wurden vom Vf. in der Zeit vom 27. Apr.-2. Mai frischgeschlüpfte Taranlarven aus einem der Kubanhaffe untersucht. Das Material wurde allstündl. in einer Menge von 5-10 Exemplaren entnommen und entsprechend fixiert. Die Ergebnisse dieser Untersuchung sind in Tab. und Tafeln zusammengestellt und werden im Text eingehend erläutert. Das Hauptaugenmerk wurde hierbei auf die Übergangsperioden zur Etappe B und C_1, d. h. auf den Übergang der Larven zur selbständigen Ernährung gerichtet.
A. Kozianowski. 6110.

Sablina, T. B. Pozdnie ėtapy razvitija vobly Rutilus rutilus heckeli (Nordmann), lešča Abramis brama (Linné) i sazana Cyprinus carpio (Linné) v avandel'te reki Volgi i Severnom Kaspii. **(Die späten Entwicklungsetappen der Plötze [Rutilus rutilus heckeli], des Bleis [Abramis brama] und des Wildkarpfens [Cyprinus carpio] im Wolgadelta und im nördlichen Kaspischen Meer.)** Trudy Instituta morfologii životnych im. A. N. Severcova. Akademija nauk SSSR, Moskva **25** (1960) S. 137-160. — 15 Tab., 15 Lit.
Nachdem die Bleie, Plötzen und Karpfen der Wolga eine bestimmte Entwicklungsetappe erreicht haben, wandern sie aus den flachen Flußgebieten, ihren Laich- bzw. Brutstätten, in das Vordelta des Flusses hinein. Am zeitigsten beginnt die Plötze ihren Aufenthaltsort zu wechseln. Schon mit dem Beginn der Etappe D kann sie im Vordelta der Wolga angetroffen werden. Die Karpfenbrut verläßt erst mit der Etappe G ihren Brutplatz und erreicht dann im Vordelta die Etappen H und I. Der Blei zieht zeitlich gesehen als letzter in das Delta, obwohl er seine Brutwanderung schon mit der Etappe D beginnt. Nach einem zwei- bis zweieinhalbmonatl. Aufenthalt im Delta zieht ein Teil der Plötzen- und Bleibrut ins Kaspische Meer und ein weiterer Teil in den Fluß zurück. Die einsömmrigen Karpfen wandern fast restlos in die Wolga zurück. A. Kozianowski. 6110.

Eremeeva, E. F. (Jeremejewa, Je. F.) Sravnenie ėtapov razvitija lešča Abramis brama (Linné) kubanskich limanov, Volgi i Dona. **(Vergleich der Entwicklungsetappen des Bleis [Abramis brama] der Wolga, des Kuban und des Don.)** Trudy Instituta morfologii životnych im. A. N. Severcova. Akademija nauk SSSR, Moskva **25** (1960) S. 25-36. — 1 Tab., 13 Lit.
Bei Anwendung der gleichen Untersuchungsmethoden wurden 1952 zahlreiche Bleilarven aus dem Kuban, der Wolga und dem Don untersucht und die entsprechenden Merkmale der einzelnen Entwicklungsetappen miteinander verglichen. Es konnte festgestellt werden, daß sowohl in den Abmessungen des Körpers wie auch in der Ernährungsweise und in der Dauer der einzelnen Entwicklungsetappen bei allen 3 Bleigruppen Unterschiede vorhanden waren.
A. Kozianowski. 6110.

Dimitrieva, E. N. (Dimitrijewa, Je. N.) Sravnitel'nyj analiz ėtapov razvitija sudaka Lucioperca lucioperca (Linné) Volgi, Dona i Kubani. **(Vergleichende Analyse der Entwicklungsetappen des Zanders [Lucioperca lucioperca] der Wolga, des Don und des Kuban.)** Trudy Instituta morfologii životnych im. A. N. Severcova. Akademija nauk SSSR, Moskva **25** (1960) S. 99-136. — 11 Abb., 6 Tab., 4 Lit.
Die Zander der Wolga, des Don und des Kuban gehen von einer Entwicklungsetappe zur anderen bei unterschiedlichen Körpergrößen über. Sogar in dem gleichen Gewässer können wahrnehmbare Unterschiede (1-3 mm) auftreten. Die Dauer der einzelnen Etappen ist dagegen in allen Gewässern annähernd die gleiche. Die postembryonale Entwicklung des Zanders verläuft in den Aufzuchtbetrieben genau so wie unter natürlichen Bedingungen. Daher ist bei der Aufzucht strengstens darauf zu achten, daß die Zanderbrut beim Übergang zur aktiven Ernährungsweise (bei 5,5-6 mm Körperlänge) im Gewässer ausreichend Nahrung vorfindet: Rotatorien, Copepoden und später (Etappe E, F) auch Larven und Brut anderer Fischarten. A. Kozianowski. 6110.

Hoberman, John M. und Jensen, Albert C.; Woods Hole, Mass., U.S. Bureau of Commercial Fisheries, Biol. Lab. The growth rate of New England pollock. **(Die Wachstumsrate von Pollachius virens bei Neu-England.)** Trans. Amer. Fisheries Soc. **91** (1962) Nr. 2. S. 227-228. — 2 Tab., 4 Lit.
Schuppen und Längen von 299 Exemplaren der Art *Pollachius virens* von 7 Fangorten im Golf von Maine wurden analysiert und zur Wachstumsrückberechnung verwendet. Plastikabdrücke der Schuppen wurden gelesen und gemessen. Die Methodik wird beschrieben. Frühere Autoren fanden für die Art im Golf von Maine ein schnelleres Wachstum von Altersgruppe III-V, jedoch waren die Wachstumskurven sehr ähnlich. Das Wachstum europäischer Populationen stimmt mit dem Ergebnis gut überein, jedoch wächst der Bestand südwestlich der Grands Banks wesentlich schneller.
J. Waldmann. 6110.

Clugston, James P. und Cooper, Edwin L.; University Park, Pa., Univ., Dep. of Zool. and Entomol. Growth of the common Eastern madtom, Noturus insignis in Central Pennyslvania. **(Das Wachstum von Noturus insignis in Zentral-Pennsylvania.)** Copeia [Philadelphia] **1960** Nr. 1. S. 9-16. — 5 Abb., 4 Tab., 15 Lit. 6110.

Speare, Edward P.; East Lansing, Mich., Univ., Dep. of Zool. Growth of the central johnny darter, Etheostoma nigrum nigrum (Rafinesque) in Augusta Creek, Michigan. **(Das Wachstum von Etheostoma nigrum nigrum im Augusta-Bach, Michigan.)** Copeia [Philadelphia] **1960** Nr. 3. S. 241-243. — 2 Tab. 3 Lit. 6110.

Anonym. **Wie schwer werden Hechtmilchner?** Fisch. u. Fang **3** (1962) Nr. 9. S. 194.
Die Männchen des Hechtes (*Esox lucius*) wachsen schon im 3. Lebensjahr schlechter als die Weibchen. Nach schwedischen Angaben wogen 3249 Rogner durchschnittl. 1,06 kg, 3409 Hechtmilchner nur 0,67 kg. Von diesen Männchen war kein Fisch schwerer als 3 kg. In der Rott wurde ein männl. Hecht von ca. 6 kg gefangen, der finnische Rekord steht bei 5,65 kg (1924), während im schwedischen Schärengebiet 1951 ein Hechtmilchner von 10,15 kg erbeutet wurde. Bis 1953 waren 5 schwedische Hechtmilchner von mehr als 7 kg Gewicht bekannt. Dagegen wurden in finnischen Seen (Phyäjärvi und Sääksjärvi) Hechtrogner von über 25 kg Gewicht gefangen. W. Steffens. 6110.

Nusenbaum, L. M. und Kuliš, A. P. (Nussenbaum, L. M. und Kulisch, A. P.) O sutočnom ritme skata molodi ryb u svjazi v ee popadaniem v vodozabornye sooruženija. **(Über den Tagesrhythmus der Abwanderung der Jungfische im Zusammenhang damit, daß sie in Wasserabflüsse geraten.)** Naučno-techničeskij bjulleteń GosNIORCh (Gosudarstvennyj naučno-issledovatel'skij institut ozernogo i rečnogo-rybnogo chozjajstva), Leningrad **1960** Nr. 11. S. 64-67. — 5 Lit.
Vff. stellen fest, daß die Massenabwanderung von Jungfischen gewöhnlich zu bestimmten Tageszeiten erfolgt. Von einer zu Versuchszwecken aufgestellten Pumpe (40 l/s) wurden z. B. in der Zeit von 17^{50}-18^{50} gar keine Bleie (*Abramis brama*) angesaugt. Zwischen 20^{55} und 21^{55} gerieten dagegen 1400 Brutfische in die Anlage. H.-W. Hattop. 6110.

Daiber, Franklin C.; Newark, Del., Univ. A technique for age determination in the skate, Raja eglanteria. **(Eine Technik zur Altersbestimmung bei Raja eglanteria.)** Copeia [Philadelphia] **1960** Nr. 3. S. 258-260. — 1 Abb., 2 Tab., 3 Lit. 6110.

Konstantinov, K. G. und Ponomarenko, V. P. (Konstantinow, K. G. und Ponomarenko, W. P.) Dlitel'nye gruppovye peredviženija barencevomorskoj treski po dannym mečenija. **(Langwierige Gruppenverschiebungen**

des Kabeljaus der Barents-See nach Markierungsversuchen.) Trudy Murmanskogo morskogo biologičeskogo instituta, Moskva — Leningrad **2(6)** (1960) S. 207-210. — 5 Tab., 19 Lit.

Bei der Analyse von Markierungsexperimenten stellten Vff. fest, daß Kabeljaue (*Gadus morhua*) gleicher Länge, die gleichzeitig markiert und ausgesetzt wurden, auch beim Wiederfang am gleichen Ort gefangen wurden. Einige Beispiele werden angeführt. Vff. schlußfolgern daraus auf einen sehr starken Schwarminstinkt beim Kabeljau. Es wird empfohlen, zur weiteren Klärung des Schwarmverhaltens bei der Markierung die Fische nicht einzeln, sondern in kleinen Gruppen auszusetzen. Dabei sollten die Fische etwa gleich groß sein. Bei Heringsmarkierungen in der Fundy-Bucht ist diese Methode schon angewandt worden. G. Predel. 6115.

Berg, Lev Semenovič. **Ichtiologija.** (Ichthyologie.) Hrsg.: Akademija nauk SSSR. Moskva: Izd. Akad. nauk SSSR. 1961. (746 S.) 4°. Rbl. 4,77 = Izbrannye trudy Bd. 4. (1961 B 187)

Perceva-Ostroumova, Tatjana Andreevna. **Razmnoženie i razvitie dal'nevostočnych kambal.** (Fortpflanzung und Entwicklung der fernöstlichen Schollen.) Hrsg.: Akad. nauk SSSR; Inst. okeanologii. Moskva: Izd. Akad. nauk SSSR. 1961. (483 S.) 4°. (1961 B 220)

Issledovanija po rybam Ledovitogo i Tichogo okeanov. (Untersuchungen über Fische des Eismeeres und des Stillen Ozeans.) Moskva: Izd. Akad. nauk SSSR. 1960. (285 S.) 4° = Trudy instituta okeanologii. Akademija nauk SSSR, Moskva Bd. 31. (SR 1782, 31)

Rukovodstvo po izučeniju pitanija ryb v estestvennych uslovijach. (Anleitung zum Studium der Ernährung der Fische unter natürlichen Bedingungen.) Hrsg.: Akad. nauk SSSR, Otdelenie biol. nauk. Moskva: Izd. Akad. nauk. SSSR. 1961. (261 S.) 8°. DM 6,05. (1962 A 184)

Biologie der Meeressäuger

Sergeant, D. E.; Montreal, Quebec, Fisheries Res. Board of Canada, Arctic Unit. The biology of the pilot or pothead whale Globicephala melaena (Traill) in Newfoundland waters. (**(Die Biologie von Globicephala melaena in den Gewässern von Neufundland.)** Bull. Fisheries Res. Board Canada **1962** Nr. 132. S. 1-84. — 28 Abb., 37 Tab., 49 Lit.

In der Trinity-Bucht gefangene Grindwale (*Globicephala melaena*) lieferten das Material für die vorliegende Untersuchung. Die Altersbestimmung wurde an den Dentinzuwachszonen der Zähne durchgeführt. Ein Grindwal mittlerer Größe (396 cm) wiegt 800 kg, die größten Männchen erreichen 3 t. Die Nahrung besteht hauptsächlich aus Tintenfischen. Ein frischgeborenes Kalb ist 174 cm lang, die Zähne brechen bei einer Länge von 213 cm durch. Mit der Länge von 230 cm beginnen die jungen Wale, Tintenfische zu fressen, sie sind dann 6-9 Mon. alt. Die völlige Entwöhnung tritt erst im Alter von fast 2 Jahren ein. Die Weibchen ovulieren erstmalig bei einer Länge von 356 cm im mittleren Alter von 6 Jahren. Die Männchen sind erst mit 490 cm (12 Jahre alt) geschlechtsreif. Die Tragezeit dauert 15½ Mon., die Geburten häufen sich Mitte Aug., ein Reproduktionszyklus dauert also fast 40 Mon. Ein Weibchen kann maximal 9mal kalben. J. Waldmann. 6120.

Biologie der sonstigen fischereilichen Nutztiere

Galkin, Ju. I. Akklimatizacija i perevozki kamčatskogo kraba. **(Die Akklimatisation und das Umsetzen der Kamtschatka-Krabbe.)** Trudy Murmanskogo morskogo biologičeskogo instituta, Moskva — Leningrad **2(6)** (1960) S. 253-270. — 3 Abb., 3 Tab., 34 Lit.

Vf. betont die großen Schwierigkeiten, die sich bei den Arbeiten zur Akklimatisation von wirtschaftlich wertvollen Tieren ergeben und betrachtet theoretisch die Möglichkeiten für eine Akklimatisation der Königskrabbe (*Paralithodes camtschatica*) in der Barents-See und dem Weißen Meer. Nachdem bereits in der Vergangenheit erste Versuche zur Akklimatisation dieser Krabbe im atlantischen Gebiet fehlschlugen, wurde 1959 nochmals die Aufgabe gestellt, eine exakte Untersuchung dieser Frage durchzuführen. Vf.

kommt auf Grund einer Analyse der Umweltbedingungen in der Barents-See und dem Weißen Meer zur Ansicht, daß die beiden Gewässer für eine Akklimatisation kaum geeignet sein dürften. G. Predel. 6125.

Iversen, Edwin S. und Idyll, C. P.; Miami, Fla., Univ., Marine Lab. Aspects of the biology of the Tortugas pink shrimp Penaeus duorarum. **(Aspekte der Biologie von Penaeus duorarum von den Tortugas-Gründen.)** Trans. Amer. Fisheries Soc. **89** (1960) Nr. 1. S. 1-8. — 6 Abb., 5 Tab., 6 Lit. 6125.

Shaw, J.; Newscastle upon Tyne, Univ. of Durham, King's Coll., Dep. of Zool. The absorption of sodium ions by the crayfish, Astacus pallipes Lereboullet. I. The effect of external and internal sodium concentrations. **(Die Absorption von Natriumionen durch den Krebs Astacus pallipes. 1. Mitt. Die Wirkung äußerer und innerer Natriumkonzentrationen.)** J. exp. Biology **36** (1959) Nr. 1. S. 126-144. 6125.

Shaw, J.; Newcastle upon Tyne, Univ. of Durham, King's Coll., Dep. of Zool. The absorption of sodium ions by the crayfish, Astacus pallipes Lereboullet. II. The effect of the external anion. **(Die Absorption von Natriumionen durch den Krebs Astacus pallipes. 2. Mitt. Die Wirkung des umgebenden Anions.)** J. exp. Biology **37** (1960) Nr. 3. S. 534-547. — 3 Abb., 8 Tab., 14 Lit. 1. Mitt. vgl. vorst. Titel. 6125.

Shaw, J.; Newcastle upon Tyne, Univ. of Durham, King's Coll., Dep. of Zool. The absorption of sodium ions by the crayfish, Astacus pallipes Lereboullet. III. The effect of other cations in the external solution. **(Die Absorption von Natriumionen durch den Krebs Astacus pallipes. 3. Mitt. Die Wirkung anderer Kationen der umgebenden Lösung.)** J. exp. Biology **37** (1960) Nr. 3. S. 548-556 — 6 Abb., 3 Tab., 10 Lit. 2. Mitt. vgl. vorst. Titel. 6125.

Shaw, J.; Newcastle upon Tyne, Univ. of Durham, King's Coll., Dep. of Zool. The absorption of chloride ions by the crayfish, Astacus pallipes Lereboullet. **(Die Absorption von Chloridionen durch den Krebs Astacus pallipes.)** J. exp. Biology **37** (1960) Nr. 3. S. 557-572. — 6 Abb., 9 Tab., 14 Lit. Vgl. vorst. Titel. 6125.

Flügel, Hansjürgen und Schlieper, Carl; Kiel, Univ., Inst. für Meereskunde. **Der Einfluß physikalischer und chemischer Faktoren auf die Cilienaktivität und Pumprate der Miesmuschel Mytilus edulis L.** Kieler Meeresforsch. **18** (1962) Nr. 1. S. 51-66. — 11 Abb., 6 Tab., 34 Lit.
Vff. beschreiben eine neue Methode, um die Pumprate der Muschel zu messen, bei der das Untersuchungstier völlig frei liegt. Die Pumprate wird auf komplizierte Weise im Zusammenspiel von nervösen Reaktionen des Gesamttieres und zellulären Reaktionen des Cilienepithels der Kiemen reguliert. Hungernde Muscheln reduzieren die Pumprate („Sparbetrieb") durch eine geringe Schalenöffnung und eine verminderte Cilientätigkeit. Nach anoxybiotischen Lebensperioden (z. B. Ebbe), in denen die Tätigkeit des Herzens aufhört und die Schalen geschlossen werden, nach Aufnahme von Nahrungsstoffen und nach Stimulation des Kiemenepithels durch im Wasser gelöste Stoffe (z. B. Glucose) werden Schalenöffnung und Kiemencilien-Aktivität bzw. die Pumprate erhöht. Hungertiere erhöhen bei mechanischer Reizung (erhöhte Strömung, frisches Wasser, Loslösen der Tiere vom Boden) „versuchsweise" ihre Pumprate und damit auch die Schalenöffnung.
F.-K. Löwe. 6125.

C. LEBENSRAUM DER FISCHE
(Hydrographie und Hydrobiologie)

Auerbach, Max und Rottengatter, Gisela; Konstanz-Staad, Anst. für Bodenseeforsch. **Untersuchungen über den Wasseraustausch der einzelnen**

Becken des Untersees (Bodensee). Teil 1. Hydrographie. Schweiz. Z. Hydrol. 22 (1960) Nr. 1. S. 45-83. — 14 Abb., 8 Lit.

Auf Grund 5jähriger systematischer Untersuchungen von Strömungen, Temperatur und chem. Verhältnissen schließen Vff., daß ein Wasseraustausch unterhalb 6-7 m Tiefe zwischen Markelfinger Winkel und Gnadensee einerseits, Zeller und Rheinsee andererseits nicht stattfindet.

D. Barthelmes. 6135.

Auerbach, Max und Rottengatter, Gisela; Konstanz-Staad, Anst. für Bodenseeforsch. **Untersuchungen über den Wasseraustausch der einzelnen Becken des Untersees (Bodensee). Teil II. Biologie.** Schweiz. Z. Hydrol. 22 (1960) Nr. 2. S. 598-640. — 11 Abb., 11 Tab., 15 Lit. 1. Teil vgl. vorst. Ref.

Vff. untersuchten das Plankton der verschiedenen Becken des Untersees. Die Ergebnisse quantitativer Planktonfänge aus 3 Jahren werden in einer ausführlichen Floren- und Faunenliste sowie in ihrer räumlichen und zeitlichen Ausdehnung genau dargestellt. In räumlicher Hinsicht finden sich folgende Unterschiede zwischen den einzelnen Untersuchungsstationen: 3 typische Oberseeformen kommen in ständiger Abhängigkeit vom Seerhein vor, durch den sie in den Untersee eingespült werden. Im nördlichen Bereich entfalten sich bes. jene Arten, die weitgehend nur im Untersee vorkommen. Quantitative Unterschiede bestehen zwischen den einzelnen Untersuchungsstationen in Abhängigkeit der verschiedenen Trophiezustände. Zeitliche Unterschiede ergaben sich vor allem zwischen den nördlichen und südlichen Becken für die Maxima der Frühjahrsformen in Abhängigkeit von der unterschiedlichen Erwärmung des Wassers. Aus den erheblichen Unterschieden zwischen den einzelnen Stationen ergibt sich, daß kein wesentlicher Wasseraustausch erfolgt, ein Austausch des Oberflächenwassers ist jedoch möglich.

W. v. Tümpling. 6135.

Rodgers, G. K., Powers, C. F. und Ayers, J. C.; Toronto, Univ., Dep. of Geol. Sci.; Univ. of Michigan, Great Lakes Res. Div. Comment on „water transport in Lake Huron". **(Anmerkung zu „Wassertransport im Huronsee".)** Limnol. and Oceanogr. 6 (1961) Nr. 4. S. 490-491. — 3 Lit.

Bei der Schätzung der Wasserzuführung aus dem Einzugsgebiet des Huronsees subtrahierten Powers und Ayers von der Abflußmenge des Sees die Zuflüsse aus dem Oberen und dem Michigansee. Mangels besseren Zahlenmaterials mußten sie Werte einmaliger Messungen mit Durchschnittswerten aus längeren Zeitabschnitten und verschiedenen Jahren miteinander kombinieren. Nach Rodgers ist eine derartige Kombination unnötig und schwer zu rechtfertigen, da die Bedingungen für Wasserspiegelunterschiede, Verdunstung, Versickerung usw. in jedem Jahr andere sind. Powers und Ayers behaupten dagegen, daß sich diese Faktoren gerade bei Verwendung von Zahlenmaterial aus verschiedenen Jahren im wesentlichen ausgleichen.

G. Seifert. 6135.

Shulman, Mark D. und Bryson, Reid A.; Madison, Wis., Univ., Dep. of Meteorol. The vertical variation of wind-driven currents in Lake Mendota. **(Die vertikalen Unterschiede der durch Wind verursachten Strömungen im Mendotasee.)** Limnol. and Oceanogr. 6 (1961) Nr. 3. S. 347-355. — 9 Abb., 4 Tab., 15 Lit.

Durch Strömungsmessungen in verschiedener Tiefe mit freitreibenden Kreuzen aus Aluminiumblech konnte eine eindeutige Vertikalrotation der durch den Wind verursachten Strömungen nachgewiesen werden. Die Beziehung zwischen der Windgeschwindigkeit und dem Ablenkungswinkel wird dargestellt. Der Reibungseinfluß des Windes reicht bis in 2-3,5 m Tiefe. Es wurde eine verbesserte Beziehung zwischen Reibungseinfluß und Windgeschwindigkeit entwickelt. Unter Anwendung der Ekman- und Rossby-Spiralen konnte der Winddruck auf die Wasseroberfläche für alle Windgeschwindigkeiten errechnet werden. G. Seifert. 6135.

Kusnecov, S. I. und Dzjuban, I. N. (Kusnezow, S. I. und Dsjuban, I. N.) Ispol'zovanie guminovych veščestv pri razvitii mikobakterij. **(Die Ausnutzung von Huminsubstanzen bei der Entwicklung von Mykobakterien.)** Bjulleteń Instituta biologii vodochranilišč. Akademija nauk SSSR, Moskva **1960** Nr. 7. S.3-5. 6135.

Truchin, N. V. (Truchin, N. W.) Reakcija planktonnych vidov sinezelenych vodoroslej na dlitel'noe zatenenie. **(Die Reaktion der planktischen Blaualgenarten auf längere Verdunkelung.)** Bjulleteń Instituta biologii vodochranilišč. Akademija nauk SSSR, Moskva **1960** Nr. 7. S. 10-13. 6135.

Müller, H.-M.; Dortmund, Kohlenstoffbiol. Forsch.-Stat. **Über die Veränderungen der stofflichen Zusammensetzung von Scenedesmus obliquus (Turp.) Krüger im Licht-Dunkel-Wechsel.** Naturwissenschaften **47** (1960) Nr. 19. S. 453. — 1 Abb., 3 Lit.

Bei einem Licht-Dunkel-Wechsel von 14:10 Std. wurden Änderungen der Substanzzusammensetzung bei der Alge nachgewiesen. Der auf das Trockengewicht bezogene N-Gehalt der Algensubstanz stieg in den Dunkelperioden an, setzte nach Lichtbeginn seinen Anstieg zunächst noch weiter fort und fiel dann bis zum Ende der Lichtperiode wieder ab. Der Phosphorgehalt stieg in den Dunkelperioden ebenfalls an, fiel aber nur in einer Lichtperiode ab und blieb in einer anderen nahezu konstant. Die Ergebnisse werden diskutiert. D. Barthelmes. 6135.

Pirson, A. und Kowallik, W.; Göttingen, Univ., Pflanzenphysiol. Inst. **Wirkung des blauen und roten Spektralbereiches auf die Zusammensetzung von Chlorella bei Anzucht im Licht-Dunkel-Wechsel.** Naturwissenschaften **47** (1960) Nr. 20. S. 476–477. — 1 Abb., 10 Lit.

Der Gesamtkohlehydratgehalt der Algen steigt mit einsetzender Rot-Belichtung sofort stark an, so daß das Verhältnis Gesamtkohlehydrat zu Gesamtstickstoff (GK/GN) von Anfang an laufend zunimmt. Bei Blau-Belichtung bleibt dieser Quotient zunächst unverändert, womit eine rel. Bevorzugung des N-Stoffwechsels angezeigt wird. Im Versuch bildete sich erst von der 10. Lichtstd. ab stärker Kohlehydrat. Während der Dunkelzeit werden die vergleichsweise erheblichen Unterschiede im Kohlehydratgehalt der Rot- und Blauanzucht durch intensive Umwandlung von Kohlehydrat in org. N-Verbindungen (großenteils Eiweiß) ausgeglichen. „Weißes" Mischlicht liefert im Licht-Dunkel-Wechsel bei Einstellung auf gleiche Substanzproduktion Zellen, deren GK/GN-Verlauf zwischen demjenigen für Rot und für Blau liegt, wobei der jeweilige Rot- und Blauanteil der Lampenstrahlung von Einfluß sein dürfte. D. Barthelmes. 6135.

Lorenzen, Harald; Göttingen, Univ., Pflanzenphysiol. Inst. **Über den Einfluß von Glukose auf Synchronkulturen von Chlorella pyrenoidosa.** Naturwissenschaften **47** (1960) Nr. 20. S. 477–478. — 1 Tab., 2 Lit.

Der vom Vf. bereits früher nachgewiesene endogene Zeitfaktor bei der Auslösung der Autosporenfreisetzung in Synchron-Kulturen von *Chlorella pyrenoidosa*, Stamm Emerson, konnte ebenso wie bei Veränderung anderer, die Stoffproduktion beeinflussender Außenfaktoren (Temperatur, Beleuchtungsstärke, rel. oder abs. Verlängerung von Licht- und Dunkelzeit) auch durch Glukosezusatz nicht wesentlich verändert werden. Lediglich die Substanzausbeute stieg bei mixotropher Anzucht auf etwa das Doppelte an. Die Untersuchungen sprechen dafür, daß bei Beleuchtungsstärken unter Lichtsättigung die Glukose in alle für die Zellteilung wichtigen Fraktionen (Nukleinsäuren,

Protein) eingebaut wird, während sie bei Auslastung des Photosyntheseapparates durch höhere Beleuchtungsstärken in zusätzliche Speichersubstanzen übergeht. D. Barthelmes. 6135.

Elbertzhagen-Beil, Regina; Freising. **Ein stoffwechselphysiologischer Beitrag zum Heterophyllieproblem bei Wasserpflanzen. Untersucht an den Sommer- und Winterblättern von Ceratophyllum.** Int. Rev. ges. Hydrobiol. **45** (1960) Nr. 1. S. 81–99. – 3 Abb., 14 Tab., 38 Lit.
Vf. untersuchte den Stoffwechsel von submersen Sommer- und Winterblättern von *Ceratophyllum demersum*. Dabei deuteten auf eine verminderte Stoffwechselintensität der Winterblätter die folgenden Befunde: Photosynthese und Atmung der Sommerblätter lagen ca. doppelt so hoch wie bei den Winterblättern. Der N-Gehalt der Sommerblätter lag stets höher, der Gesamtphosphor war im Sommer bedeutend höher als in den Winterblättern. Auch wurde festgestellt, daß die Trockensubstanz der Sommerblätter um 25% höher als die der Winterblätter war. Dagegen wurde in den Winterblättern doppelt soviel DNS wie in den Sommerblättern gefunden; der Gehalt an reduzierenden Zuckern übertraf im Sept. den der Sommerblätter. Da durch Lang- und Kurztagsversuche bei verschiedenen Temperaturen künstlich keine Winterblattbildungen hervorgerufen werden konnten, wird für die Ausbildung der Heterophyllie bei *Ceratophyllum demersum* mit einem endogenen Rhythmus gerechnet. M. Schlüter. 6135.

Kožova, O. M. (Koshowa, O. M.); Limnol. Baikal-Stat. der Sibir. Abt. der Akad. der Wiss. der UdSSR. Fitoplankton Bajkala v rajone zaliva Listveničnogo i ego vlijanie na formirovanie planktonnoj flory Irkutskogo vodochranilišča. **(Das Phytoplankton des Baikalsees im Gebiet der Listwenitschny-Bucht und sein Einfluß auf die Bildung der Planktonflora des Irkutsker Stausees.)** Izvestija Sibirskogo otdelenija Akademii nauk SSSR, Novosibirsk **1960** Nr. 12. S. 120–130. – 1 Abb., 1 Tab., 9 Lit. 6135.

Ėrman, L. A. (Erman, L. A.); Kaliningrad, Techn. Hochschule für Fischerei und Fischerei-Wirtsch. Pitanie i ražmnozenie planktonnych kolovratok Brachionus calyciflorus Pall v massovych kul'turach. **(Ernährung und Vermehrung von Brachionus calyciflorus in Massenkulturen.)** Doklady Akademii nauk SSSR, Moskva **144(30)** (1962) Nr. 4. S. 926–929. – 1 Abb., 1 Tab., 9 Lit.
Unter Laboratoriumsbedingungen wurden Massenkulturen von *Brachionus calyciflorus* gehalten, und zwar in einer Anfangskonzentration von ca. 2000 Exemplaren/l. Festgestellt werden sollte die Vermehrung von *B. calyciflorus* bei verschiedenen Nahrungsmengen. Als Nahrung diente die zu den Protococcales gehörende Alge *Lagerheimia ciliata*. Eine positive Entwicklung in der Vermehrung bei *B. calyciflorus* zeigte sich bis zu einer Nahrungskonzentration von 40 mg/l. Eine weitere Erhöhung der Nahrungsmenge brachte keine weitere Steigerung der Vermehrung mit sich, sondern führte sogar zu einem Rückgang, insbesondere wenn ältere *Lagerheimia*-Kulturen verwendet wurden. Diese scheiden möglicherweise toxische Stoffe ab, die die Vermehrung von *B. calyciflorus* nachteilig beeinflussen. G. Predel. 6135.

Cole, Gerald A.; Tempe, Arizona State Univ. Some calanoid copepods from Arizona with notes on congeneric occurrences of Diaptomus species. **(Einige calanoide Copepoden aus Arizona mit Bemerkungen über gleichzeitiges Vorkommen mehrerer Arten aus der Gattung Diaptomus.)** Limnol. and Oceanogr. **6** (1961) Nr. 4. S. 432–442. – 1 Tab., 36 Lit.
Vf. berichtet über 7 *Diaptomus*-Arten aus Arizona, von denen 4 für diesen Staat erstmalig erwähnt werden. Die Beobachtung, daß es sich beim gleichzeitigen Vorkommen mehrerer Arten aus der Gattung *Diaptomus* stets um Angehörige verschiedener Subgenera handelt, die außerdem unterschiedliche

Größe besitzen, stimmt mit zahlreichen Angaben anderer Autoren überein. Die interspezifische Konkurrenz ist dabei möglicherweise geringer als bei solchen Assoziationen zu vermuten ist. G. Seifert. 6135.

Mazepova, G. F. (Masepowa, G. F.); Limnol. Baikal-Stat. der Ostsibir. Zweigstelle der Sibir. Abt. der Akad. der Wiss. der UdSSR. Morfologija stadij metamorfoza u Cyclops kolensis iz ozera Bajkal. **(Die Morphologie der Metamorphosestadien bei Cyclops kolensis aus dem Baikalsee.)** Izvestija Sibirskogo otdelenija Akademii nauk SSSR, Novosibirsk **1960** Nr. 6. S. 103–115. — 8 Abb., 2 Tab., 10 Lit. 6135.

Reden, Karl-Alexander v.; Spiekeroog. **Sterblichkeitsmaxima bei Daphnia magna Straus.** Z. wiss. Zool., Abt. A **164** (1960) Nr. 1/2. S. 119–126. — 3 Abb., 8 Lit. 6135.

Waterman, Talbot H.; New Haven, Conn., Yale Univ., Dep. of Zool. Interaction of polarized light and turbidity in the orientation of Daphnia and Mysidium. **(Die Wechselwirkung zwischen polarisiertem Licht und Streulicht bei der Orientierung von Daphnia und Mysidium.)** Z. vergleich. Physiol. **43** (1960) Nr. 2. S. 149–172. — 10 Abb., 6 Tab., 34 Lit. 6135.

Smirnova, T. S. (Smirnowa, T. S.) Nekotorye dannye po biologii Polyphemus pediculus L. (Cladocera). **(Einige Beiträge zur Biologie von Polyphemus pediculus [Cladocera].)** Bjulleteń Instituta biologii vodochranilišč. Akademija nauk SSSR, Moskva **1960** Nr. 7. S. 18–20. 6135.

Parry, Gwyneth; London, Min. of Agric., Fisheries and Food. Chloride regulation in Triops. **(Chlorid-Regulation bei Triops.)** Nature [London] **192** (1961) Nr. 4801. S. 468–469. — 1 Abb., 4 Lit. 6135.

Luferov, V. P. (Luferow, W. P.) Otnošenie ličinok Ablabesmyia i Procladius (Tendipedidae) k abiotičeskim faktoram sredy. **(Das Verhältnis der Larven von Ablabesmyia und Procladius [Tendipedidae] zu den abiotischen Milieufaktoren.)** Bjulleteń Instituta biologii vodochranilišč. Akademija nauk SSSR, Moskva **1960** Nr. 6. S. 33–37. 6135.

Vinogradov, L. I. (Winogradow, L. I.); Semipalatinsk, Kasach. SSR, Med. Inst. K biologii molljuska Bithynia leachi (Shepard, 1823). **(Zur Biologie der Schnecke Bithynia leachi).** Zoologičeskij žurnal, Moskva **41** (1962) Nr. 3. S. 464–465. — 9 Lit. Zus. in Engl.
Vor Eintritt der Frühjahrsüberschwemmungen wurden von Wiesen Exemplare von *Bithynia leachi* gesammelt, um den Grad ihres Befalls mit den Larvenstadien von *Opisthorchis felineus* festzustellen. Einige Exemplare der Schnecke wurden noch bis zum Aug. des folgenden Jahres ohne Wasser aufbewahrt. Nachdem sie in Wasser von Zimmertemperatur gesetzt worden waren, zeigten sie bereits nach 40 Min. ihre Lebensfähigkeit, und nach wenigen Tagen hatten sie bereits Eier abgelegt. Aus den Versuchen geht hervor, daß die Schnecke mindestens 13 Mon. ohne Wasser leben kann und dann noch die Fähigkeit zur Fortpflanzung besitzt. G. Predel. 6135.

Thomas, E. A.; Zürich, Kantonal. Lab., Limnol. Abt. **Chloridzugabe bei Plankton-Test-Loten im Baldeggersee.** Schweiz. Z. Hydrol. **22** (1960) Nr. 1. S. 320–329. — 1 Abb., 3 Tab., 3 Lit. 6135.

Butorin, N. V. (Butorin, N. W.); Borok, Inst. für Biol. der Stauseen der Akad. der Wiss. der UdSSR. O protočnosti zony podpora Kujbyševskogo vodochranilišča. **(Über die Strömung im Abflußgebiet der Kuibyschewer Talsperre.)** Bjulleteń Instituta biologii vodochranilišč. Akademija nauk SSSR, Moskva **1960** Nr. 8/9. S. 67–71. — 2 Abb., 3 Lit. 6138.

Zenin, A. A., Rgožkin, V. I. und Fisenko, N. G. (Senin, A. A., Rogoshkin, W. I. und Fissenko, N. G.) O vozmožnosti poslojnogo spuska vody iz vodoema. **(Über die Möglichkeit der schichtweisen Wasserentnahme aus Stauseen.)** Rybnoe chozjajstvo, Moskva **36** (1960) Nr. 11. S. 21–24. — 5 Abb. 6138.

Tarverdiev, P. B. (Tarwerdijev, P. B.) Temperaturnyj režim Mingečaurskogo vodochranilišča v period ego napolnenija. **(Die Temperaturverhältnisse der Mingetschaurer Talsperre in der Periode der Auffüllung.)** Bjulleteń Instituta biologii vodochranilišč. Akademija nauk SSSR, Moskva **1960** Nr. 7. S. 38–39. 6138.

Žuravlev, M. V. (Shurawljow, M. W.); Inst. für Zool. der Akad. der Wiss. der Aserbaidshan.SSR. Temperaturnyj režim Mingečaurskogo vodochranilišča za pervoe pjatiletie ego „stanovlenija". **(Die Temperaturverhältnisse in der Mingetschaurer Talsperre in den ersten fünf Jahren ihres Bestehens.)** Doklady Akademii nauk Azerbajdžanskoj SSR, Baku **16** (1960) Nr. 11. S. 1105–1109. — 4 Tab., 5 Lit. 6138.

Bakastov, S. S. (Bakastow, S. S.); Borok, Inst. für Biol. der Stauseen der Akad. der Wiss. der UdSSR. Nekotorye dannye po donnym temperaturam Rybinskogo vodochranilišča v podlednyj period. **(Einige Angaben über die Bodentemperaturen der Rybinkser Talsperre während der Eisbedeckung.)** Bjulleteń Instituta biologii vodochranilišč. Akademija nauk SSSR, Moskva **1960** Nr. 8/9. S. 62–66. — 3 Abb., 2 Lit. 6138.

Bezler, F. I. und Trifonova, N. A. (Besler, F. I. und Trifonowa, N. A.); Borok, Inst. für Biol. der Stauseen der Akad. der Wiss. der UdSSR. Materialy po raspredeleniju kisloroda v Rybinskom vodochranilišče v zimnij period. **(Unterlagen über die Verteilung des Sauerstoffes in der Rybinsker Talsperre während des Winters.)** Bjulleteń Instituta biologii vodochranilišč. Akademija nauk SSSR, Moskva **1960** Nr. 8/9. S. 72–78. — 4 Abb., 2 Tab., 4 Lit. 6138.

Sivko, T. N. (Siwko, T. N.) Nabljudenija nad formirovaniem gidrochimičeskogo režima Gonolesskogo vodochranilišča. **(Beobachtungen über die Entwicklung der Hydrochemischen Verhältnisse in der Gonolessker Talsperre.)** Bjulleteń Instituta biologii vodochranilišč. Akademija nauk SSSR, Moskva **1960** Nr. 7. S. 40–44. 6138.

Wright, John C.; Bozeman, Montana State Coll., Dep. of Bot. and Bacteriol. The limnology of Canyon Ferry Reservoir. IV. The estimation of primary production from physical limnological data. **(Die Limnologie des Canyon-Ferry-Stausees. 4. Mitt. Die Berechnung der Primärproduktion aus physikalisch-limnologischen Daten.)** Limnol. and Oceanogr. **6** (1961) Nr. 3. S. 330–337. — 2 Abb., 4 Tab., 17 Lit.
Sauerstoffproduktion und -verbrauch werden berechnet unter Berücksichtigung derjenigen O_2-Mengen, die durch Wärmeströmungen und Turbulenz in tiefere Schichten gelangen. Dabei wird die vertikale Leitfähigkeit mit Hilfe der Wärmetransportgleichung ermittelt. Unterhalb von 5,5 m übertraf der Sauerstoffverbrauch die Produktion. Der Maximalverbrauch wurde unmittelbar unter der euphotischen Zone in 9–12 m Tiefe gefunden. Die Verhältnisse der Primärproduktion in den verschiedenen Tiefenzonen werden ausführlich dargestellt. Die Bruttoproduktion betrug zwischen 2,22 und 3,02 g O_2/m^2/Tag. G. Seifert. 6138.

Salmanov, M. A. (Salmanow, M. A.) Sootnošenie pervičnoj produkcii i destrukcii organičeskogo veščestva v Mingečaurskom vodochranilišče. **(Das Verhältnis zwischen Urproduktion und Destruktion organischer Substanz in der Mingetschaurer Talsperre.)** Bjulleteń Instituta biologii vodochranlišč. Akademija nauk SSSR, Moskva **1960** Nr. 7. S. 6–9. 6138.

Sorokin, Ju. I. Bakterial'noe vosstanovlenie sul'fatov v Kujbyševskom vodochranilišče. **(Die bakterielle Reduktion der Sulfate im Kuibyschewer Stausee.)** Trudy Instituta biologii vodochranilišč, Moskva-Leningrad **1960** Nr. 3. S. 36–49. – 4 Abb., 3 Tab., 20 Lit.

Der Schwefelwasserstoffgehalt über dem Boden des Stausees stieg auch 1958 weiter an (um das 2–10fache) und erreichte Werte bis zu 2000 mg/l. Hauptursache ist die bakterielle Sulfatreduktion. Die Geschwindigkeit der Sulfatreduktion wurde mittels ^{35}S bestimmt. Sie erreichte Werte von 4–5 mg/l/Tag und stieg bis auf 11,4 mg/l/Tag. Diese Werte sind um ein Mehrfaches höher als in den obenliegenden Stauseen und in Sulfatseen. Infolge Temperaturschichtung bildete sich im ehemaligen Flußbett des Tscheremschan eine H_2S-Zone von 6 m Dicke aus. Die Sulfatreduktion erfolgt nicht nur am Boden, sondern auch in der Wassermasse selbst. Schwefelbakterien oxydieren den Schwefelwasserstoff und vermindern dadurch den Sauerstoffgehalt des Wassers. Th. Mattheis. 6138.

Kraševinnikova,. S. A. (Krascheninnikowa, S. A.) Mikrobiologičeskaja charakteristika Gor'kovskogo vodochranilišča vo vtoroj god ego suščestvovanija. **(Mikrobiologische Charakteristik des Gorki-Stausees im zweiten Jahre seines Bestehens.)** Trudy Instituta biologii vodochranilišč, Moskva-Leningrad **1960** Nr. 3. S. 9–20. – 1 Abb., 8 Tab., 6 Lit.

Die Bakterienzahlen nahmen bedeutend gegenüber dem 1. Jahre ab und betrugen durchschnittlich 2 Mill./ml. Die jahreszeitlichen Schwankungen der Saprophyten liegen noch gleichsinnig, haben aber an Stärke beträchtlich abgenommen: Maxima im Apr. (Hochwasser) und Aug. (größte Nahrungsquelle des Zooplanktons) und Abnahme zum Herbst. Die Zahl der Schimmelpilze nahm ebenfalls ab, während Sulfatreduzenten, Schwefel- und Methanbakterien zunahmen. Th. Mattheis. 6138.

Kuznecov, S. I. (Kusnezow, S. I.) Osnovnye puti izučenija mikroflory vodochranilišč. **(Die hauptsächlichen Wege zur Untersuchung der Mikroflora in Stauseen.)** Trudy Instituta biologii vodochranilišč, Moskva-Leningrad **1960** Nr. 3. S. 3–8. – 5 Tab., 16 Lit.

Die Intensität der Photo- und Chemosynthese wurde mittels radioaktiver Isotope in Stauseen von mehreren km² Größe untersucht. In den ersten Jahren nach dem Anstau zeigte sich eine bes. hohe photosynthetische Produktion. Mittels radioaktiven Schwefelisotopen ließ sich die Intensität der Schwefelwasserstoffbildung erfassen, die für die Abnahme der Benthosorganismen maßgebend ist. Auch die Keimzahlen sind in den ersten Jahren bes. hoch. Zur Charakteristik der Rolle der Bakterien im Stoffumsatz und als Nahrung für die Zwischenproduktion sollte neben ihrer abs. Zahl auch ihre Vermehrungsrate herangezogen werden. Th. Mattheis. 6138.

Salmanov, M. A. (Salmanow, M. A.) Mikrobiologičeskie processy v Mingečaurskom vodochranilišče. **(Die mikrobiologischen Prozesse im Mingetschaur-Stausee.)** Trudy Instituta biologii vodochranilišč, Moskva-Leningrad **1960** Nr. 3. S. 21–35. – 2 Abb., 12 Tab., 34 Lit.

In Oberflächenschichten betrug die Keimzahl 1,4-3,2 Mill./ml, in Bodennähe 2,1-7,2 Mill./ml. Die vertikale Verteilung ist diskontinuierlich: Maxima im Metalimnion und in Bodennähe. Ein jahreszeitlicher Zusammenhang zwischen Primärproduktion und Keimzahlen wurde festgestellt. Schwankungen der Gesamtkeimzahlen und der Zahl der Saprophyten sind gleichsinnig. Saprophyten kamen vor: an der Oberfläche 890–9100 Zellen/ml, im Boden 0,4–7,1 Mill./g, davon waren Sporenbildner 2–23% bzw. 4–60%. Mycobakterien waren unter den Saprophyten 10–20% und Pilze zu 12–82%. *Azotobacter* kam vor bis 100 Zellen/ml Wasser und 3600 Zellen/g Boden, *Clostridium pasteurianum* ca. 10 Zellen/ml Wasser und bis zu 10000/g Boden. Denitrifikanten konzentrierten sich auf tiefe Wasserschichten und unmittelbare Bodennähe. Die Zellulosezersetzung geschieht hauptsächlich durch Pilze, weniger durch Bakterien. Sulfatreduzenten kommen nur selten vor. Die Generationsdauer der Bakterien schwankte zwischen 9,1–66 Std. Sie ist abhängig von der verwertbaren org. Substanz. Dem Zooplankton standen bis zu 445000 Bakterienzellen/ml/Std. als Nahrung zur Verfügung. Th. Mattheis. 6138.

Votavová, Milena; Praha, Ústav Hyg. Váhové stanovení fytomasy. **(Gewichtsbestimmung der Phytomasse in Wasserbecken.)** Vodohospodársky Časopis **9** (1961) Nr. 3. S. 320–325. — 3 Abb., 7 Lit. Zus. in Russ., Dtsch. Das spez. Gewicht des Phytoplanktons unterscheidet sich nur wenig vom spez. Gewicht des Wassers. Infolgedessen gibt das Zellvolumen gleichzeitig auch das Gewicht der nassen Masse an. Das Trockensubstanzgewicht gleicht ungefähr 1/25 der nassen Planktonmasse. Das Gewicht der Organismen wurde auf Grund der Dimensionen der Organismen nach Literaturangaben errechnet. Die Gesamtmasse der Organismen ermittelte man durch Multiplikation der Volumina mit dem spez. Gewicht. Die Ergebnisse veranschaulichen den Einfluß der Abwässer der Stärkeindustrie. Zur Zeit der Stärkekampagne gelangen die Abwässer der Stärkefabrik in Pelhřimov in größeren Mengen in das Želivka-Staubecken. Gleichzeitig erreicht das Frischgewicht der Planktonorganismen bis 1000 kg/Tag. Während der Kampagne wurden im Staubecken 7810 kg Biomasse zurückgehalten. Sie enthält 93% Cyanophytae, 0,9% Chlorophytae, 2,3% Diatomeae und 3,8% übrige Organismengruppen. J. Špinka. 6138.

Butorina, L. G., Kutikova, L. A. und Luferova, L. A. (Butorina L. G., Kutikowa, L. A. und Luferowa, L. A.); Borok, Inst. für Biol. der Stauseen der Akad. der Wiss. der UdSSR. O kolovratkach roda Notholca Rybinskogo vodochranilišča. **(Über die Rotatorien der Gattung Notholca in der Rybinsker Talsperre.)** Bjulleteń Instituta biologii vodochranilišč. Akademija nauk SSSR, Moskva **1960** Nr. 8/9. S. 17–18. — 2 Abb., 7 Lit. 6138.

Bajnštejn, B. A. (Bainstein, B. A.) Vodjanye klešči Rybinskogo vodochranilišča i prilegajuščich vodoemov. Soobščenie 2. **(Die Wassermilben der Rybinsker Talsperre und der umliegenden Gewässer. 2. Mitt.)** Bjulleteń Instituta biologii vodochranilišč. Akademija nauk SSSR, Moskva **1960** Nr. 7. S. 14–17. 6138.

Lepneva, S. G. (Lepnewa, S. G.); Leningrad, Zool. Inst. der Akad. der Wiss. der UdSSR. Ličinka ručejnika Hydropsyche ornatula McLachlan (Trichoptera, Hydropsychidae). **(Die Larven der Köcherfliege Hydropsyche ornatula [Trichoptera, Hydropsychidae].)** Bjulleteń Instituta biologii vodochranilišč. Akademija nauk SSSR, Moskva **1960** Nr. 8/9. S. 19–24. — 12 Abb., 3 Lit. 6138.

Zarečnaja, S. N. (Saretschnaja, S. N.); Borok, Inst. für Biol. der Stauseen der Akad. der Wiss. der UdSSR. O količestve generacij Hydropsyche ornatula McLach. (Trichoptera, Hydropsychidae) v rajone Rybinskogo vodochranilišča. **(Über die Zahl der Generationen bei Hydropsyche ornatula [Trichoptera, Hydropsychidae] im Gebiet der Rybinsker Talsperre.)** Bjulleteń Instituta biologii vodochranilišč. Akademija nauk SSSR, Moskva **1960** Nr. 8/9. S. 25–27. — 1 Tab., 3 Lit. 6138.

Verigin, B. V. (Werigin, B. W.) Materialy po kormovoj baze i ichtiofaune Girinskogo vodochranilišča. **(Beiträge zur Nahrungsbasis und Ichthyofauna der Giriner Talsperre.)** Bjulleteń Instituta biologii vodochranilišč. Akademija nauk SSSR, Moskva **1960** Nr. 7. S. 35–37. 6138.

Tal, Eliezer; Jerusalem, Hebrew Univ., Dep. of Zool. Preliminary study of fluctuations of vitamin B_{12} content in fish ponds in the Beith-Shean Valley. **(Eine vorläufige Untersuchung der Schwankungen des Vitamin-B_{12}-Gehaltes**

in Fischteichen im Beith-Shean-Tal.) Bamidgeh, Bull. Fish Cult. Israel **14** (1962) Nr. 1. S. 19-26. — 2 Abb., 4 Tab., 16 Lit.
Vit. B_{12} ist für viele Mikroorganismen, die ihrerseits als Nahrung für Wassertiere dienen, als essentieller Wachstumsfaktor bekannt. Im Verlauf eines Jahres wurde mittels Biotest monatl. der B_{12}-Gehalt in Wasserproben aus 4 Teichen festgestellt. Wenn auch Unterschiede im Vit.-Gehalt zwischen verschiedenen Teichpartien und -tiefen desselben Teiches und von Mon. zu Mon. auftraten, so war keine Regelmäßigkeit erkennbar. Die B_{12}-Mengen in den Teichzuleitern waren meist nicht nachweisbar. Da aus den Teichen B_{12}-abgebende Bakterien isoliert wurden, kann gefolgert werden, daß ein Teil des B_{12} in den Teichen produziert wird. G. Merla. 6140.

Löffler, Heinz; Wien, Univ., II. Zool. Inst. **Eine neue Maraenobiotus-Art (Copepoda Harpacticoida) aus tropischen Hochgebirgsgewässern Perus.** Zool. Anz. **165** (1960) Nr. 11/12. S. 478-481. — 2 Abb., 4 Lit. 6145.

Rynänen, Reino. **Über die limnologischen Probleme der Küstengewässer Finnlands. 1. Mitt. Angewandte Hydrographie.** Verh. int. Verein. theoret. angew. Limnol. **14** (1959, hrsg. 1961) S. 877-882. — 7 Abb., 10 Lit.
Vf. gibt einen zusammenfassenden Bericht über die hydrographischen Verhältnisse an der Küste Finnlands. Durch den sehr niedrigen Salzgehalt (an den Küsten um 7‰, im Nordteil der Bottenwiek und im östlichen Teil des Finnischen Meerbusens unter 3‰) ergeben sich einige limnologische Probleme, die mit den erheblichen Süßwasserzuflüssen zusammenhängen. Ein wichtiger Faktor ist die Eisbedeckung während der langen Winter, weitere Faktoren sind der große zugeführte Humusgehalt und der Dichteunterschied zwischen dem Meer- und Flußwasser. Betrachtungen über die beste Methodik der Probeentnahmen schließen die Arbeit ab. F.-K. Löwe. 6148.

Halme, Erkki. **Über die limnologischen Probleme der Küstengewässer Finnlands. 2. Mitt. Produktionsbiologie.** Verh. int. Verein. theoret. angew. Limnol. **14** (1959, hrsg. 1961) S. 883-888. — 2 Abb., 5 Lit. 1. Mitt. vgl. vorst. Ref.
Vf. gibt in kurzer Form die Ergebnisse der sog. Pojo-Bucht-Expedition (1936/37) wieder, die 1944 bis 1958 in 4 Arbeiten unter dem Übertitel „Planktologische Untersuchungen in der Pojo-Bucht und angrenzenden Gewässern“ erschienen. Danach ist die etwa 15 km lange Pojo-Bucht ein typisches Brackwassergebiet, in der 7 verschiedene Brackwasserzonen vom reinen Süßwasser bis zu Wasser von 6‰ Salzgehalt feststellbar sind. Da deren Lage von beiden extremen Seiten wechselseitig beeinflußt wird, ist das Gebiet einem eutrophen Seetyp beizuordnen; die potentielle Planktonproduktivität übertrifft bei weitem die der offenen See. Das liegt in erster Linie am günstigen Nährstoffhaushalt, der hauptsächlich allochthon bedingt ist. Weiterhin werden Angaben über den Jahresrhythmus des Planktons gemacht. Insgesamt werden in den Orginalarbeiten 649 Phytoplanktonarten, Varietäten und Formen aufgeführt (davon 502 Diatomeen), dazu noch 113 Zooplanktonarten, Varietäten und Formen. Es herrscht eine innige Wechselwirkung zwischen dem Milieu und den Planktonbiozönosen. Das Gebiet bildet mit den angrenzenden Gewässern ein selbständiges geographisches und limnologisches Individuum, das bes. durch seine Brackwassernatur und seine vermittelnde Aufgabe zwischen der Ostsee und ihrer Fernumgebung charakterisiert wird.
F.-K. Löwe. 6148.

Smirnov, A. N. (Smirnow, A. N.); Asow-Forsch.-Inst. für Fischwirtsch. O vlijanii biogennogo stoka Dona i solenosti na razvitie zooplanktona v Taganrogskom zalive Azovskogo morja. **(Über den Einfluß des biogenen Abflusses des Dons und des Salzgehalts auf die Zooplanktonentwicklung in der Tanganrog-**

Bucht des Asowschen Meeres.) Doklady Akademii nauk SSSR, Moskva **144**(**30**) (1962) Nr. 3. S. 656-658. — 2 Abb., 2 Tab., 7 Lit.

Untersuchungen über den Zusammenhang zwischen dem Zustrom biogener Stoffe aus dem Don in die Bucht von Taganrog und der Planktonbiomasse im Gewässer zeigten deutlich eine direkte Abhängigkeit. Mit Erhöhung des biogenen Zustromes erhöhte sich auch die Planktonbiomasse. Arbeiten aus dem Jahr 1960 führten zu der Ansicht, daß nach der Regulierung des Dons sich sein biogener Zustand verbessert hat, weil die Nährstoffe jetzt gleichmäßiger in das Asowsche Meer transportiert werden. Während vor der Regulierung durch das Frühjahrshochwasser 71% aller biogenen Elemente transportiert wurden, sind es jetzt nur noch 43%. Die Bedingungen sind bes. in der Herbst-Winter-Periode besser geworden. Weiter wurde nachgewiesen, daß sich in Abhängigkeit vom Salzgehalt des Gewässers die prozentuale Zusammensetzung des Planktons verändert. G. Predel. 6148.

Jeffries, Harry P.; Kingston, R. I., Univ., Narragansett Marine Lab. Salinity-space distribution of the estuarine copepod genus Eurytemora. **(Salzgehalt-Raum-Verteilung der Ästuar-Copepodengattung Eurytemora.)** Int. Rev. ges. Hydrobiol. **47** (1962) Nr. 2. S. 291-300.

Es wird ein Verteilungsmodell für die oligohaline Copepodengattung *Eurytemora* entwickelt, um die in sechs Ästuaren beobachtete rel. Häufigkeit zu erklären. Wenn mehr als $^1/_3$ der Ästuarlänge durch die $5^0/_{00}$- und $15^0/_{00}$-Isohalinen begrenzt wird, übertroffen die *Eurytemora*-Arten alle anderen holoplanktischen Formen während der Winter-Frühjahrs-Periode. In einem Ästuar hielt sich die größte Copepodenzahl im Gebiet um $20^0/_{00}$ auf, die kritischen Populationsdichten lagen hier am höchsten, da die Gebiete geringen Salzgehalts stromaufwärts sehr ausgedehnt waren und die Übergangszone sehr geringen Umfang hatte. J. Waldmann. 6148.

Traut, Walther; Hamburg, Zool. Staatsinst. und Museum. **Ist die Geschlechtsbestimmung des Flohkrebses Gammarus duebeni Lillj. (Crust. Amphipoda) temperaturabhängig?** Naturwissenschaften **47** (1960) Nr. 19. S. 454-455. — 1 Tab., 7 Lit.

Vf. kann auf Grund umfangreicher Untersuchungen an *Gammarus duebeni* die von Kinne für einige *Gammarus*-Arten beschriebene Temperaturabhängigkeit der Geschlechtsbestimmung nicht bestätigen. Wahrscheinlich sind die Befunde von Kinne durch Zufälligkeiten bedingt.
D. Barthelmes. 6148.

Lee, Arthur; Lowestoft, Fisheries Lab. Hydrographical observations in the Irish Sea, January — March 1953. **(Hydrographische Beobachtungen in der Irischen See, Februar-März 1953.)** Fishery Invest., Ser. II **23** (1960) Nr. 2. S. 1-25. — 13 Abb., 4 Tab., 22 Lit.

Die Beobachtungen der Oberflächentemperatur und des -salzgehalts von 4 Untersuchungsfahrten in die Irische See werden in der Form synoptischer Karten dargestellt. Aus diesen Karten lassen sich folgende Schlüsse ziehen: Im südl. Eingang können 2 südl. Strömungen kühleren, salzärmeren Wassers vorkommen. Dadurch wird das eindringende ozeanische Wasser aufgespalten. Von Norden kann das ozeanische Wasser in großer Masse in die Irische See einströmen. Wirbelbildungen werden im Bristol-Kanal, der Cardigan Bay und im Gebiet östl. einer Linie zwischen Anglesey und Mull of Galloway beobachtet. Diese Systeme sind windabhängig, in diesen Gebieten liegen die Hauptlaichplätze der Schollen. J. Waldmann. 6150.

Malmberg, Svend-Aage; Kiel, Univ., Inst. für Meereskunde. **Schichtung und Zirkulation in den südisländischen Gewässern.** Kieler Meeresforsch. **18** (1962) Nr. 1. S. 3-28. — 48 Abb., 15 Tab., 51 Lit.

Schichtungs- und Zirkulationsverhältnisse des Wassers im nördl. Teil der Ostmulde des Nordatlantiks (60°-65 °N, 10°-25 °W) werden auf Grund von Forschungsreisen 1958-60 dargestellt. Aus der Stoffülle seien einige Hauptergebnisse genannt: Vorhandensein von 4 Wassermassen (Irminger Strom, Nordatlantischer Strom, Ostisland-Strom und Isländisches Küstenwasser), von subarktischem Tiefenwasser, von zeitlichen Schwankungen im Vertikalaufbau der Wassermassen (vielleicht interne Wellen von Gezeitencharakter, 24,8 Std., und Trägheitsschwingungen, 13,5 Std.) und von einer N- bis NEwärts gerichteten Strömungskomponente an der Oberfläche. Die größten Strömungsgeschwindigkeiten befinden sich an der Meeresoberfläche (Nordatlantischer Strom) und in Bodennähe (Subarktischer Bodenstrom). Diese Strömungsverhältnisse sind andersartig, als sie in älteren Vorstellungen beschrieben werden. F.-K. Löwe. 6150.

Hinzpeter, Hans; Kiel, Univ., Inst. für Meereskunde. **Messungen der Streufunktion und der Polarisation des Meerwassers.** Kieler Meeresforsch. **18** (1962) Nr. 1. S. 36-41. — 8 Abb., 11 Lit.
Einleitend werden die bisher bekannten Streufunktionen behandelt, theoretisch abgeleitet und die Bestimmungsschwierigkeiten geschildert. Bei Proben aus der Beltsee fand Vf. im Bereich einer Trübungsschicht eine Verflachung der Streufunktion, während die Polarisation mit zunehmender Trübung abnahm und im Spektralbereich bei 700 mμ immer kleiner war als bei 400 mμ. Eine deutliche Farbdispersion der Streufunktion zeigte sich, dadurch kann man bei klarem Wasser auf eine Teilchengröße von 0,5 μ bis 1,5 μ schließen. Der Polarisationsverlauf bei klarem Wasser ist fast gleich mit dem des chem. reinen Wassers (Verminderung um einen konstanten Faktor). Abweichungen davon treten bei trübem Wasser auf. F.-K. Löwe. 6150.

Lappalajnen, T. N. (Lappalainen, T. N.) Nekotorye osobennosti gidrochimičeskogo režima južnoj časti Barenceva morja. **(Einige Besonderheiten der hydrochemischen Verhältnisse im Südteil der Barents-See.)** Trudy Murmanskogo morskogo biologičeskogo instituta, Moskva-Leningrad **2(6)** (1960) S. 41-58. — 9 Abb., 7 Tab., 21 Lit.
Untersucht wurden am Beispiel der südl. Barents-See der Einfluß der langjährigen Schwankungen der Nährsalzkonzentrationen auf die Intensität der Phytoplanktonentwicklung. Die weitverbreitete Ansicht über den Reichtum des warmen atlantischen Wassers an biogenen Salzen wird auf die rel. schnelle Zersetzung der org. Stoffe zurückgeführt. In der südl. Barents-See konnte kein Zusammenhang zwischen Planktonentwicklung und einer Veränderung des Nährsalzangebotes bemerkt werden. So war z. B. das Jahr 1958 für Nitrate ein Minimumjahr, aber trotzdem entwickelten sich im Frühjahr Phytoplanktonbestände. G. Predel. 6150.

Fedosov, M. V. und Zajcev, G. N. (Fedossow, M. W. und Saizew, G. N.) Vodnyj balans i chimičeskij režim Baltijskogo morja i ego zalivov. **(Wasserhaushalt und Chemismus der Ostsee und ihrer Buchten.)** Trudy. Vsesojuznyj naučno-issledovatel'skij institut morskogo rybnogo chozjajstva i okeanografii (VNIRO,) Moskva **42** (1960) S. 7-14. — 4 Tab., 21 Lit.
Vff. geben an Hand von Daten aus der Literatur einen Überblick über den Wasserhaushalt (Süßwasserzufluß, Niederschläge, Verdunstung, Ausstrom, Einstrom) und den Chemismus (Salzgehalt, Gehalt an mineral. Phosphor und Stickstoff, Gehalt an org. Stoffen) der Ostsee und ihrer wichtigsten Buchten (Bottnischer Meerbusen, Finnischer Meerbusen, Rigaer Bucht, Kurisches Haff, Frisches Haff). Auf Unterschiede zwischen tatsächlichen und rechnerischen Werten wird hingewiesen und deren Beachtung gewünscht.
A. Kosler. 6150.

Rjabikov, O. G. (Rjabikow, O. G.) Ob izmenenijach kislorodnogo režima vod v Baltijskom more v rajone Gotlandskoj vpadiny. **(Über Veränderungen der Sauerstoffverhältnisse in der Ostsee im Gebiet der Gotlandmulde.)** Trudy. Vsesojuznyj naučno-issledovatel'skij institut morskogo rybnogo chozjajstva i okeanografii (VNIRO), Moskva **42** (1960) S. 15-18. — 6 Abb., 2 Tab., 2 Lit.

An Hand von Daten einer ozeanografischen Station (57°20' N/ 19°57' E) aus den Jahren 1935-1938, 1953 und 1956 bespricht Vf. die einer Aufsalzung in den tieferen Schichten (80-220 m) entsprechende nachweisbare Verringerung des abs. (in cm^3/l) und rel. (in % des Sättigungswertes) Sauerstoffgehaltes. Die Temperatur spielt dabei eine zweitrangige Rolle. Bedingt ist dieses Phänomen durch die rel. Isoliertheit der tiefen Mulden in der Ostsee und das Fehlen der Ventilation. A. Kosler. 6150.

Gorškova, T. I. (Gorschkowa, T. I.) Osadki Baltijskogo morja. **(Die Sedimente der Ostsee.)** Trudy. Vsesojuznyi naučno-issledovatel'skij institut morskogo rybnogo chozjajstva i okeanografii (VNIRO), Moskva **42** (1960) S. 19-36. — 5 Abb., 2 Tab., 15 Lit.

Im Hinblick auf die Entwicklung der Trawl-Fischerei wurden auf mehreren Expeditionen in den Jahren 1947-1957 Grundproben aus dem Gebiet der Ostsee entnommen und vor allem auf ihre phys. Eigenschaften untersucht. Die Ergebnisse werden unter Berücksichtigung der Lit. in einer schematischen Meeresbodenkarte zusammengefaßt und kurz diskutiert. Am weitesten verbreitet ist sandiger Schlick, gefolgt von schlickigem Sand und reinem Sand. Die Trawl.-Fischerei wird am günstigsten zwischen der 40- und 100 m-Linie betrieben, da hier geeignetes Sediment mit maximaler Benthos-Produktion und großem Fischreichtum zusammenfällt. Die flachen Gebiete bis zur 20 m-Linie sind für die Trawl-Fischerei ungeeignet. A. Kosler. 6150.

Kireeva, M. S. (Kirejewa, M. S.) Raspredelenie i biomassa vodoroslej Baltijskogo morja. **(Verbreitung und Biomasse der Wasserpflanzen der Ostsee.)** Trudy. Vsesojuznyj naučno-issledovatel'skij institut morskogo rybnogo chozjajstva i okeanografii (VNIRO), Moskva 42 (1960) S. 195–205. — 4 Abb., 11 Tab., 3 Lit.

Von 1954–1956 wurden an der baltischen Küste der freien Ostsee und in der Rigaer Bucht Untersuchungen über die wirtschaftliche Bedeutung besitzenden Wasserpflanzen angestellt. Senkrecht zur Küste wurden von 2,5 bis 25 m Wassertiefe Schnitte mit Hilfe von Dredgen und Tauchern gelegt. In der freien Ostsee ist *Furcellaria fastigiata* die häufigste Alge. Sie bedeckt ausgedehnte Gebiete zwischen 4,5 und 9 m Tiefe und erreicht bei 5–7 m die größte Biomasse (3700 g/m^2). *Furcellaria* ist überall mit *Mytilus edulis* vergesellschaftet, der z. T. erhebliche Bestände auf den Pflanzen bilden kann. In der Rigaer Bucht ist *Fucus vesiculosus* (bis 5400 g/m^2) die häufigste Pflanze des Litorals, gefolgt von *Furcellaria fastigiata* und *Sphacellaria arctica* (bis 700 g/m^2). Die Hauptmasse von *Fucus* konnte bei 4,5 m Wassertiefe festgestellt werden. A. Kosler. 6150.

Kireeva, M. S. (Kirejewa, M. S.) Količestvennyj učet vybrosov vodoroslej v Baltijskom more. **(Die mengenmäßige Berechnung des von der Ostsee angespülten Pflanzenmaterials.)** Trudy. Vsesojuznyj naučno-issledovatel'skij institut morskogo rybnogo chozjajstva i okeanografii (VNIRO), Moskva **42** (1960) S. 206-209. — 3 Tab.

Vf. führte tägl. Messungen des angespülten Pflanzenmaterials aus und rechnete die Ergebnisse auf m^3 bzw. t/km Küstenlinie um. In der Herbst-Winterperiode waren die größten Anspülungen zu beobachten, während der Sommer wenig ergiebig war. In erster Linie wirkt Stärke und Richtung des Windes auf die Größe des Anwurfes ein. Die Hauptmasse des Pflanzenmaterials

besteht aus *Furcellaria*, während die anderen Arten dahinter zurücktreten. Die in Frage kommenden Mengen sind durchaus bedeutend (bis 3960 t/km und Mon.) und ermöglichen die Ausnutzung für die Agar-Gewinnung.
A. Kosler. 6150.

Subrahmanyan, R.; Madras, India, Centr. Marine Fisheries Unit. Observations on the effect of the monsoons in the production of phytoplankton. **(Beobachtungen über den Einfluß der Monsune auf die Phytoplankton-Produktion.)** J. Indian bot. Soc. **39** (1960) Nr. 1. S. 78–89. — 34 Lit. 6150.

Sorokin, Ju. I.; Borok, Inst. für Biol. der Stauseen der Akad. der Wiss. der UdSSR. Produkcija fotosinteza fitoplanktona v Černom more. **(Photosynthetische Produktion des Phytoplanktons im Schwarzen Meere.)** Doklady Akademii nauk SSSR, Moskva **144(30)** (1962) Nr. 4. S. 914–917. — 3 Abb., 1 Tab., 16 Lit.
Untersuchungen der Phytoplanktonproduktion des Schwarzen Meeres, die im Aug. und Okt. 1960 auf einem das ganze Schwarzmeergebiet umfassenden Stationsnetz mit Hilfe der Radio-Kohlenstoff-Methode durchgeführt wurden, ergaben folgendes Bild. Die tägliche photosynthetische Produktion unter 1 m^2 liegt zwischen 0,01 und 3,0 g C. Dabei werden die höchsten Werte in den Küstenzonen und dem Nordwestteil des Schwarzen Meeres erreicht. Diese Fläche macht etwa 24% der Gesamtfläche des Schwarzen Meeres aus, bringt aber mit ca. 72 t C/Tag rund 60% der gesamten Biomasse des Schwarzen Meeres.
G. Predel. 6150.

Rouchijajnen, M. I. (Rouchijainen, M. I.) Charakter razvitija fitoplanktona v mae-ijune 1958 g. v južnoj časti Barenceva morja. **(Der Charakter der Phytoplanktonentwicklung im Mai und Juni 1958 im Südteil der Barents-See.)** Trudy Murmanskogo morskogo biologičeskogo instituta, Moskva-Leningrad **2(6)** (1960) S. 59–67. — 4 Abb., 6 Tab., 6 Lit.
Bei Untersuchungen im Frühjahr 1958 wurde festgestellt, daß niedrige Temperaturen des Gewässers die Frühjahrsentwicklung des Phytoplanktons begünstigen. Wenn alle Untersuchungsgebiete der südlichen Barents-See betrachtet werden, so sind im Frühjahr und Anfang des Sommers die offenen Meeresteile am produktivsten. Z. B. betrug die Zahl der Diatomeen/m^3 im Durchschnitt des gesamten Gebietes im Mai 804 (862 in den offenen Teilen und 713 in der Küstenzone). Im Juni waren die entsprechenden Werte 39, 68 und 3.
G. Predel. 6150.

Guillard, Robert R. L. und Ryther, John H.; Woods Hole, Mass., Woods Hole Oceanographic Instn. Studies of marine planktonic diatoms. I. Cyclotella nana Hustedt, and Detonula confervacea (Cleve) Gran. **(Studien über marine Planktondiatomeen. 1. Mitt. Cyclotella nana und Detonula confervacea.)** Canad. J. Microbiol. 8 (1962) Nr. 2. S. 229–239. — 4 Abb., 2 Tab., 26 Lit.
Bakterienfreie Stämme der kleinen Diatomee *Cyclotella nana* aus verschiedenen Biotopen wurden isoliert. Die Morphologie der einzelnen Klone wurde mit dem Licht- und dem Elektronenmikroskop studiert. Morphol. Unterschiede zwischen den einzelnen Stämmen rechtfertigen keine Trennung in verschiedene Arten. Die Art *Detonula confervacea* wurde gleichfalls in verschiedene Untersuchungen einbezogen. Die zuletztgenannte Art erfordert nur Vitamin B_{12} für ihr Gedeihen, *C. nana* stellt keine Vitaminansprüche. Das Wachstum der verschiedenen Stämme von *C. nana* war von Temperatur und Salzgehalt abhängig, Ästuar-Stämme zeigten keine Beeinflussung durch Salzgehaltserniedrigung bis 0,5‰, sie wuchsen am besten bei 25 °C. Andere Temperaturgrenzen werden genannt.
J. Waldmann. 6150.

Zelikman, Ė. A. und Kamšilov, M. M. (Selikman, E. A. und Kamschilow, M. M.) Mnogoletnjaja dinamika biomassy planktona južnoj časti Barenceva morja i faktory, ee opredeljajuščie. **(Mehrjährige Dynamik der Planktonbio-**

masse im Südteil der Barents-See und die dafür verantwortlichen Faktoren.) Trudy Murmanskogo morskogo biologičeskogo instituta, Moskva-Leningrad **2(6)** (1960) S. 68–113. — 34 Abb., 4 Tab., 46 Lit.
Anhand von Untersuchungen aus den Jahren 1956–1959 wird die Dynamik der Planktonbiomasse im Gebiet beschrieben. Aus den Ergebnissen und den Daten früherer Untersuchungen werden die Gesetzmäßigkeiten abgeleitet. Die Arbeit berücksichtigt vor allem das Zooplankton. G. Predel. 6150.

Raymont, J. E. G. und Miller, R. S.; Southampton, Univ., Dep. of Zool.; Saskatoon, Canada, Univ. of Saskatchewan, Dep. of Biol. Production of marine zooplankton with fertilization in an enclosed body of sea water. **(Die Produktion von marinem Zooplankton in einem gedüngten eingeschlossenen Seewasserkörper.)** Int. Rev. ges. Hydrobiol. **47** (1962) Nr. 2. S. 169–209. — 6 Abb., 7 Tab., 83 Lit.
2 Tanks mit je 20 m^3 Fassungsvermögen wurden mit grobgefiltertem Seewasser gefüllt und durch Kaliumphosphat und Natriumnitrat gedüngt. Die Veränderung der Zooplanktonpopulation wurde über 11 Wochen hin verfolgt und durch wöchentlich entnommene quantitative Proben festgestellt. Das Phytoplankton war während der Versuchsdauer reich und begrenzte die Zooplanktonentwicklung nicht. Obwohl das Experiment mit einer gemischten Zooplanktonpopulation begann, wurde die Artenzahl schnell auf einige neritische Copepodenarten reduziert. Es überwogen *Acartia tonsa, Eurytemora hirundoides, Paracalanus crassirostris* und *Oithona brevicornis*. Die Gesamtzahl der Copepoden erreichte hohe Werte, das Maximum betrug fast 600 Copepoden/l. Die Dichte war bedeutend höher als in der freien See. Vff. schließen, daß reichliches Nahrungsangebot hohe Populationsdichte induziert, die Tankbedingungen begrenzen jedoch Artenzahl und -entwicklung.
J. Waldmann. 6150.

Nikolaev, I. I. (Nikolajew, I. I.) Sutočnye vertikal'nye migracii nekotorych rakoobraznych Baltijskogo morja. **(Tägliche Vertikalwanderungen einiger Krebstiere der Ostsee.)** Trudy. Vsesojuznyj naučno-issledovatel'skij institut morskogo rybnogo chozjajstva i okeanografii (VNIRO), Moskva **42** (1960) S. 61–74. — 5 Abb., 13 Tab., 14 Lit.
Vf. führte Vergleichsfänge in der freien Ostsee und der Rigaer Bucht aus. Die Mysidaceen halten sich tagsüber am Grunde des Gewässers auf, während sie nachts in die höheren Wasserschichten aufsteigen. In den Sommermon. Juni und Juli ist der Aufenthalt in der nächtlichen „pelagischen" Phase nur kurz (4–6^h), während mit fortschreitender Jahreszeit entsprechend der längeren Nacht die Dauer der pelagischen Phase zunimmt (Dez. 14–16^h). Die Wanderung vom Grund in die höheren Wasserschichten und wieder zurück erfolgt mit einer mittleren Geschwindigkeit von 1–1,4 m/min. Die Hauptmasse der Mysidaceen hält sich während der pelagischen Phase in der Nähe der Sprungschicht (20–30 m) auf. Die einzelnen Arten zeigen gewisse Verschiedenheiten in der vertikalen Verbreitung. *Mysis oculata f. relicta* geht nur wenig in die oberflächennahen Schichten, sie hat die Hauptverbreitung zwischen 20 und 30 m. *M. mixta* hat ebenfalls ihr Hauptvorkommen zwischen 20 und 30 m, geht aber auch vielfach in die darüberliegenden Schichten, während *Neomysis vulgaris* in den oberflächennahen Schichten (0–10 m) am häufigsten ist und unterhalb 30 m nachts kaum anzutreffen ist. Die Amphipoden *Pontoporeia affinis* und *P. femorata* führen nur im Herbst größere Vertikalwanderungen aus. Im Frühling und Sommer wird von den Vertikalwanderungen nur ein sehr geringer Prozentsatz der Population erfaßt (1%). Vertikalwanderungen von Copepoden werden beschrieben bei *Pseudocalanus elongatus, Limnocalanus grimaldii, Temora longicornis, Eurytemora hirundoides, Acartia bifilosa, A. longiremis* und *Centropages hamatus*. In der Rigaer Bucht ist der Hauptteil der Populationen (60%) von *Limnocalanus* in der bodennahen 10 m-Schicht

enthalten. Lediglich der Restteil (40 zuweilen 50%) vollführt nachts eine Vertikalwanderung zur Oberfläche. Besonders intensive Wanderungen werden im Herbst ausgeführt, während im Sommer der Wandertrieb schwach entwickelt ist (bis 25%). *Temora* hält sich vor allem zwischen 30 und 40 m Tiefe auf, nachts können bis zu 95% der Population in den Oberflächenschichten (0–10 m) zu finden sein. *Eurytemora* hält sich nur zwischen 20 bis 30 m auf, tagsüber können im Aug. 2 Maxima entstehen (5–10 m und 25–20 m). Die anderen Copepoden werden nur kurz erwähnt. Zum Schluß weist Vf. auf die Bedeutung der Crustaceen-Wanderungen für die Ernährung vieler Wirtschaftsfische hin. A. Kosler. 6150.

Chaldinova, N. A., Nazvič, L. G. und Rejn, M. V. (Chaldinowa, N. A., Naswitsch, L. G. und Rein, M. W.) O vertikal'nom raspredelenii mizid v Baltijskom more. **(Über die vertikale Verteilung der Mysidaceen in der Ostsee.)** Trudy. Vsesojuznyj naučno-issledovatel'skij institut morskogo rybnogo chozjajstva i okeanografii (VNIRO), Moskva **42** (1960) S. 75–83. — 3 Abb., 6 Tab., 9 Lit.

In Zusammenhang mit Arbeiten der Vff. über Ernährung und Verbreitung des Dorsches (*Gadus morhua*) wurden von 1953–1955 Untersuchungen über die vertikale Verbreitung der Mysidaceen in der Ostsee angestellt. Besprochen werden die Formen des tiefen Wassers: *Mysis mixta*, *M. oculata* var. *relicta* und *Neomysis vulgaris*. Bei Sonnenuntergang wandern die tagsüber am Grunde lebenden Mysidaceen in die höheren Wasserschichten, um bei Sonnenaufgang wieder herabzuwandern. Entsprechend der Jahreszeit ändert sich der Aufenthalt in den oberflächlichen Schichten. *M. mixta* ist die häufigste Form, während *Neomysis* nur etwa 1% des Gesamtfanges ausmacht. Die jüngeren Tiere gehen höher hinauf, bis in die oberflächlichen Schichten, und verweilen auch länger dort als die adulten Tiere, die nur bis zu 20– 30m Tiefe aufsteigen. In Gebieten mit Tiefen bis zu 230 m steigen die Mysidaceen nur bis zu 70–100 m Wassertiefe auf. Am Meeresgrund sind die Mysidaceen nicht gleichmäßig verteilt, sondern bilden verschieden starke Populationen. Die stärksten Populationen findet man zwischen 45 und 70 m. Die Wasserschicht in der die Mysidaceen tagsüber über dem Grund leben, ist im Winter schmäler als im Sommer. Fischereilich sind die Vertikalwanderungen der Mysidaceen vor allem für die jungen Dorsche von Bedeutung, die sich im Herbst von den auf- und absteigenden Schwärmen ernähren. A. Kosler. 6150.

Šurin, A. T. (Schurin A. T.) Donnaja fauna Rižskogo zaliva i uslovija ee rasprostranenija. **(Die Bodenfauna der Rigaer Bucht und die Bedingungen ihrer Verbreitung.)** Trudy. Vsesojuznyj naučno-issledovatel'skij institut morskogo rybnogo chozjajstva i okeanografii (VNIRO), Moskva **42** (1960) S. 37–60. — 4 Abb., 5 Tab., 32 Lit.

Die Rigaer Bucht ist ein durch mehrere Inseln (Sarema u. a.) von der freien See abgetrenntes, nur durch rel. schmale Rinnen im W und N (Irbensker Sund, Muhu-Sund u. a.) mit ihr in Verbindung stehendes, mäßig tiefes (bis 60 m) Randgewässer der Ostsee. Für die hydrol. Bedingungen wichtig ist der Einfluß des Ostseewassers auf die nördlichen und westlichen Bezirke, das Stagnieren des Tiefenwassers im zentralen Gebiet und der Einfluß der Süßwasserflüsse (Dwina, Gauja u. a.) im S und E. Der Salzgehalt beträgt im inneren Teil der Rigaer Bucht 5–5,5‰ an der Oberfläche und 5,5–6,5‰ am Grund. Zu den Flußmündungen hin nimmt der Salzgehalt schnell bis auf 1,2‰ ab. In den bodennahen Schichten des zentralen Teils bewegt sich die Temperatur während des ganzen Jahres nur zwischen $-0{,}2°$ bis $+3$ °C (Salzgehalt!). Eine Sprungschicht bildet sich schon im Frühjahr aus, nur im Dez. ist das Wasser homotherm. Der Sauerstoffgehalt im ganzen Gebiet ist immer ausreichend. Ab 30 m Tiefe tritt eine gewisse Zehrung ein, doch wurde freier Schwefelwasserstoff in den bodennahen Schichten nie festgestellt. Wasseraustausch mit der Ostsee und Strömungen sind, wie in anderen Randgewässern der Ostsee, vor allem vom Wind abhängig. Windbedingte Wasserstandsschwankungen sind für die Bodenfauna von erheblicher Bedeutung. Mit zunehmender Tiefe ändert sich die Zusammensetzung der Bodenfauna. Zunächst überwiegen die Mollusken (*Macoma*), ab 40 m Tiefe überwiegen die Crustaceen (*Mesidothea, Pontoporeia*). Neben dem Vorkommen von Süßwasserformen (*Bithynia, Limnaea, Viviparus, Planorbis*) fällt das Fehlen der Polychaeten in den tieferen Schichten auf. Die größte Biomasse konnte im nördlichen Teil der Bucht festgestellt werden (bis 280 g/m²; ⌀ 55,16 g/m²). Das Litoral des südlichen Teils produziert bis zu ⌀ 45,61 g/m², während die zentrale Tiefenzone mit 14,48 g/m² den niedrigsten Durchschnittswert aufweist. An der tiefsten Stelle des Gebietes sinkt die Biomasse der Bodenfauna auf weniger als 1 g/m². Die Bodenfauna des zentralen Teils wird fischereilich nicht ausgenutzt, da hier nur *Clupea harengus membras* (Planktonfresser) und *Gadus morhua* (fressen Strömlinge) leben. Die gesamte ausnutzbare Biomasse der Rigaer Bucht wird vom Vf. auf 658570 t geschätzt. Ein Vergleich mit dem Bottnischen Meerbusen, der Alands-See und den Gewässern zwischen Gotland und Öland fällt zugunsten der Rigaer Bucht aus.

A. Kosler. 6150.

Sokolova, M. N. und Pasternak, F. A. (Sokolowa, M. N. und Pasternak, F. A.); Leningrad, Bot. Komarow-Inst. der Akad. der Wiss. der UdSSR. Količestvennoe raspredelenie donnoj fauny v severnoj časti Aravijskogo morja i v Bengal'skom zalive. **(Quantitative Verbreitung der Bodenfauna im nördlichen Teil des Arabischen Meeres und im Golf von Bengalen.)** Doklady Akademii nauk SSSR, Moskva **144(30)** (1962) Nr. 3. S. 645–648. — 2 Abb., 1 Tab., 6 Lit.

Die Bodenfauna des Indischen Ozeans wurde bis in die neueste Zeit hinein nicht untersucht. Einige Bodengreiferproben in diesem Meeresgebiet nahm die dänische „Galathea"-Expedition im Jahre 1951. Danach wurden Proben von dem sowjet. Expeditionsschiff „Ob" und von dem Forschungsschiff „Witjas" auf der 31. und 33. Reise genommen, so daß in der vorliegenden Arbeit die quantitative Verteilung der Bodenfauna im Golf von Aden, dem Arabischen Meer, dem Golf von Bengalen und dem Andamanenmeer von insgesamt 104 Stationen dargelegt werden kann. Die Mehrzahl der Stationen liegt in einer Tiefe von mehr als 3000 m. Die Werte für die einzelnen Gebiete werden angeführt. G. Predel. 6150.

Nikitin, V. N. (Nikitin, W. N.); Moskau, Inst. für Ozeanol. der Akad. der Wiss. der UdSSR. Količestvennoe raspredelenie donnoj makrofauny v Černom more u beregov Kavkaza. **(Mengenmäßige Verteilung der Makrobodenfauna im Schwarzen Meer und an der Küste des Kaukasus.)** Doklady Akademii nauk SSSR, Moskva **143(30)** (1962) Nr. 4. S. 968–971. — 1 Abb., 2 Tab., 10 Lit.

Vor der Küste Kaukasiens ist der Streifen, der noch Ansiedlungsmöglichkeiten für Tiere bildet, rel. schmal. In manchen Fällen wird bereits in einer Entfernung von einer halben Meile vor der Küste eine Tiefe von über 150 m erreicht, wo dann bereits H_2S auftreten kann. Es wird eine Übersicht über die quantitative vertikale Verteilung des Benthos vor der Küste Kaukasiens gegeben. Ab 30 m Tiefe nimmt die Zahl der Arten stark ab als Folge der zunehmenden Gleichförmigkeit des Lebensraumes. Während bei 30 m noch 90 Arten Wirbelloser vorkommen, sind es bei 130–165 m nur noch 5. Hier wirkt sich bereits das O_2-Defizit in der Tiefe des Schwarzen Meeres aus.

G. Predel. 6150.

Androsova, E. I. (Androssowa, Je. I.); Leningrad, Zool. Inst. der Akad. der Wiss. der UdSSR. Mšanki Baltijskogo morja. **(Die Bryozoa der Ostsee.)**

Zoologičeskij žurnal, Moskva **41** (1962) Nr. 6. S. 826-832. — 1 Abb., 1 Tab., 32 Lit. Zus. in Engl.

Im Sommer 1961 wurde an verschiedenen Stellen der sowjet. Ostseeküste und an einigen anderen Stellen der Ostsee eine Untersuchung der Bryozoen-Fauna durchgeführt. Dabei wurden 4 Arten gefunden. Es handelt sich um *Electra crustulenta var. baltica*. Diese Art hat ihr Verbreitungsgebiet bis in den Finnischen Meerbusen hinein. Die anderen 3 Arten *E. pilosa var. dentata, Callopora aurita* und *Alcyonidium polyoum* fanden sich nur bis zur Küste der Kurischen Nehrung. G. Predel. 6150.

Gerlach, Sebastian A.; Kiel, Univ.- Zool. Inst. **Freilebende Meeresnematoden von den Malediven.** Kieler Meeresforsch. **18** (1962) Nr. 1. S. 81-108. — 102 Abb., 56 Lit.

Vf. war Teilnehmer der Xarifa-Expedition 1957/58 und legt anatomische und systematische Ergebnisse über die freilebende Nematodenfauna des Malediven-Archipels (Indischer Ozean) vor. Es werden insgesamt 31 Arten beschrieben,von denen die folgenden 7 neue Arten sind: *Halalaimus filum, Thalassoalaimus impar, Litinium volutum, Diplopeltula indica, Cynura papillata, Bathylaimus depressus* und *Tripyloides undulatus*; neu ist auch die Gattung *Maldivea*, deren Typus die bisher einzige Art — *Maldivea xarifae* — ist. Eine ökologische Auswertung des Materials soll später erfolgen.
F.-K. Löwe. 6150.

Hartmann-Schröder, Gesa; Osnabrück, Städt. Museum; Concepcion, Chile, Univ., Inst. für Biol. **Zweiter Beitrag zur Polychaetenfauna von Peru.** Kieler Meeresforsch. **18** (1962) Nr. 1. S. 109-147. — 128 Abb., 28 Lit. 1. Mitt. vgl. LZ. Abt. III **6** (1961) Nr. 5. S. 928.

Nach dem ersten Beitrag legt Vf. ein umfangreiches neues Material vor, das aus den Jahren 1955/56 stammt. Die Untersuchungen wurden, wie angekündigt, auf den Einfluß des Humboldt-Stromes auf die Besiedlung der Küste und der küstennahen Gewässer ausgedehnt. 37 Arten bzw. Unterarten wurden untersucht, von denen 7 schon bekannt sind (3 aber neu für Peru). 3 neue Subspecies, 27 neue Arten und 4 neue Gattungen werden beschrieben. Die Gattung *Capitita* wird aufgelöst, ihre einzige Art — *Capitita ambiseta* — der Gattung *Mediomastus* zugeordnet. 3 Gattungsdiagnosen werden erweitert.
F.-K. Löwe. 6150.

Kuderskij, L. A. (Kuderskik, L. A.); Petrosawodsk, Karel. Abt. des Forsch.-Inst. für Binnenfischerei. O faune polichet Belogo morja. **(Über die Polychätenfauna des Weißen Meeres.)** Zoologičeskij žurnal, Moskva **41** (1962) Nr. 4. S. 629-631. — 10 Lit. Zus. in Engl.

Es werden 6 Polychätenarten aus dem Weißen Meer beschrieben, die während Untersuchungen im Jahre **1947** gesammelt wurden. Es handelt sich um *Nephthys longosetosa* (erstmalig für das Weiße Meer beschrieben), *Flabelligera affinis, Leiochone polaris, Ampharete lindströmi, Amphitrite birulai* und *Thelepus cincinnatus*. Die Zusammenstellung hat deshalb bes. Wert, weil in der letzten Zeit wiederholt einige früher im Weißen Meer gemeinen Organismen nicht mehr gefunden wurden, was von einigen Autoren mit der fortschreitenden Erwärmung und dem Aussterben einiger Arten des Weißen Meeres in Zusammenhang gebracht wird. G. Predel. 6150.

Petrovskaja, M. V. (Petrowskaja, M. W.) K ėkologii mnogoščetinkovych červej vostočnogo Murmana i nekotorye dannye o periodach ich razmnoženija i ličinočnych formach. **(Zur Ökologie der Polychaeten des östlichen Murman-Gebietes sowie einige Angaben über ihre Vermehrung und über die Form ihrer Larven.)** Trudy Murmanskogo morskogo biologičeskogo instituta, Moskva-Leningrad **1(5)** (1960) S. 28-67. — 35 Abb., 5 Tab., 39 Lit.

Im östlichen Murman-Gebiet wurden 1954-1955 insgesamt 61 Polychaetenarten bestimmt, darunter 14 typische Warmwasserarten, die vermutlich von den warmen Wassermassen des Atlantiks an die Murman-Küste getrieben wurden. Die Hauptmasse der Polychaeten besiedelt die gemischten Böden des Eulitorals. Ihre unterschiedlich geformten Larven erscheinen im Frühjahr (Apr.-Mai) in großen Mengen als Plankton im Pelagial und durchlaufen dort die ersten Stadien ihrer postembryonalen Entwicklung.

A Kozianowski. 6150.

Ivanov, A. I. (Iwanow, A. I.) Količestvennoe raspredelenie molljuskov roda Modiolus (M. phaseolina Phil. i M. adriatica Lam.) u Kavkazskich beregov Černogo morja. **(Quantitative Verbreitung der Mollusken der Gattung Modiolus [M. phaseolina und M. adriatica] an der Kaukasusküste des Schwarzen Meeres.)** Doklady Akademii nauk SSSR, Moskva **144(30)** (1962) Nr. 4. S. 911-913. — 2 Abb., 6 Lit.

Die Molluskengattung *Modiolus* ist an der sowjet. Schwarzmeerküste weit verbreitet. Die Mollusken haben Bedeutung im Hinblick auf eine evtl. wirtschaftliche Nutzung und als Nährtiere für Fische und den aus dem Atlantik akklimatisierten Tiefseekrebs *Palinurus mauritanicus*. Die Verbreitungsgebiete von *M. phaseolina* und *M. adriatica* sowie deren zahlenmäßige und gewichtsmäßige Verteilung werden auf Grund von Untersuchungsergebnissen aus den Jahren 1960/61 angeführt. Eine wirtschaftliche Nutzung für die genannten Molluskenarten kommt infolge der geringen Durchschnittsgröße der Tiere, der Schwierigkeiten beim Fang und der Schlammentfernung kaum in Betracht.

G. Predel. 6150.

Nesis, K. N. (Nessis, K. N.) Pantopoda pribrež'ja Vostočnogo Murmana. **(Die Pantopoden der östlichen Murman-Küste.)** Trudy Murmanskogo morskogo biologičeskogo instituta, Moskva-Leningrad **2(6)** (1960) S. 137-161. — 2 Abb., 1 Tab., 63 Lit.

Die vorliegende Arbeit beschäftigt sich vor allem mit der Verbreitung und der Ökologie der Pantopoden im Seegebiet vor der östlichen Murman-Küste. Bei 167 Proben wurden insgesamt 3000 Vertreter dieser Tiergruppe gefangen und untersucht. Es handelt sich um 21 Formen, die einzeln beschrieben werden. Die häufigsten waren: *Nymphon spinosum hirtipes, N. strömii strömii, Pygnogonum littorale* und *Cordylochele brevicollis*. Die Pantopoden zeigen eine geringe Abhängigkeit von den Schwankungen biotischer Faktoren.

G. Predel. 6150.

Milejkovskij, S. A. (Mileikowski, S. A.) O razmnoženii i ličinočnom razvitii Velutina velutina (Gastropoda, Prosobranchia, Lamellariidae) v Belom, Barencevom i Norvežskom morjach. **(Über die Vermehrung und die Larvenentwicklung bei Velutina velutina [Gastropoda, Prosobranchia, Lamellariidae] im Weißen Meer, der Barents-See und der Norwegischen See.)** Trudy Murmanskogo morskogo biologičeskogo instituta, Moskva-Leningrad **2(6)** (1960) S. 162-171. — 3 Abb., 33 Lit.

Velutina velutina ist eine typisch arktisch-boreale Form. Sie wird sowohl im Nordatlantik als im Nordpazifik und im Mittelmeer gefunden. Charakteristisch sind die spez. Larvenformen, die sogenannten Echinospiren. Diese pelagischen Larven waren bisher nur in borealen Gewässern gefunden worden. Vf. fand die Echinospiren auch in arktischen Gewässern und macht Angaben über Vermehrung, Larvenentwicklung und Verbreitung durch Strömungen im arktischen Raum.

G. Predel. 6150.

Ivanov, A. V. (Iwanow, A. W.); Leningrad, Univ., Lehrstuhl für Zool. der Wirbellosen. Novye pogonofory iz vostočnoj časti Tichogo okeana. Soobščenie 2. Heptabrachia ctenophora sp. n. i Heptabrachia canadensis sp. n.

(Neue Pogonophoren aus dem östlichen Teil des Stillen Ozeans. 2. Mitt. Heptabrachia ctenophora sp. n. und Heptabrachia canadensis sp. n.) Zoologičeskij žurnal, Moskva **41** (1962) Nr. 6. S. 893-900. — 5 Abb., 8 Lit. Zus. in Engl. 1. Mitt. vgl. LZ. Abt. III **7** (1962) Nr. 12. S. 2665.

Die beiden neuen Arten der Pogonophora wurden von dem Forschungsschiff „Witjas" bei Untersuchungen an der pazifischen Küste Kanadas und der USA im Jahre 1958 gesammelt. Ein Exemplar von *H. ctenophora* wurde nördlich von Kap Blanco in 1376 m Tiefe, *H. canadensis* in einem Exemplar mit Röhre in 2500-2600 m Tiefe nordwestlich der Queen-Charlotte-Inseln erbeutet. Die systematischen Kennzeichen dieser beiden Arten werden ausführlich beschrieben. G. Predel. 6150.

Berkeley, C.; Nanaimo, Brit. Columbia, Fisheries Res. Board of Canada, Biol. Stat. Toxicity of plankton to Cristispira inhabiting the crystalline style of a mollusk. **(Toxizität des Planktons auf Cristispira, einen Bewohner des Kristallstiels eines Mollusken.)** Science [Washington] **135** (1962) Nr. 3504. S. 664-665. — 7 Lit.

Der Kristallstiel von *Saxidomus giganteus* beherbergt eine umfangreiche Population einiger *Cristispira*-Arten, die in ihm außer nahe dem funktionellen Ende am Magen frei herumschwimmen. Hier ist der Stiel mit Nahrungsteilchen gemischt, während amylolytische Enzyme und eine Oxydase abgegeben werden. Ein Glukosederivat wird hier infolge der Oxydasetätigkeit gebildet, und diese Verbindung erwies sich in starker Verdünnung als giftig für *Cristispira*. Extrakte von Planktonorganismen, die die Hauptnahrung von *Saxidomus* bilden, wirkten ebenfalls auf *Cristispira* toxisch und töteten die Kulturen früher oder später. Quantitative Vergleiche waren nicht möglich. J. Waldmann. 6150.

Ržepiševskij, I. K. (Rshepischewski, I. K.) Razmnoženie usonogogo račka Balanus balanoides (L.) na Vostočnom Murmane. **(Die Vermehrung der Seepocke Balanus balanoides an der östlichen Murman-Küste.)** Trudy Murmanskogo morskogo biologičeskogo instituta, Moskva-Leningrad **2(6)** (1960) S. 114-136. — 8 Abb., 2 Tab., 21 Lit.

An der östlichen Murman-Küste kündigt sich der biol. Frühling dadurch an, daß die Nauplien von Balaniden massenhaft im Plankton auftreten. *Balanus balanoides, B. crenatus* und *B. balanus* kommen vor. Die Embryonalentwicklung von *B. balanoides* von der befruchteten Geschlechtszelle bis zur Larvenbildung dauert von Juli-März/Apr. Bei den für die Murman-Küste gewöhnlich negativen Lufttemperaturen ist die Dauer und Intensität der Laichzeit unterschiedlich. Sie dauert im oberen Litoral bis zu 1 Mon. und im unteren Litoral 7-10 Tage. Bei postitiven Lufttemperaturen wird die Dauer der Laichzeit verkürzt. G. Predel. 6150.

Burdon-Jones, C. und McIntyre, A. D.; Menai Bridge, Anglesey, Univ. Coll. of North Wales, Marine Biol. Stat.; Aberdeen, Scott. Home Dep., Marine Lab. Stereobalanus, a genus new to the old world. **(Stereobalanus, eine für die alte Welt neue Gattung.)** Nature [London] **186** (1960) Nr. 4723. S. 491-492. — 1 Abb., 2 Tab., 6 Lit. 6150.

Zubov, A. N. (Subow, A. N.) Chimičeskaja recepcija rakoobraznych. Soobščenie 1. Ob izmenčivosti chimičeskoj recepcii u amfipod (Gammarus locusta i G. lacustris). **(Die chemische Rezeption der Crustaceen. 1. Mitt. Über die Veränderlichkeit der chemischen Rezeption bei Amphipoden [Gammarus locusta und G. lacustris].)** Trudy Murmanskogo morskogo biologičeskogo instituta, Moskva-Leningrad **2(6)** (1960) S. 245-252. — 3 Abb., 1 Tab., 9 Lit.

Eine wichtige Eigenschaft der Tiere ist ihre Fähigkeit, die Umwelt chem. zu analysieren. Vf. untersuchte diese Frage an 2 ökol. verschiedenartigen

Amphipodenarten im Hinblick auf ihre Fähigkeit, den Salzgehalt des Wassers zu analysieren. Es zeigten sich bei der Meeresform *G. locusta* und bei der Süßwasserform *G. lacustris* deutliche Anzeichen einer physiol. Analyse der unterschiedlichen Salzgehalte in Form positiver oder negativer Bewegungsreaktionen. Die Analyse der Salzgehalte und auch die Fähigkeit, bei ungünstigen Bedingungen der Salzverhältnisse zu überleben, ist bei der Meeresform stärker ausgebildet als bei der Süßwasserform. G. Predel. 6150.

Sokolov, V. A. (Sokolow, W. A.) Uslovnyj refleks na svetovoj razdražitel' u morskoj zvezdy Asterias rubens L. **(Bedingte Reflexe auf Lichtreize beim Seestern Asterias rubens.)** Trudy Murmanskogo morskogo biologičeskogo instituta, Moskva-Leningrad **2(6)** (1960) S. 236-244. — 3 Abb., 3 Tab., 9 Lit.
Es werden Versuche beschrieben, bei denen durch Kombination von Lichtreizen mit Nahrungsaufnahme bei Seesternen eine bedingt reflektorische Tätigkeit hervorgerufen wurde. Bei fast allen Versuchsobjekten gelang es, nach 2-8 Kombinationen die bedingten Reflexe zu erzeugen. Nach 8-30 Kombinationen wurde die bedingte zur unbedingten reflektorischen Tätigkeit. G. Predel. 6150.

Bogolepova-Dobrochotova, I. I. (Bogolepowa-Dobrochotowa, I. I.); Leningrad, Zool. Inst. der Akad. der Wiss. der UdSSR. Diciemidy dal'nevostočnych morej. II. Novye vidy roda Dicyemennea. **(Dicyemiden der Fernostmeere. 2. Mitt. Neue Arten der Gattung Dicyemennea.)** Zoologičeskij zurnal, Moskva **41** (1962) Nr. 4. S. 503-518. — 8 Abb., 7 Lit. Zus. in Engl.
Es werden 6 neue Arten der Gattung *Dicyemennea* beschrieben. Die Tiere kommen in verschiedenen Wirtstieren der fernöstlichen Meere vor. Es handelt sich um *D. rossiae*, *D. dogielli*, *D. filiformis*, *D. brevicephaloides*, *D. longinucleata* und *D. curta* Bogolepova sp. n. Beschrieben werden die verschiedenen Stadien des Lebenszyklus. G. Predel. 6150.

Zajcev, Ju. P., Zelezinska, L. M., Krakatica, V. V. und Vynogradova, O. K. (Sajzew, Ju. P., Selesinska, L. M., Krakatiza, W. W. und Wynogradowa, O. K.); Odessa, Biol. Stat. der Akad. der Wiss. der Ukrain.SSR. Šrednja vaga predstavnykiv rodyny Pontellidae (Copepoda) giponejstonu Čornogo morja. **(Durchschnittsgewicht der Vertreter der Familie Pontellidae [Copepoda] des Schwarzmeer-Hyponeustons.)** Dopovidi Akademii nauk Ukraïnškoï RSR, Kyïv **1962** Nr. 6. S. 823-824. — 1 Tab., 1 Lit. Orig.: ukrain., Ausz.: russ., engl.
Infolge des Fehlens von Durchschnittsgewichten und der Kenntnis einiger anderer Eigenschaften des Hyponeustons ist die Bestimmung der Biomasse dieses Lebensraumes sehr kompliziert. Die vorliegende Arbeit bringt Gewichtsangaben von *Pontella mediterrane* und *Anomalocera patersoni*. Beide sind massenhaft im Hyponeuston des Schwarzen Meeres vertreten. Die Angaben sind nach Längengruppen und nach männl. und weibl. Tieren für beide Arten getrennt aufgeführt. G. Predel. 6150.

Rajkov, I. B. (Raikow, I. B.) Intersticial'naja fauna infuzorij pesčanoj litorali Dal'nezeleneckoj buchty (Vostočnyj Murman). **(Interstitielle Infusorienfauna des Sandlitorals der Dalneselenezer Bucht [Östliches Murman-Gebiet].)** Trudy Murmanskogo morskogo biologičeskogo instituta, Moskva-Leningrad **2(6)** (1960) S. 172-185. — 11 Abb., 1 Tab., 18 Lit.
Untersucht wurden die artenmäßige Zusammensetzung der psammophilen Infusorien und der Charakter ihrer Verbreitung im Sandlitoral der Barents-See. Die gefundenen Arten werden angeführt. Mit Ausnahme einer Art handelt es sich um die gleichen Formen, die z. B. von der Westküste Frankreichs, dem Oslo-Fjord, dem Mittelmeer und der Kieler Bucht her bekannt sind. Die vorliegenden Untersuchungsergebnisse bestätigen die Ansicht von

Fauré-Fremiet über die universelle Verbreitung der psammophilen Arten der Meeresinfusorien. G. Predel. 6150.

Kazarovec, N. M. (Kasarowez, N. M.) Primenenie konduktometričeskogo metoda k izučeniju raspredelenija vodnych mass Rybinskogo vodochranilišča. **(Die Anwendung der konduktometrischen Methode zur Untersuchung der Verteilung der Wassermassen in der Rybinsker Talsperre.)** Bjulleteń Instituta biologii vodochranilišč. Akademija nauk SSSR, Moskva **1960** Nr. 7. S. 45 bis 49. 6200.

Siedler, Gerold; Kiel, Univ., Inst. für Meereskunde. **Die Zugbeanspruchung des Einleiterkabels bei Bathysondenmessungen in der Tiefsee (Technischer Bericht.)** Kieler Meeresforsch. **18** (1962) Nr. 1. S. 34-35. — 3 Abb., 3 Lit.

Vf. beschreibt Zugkraftmessungen an einem neu entwickelten Einleiterkabel (Innenleiter und mäßig leitender tragender Außenmantel), das nur 4 mm stark ist, eine Reißfestigkeit von ca. 690 kg besitzt und von dem 1000 m 65 kg wiegen. Die verwendete Bathysonde wog 85 kg. Es wurde festgestellt, daß in erster Linie die Hievgeschwindigkeit und deren Störungen durch den Seegang für die Belastung entscheidend sind. Es traten in Nähe der Wasseroberfläche bei einer Hievgeschwindigkeit von 100 m/min. und einer Wellenhöhe von 1,40 m Belastungen von 10-150 kg auf, während sie — wegen des größeren Eigengewichts des Kabels — in größeren Tiefen bis zu 200 kg betrugen. Bei 4 m Wellenhöhe stellte man Maximalbelastungen bis zu 210 kg fest. Änderungen der Belastung durch die erhöhte Reibung am Kabel sind gering. F.-K. Löwe. 6200.

Bodrova, N. V. und Krajuchin, B. V. (Bodrowa, N. W. und Krajuchin, B. W.) O sortirovke vodnych bespozvonočnych životnych pri pomošči ėlektričeskogo toka. **(Über die Sortierung wirbelloser Wassertiere mit Hilfe des elektrischen Stromes.)** Bjulleteń Instituta biologii vodochranilišč. Akademija nauk SSSR, Moskva **1960** Nr. 7. S. 57-58. 6200.

Lukanin, V. S. (Lukanin, W. S.) Koprometr dlja vodnych bespozvonočnych. **(Ein Koprometer für wirbellose Wassertiere.)** Bjulleteń Instituta biologii vodochranilišč. Akademija nauk SSSR, Moskva **1960** Nr. 7. S. 51-54. 6200.

Lukanin, V. S., Poddubnaja, T. L. und Cichon-Lukanina, E. A. (Lukanin, W. S., Poddubnaja, T. L. und Zichon-Lukanina, Je. A.) Sosud dlja izučenija pitanija vodnych bespozvonočnych. **(Ein Gefäß zur Untersuchung der Ernährung von wirbellosen Wassertieren.)** Bjulleteń Instituta biologii vodochranilišč. Akademija nauk SSSR, Moskva **1960** Nr. 7. S. 55-56. 6200.

Curl jun., Herbert und Sandberg, Judith; Woods Hole, Mass., Woods Hole Oceanographic Instn.; Baltimore, Md., John Hopkins Univ., Dep. of Biophysics. The measurement of dehydrogenase activity in marine organisms. **(Die Messung der Dehydrogenase-Aktivität in marinen Organismen.)** J. Marine Res. **19** (1961) Nr. 3. S. 123-138. — 13 Abb., 7 Lit.

Es wird eine Methode zur Abschätzung des Atmungspotentials in marinem biol. Material diskutiert. Die Methode basiert auf der photometrischen Erfassung eines Dehydrogenase-Enzyms durch die Reduktion von Tetrazoliumsalz. Die Tetrazoliumsalze geben nach Reduktion stabile farbige Verbindungen. Es zeigte sich, daß die Aktivitätsmessungen positiv und linear verlaufen und den O_2-Verbrauchsmessungen ähnlich sind. Das Atmungspotential kann sofort nach Gewinnung des Materials gemessen werden oder zu einem späteren Zeitpunkt. J. Waldmann. 6200.

Dinamika i morfologija morskich beregov. (Dynamik und Morphologie der Meeresküsten.) Hrsg.: Akad. nauk SSSR. Moskva: Izd. Akad. nauk SSSR. 1961. (346 S.) 4° = Trudy Instituta okeanologii Bd. 48. (SR 1782,48)

Birger, T. Hrsg.: Akad. nauk. URSR. Inst. gidrobiologiï. **Kormova cinnist' dlja ryb masovych form bezchrebetnych Dnipra i Dniprovśko-Bužkogo lymanu.** (Der Futterwert für die Fische der im Dnepr und Dnepr-Bug-Liman in Massen auftretenden Wirbellosen.) Kyïv: Vyd. Akad. nauk URSR. 1961. (108 S.) 8°. (1962 A 40)

Bogačev, Vladimir Vladimirovič. **Materialy k istorii presnovodnoj fauny Evrazii.** (Beiträge zur Geschichte der Süßwasserfauna Eurasiens.) Hrsg.: Akad. nauk Ukrain.SSR.; Inst. mineral'-nych resursov. Kiev: Izd. Akad. nauk Ukr.SSR. 1961. (340 S.) 8°. (1961 A 1258)

Konenko, G. D., Pidgajko, M. L. und *Radzymovśkyj, D. O.* Hrsg.: Akad. nauk URSR. Inst. gidrobiologiï. **Stavky Polissja Ukraïny. Gidrochimičnyj ta gidrobiologičnyj naris.** (Die Teiche des Polessje-Gebietes in der Ukraine. Hydrochemie und Hydrobiologie.) Kyïv: Akad. Vyd. nauk URSR. 1961. (139 S.) 8°. (1962 A 39)

Naumov, Donat Vladimirovič. **Scifoidnye meduzy morej SSSR.** (Scyphomedusen der Meere der UdSSR.) Moskva; Leningrad: Izd. Akad. nauk SSSR. 1961. (97 S.) 8° = Opredeliteli po faune SSSR, izdavaemye Zoologičeskim institutom Akad. nauk SSSR, Moskva-Leningrad Bd. 75. (SR 357, 75)

Votincev, Konstantin Konstantinovič. **Gidrochimija ozera Bajkal.** (Die Hydrochemie des Baikal-Sees.) Hrsg.: Akad. nauk SSSR. Sibirskoe otdel. Vostočno-sibirskij filial. Moskva: Akad. nauk SSSR. 1961. (310 S. m. Abb.) 4°. Rbl. 1,93 = Trudy Bajkal'skoj limnologičeskoj stancii. Bd. 20.

D. FISCHEREIWIRTSCHAFT

Binnenfischerei

Pirožnikov, P. L. (Piroshnikow, P. L.) Novoe napravlenie v rybovodstve. **(Eine neue Richtung in der Fischzucht.)** Naučno-techničeskij bjulleteń GosNIORCh (Gosudarstvennyj naučno-issledovatel'skij institut ozernogo i rečnogo rybnogo chozjajstva), Leningrad **1960** Nr. 11. S. 82–83.
In den oberen Abschnitten der Talsperren lassen sich oftmals mit rel. geringem Aufwand Anlagen zur Aufzucht von Jungfischen schaffen. Die Erfahrungen, die bei der Bewirtschaftung solcher Gewässer gemacht wurden, werden in einer vom Vf. rezensierten Broschüre von P. W. Michejew und E. W. Meisner mitgeteilt. Da es sich weitgehend um die Bewirtschaftung bisher fischereilich nicht nutzbarer Flächen handelt, darf man dabei von einer neuartigen Wirtschaftsweise sprechen. H.-W. Hattop. 6230.

Gurov. M. M. (Gurow, M. M.) Rezul'taty peresadki osetrovych v Cimljanskoe vodochranilišče. **(Die Ergebnisse des Umsetzens von Stören in die Zimljansker Talsperre.)** Rybnoe chozjajstvo, Moskva **36** (1960) Nr. 11. S. 16—20. — 1 Abb., 1 Tab. 6240.

Anonym. Fast 25-ft. glass hulls make fine gillnetters. **(Die schnellen 25-Fuß-Bootsrümpfe aus Glas sind gut als Setznetzfahrzeuge geeignet.)** Western Fisheries **62** (1961) Nr. 6. S. 34–36. — 3 Abb.
Die Eigenschaften und technischen Daten eines neuen Motorboottyps, dessen Rumpf aus Glasfiber besteht, werden mitgeteilt. Die durchschnittl. Stärke des Glases beträgt 9,5 mm, bes. beanspruchte Stellen sind zusätzlich verstärkt. Das Boot mit den Abmessungen 8,22 m × 2,83 m erreicht bei Bestückung mit einem 188 PS-Dieselmotor eine Spitzengeschwindigkeit von 15 kn., der Durchschnitt liegt bei 12 kn. Ein Strahlantrieb hat sich bei diesen Fischereifahrzeugen nicht bewährt, mit ihm wurden nur Geschwindigkeiten von 8 kn. erreicht. Das Boot schließt eine Lücke an billigen und schnellen Setznetzfahrzeugen. G. Seifert. 6245.

Prijmačenko A. D. (Primatschenko, A. D.) O metodike techničeskoj obrabotki diatomovych vodoroslej. **(Über die Methodik der technischen Verarbeitung von Diatomeen.)** Bjulleteń Instituta biologii vodochranilišč. Akademija nauk SSSR, Moskva **1960** Nr. 7. S. 50. 6250.

Torban, S. S. und Poluljak, S. I.; Moskau, Unions-Forsch.-Inst. für Hochseefischerei und Ozeanogr. Traktornyj l'dobur ILB. **(Die Traktor-Eisbohrmaschine ILB.)** Rybnoe chozjajstvo, Moskva **36** (1960) Nr. 12. S. 39–45. — 3 Abb., 1 Tab. 6255.

Soulsby, J. J. The Mweru-Wantipa fishing record. **(Die Fischerei im Mweru-Wantipa-See.)** Rhodesia agric. J. **57** (1960) Nr. 4. S. 331–337. – 3 Abb., 9 Tab.
Der Mweru-Wantipa ist ein großer, flacher See in Nord-Rhodesien, der gelegentlich in großen Teilen austrocknet. Er wird von zahlreichen Flüssen gespeist, hat aber keinen Abfluß, so daß die Salzkonzentration hoch ist. Die Fänge, deren Höhe angegeben wird, bestehen vor allem aus *Tilapia macrochir* und *Clarias mossambicus*, der im Gegensatz zu *Tilapia* stark von Krokodilen verfolgt wird. Der größte Teil der gefangenen Fische wird in unzureichender Weise geräuchert und in der Umgebung des Sees verbraucht. Ein Fischandel über größere Strecken findet kaum statt.
D. Barthelmes. 6255.

Michalčenkov, G. N. (Michaltschenkow, G. N.) Iz opyta proektirovanija prudovych rybovodnych chozjajstv. **(Erfahrungen bei der Projektierung von Teichwirtschaften.)** Rybnoe chozjajstvo, Moskva **36** (1960) Nr. 11. S. 11–15. – 3 Abb. 6305.

Saadi, Abdul Wahab; Erlangen; Nürnberg, Univ., Zool. Inst., Untersuchungsstelle für Teichwirtsch. **Über die Naturnahrung des Karpfens im ersten Lebensjahr.** Fischbauer **13** (1962) Nr. 163. S. 657–658.
1961 wurden Karpfen (*Cyprinus carpio*) aus Laich-, Vorstreck- und Brutstreckteichen auf ihre natürliche Nahrung hin untersucht. Bald nach dem Schlüpfen wurden Rotatorien und Nauplien, vom 3. Lebenstag an junge Daphnien und Cyclopiden aufgenommen. Kleine Grünalgen (*Pandorina*) wurden zwar aufgenommen, jedoch nicht verdaut. Mit zunehmender Größe fraß die Karpfenbrut hauptsächlich Planktonkrebse. Dabei wurden häufig vorkommende Diaptomiden nur selten angenommen. Meist zeigte sich, daß die aufgenommnene Nahrung dem Angebot an Naturnahrung entsprach.
G. Merla. 6315.

Priedītis, A. und Kondratovičs, E. Značenie mikroėlementov, vitaminov i antibiotičeskich veščestv v povyšenii produktivnosti prudovych chozjajstv Latvijskoj SSR. **(Die Bedeutung von Spurenelementen, Vitaminen und antibiotischen Stoffen für die Leistungserhöhung der Teichwirtschaft in der Lettischen SSR.)** Izvestija Akademii nauk Latvijskoj SSR, Riga **1962** Nr. 3. S. 79–88. – 4 Tab., 14 Lit. Orig.: russ., Ausz.: engl.
Die Verwendung reichhaltiger Futtermischungen wirkt sich ökonomisch günstig aus. Ohne Kosten für Teichneubauten können die Erträge der Teichwirtschaften gesteigert werden. Versuche zeigten, daß bei Futtergemischen unter Zugabe von Spurenelementen und antibiotischen Stoffen eine bes. hohe Wirkung erzielt wurde. Einjährige Karpfen (*Cyprinus carpio*) waren mit 38 g 52% schwerer als die Kontrollfische. Die Teichproduktivität stieg bei günstigerer Futterverwertung auf 1283 kg/ha = 168% des Kontrollteiches. Bei Speisekarpfen stieg die Produktivität des Teiches auf 1020 kg/ha, der Selbstkostenpreis belief sich auf 20–30 Rubel/Zentner.
G. Merla. 6320.

Movčan, V. A. (Mowtschan, W. A.); Kiew, Univ. Rist odnoričnyka peljadisyrka (Coregonus peled [Gmelin]) ta rozvytok gonad v doslidnych stavkach. **(Das Wachstum einjähriger Peledmaränen [Coregonus peled] und die Entwicklung ihrer Gonaden in Versuchsteichen.)** Dopovidi Akademiï nauk Ukraïnśkoï RSR, Kyïv **1960** Nr. 1. S. 106–109. – 8 Lit. Orig.: ukrain., Ausz.: russ., engl.
Die Poledmaräne ernährt sich überwiegend von Planktonorganismen, die gemeinsame Aufzucht mit Karpfen führt daher zur besseren Ausnutzung des Nahrungsangebotes der Teiche. Untersuchungen der Gonaden bei einjährigen Fischen ließen erkennen, daß die Gechlechtsreife spätestens im 2. Lebensjahr eintreten wird. H.-W. Hattop. 6345.

Pruginin, J. Preliminary report on the culture of Tilapia nilotica as a supplementary fish in carp ponds in Israel in 1960 and 1961. **(Vorläufiger Bericht über die Wirtschaft mit Tilapia nilotica als Beifisch in Karpfenteichen in Israel aus den Jahren 1960 und 1961.)** Bamidgeh, Bull. Fish Cult. Israel **14** (1962) Nr. 1. S. 16–18. — 2 Tab.

Während die Produktion an *Tilapia nilotica* 1960 150 t betrug, waren es 1961 300 t. Alle Teiche wurden mit 2500–3000 Karpfen (*Cyprinus carpio*)/ha (Stückgewicht ca. 100 g) und kleiner Brut von 2-3 g besetzt. Hinzugegeben wurden 2000–3000 *T. nilotica*/ha (Stückgewicht 0,5–1,5 g). Es zeigte sich, daß durch gleichzeitige Nutzung beider Fischarten eine Ertragssteigerung erreichbar ist. Die *Tilapia*-Brut erlangte in 3–4 Mon. Marktgröße, was andererseits Absatzschwierigkeiten verursachte. Eine weitere Ausdehnung der *Tilapia*-Wirtschaft erfordert bes. in den Sommermon. eine Verlängerung der Marktsaison. G. Merla. 6345.

Scott, D. P.; London, Ontario, Fisheries Res. Board of Canada, Biol. Stat. Effect of food quantity on fecundity of rainbow trout, Salmo gairdneri. **(Der Einfluß der Nahrungsmenge auf die Fruchtbarkeit der Regenbogenforelle, Salmo gairdneri.)** J. Fisheries Res. Board Canada **19** (1962) Nr. 4. S. 715–731. — 8 Abb., 9 Tab., 17 Lit.

Vf. gibt zunächst einen Überblick über Histologie und Entwicklung der Ovarien von *S. gairdneri*. Die Reifung beginnt im Sommer und wird im folgenden Frühjahr abgeschlossen. Nach sorgfältigen experimentellen Untersuchungen besteht ein Zusammenhang zwischen dem Grad der Follikelatresie und dem Grad von Nahrungsmangel in der Reifeperiode. Je größer der Nahrungsmangel bzw. je länger die Hungerperiode ist, desto größer ist der Anteil der Follikel, die sich zurückbilden. Dadurch haben Fische, die hungerten, eine geringere Eizahl in der Laichperiode. Hunger kann außerdem den Eintritt der Laichreife (um 1 Jahr) verzögern. Bei einem natürlichen Bestand wurde beobachtet, daß die Volumina der Mageninhalte in den Sommermon. abnahmen und sich gleichzeitig die Eizahlen durch Follikelrückbildung verringerten. Der Vergleich zweier natürlicher Populationen zeigte, daß in einem Fall eine kleinere Anzahl von größeren Eiern produziert wurde, was wahrscheinlich mit stärkerer intraspezifischer Konkurrenz in Zusammenhang gebracht werden kann. Nur in einem der untersuchten beiden Seen hatten die 4-jährigen Laicher größere Eier als die 3-jährigen, zum ersten Mal laichenden Fische. W. Steffens. 6420.

Zobel, Herbert; Berlin-Friedrichshagen. **Satzfischverluste in der Forellenzucht der Deutschen Demokratischen Republik.** Dtsch. Fischerei-Ztg. **9** (1962) Nr. 9 S. 285–286.

Die Speiseforellenproduktion der DDR stieg von 14,38 t im Jahr 1953 auf 86,58 t im Jahr 1961. Auf natürliche Gewässer entfielen davon 1961 5,22 t. In den letzten Jahren traten in den großen Forellenteichwirtschaften sehr hohe Verluste auf (1960): 32,9%, 1961: 38,3%). Ein großer Betrieb arbeitete dadurch z. B. finanziell unrentabel. Als allg. Maßnahmen zur Senkung der Verluste werden empfohlen: Isolierung kranker Bestände, Absammeln und Vergraben toter oder stark erkrankter Fische, gründliche Desinfektion der Teiche und beste Haltung sowie vollwertige, einwandfreie Fütterung der Fische. W. Steffens. 6425.

Murdoch, John J. Breeding salmon in fish farms proved possible in Norway. **(Die Lachs-Aufzucht erwies sich in Fischzuchtanstalten Norwegens als durchführbar.)** Canad. Fisherman **49** (1962) Nr. 1. S. 8–10.

Nach mehrjährigen Versuchen gelang es in Norwegen, in Salzwasser-Teichen Lachse (*Salmo salar*) aufzuziehen, die in Oslo anläßlich einer Ausstellung zu sehen waren. Die Lachse schlüpfen in fließendem Süßwasser und werden

dann sehr vorsichtig in Teiche mit Meerwasser überführt, die an der Küste angelegt wurden. Dort werden die Fische gefüttert. In 4–5 Jahren sollen sie bis ca. 20 kg schwer werden können. Es soll geplant sein, größere Lachs-Betriebe zunächst in Irland, ferner u. a. in Island aufzubauen. Man erkennt dem Vorhaben teilweise größere fischereiliche Bedeutung zu.
G. Merla. 6450.

Storen, Sverre Eilert. „Nor-laks" — Norwegian farm where captive salmon are bred. **(„Nor-Laks" — ein norwegischer Fischzuchtbetrieb, in dem gefangene Lachse vermehrt werden.)** Canad. Fisherman **49** (1962) Nr. 4. S. 9–10. — 5 Abb.
Bereits seit 1870 werden in Norwegen hin und wieder Lachse (*Salmo salar*) gezüchtet, wegen hoher Kosten u. a. gingen diese Betriebe jedoch ein. Mit Hilfe früherer Erfahrungen und neuer Erkenntnisse werden die Aufzucht-Bestrebungen jedoch gegenwärtig fortgesetzt. Von amtlicher Seite steht man dem Vorhaben zwar kritisch, andererseits aber mit Interesse gegenüber. Die Lachse werden in einem Fjord gefangen, wo sie sich zum Flußaufstieg sammeln, und in Teichen bis zur Laichzeit gehalten. Der Rogen wird nach der Befruchtung in überdachte Anlagen gebracht, bis die Brut in wabenförmig angelegten Setzlingsteiche überführt werden kann, wo sie ca. 220 g schwer wird und als Setzling verkauft wird oder zu weiterem Wachstum im Betrieb bleibt. Die Zuchtbecken werden je zur Hälfte mit Salz- und Süßwasser gespeist, das Futter besteht meist aus Hering und Garnelen-Abfällen.
G. Merla. 6450.

Suchoverchev, F. M. (Suchowerchew, F. M.); Forsch.-Inst. der RSFSR für Teichwirtsch. Opyt transportirovki i vyraščivanija amurov i tolstolobikov. **(Erfahrungen im Versand und in der Aufzucht von Amur [Ctenopharyngoden idella] und Tolstolob [Hypophthalmichthys molitrix].)** Rybnoe chozjajstvo, Moskva **36** (1960) Nr. 12. S. 15–22. — 2 Abb., 3 Tab. 6450.

Biologičeskie osnovy inkubacii ikry osetrovych ryb v uslovijach iskusstvennogo razvedenija. (Biologische Grundlagen der Inkubation des Rogens der Acipenseriden unter den Bedingungen der künstlichen Zucht.) Hrsg.: Akad. nauk SSSR. Moskva: Izd. Akad. nauk SSSR. 1961. (218 S.) 4°. Rbl. 1,38 = Trudy Instituta morfologii životnych im. A. N. Severcova. Akademija nauk SSSR, Moskva Nr. 37. (SR 452, 37)

Küsten- und Hochseefischerei

Schlumpberger, Wolfgang; Saßnitz, Zweigstelle für Ostseefischerei des Inst. für Fischerei der Dtsch. Akad. der Landwirtsch.-Wiss. zu Berlin. **Überblick über die Probleme der Zanderwirtschaft in den Küstengewässern der Deutschen Demokratischen Republik.** Z. Fischerei Hilfswiss. [N. F.] **10** (1962) Nr. 8/10. S. 715–720. — 1 Abb., 2 Lit.
Von den ca. 1113 km² umfassenden engeren Küstengewässern der DDR sind der Saaler Bodden, der Große und Kleine Jasmunder Bodden sowie das Kleine Haff als Zandergewässer anzusprechen. Vf. geht auf die allg. Verhältnisse dieser Bodden ein und streift das Problem der Wanderungen und Ertragsschwankungen des Zanders (*Lucioperca lucioperca*). Das bestehende Zandermindestmaß von 35 cm wird z. B. für das Kleine Haff als zu niedrig angesehen, während im Saaler Bodden auf Grund des schlechten Zanderwachstums keine Erhöhung anzuraten ist. Von den Fanggeräten wird bes. die Klapperfischerei erwähnt. W. Schlumpberger. 6480.

Erdman, Donald S.; San Juan, Puerto Rico, Dep. of Agric., Federal Aid Projects, Div. of Fisheries and Wildlife. The sport fishery for blue marlin off Puerto Rico. **(Die Sportfischerei auf Blauen Marlin vor Puerto Rico.)** Trans. Amer. Fisheries Soc. **91** (1962) Nr. 2. S. 225–227. — 2 Tab., 2 Lit.

Die Sportfischerei auf große pelagische Fische vor Puerto Rico hat sich seit 1950 entwickelt. Der Blaue Marlin (*Makaira nigricans*) gehört zu den geschätztesten Arten. Die vorliegenden Angaben entstammen Untersuchungen, die an Sportfischerfängen seit 1954 durchgeführt worden sind. Der Fang des Blauen Marlin konzentriert sich auf die Mon. Aug.–Okt., im Dez. wurden die geringsten Fänge erzielt. Das mittlere Gewicht von 708 Fischen betrug 190 Pfund. Der kleinste Fisch wog 25 Pfund, der größte 780 Pfund. Von 180 Fischen waren 143 Männchen und 37 Weibchen. Keiner der Fische hatte reife Gonaden. Das Durchschnittsgewicht der Männchen betrug 140 Pfund. Bei 153 Fischen wurde der Mageninhalt untersucht. 82 Mägen enthielten bestimmbare Nahrungstiere. Fische, vor allem *Auxis thazard*, waren die Hauptnahrung. Kleinere Nahrungstiere werden bevorzugt, *Mugil curema* wird als Köder vorgezogen, ist aber keine natürliche Nahrung von *M. nigricans*. Von Okt. 1954 – Okt. 1961 lag der Durchschnittsfang bei 1 Marlin in 10 Bootstagen. J. Waldmann. 6480.

Anonym, Stern trawlers. **(Hecktrawler.)** Canad. Fisherman **49** (1962) Nr. 5. S. 19–34. — 31 Abb.

Während bei den größeren Fischereifahrzeugen der Hecktrawler bereits eine weite Verbreitung gefunden hat, ist bei kleineren Fischereifahrzeugen infolge der beschränkten Dimensionen des Schiffsdecks die gesamte Problematik sehr unterschiedlich gelöst. Es wird eine Übersicht gegeben, welche Typen von Hecktrawlern z. Z. in der Welt vorhanden sind. Dabei sind bes. die kleineren Hecktrawler berücksichtigt. 20 verschiedene Fischereifahrzeuge mit Heckaufslip sind durch Abb. belegt. Ein beträchtlicher Teil der abgebildeten Fahrzeuge hat eine Länge von weniger als 30 m. Die Aufbauten sind teilweise hinten angebracht, und die Leinen- und Schleppnetzführung erfolgt hier unter den hinteren Aufbauten hindurch. G. Predel. 6505.

Anonym. The Brunswick type stern trawler. **(Der Brunswick-Typ des Hecktrawlers.)** Canad. Fisherman **49** (1962) Nr. 5. S. 15–17. — 1 Abb.

Im Mai 1962 lief in Bathurst der erste in Kanada erbaute Hecktrawler vom Stapel. Das Schiff ist 84 Fuß lang und 22 Fuß breit. Die Aufbauten befinden sich auf dem Achterschiff, die Führung der Kurrleinen sowie das Aufholen des Netzes erfolgt unter den hinteren Aufbauten hindurch. Als Antrieb dient ein 450 PS-Diesel-Motor, der Vortrieb erfolgt durch einen hydraulisch vom Ruderhaus zu steuernden Verstellpropeller. Der Fischraum faßt 180000 lbs. vereisten Fisch. Das Fahrzeug leitet eine neue Entwicklung in der Fischerei an der kanadischen Atlantikküste ein. G. Predel. 6505.

Tokareva, G. I. und Grauman, G. B. (Tokarewa, G. I. und Grauman, G. B.) Sostojanie promysla treski Baltijskogo morja v 1958 g. **(Die Lage der Dorschfischerei in der Ostsee im Jahre 1958.)** Trudy. Vsesojuznyj naučno-issledovatel'skij institut morskogo rybnogo chozjajstva i okeanografii (VNIRO) Moskva **42** (1960) S. 121–129. — 2 Abb., 9 Tab., 16 Lit.

Der Durchschnittsfang an Ostseedorsch (*Gadus morhua*) verringerte sich im Jahr 1958 gegenüber den Vorjahren. Vff. bringen das mit dem mangelnden Zustrom sauerstoff- und salzreichen Nordseewassers in die Laichgebiete des Dorsches in den vorhergehenden Jahren (1954–57) in Zusammenhang. Die Salz- und Sauerstoffwerte in den zum Laichen bevorzugten tiefen Mulden (Gotlandmulde, Bornholmbecken u. a.) sanken unter die erforderlichen Mindestwerte, und die zahlreich vorhandenen Laichdorsche der Jahrgänge 1953–1954 und der etwas kleinere Jahrgang 1955 mußten sich in höhere Wasserschichten zurückziehen, wo sie die Trawlfischerei nicht mehr erreichen konnte. Entsprechend war der Anteil der abgestorbenen Dorscheier am Gesamtlaich sehr groß (ca. 80—90%). Hinzu kommt, daß viele Dorsche in südlichere, günstigere Bedingungen bietende Laichplätze abwanderten, die auf Grund ihrer Unebenheiten (Steine) vom Trawl nicht befischt werden konnten. Der in den Jahren 1961/62 zur Abfischung gelangende Jahrgang 1958 wird zahlenmäßig schwach sein und damit der zu erwartende Dorschfang gering werden. A. Kosler. 6515.

Chaldinova, N. A. (Chaldinowa, N. A.) Ochrana molodi baltijskoj treski. **(Der Schutz des jungen Ostseedorsches.)** Trudy. Vsesojuznyj naučno-issledovatel'skij institut morskogo rybnogo chozjajstva i okeanografii (VNIRO), Moskva 42 (1960) S. 130-144. — 7 Abb., 12 Tab., 19 Lit.
Vf. bespricht an Hand von Tab. die Auswirkungen der Festsetzung des Mindestmaßes für den Dorsch. (*Gadus morhua*) auf 30 cm und der gleichzeitigen Vergrößerung der Maschenweite der Schleppnetze von 30 mm auf 40 mm. Einem zunächst geringen, aber spürbaren Fangverlust würde in den nächsten Jahren eine erhebliche, vor allem gewichts- aber auch zahlenmäßige Zunahme im Fang entsprechen. Voraussetzung dafür ist natürlich, daß die einzelnen Jahrgänge gleich stark sind. A. Kosler. 6515.

Stengel, H.; Rostock-Marienehe, Inst. für Hochseefischerei und Fischverarb., Abt. Fischereitechn. **Einige Grundlagen für die Berechnung der Bewegung des Trawlers mit dem Schleppnetz.** Fischereiforschung **5** (1962) Nr. 3. S. 10-14. — 5 Abb., 2 Lit.
Vf. berechnet die Hauptparameter von Schleppnetzen in Abhängigkeit von der Leistung der Hauptmaschine des Schiffes, um die Fahrzeuge möglichst gut ausnutzen zu können. Er gibt mehrere Formeln und vor allen Dingen Diagramme. Während es sich bei einem um theoretische Werte handelt gibt das zweite als Beispiel Werte für Trossenzug, Kurrleinenwiderstand, Scherbrettwiderstand und dem daraus resultierenden zulässigen Netzwiderstand in Abhängigkeit von der Schiffsgeschwindigkeit für den Trawler Typ I an. Mit Erhöhung der Schleppgeschwindigkeit wird der zum Schleppen vorhandene Vortrieb verringert, während sich der Schiffswiderstand und der Netzwiderstand erhöhen. F.-K. Löwe. 6560.

Redaktionsschluß: 18. 2. 1963

Herausgeber: Deutsche Demokratische Republik · Deutsche Akademie der Landwirtschaftswissenschaften zu Berlin, Institut für Landwirtschaftliche Information und Dokumentation, Berlin W 8, Krausenstraße 38/39; Fernsprecher: 22 51 61. Chefredakteur: Dr. Ursula Wittbrodt, stellvertretender Chefredakteur: Dr. Werner Kleeberg, Berlin W 8, Krausenstraße 38/39; Fernsprecher: 22 51 61. Redaktion der Abteilung III — Tierzucht · Tierernährung · Fischerei: Dr. Hans Dieter Hennig, Dr. Bernhard Piatkowski und Dr. Werner Steffens, Berlin W 8, Krausenstraße 38/39; Fernsprecher: 22 51 61. Verlag: Akademie-Verlag GmbH, Berlin W 8, Leipziger Straße 3—4; Fernsprecher: 22 04 41, Telex-Nr. 011773, Postscheckkonto: Berlin 350 21. Bestellnummer dieses Heftes: 1030 III — VIII/5. Das Landwirtschaftliche Zentralblatt, Abt. Tierzucht · Tierernährung · Fischerei, erscheint monatlich. Einzelheft DM 20,—; einseitig bedruckte Ausgabe DM 24,—. Jahresbezugspreis DM 240,—; einseitig bedruckte Ausgabe DM 288,— einschl. Register, zuzüglich Porto- und Versandkosten. Gesamtherstellung: VEB Druckerei „Thomas Müntzer", Bad Langensalza. Veröffentlicht unter der Lizenznummer 1290 des Presseamtes beim Vorsitzenden des Ministerrates der Deutschen Demokratischen Republik.

32404

Bei Fragen zur Produktsicherheit wenden Sie sich bitte an:
If you have any questions regarding product safety,
please contact:

Walter de Gruyter GmbH
Genthiner Straße 13
10785 Berlin
productsafety@degruyterbrill.com